SAFON UWCH DAEARYDDIAETH MEISTROLI'R TESTUN

LLYWODRAETHIANT BYD-EANG

Golygydd
y Gyfres:
Simon Oakes

Bob Digby a Sue Warn

HODDER EDUCATION
AN HACHETTE UK COMPANY

Safon Uwch Daearyddiaeth Meistroli'r Testun Llywodraethiant Byd-eang Addasiad Cymraeg o *A-Level Geography Topic Master Global Governance* a gyhoeddwyd yn 2020 gan Hodder Education

Ariennir yn Rhannol gan
Lywodraeth Cymru

Part Funded by
Welsh Government

Cyhoeddwyd dan nawdd Cynllun Adnoddau Addysgu a Dysgu CBAC

Mae rhestr o Gydnabyddiaethau ar dudalen 215

Mae'r awdur yn cydnabod cymorth Asgell Gomander Sarah Brewin i lunio'r astudiaeth achos ar Lywodraethiant Byd-eang y Seiberofod.

Byddai Bob Digby yn hoffi diolch i Adam Jameson a chydnabod y cymorth a gafodd ganddo i ymchwilio.

Gwnaed pob ymdrech i gysylltu â'r holl ddeiliaid hawlfraint, ond os oes unrhyw rai wedi'u hesgeuluso'n anfwriadol, bydd y cyhoeddwyr yn falch o wneud y trefniadau angenrheidiol ar y cyfle cyntaf.

Er y gwnaed pob ymdrech i sicrhau bod cyfeiriadau gwefannau yn gywir adeg mynd i'r wasg, nid yw Hodder Education yn gyfrifol am gynnwys unrhyw wefan y cyfeirir ati yn y llyfr hwn. Weithiau mae'n bosibl dod o hyd i dudalen we a adleolwyd trwy deipio cyfeiriad tudalen gartref gwefan yn ffenestr LlAU (*URL*) eich porwr.

Polisi Hachette UK yw defnyddio papurau sy'n gynhyrchion naturiol, adnewyddadwy ac ailgylchadwy o goed a dyfwyd mewn coedwigoedd cynaliadwy ac o ffynonellau eraill a reolir. Disgwylir i'r prosesau torri coed a gweithgynhyrchu gydymffurfio â rheoliadau amgylcheddol y wlad y mae'r cynnyrch yn tarddu ohoni.

Archebion

Hachette Uk distribution, Hely Hutchinson, Milton Road, Didcot, Oxfordshire. OX11 7HH e-bost: education@hachette.co.uk

ISBN: 978 1 3983 6941 2

© Bob Digby a Sue Warn 2020 (Yr argraffiad Saesneg)

Cyhoeddwyd gyntaf yn 2023 gan
Hodder Education,
an Hatchette UK Company
Carmelite House
50 Victoria Embankment
London EC4Y 0DZ
www.hoddereducation.co.uk

© CBAC 2023 (Yr argraffiad Cymraeg hwn ar gyfer CBAC)

Llun y clawr © Jake Lyell / Alamy Stock Photo

Darluniau gan Barking Dog Art

Teiposodwyd yn India gan Aptara Inc.

Argraffwyd yn Slovenia gan DZS GRAFIK D.O.O.

Mae cofnod catalog y teitl hwn ar gael gan y Llyfrgell Brydeinig.

MIX
Paper | Supporting
responsible forestry
FSC™ C104740

Cynnwys

Cyfres Meistroli'r Testun Safon Uwch Daearyddiaeth

Nod y llyfrau yn y gyfres hon yw cynorthwyo dysgwyr sy'n ceisio cyrraedd y graddau uchaf. Er mwyn cyrraedd y graddau uchaf mae angen i fyfyrwyr wneud mwy na dysgu ar gof. Traean yn unig o'r marciau sy'n cael ei roi am gofio gwybodaeth mewn arholiad Daearyddiaeth Safon Uwch (*Amcan Asesu* 1, neu *AA1*). Mae cyfran uwch o farciau yn cael eu cadw ar gyfer tasgau gwybyddol mwy heriol, gan gynnwys **dadansoddi**, **dehongli** a **gwerthuso** gwybodaeth a syniadau daearyddol (*Amcan Asesu 2*, neu *AA2*). Felly, mae'r deunydd yn y llyfr hwn wedi cael ei ysgrifennu a'i gyflwyno'n bwrpasol mewn ffordd sy'n annog darllen gweithredol, myfyrio a meddwl yn feirniadol. Y nod cyffredinol yw eich helpu chi i ddatblygu'r 'galluoedd daearyddol' dadansoddol ac arfarnol sydd eu hangen arnoch i lwyddo mewn arholiad. Mae cyfleoedd i ymarfer a datblygu **sgiliau trin data** wedi'u cynnwys yn y testun drwyddo draw hefyd (gan gefnogi *Amcan Asesu 3*, neu *AA3*).

Mae pob llyfr *Meistroli'r Testun Daearyddiaeth* yn annog myfyrwyr i 'feddwl yn ddaearyddol' drwy'r amser. Yn ymarferol, mae hyn yn gallu golygu dysgu sut i integreiddio **cysyniadau daearyddol** – gan gynnwys lle, graddfa, achosiaeth, adborth, system, trothwy a chynaliadwyedd – yn y ffordd rydyn ni'n meddwl, yn dadlau ac yn ysgrifennu. Mae'r llyfrau hefyd yn manteisio ar bob cyfle i sefydlu **cysylltiadau synoptig** (sef gwneud cysylltiadau 'pontio' rhwng themâu a thestunau). Drwy gydol y llyfrau mae cyfeirio at ddudalennau eraill i greu cysylltiadau rhwng gwahanol benodau ac is-destunau.

Defnyddio'r llyfr hwn

Gellir darllen y llyfr hwn o glawr i glawr gan fod dilyniant rhesymegol rhwng y penodau. Ar y llaw arall, mae'n bosibl darllen pennod yn annibynnol yn ôl yr angen yn rhan o gynllun gwaith eich ysgol ar gyfer y testun hwn. Mae'r un nodweddion yn cael eu defnyddio ym mhob pennod:

- *Mae Amcanion* yn nodi beth yw'r prif bwyntiau (ac adrannau) ym mhob pennod.
- *Mae Cysyniadau allweddol* yn syniadau pwysig sy'n ymwneud naill ai â disgyblaeth Daearyddiaeth yn ei chyfanrwydd neu ag astudio llywodraethiant byd-eang yn fwy penodol.
- *Mae Astudiaethau achos cyfoes* yn cymhwyso syniadau, damcaniaethau a chysyniadau daearyddol i gyd-destunau yn y byd go iawn.
- *Mae nodweddion Dadansoddi a dehongli* yn eich helpu i ddatblygu'r sgiliau a'r galluoedd daearyddol sydd eu hangen i gymhwyso gwybodaeth a dealltwriaeth (*AA2*), trin data (*AA3*) ac, yn y pen draw, i lwyddo yn yr arholiad.
- *Mae Gwerthuso'r mater* yn cloi pob pennod drwy drafod mater allweddol yn ymwneud â llywodraethiant byd-eang (gyda barnau a safbwyntiau croes fel arfer).
- Hefyd ar ddiwedd pob pennod, mae *Crynodeb o'r bennod, Cwestiynau adolygu, Gweithgareddau trafod, Ffocws y gwaith maes* (i gefnogi'r ymchwiliad annibynnol) a *Darllen pellach*.

Her llywodraethiant byd-eang

Yn ystod y 150 o flynyddoedd diwethaf, mae llywodraethau gwladwriaethau sofran unigol wedi cydweithio fwy a mwy, ochr yn ochr â gweithredwyr (neu chwaraewyr) eraill. Mae strwythurau gwleidyddol ac economaidd cymhleth wedi datblygu yn yr oes newydd hon o 'lywodraethiant byd-eang'. Mae'r bennod hon:

- yn archwilio'r ffordd y mae llywodraethiant byd-eang wedi datblygu dros amser mewn ymateb i sialensiau byd sydd wedi globaleiddio
- yn archwilio sut mae llywodraethiant byd-eang yn gweithio (yn cynnwys ei 'bensaernïaeth', gweithredwyr a phrosesau allweddol)
- yn gwerthuso pa mor effeithiol yw llywodraethiant byd-eang a'i effaith ar rôl a phwysigrwydd gwladwriaethau sofran.

CYSYNIADAU ALLWEDDOL

Llywodraethiant byd-eang Mae'r term 'llywodraethiant' yn awgrymu syniadau ehangach o lywio yn hytrach na'r ffurf uniongyrchol o reoli sy'n gysylltiedig â 'llywodraeth'. Mae 'llywodraethiant byd-eang' felly yn llywio'r rheolau, y normau a'r codau a rheoliadau sy'n cael eu defnyddio i reoleiddio gweithgareddau dynol ar lefel ryngwladol. Ond, ar y raddfa hon, mae rheoliadau a chyfreithiau'n gallu bod yn anodd eu gorfodi.

Systemau byd-eang Y systemau amgylcheddol, gwleidyddol, cyfreithiol, economaidd, ariannol a diwylliannol sy'n helpu i greu ac ail-greu'r byd. Mae systemau byd-eang yn cael eu creu pan mae pobl yn rhyngweithio â'i gilydd ar draws ffiniau cenedlaethol ar raddfa'r blaned gyfan ac ar raddfa rhanbarthau'r byd. Mae llifoedd o arian, pobl, nwyddau, gwasanaethau a syniadau'n cysylltu pobl, lleoedd ac amgylcheddau at ei gilydd i greu rhwydweithiau gofodol a chymdeithasol eang.

Globaleiddio Dwysáu a lluosogi'r cysylltiadau rhwng gwahanol rannau o'r byd ar raddfa fyd-eang. Mae'r llifoedd o gyfalaf, cynwyddau, pobl a gwybodaeth yn cyflymu o ganlyniad i fyd sy'n mynd yn llai, wedi ei siapio gan newidiadau mewn marchnadoedd a thechnoleg a newidiadau gwleidyddol.

① Twf llywodraethiant byd-eang

▶ *Beth yw llywodraethiant byd-eang a pham mae ei angen?*

Gwreiddiau llywodraethiant byd-eang

Cafodd llywodraethiant byd-eang ei ddiffinio gan y Comisiwn ar Lywodraethiant Byd-eang 1995 fel hyn: 'Cyfanswm y ffyrdd niferus y mae unigolion a sefydliadau, yn rhai cyhoeddus a phreifat, yn rheoli eu materion cyffredin.' Mae'n broses barhaus, ac yn un sy'n mynd yn fwy a mwy cymhleth, ar gyfer mynd i'r afael â buddiannau sy'n gwrthdaro neu sy'n amrywio a chymryd camau gweithredu cydweithredol. Mae'n cynnwys trefniadau ffurfiol ac anffurfiol y mae pobl a sefydliadau wedi cytuno iddyn nhw neu'n teimlo eu bod o fudd iddyn nhw.

🔑 TERMAU ALLWEDDOL

Hegemon Gwladwriaeth sydd â dylanwad dominyddol gormodol a/neu awdurdod uniongyrchol dros wledydd eraill.

Sefydliadau anllywodraethol Mae sefydliadau anllywodraethol *(NGOs: Non-governmental organisations)* fel Amnesty International, Oxfam ac ActionAid yn chwarae rôl hanfodol mewn datgelu, a chodi ymwybyddiaeth am, anghyfiawnderau economaidd, cymdeithasol neu amgylcheddol sy'n gysylltiedig â'r ffordd y mae systemau byd-eang yn gweithio. Yn achlysurol, mae'r sefydliadau di-elw hyn wedi rhoi pwysau ar lywodraethau gwladwriaethau a chorfforaethau trawswladol i weithio'n galetach i leihau anghyfiawnderau.

Cadw heddwch Gweithgareddau sydd wedi eu bwriadu i greu amodau sy'n annog heddwch parhaus ac yn lleihau'r posibilrwydd o wrthdaro.

Cam	Nodweddion
1 Cyn y Rhyfel Byd Cyntaf (cyn 1914) – gwelwyd cytundebau rhyngwladol cynnar yn dod i'r amlwg	Roedd nifer o sefydliadau rhyngwladol – gyda Phrydain yn brif genedl neu hegemon imperialaidd – yn chwarae rôl arweiniol. Cafodd y sefydliadau eu datblygu at ddibenion arbennig neu i ymdrin â materion penodol. Dyma rai enghreifftiau: ■ Canolfan Ryngwladol dros Bwysau a Mesurau (*International Bureau for Weights and Measurements*) (1873) ■ Canolfan Ryngwladol dros Ddiogelu Eiddo Deallusol (*International Bureau for Protection of Intellectual Property*) – un o ragflaenwyr y systemau patent ar gyfer dyfeisiau (1893) ■ Undeb Llafur Rhyngwladol (*International Labour Union*) – daeth cynhadledd o wyddonwyr a pheirianwyr i gytundeb ar unedau trydanol cyffredin ■ Mudiad y Groes Goch Ryngwladol (*International Red Cross Movement*) (1863) – sef un o ragflaenwyr y sefydliadau anllywodraethol (*NGOs: non-governmental organisations*) modern a fu'n helpu i hyrwyddo rhyngwladoli.
2 Cynghrair y Cenhedloedd (*The League of Nations*) (1919) – ymgais gyntaf llywodraethiant byd-eang	■ Cafodd ei ffurfio yn 1919 ar ôl i'r Rhyfel Byd Cyntaf ddod i ben. Roedd yn sefydliad a ysbrydolwyd gan UDA a'i nod oedd diogelu buddiannau cyffredin y gwledydd oedd yn aelodau ohoni, drwy weithio i osgoi rhyfel. ■ Gallai'r gwladwriaethau sofran ddatblygu polisïau cydweithredol ac ychwanegu at gyfreithiau rhyngwladol gyda chytundebau oedd i gael eu cadarnhau gan yr aelodau. Ond, roedd yn fethiant erbyn yr 1930au oherwydd dyfodiad y Dirwasgiad Mawr.
3 Cyfnod y Cenhedloedd Unedig (ar ôl i'r Ail Ryfel Byd ddod i ben yn 1945) – daeth llywodraethiant byd-eang yn gynyddol amlwg	■ Ffurfiwyd model y Cenhedloedd Unedig, gydag Arlywydd UDA, ar y pryd, Roosevelt yn ei wthio ymlaen. ■ Cafodd model y Cenhedloedd Unedig ei lunio i osod y sylfeini ar gyfer heddwch byd. Y Cyngor Diogelwch (*Security Council*) oedd y corff creu-heddwch ac yn cefnogi hwnnw roedd y Cynulliad Cyffredinol (*General Assembly*) oedd ag aelodaeth gyffredinol a goruchwyliaeth dynn dros yr Ysgrifenyddiaeth Gweinyddu Canolog (*Central Administration Secretariat*). Mae gwahanol Gynghorau Economaidd a Chymdeithasol wedi cadw golwg o bell ar nifer o asiantaethau arbenigol y Cenhedloedd Unedig (gweler Pennod 2). ■ Roedd 'ennill y rhyfel yn erbyn rhyfel' drwy gadw heddwch yn ehangiad pwysig o'r llywodraethiant rhyngwladol.
4 Cyfnod y Rhyfel Oer (1955–89) – llywodraethiant byd-eang yn encilio	■ Rhywfaint o gydweithredu ar anghenion byd-eang, ond roedd hynny'n digwydd ar yr un pryd ag enciliad mawr llywodraethiant byd-eang. ■ Daeth hi'n anoddach mynd i'r afael â materion byd-eang mewn byd deubegynol (mae'r cyfnod hwn wedi ei ddiffinio gan yr ymgodymu rhwng dau bŵer mawr y byd, UDA a'r Undeb Sofietaidd).

Cam	Nodweddion
5 Ton newydd o lywodraethiant byd-eang (1990–95) – mewn ymateb i'r angen cynyddol i roi sylw i faterion byd-eang brys.	■ Gyda diwedd y Rhyfel Oer, daeth optimistiaeth newydd am gyfleoedd i gydweithredu'n rhyngwladol. ■ Am fod globaleiddio economaidd yn lledaenu'n gyflym, gyda chefnogaeth technolegau trafnidiaeth a TGCh newydd, gwelwyd mwy o ryng-gysylltiad byd-eang. ■ Roedd dad-reoleiddio a phreifateiddio economaidd yn cynyddu grym y gweithredwyr byd-eang fel y Corfforaethau Trawswladol.
6 Ymddangosiad y systemau llywodraethu byd-eang amlochrog cymhleth (2000–presennol)	■ Roedd mwy o bobl yn cydnabod y problemau drwg byd-eang – fel y newid hinsawdd – oedd yn gofyn am atebion rhyngwladol. ■ Datblygodd cyfuniadau hybrid o rwydweithiau o weithredwyr, rhai'n wladwriaethau a rhai ddim. ■ Roedd y llywodraethiant byd-eang yn mynd i'r afael â thasgau niferus oedd yn cynyddu fwy a mwy. ■ Roedd y llywodraethiant byd-eang yn wannach i ryw raddau yng nghanol y 2010au, o ganlyniad i'r Argyfwng Ariannol Byd-eang, ethol Trump yn arlywydd a refferendwm Brexit y DU.

▲ **Tabl 1.1** Camau datblygiad y llywodraethiant byd-eang

Fel y gwelwch chi yn Nhabl 1.1, mae llywodraethiant byd-eang wedi datblygu i roi'r system amlochrog sydd gennym heddiw, o ddechreuad bregus cyntaf y cydweithredu rhyngwladol (oedd wedi ei seilio ar reolau cyfyngedig oedd yn ymdrin ag elfennau ymarferol fel safonau trydanol neu drefniant y gwasanaethau post). Nodwch fod Cynghrair y Cenhedloedd (a sefydlwyd ar ôl y Rhyfel Byd Cyntaf) yn wahanol iawn i'r Cenhedloedd Unedig modern (a sefydlwyd ar ôl yr Ail Ryfel Byd). Os edrychwn ni ar y llywodraethiant byd-eang cyfoes, byddwn ni'n gweld bod ei uchelgais i 'gynnwys pawb a phopeth' a'r ffaith ei fod mor gynhwysfawr, yn ei wneud yn wahanol i'r mathau mwy cyfyngedig o gydweithredu rhyngwladol a gafwyd yn y gorffennol.

Yn gynyddol, mae llywodraethiant byd-eang yn cynnwys sawl math gwahanol o ryngweithio – *o raddfeydd lleol i raddfeydd byd-eang* (h.y. ar bob lefel o lywodraethu, gwneud penderfyniadau a gweithredu gwleidyddol). Mae hyn wedi ei adlewyrchu yn:

1 y berthynas rhwng prosesau llunio polisïau byd-eang a'u gweithrediad mewn lleoliadau penodol (felly, gallai cymunedau lleol fabwysiadu targedau gostwng carbon yn unol ag argymhellion a gafwyd mewn cynhadledd fyd-eang ar newid hinsawdd)
2 yr effeithiau y mae gweithredoedd lleol yn eu cael ar fywyd a chydberthnasoedd byd-eang (daw'r broblem ddrwg newid hinsawdd o ôl-troed carbon nifer fawr o gymdeithasau ac unigolion ar raddfa leol).

Yn unol â hynny, cafwyd Agenda 21 (a gododd o Uwchgynhadledd Rio yn 1992) oedd yn cynnwys yr egwyddor o gyfrifolaeth. Mae hwn yn nodi y dylai penderfyniadau o fewn system wleidyddol 'gael eu gwneud ar y lefel isaf sydd yn gyson â gweithredu'n effeithiol'.

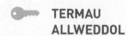

TERMAU ALLWEDDOL

Corfforaethau Trawswladol Busnesau mawr gyda gweithrediadau mewn nifer o diriogaethau drwy'r byd i gyd.

Problem ddrwg (Wicked problem) Mater cymdeithasol, gwleidyddol, diwylliannol neu amgylcheddol sy'n anodd neu'n amhosibl ei ddatrys, oherwydd: gwybodaeth anghyflawn neu wybodaeth sy'n gwrth-ddweud ei hun; nifer y bobl a'r barnau sy'n gysylltiedig; cost uchel yr atebion; natur rhyng-gysylltiedig y broblem benodol. Er enghraifft, cynhesu byd-eang sy'n cael ei achosi gan y defnydd parhaus o danwydd ffosil.

DADANSODDI A DEHONGLI

◀ **Ffigur 1.1** Cartŵn 'Globaleiddio – pam ddylen ni fod yn bryderus?'

Mae Ffigur 1.1 yn dangos nifer o grwpiau o bobl yn uno i brotestio yn erbyn agweddau o'r globaleiddio y mae ganddyn nhw'n bersonol bryder ynglŷn â nhw.

(a) Gan ddefnyddio tystiolaeth ansoddol o'r cartŵn, dadansoddwch y gwahanol resymau pam mae pobl yn pryderu am effeithiau globaleiddio.

CYNGOR

I wneud dadansoddiad ar sail data, mae angen i chi gynhyrchu darn o waith wedi'i strwythuro'n dda o'r prif faterion fel y maen nhw'n ymddangos yn yr adnodd. Mae cartwnau'n fath o ddata ansoddol. Yn debyg i ffotograffau, paentiadau neu nofelau, maen nhw'n cael eu creu'n fwriadol yn aml iawn i ddarparu neges gref. Yn y fan yma, mae globaleiddio wedi ei bortreadu fel 'project' sy'n cael ei lunio gan grŵp elitaidd mewn castell y tu ôl i ddrysau caeedig (er mwyn osgoi'r protestwyr). Dyma bryderon posibl i'w nodi:

- pryderon am fasnach rydd (oherwydd y ffaith bod masnach agored yn gallu arwain at fethiant diwydiannau gweithgynhyrchu domestig y wlad ei hun a sefyllfa lle mae nwyddau rhatach sydd wedi eu mewnforio yn llenwi marchnadoedd y wlad – gallai strategaethau diffynnaeth leihau'r llif o fewnforion ond mae hynny'n costio, yn enwedig i economïau cenhedloedd datblygedig sy'n allforio)
- y gwrthwynebiad i Americaneiddio diwylliant byd-eang a'r ffaith bod hyn yn datgymalu diwylliannau lleol
- y gwrthwynebiad i'r ffordd y mae corfforaethau trawswladol, yn ôl pob tebyg, wedi ecsbloetio y bobl dlotaf a'u defnyddio fel 'caethlafur' neu wedi niweidio'r amgylchedd (gydag allyriadau nwyon tŷ gwydr, datgoedwigo etc.).

Un peth i fod yn ofalus ohono wrth wneud y math hwn o dasg yw i beidio 'codi' gwybodaeth o'r adnodd yn unig yn y ffordd y byddai rhywun sydd ddim yn ddaearyddwr yn gallu ei wneud. Cefnogwch eich dadansoddiad bob amser gan ddefnyddio terminoleg berthnasol os gallwch.

(b) Awgrymwch sut byddech chi'n dadlau yn erbyn y pryderon a welwch yn y cartŵn, gan ddefnyddio amrywiaeth o ddadleuon i gefnogi globaleiddio fel grym cadarnhaol ar gyfer twf a datblygiad byd-eang.

ARWEINIAD

Mae nifer o ddadleuon y gallwch eu cyflwyno. Yn hytrach na mabwysiadu dull 'gwn gwasgaru', ceisiwch ddatblygu fframwaith ag iddo strwythur wrth ateb, er enghraifft drwy edrych ar ystyriaethau amgylcheddol, economaidd neu ddiwylliannol, un ar ôl y llall. Dyma rai themâu posibl:

- buddion y syfliad byd-eang mewn gweithgynhyrchu gwasanaethau neu eu prynu i mewn o dramor (mae gwledydd tlotach wedi elwa o fuddsoddiad uniongyrchol tramor (FDI); yn y tymor hirach, mae economïau nifer o ddinasoedd Gorllewinol sydd wedi eu dad-ddiwydianeiddio wedi elwa o'r adfywio ac arallgyfeirio ôl-ddiwydiannol; mae cwsmeriaid ym mhob man yn elwa o fasnach rydd am eu bod nhw'n gallu prynu nwyddau rhatach, fel llechi a ffonau rhad)
- y ffordd y gall mudo fod yn fuddiol i wledydd sy'n derbyn a'r gwledydd gwreiddiol fel ei gilydd (e.e. drwy daliadau) ac y mae modd ei reoli'n ofalus os oes angen
- y ffordd y mae newidiadau diwylliannol byd-eang yn gadarnhaol weithiau, e.e. gwell hawliau dynol.

Pwysigrwydd rheolau, normau a chyfreithiau byd-eang

Mae nifer o reolau, normau a chyfreithiau'n sylfaenol i'r ffordd y mae systemau byd-eang yn gweithio:

- Mae **rheolau** yn cyfeirio at y safonau sydd wedi eu rhagnodi ar gyfer y gweithgareddau y mae gwladwriaethau, sefydliadau a hyd yn oed dinasyddion yn eu gwneud.
- **Normau** yw'r cyd-ddisgwyliadau ynglŷn â'r hyn y mae pobl yn ei ystyried yn ymddygiad 'normal' a rhesymol. Weithiau rydyn ni'n cyfeirio at normau fel 'cyfreithiau meddal'. Ar raddfa fyd-eang, y normau byd-eang yw'r safonau o ymddygiad derbyniol y mae pobl yn eu disgwyl gan lywodraethau gwladwriaethau sofran y byd (sy'n ymwneud â materion yn amrywio o ddiogelu'r amgylchedd a bywyd gwyllt i faterion economaidd a diwylliannol).
- Mae **cyfreithiau** yn cyfeirio at oblygiadau a dyletswyddau sy'n rheidrwydd ar lofnodwyr cytundebau.

Mae amrywiaeth fawr yn y ffyrdd y mae gwladwriaethau niferus y byd yn gwahaniaethu wrth iddyn nhw ddehongli, ymwneud â, a gorfodi rheolau a chyfreithiau byd-eang. Dyma pam mae'r broses o lywodraethiant byd-eang yn hynod o gymhleth a dadleuol, fel y bydd y penodau dilynol yn ei ddangos. Efallai y bydd y gwladwriaethau'n ceisio dod i gytundeb rhyngwladol ar gamau gweithredu a fydd yn ymdrin â phob math o faterion byd-eang, yn amrywio o ddiogelu'r fioamrywiaeth a hela morfilod i helpu ffoaduriaid neu ddefnyddio arfau cemegol. Ac eto, dydy hi ddim yn bosibl cael cytundebau sy'n gweithio ac sy'n para heb i gyfuniad o lywodraethau cenedlaethol a rhanbarthol, cymunedau lleol ac unigolion (h.y. ar bob graddfa ddaearyddol) weithredu drwy gydgysylltu.

TERMAU ALLWEDDOL

Strategaethau diffynnaeth Pan mae llywodraethau gwladwriaethau'n cyflwyno rhwystrau i fasnach dramor a buddsoddiad, fel tollau mewnforio. Y nod yw diogelu eu diwydiannau eu hunain rhag cystadleuaeth.

Americaneiddio Gorfodi a mabwysiadu nodweddion a gwerthoedd diwylliannol UDA ar raddfa fyd-eang.

Syfliad byd-eang Adleoliad rhyngwladol gwahanol fathau o weithredoedd diwydiannol, yn enwedig y diwydiannau gweithgynhyrchu. Mae'r term yn cael ei gysylltu'n eang â gwaith y daearyddwr Peter Dicken.

TERMAU ALLWEDDOL

Y Rhyfel Oer Sefyllfa o elyniaeth wleidyddol oedd yn troelli o amgylch y berthynas oedd yn dirywio yn dilyn y rhyfel rhwng yr Undeb Sofietaidd (oedd yn cynnwys Rwsia) a'r pwerau Gorllewinol mawr, a barhaodd o 1945 hyd 1990.

Clymbleidiau hybrid Cydgasgliadau cymysg o weithredwyr sector cyhoeddus a phreifat.

Cymdeithas sifil drawswladol Cymdeithas sifil yw cymuned o ddinasyddion sydd wedi eu cysylltu gan ddiddordebau cyffredin a gweithgareddau y maen nhw'n eu gwneud ar y cyd – cydgasgliad o sefydliadau anllywodraethol a sefydliadau penodol yn cynnwys y sector preifat, h.y. trydydd sector sydd ar wahân i lywodraethau a busnesau. Felly, rydyn ni'n ystyried cymdeithas sifil drawswladol fel cymuned o ddinasyddion sy'n ymestyn dros ffiniau gwladwriaethau (e.e. mae aelodau o'r mudiad *Extinction Rebellion* i'w cael mewn nifer o wahanol wledydd).

Eiddo cyffredin byd-eang Gallwn ni ddiffinio eiddo cyffredin byd-eang fel unrhyw ardal y tu hwnt i awdurdodaeth genedlaethol. Mae'r ardaloedd hyn yn cynnwys lleoedd a allai achosi dadleuon, fel yr Antarctig, yn ogystal â'r atmosffer, y cefnforoedd ac ardaloedd newydd fel y gofod a'r seiberofod. Mae Pennod 3 yn edrych yn llawn ar yr eiddo cyffredin byd-eang.

Yr angen cynyddol am lywodraethiant byd-eang

Mae'r rhan fwyaf o arbenigwyr yn cytuno mai'r dylanwad pwysicaf ar yr angen cynyddol am lywodraethiant byd-eang yw globaleiddio, yn ei holl agweddau ehangach. Ymysg y ffactorau pwysig eraill mae diwedd y Rhyfel Oer ac ymddangosiad y clymbleidiau hybrid o weithredwyr, e.e. cymdeithasau sifil trawswladol. Mae natur ddadleuol sofraniaeth y gwladwriaethau a thensiynau ynglŷn â rheoli'r eiddo cyffredin byd-eang yn ffactorau eraill sy'n cyfrannu.

Rôl globaleiddio

Yn yr 1970au, roedd y cysylltiadau masnachu a'r cysylltiadau eraill oedd yn tyfu rhwng gwladwriaethau'n arwyddion cynnar o gyd-ddibyniaeth gynyddol. Erbyn yr 1980au a'r 1990au, roedd economïau cenedlaethol wedi hen ddechrau integreiddio'n ddyfnach i mewn i'r economi byd-eang, a gwthiwyd hynny ymhellach gan Fuddsoddiadau Uniongyrchol Tramor (*FDI: Foreign Direct Invertment*) y corfforaethau trawswladol (*TNCs: Transnational Corporations*), y llifoedd rhyngwladol o fudwyr economaidd, y datblygiadau mewn TGCh, a'r mathau mwy effeithlon o drafnidiaeth (llongau cynhwysydd ac awyrennau jet). Mae'r ffactorau hyn yn helpu i esbonio'r rhyng-gysylltu cynyddol rhwng y gwahanol gymunedau a'r gwahanol wledydd. Un o ganlyniadau hyn yw twf y cymdeithasau sifil trawswladol – grwpiau byd-eang o ddinasyddion (sydd wedi eu cysylltu drwy'r cyfryngau cymdeithasol yn aml iawn) lle mae'r aelodau'n rhannu pryder cyffredin, e.e. yr angen i wella hawliau dynol neu ddiogelu bioamrywiaeth. Un anfantais yw bod rhwydweithiau trawswladol sy'n anghyfreithlon wedi ffurfio – e.e. terfysgwyr, masnachwyr pobl a chyffuriau, a delwyr arfau.

Fodd bynnag, fel y gwelwch chi yn Ffigur 1.1, er bod globaleiddio yn gallu arwain at fwy o integreiddio a chyd-ddibyniaeth – yn cynnwys gweithredwyr yn amrywio yn eu maint o ddinasyddion i wladwriaethau a chyrff rhyngwladol – mae anfanteision i dwf systemau byd-eang hefyd.

- I lawer o bobl, nid yw globaleiddio wedi sicrhau sefydlogrwydd: roedd yr Argyfwng Ariannol Byd-eang yn 2008 wedi dangos hyn. Mewn llawer o wledydd mae teimlad cynyddol erbyn hyn bod elitau wedi ffynnu ar draul y bobl 'gyffredin' a thlawd, a bod anghydraddoldeb byd-eang wedi dyfnhau.
- Mae rhai gwladwriaethau sydd ddim wedi gweld llawer iawn o effeithiau na buddion globaleiddio. Mae eraill wedi dioddef ecsbloetiaeth y gweithwyr mewn economi 'siopau chwys', neu newidiadau diwylliannol cyflym sydd, ym marn y bobl sy'n byw yno, yn un o gostau (nid buddion) globaleiddio.
- Yn olaf, gallwn ni ddadlau bod globaleiddio wedi 'gwagio' pŵer llawer o wladwriaethau sofran sydd wedi ymuno â sefydliadau rhynglywodraethol fel yr Undeb Ewropeaidd.

Byddwn yn dychwelyd at y themâu hyn i gyd mewn penodau diweddarach: ar hyn o bryd rydym ar bwynt pwysig yn esblygiad llywodraethiant byd-eang lle

mae'n ymddangos bod consensws blaenorol oedd o blaid economïau agored a chyflymu globaleiddio yn dechrau gwanhau. Mae rhai pobl yn credu bod oes newydd o'r hyn maen nhw'n ei alw'n ddad-globaleiddio wedi dechrau.

Diwedd y Rhyfel Oer

Ail ffactor oedd yn sail i'r angen cynyddol am lywodraethiant byd-eang mewn degawdau diweddar oedd diwedd y Rhyfel Oer ar ddiwedd yr 1980au. Digwyddodd hynny oherwydd newidiadau gwleidyddol (y symudiad at ddemocrateiddio) a newidiadau economaidd (rhyddfrydoli economaidd) yn yr Undeb Sofietaidd, ac yn ei wledydd dibynnol. Pan chwalwyd Mur Berlin yn 1989 (Ffigur 1.2) roedd hyn yn symbol o ddiwedd cyfnod y Rhyfel Oer a daeth â chyfnod o optimistiaeth ac ymrwymiad o'r newydd i fanteision symud o strwythur pwerau mawr deubegynol (oedd yn troi o amgylch perthynas elyniaethus rhwng UDA a'r Undeb Sofietaidd) tuag at system fyd-eang un pegwn wedi ei dominyddu gan UDA (er bod yr Undeb Ewropeaidd hefyd yn dod i'r amlwg fel pŵer sylweddol). Un farn am y system un pegwn newydd oedd bod UDA yn bŵer mawr gweddol 'hynaws' y byddai ei ddylanwad yn achosi i ddatblygiad byd-eang flodeuo drwy dwf system economaidd fyd-eang ac ynddi fwy a mwy o rwydweithio.

▲ **Ffigur 1.2** Dymchwel Mur Berlin yn 1989: dyma'r arwydd cyntaf o oes newydd o gyflymu globaleiddio ac, o ganlyniad, angen cynyddol am lywodraethiant byd-eang effeithiol

Wedi i'r Rhyfel Oer ddod i ben cafodd y rhwystrau i fasnach byd-eang a buddsoddiad eu gostwng, a chyfrannodd hynny yn ei dro at fwy o lobaleiddio. O ganlyniad, daeth cyfres newydd o sialensiau cymhleth i'r golwg i herio llywodraethiant byd-eang. Er enghraifft, roedd angen mynd i'r afael â'r broblem o ddiraddio amgylcheddol oedd yn gysylltiedig â'r twf economaidd eithriadol o gyflym yn economïau cynyddol amlwg sef China, India ac economïau teigr Asiaidd eraill (Ffigur 1.3)

Rôl cymdeithas sifil drawswladol

Yn olaf, mae datblygiad cymdeithas sifil drawswladol yn un ffactor gyfranogol bellach sy'n esbonio'r twf a'r angen am fathau amrywiol newydd o lywodraethiant byd-eang (y tu hwnt i 'driongl pŵer' confensiynol y sefydliadau rhynglywodraethol, y gwladwriaethau sofran a'r corfforaethau trawswladol). Mae cymdeithas sifil yn gysyniad eang, sy'n cwmpasu'r holl sefydliadau a chymdeithasau sy'n bodoli y tu allan i'r wladwriaeth a'r farchnad (h.y. llywodraeth a busnes). Mae cymdeithas sifil yn cynnwys nid yn unig sefydliadau anllywodraethol, ond plethora o sefydliadau eraill o ddinasyddion – o grwpiau llawr gwlad i grwpiau eirioli (sy'n cynnwys cyfreithwyr, gwyddonwyr neu bobl broffesiynol eraill), grwpiau llafur wedi'u trefnu (undebau llafur) a chyrff diwylliannol ac ethnig.

Effaith lledaeniad y llywodraethiant democrataidd i fwy o wledydd y byd yn y cyfnod ar ôl y Rhyfel Oer oedd caniatáu i lawer mwy o grwpiau cymdeithas sifil ffurfio mewn mannau lle bydden nhw wedi cael eu gwahardd yn y gorffennol. Yn eu tro, cysylltodd grwpiau cymdeithas sifil cenedlaethol â'i gilydd a ffurfio rhwydweithiau gwybodaeth a gweithredu rhyngwladol. Un enghraifft yw'r grwpiau o bobl ifanc a gymerodd ran yn y mudiad 'Gwanwyn Arabaidd' yn 2011 a geisiodd sefydlu systemau democrataidd newydd o lywodraethiant mewn nifer o wladwriaethau yng Ngogledd Affrica a'r Dwyrain Canol, yn cynnwys Tunisia, Syria a Bahrain (llwyddodd y rhwydweithio cymdeithasol i ledaenu'r cais hwn i achosi chwyldro, a ysbrydolwyd gan yr ifanc, er mai dim ond dros dro roedden nhw'n llwyddiannus ym mhob achos bron iawn).

Felly, mae gweithredwyr a materion wedi eu seilio ar le penodol yn dechrau cysylltu â'i gilydd ar raddfeydd mwy ac mewn ffyrdd newydd cymhleth, diolch i raddau helaeth i'r gwelliannau mewn cyfathrebu. O ganlyniad, gall gwybodaeth am broblemau economaidd, dyngarol, iechyd a/neu amgylcheddol ledaenu a chroesi ffiniau gwladwriaethau mewn ffordd oedd yn wahanol i unrhyw beth a welwyd o'r blaen. Unwaith mae cymdeithasau sifil neu weithredwyr eraill yn tynnu sylw at y prosesau o ymdrin â'r sefyllfaoedd a'r sialensiau hyn, mae'r prosesau'n mynd yn amlochrog eu natur (hynny yw, mae angen i dair gwlad neu fwy fod yn rhan o'r gwaith) ac felly mae'r angen am lywodraethiant byd-eang effeithiol yn tyfu.

🔑 **TERMAU ALLWEDDOL**

Cenhedloedd G20 Grŵp mwy na'r G7, sydd hefyd yn cynnwys economïau cynyddol amlwg arweiniol a gwledydd datblygedig (incwm uchel) eraill.

Diffynnaeth Y polisi economaidd o gyfyngu ar fewnforion o wledydd eraill gyda thollau a chwotâu i ddiogelu diwydiannau domestig (cartref) gwlad.

ASTUDIAETH ACHOS GYFOES: CANLYNIAD YR ARGYFWNG ARIANNOL BYD-EANG – GLOBALEIDDIO YN OEDI AM GYFNOD?

Mae llawer o economegwyr yn dadlau bod globaleiddio wedi aros yn sefydlog ers Argyfwng Ariannol Byd-eang 2008. Yn wir, mae sôn cynyddol am ddad-globaleiddio hyd yn oed! Mae model o ymddygiad mwy cenedlaetholgar ac ymraethol yn datblygu gan y gwladwriaethau sofran, a gwelwyd hynny'n glir iawn gan weithredoedd gweinyddiaeth Trump yn UDA. Ac eto hyd yn oed heddiw, mae'r rhan fwyaf o'r cenhedloedd G20 yn cyhoeddi eu hymrwymiad parhaus i economi byd-eang agored. Mae'r rhan fwyaf ohonyn nhw'n gwrthod diffynnaeth mewn cyfanwerthu, ac maen nhw'n benderfynol o beidio ailadrodd yr ymynysedd economaidd oedd yn amlwg ar adeg Dirwasgiad Mawr yr 1930au.

Ond, mae economi'r byd wedi mynd yn llai agored yn y degawd diwethaf. Mae llywodraethau'n tueddu fwy a mwy i ddewis pa wledydd eraill y maen nhw eisiau masnachu a gweithio â nhw, pa fath o lifoedd cyfalaf y maen nhw'n eu croesawu ac hyd yn oed pwy maen nhw'n eu caniatáu i mewn fel mewnfudwyr. Maen nhw'n ymddangos bod y rhan fwyaf ohonyn nhw'n ceisio rhoi buddion globaleiddio i'w pobl gan geisio ar yr un pryd eu hynysu nhw oddi wrth anfanteision globaleiddio, e.e. cynnydd mewn mewnforion rhad, llifoedd cyfalaf cyfnewidiol neu'r hyn y mae'r cyfryngau'n ei alw'n 'lifogydd' o fewnfudwyr sy'n cyrraedd mewn niferoedd mwy ac yn gyflymach nag y gallan nhw ymdopi ag o.

Sut ydyn ni'n gwybod bod globaleiddio wedi 'oedi' neu wedi sefyll yn llonydd? Mae'n syml – mesurwch faint y llifoedd! Cyn brwydrau masnach UDA-China yn 2018 (gweler tudalen 50), doedd dim llawer o ddiffynnaeth agored, fel gosod tollau. Ond, ers hynny:

- mae tueddiadau mewn Buddsoddi Uniongyrchol Tramor yn dangos rhai cyfyngiadau ar fuddsoddi mewn diwydiannau strategol allweddol gan wledydd fel China neu India (e.e. mae pryder am fuddsoddiad China yng ngorsafoedd egni niwclear y DU)

- mae cytundebau masnach rhanbarthol a dwyochrog yn ffasiynol ar hyn o bryd, ar draul dull amlochrog Sefydliad Masnach y Byd

- mae llif pobl rhwng gwledydd yn cael ei reoli'n fwy gofalus hefyd – a hynny'n aml iawn gyda thynhau amlwg yn y meini prawf mynediad ar gyfer gadael mudwyr newydd i mewn. Wrth gwrs, aeth y cyn-Arlywydd Trump yn bellach hyd yn oed, gyda'i orchmynion mawr am wal ar y ffin rhwng UDA a México ar ôl dod i'r swydd yn 2017.

Mae patrwm clir yn dod i'r golwg. Mae'r wladwriaeth yn ymyrryd fwy a mwy yn y llifoedd arian, nwyddau a phobl; hefyd, mae mwy o ranbartholi masnach wrth i wledydd weithio tuag at gytundebau masnach gyda chymdogion sydd o'r un meddylfryd â nhw. Bwysicaf oll ar gyfer testun y llyfr hwn, mae anghytuno'n digwydd o fewn llywodraethiant byd-eang. Rydyn ni'n gweld mwy o genhedloedd yn cymryd diddordeb culach yn eu cenedligrwydd nhw eu hunain na chydweithredu

▲ **Ffigur 1.3** Mae rhyfeloedd masnach UDA-China a ddechreuodd yn 2018 wedi creu gwrthdaro yn y systemau economaidd byd-eang ac wedi rhoi straen newydd ar lywodraethiant byd-eang (Mae'r lluniau'n dangos y cyn-Arlywydd Tump a'r Arlywydd Xi Jinping)

rhyngwladol. Gwelwyd yr enghraifft orau o hyn ym mantra 'America first' y cyn-Arlywydd Trump a'i ddymuniad i sicrhau bod llawer o offerynnau llywodraethiant byd-eang yn gweithio mewn ffyrdd a fyddai'n dod â manteision mwy amlwg i UDA.

Yn y cyfamser, mae China, India, Brasil ac **economïau cynyddol amlwg** eraill yn honni eu bod nhw wedi goresgyn y gwaethaf o'r argyfwng ariannol drwy ddefnyddio brandiau amrywiol o gyfalafiaeth sydd wedi eu rheoli gan y wladwriaeth ac, mewn rhai achosion, mae'n ymddangos eu bod nhw'n rymoedd cynyddol mewn llywodraethiant byd-eang a allai lenwi'r bwlch o ran pŵer a adawyd wrth i UDA encilio'n rhannol (gweler Pennod 2). Ond, nid yw'r pwerau newydd hyn sy'n datblygu o anghenraid yn awyddus i gefnogi globaleiddio 'llwyr' newydd (mae China yn cyfyngu'n drwm ar lifoedd gwybodaeth, er enghraifft). Un farn yw y bydd tynged globaleiddio yn y dyfodol wedi ei benderfynu gan weithredoedd UDA a China ar y cyd, sef y gwledydd sydd â'r ddau economi mwyaf ar hyn o bryd. A fyddan nhw'n gallu datblygu fersiwn o globaleiddio sy'n cael ei reoli'n dynnach ac sy'n fwy 'adwyog' (sefyllfa debyg i greu waliau gyda gatiau/adwyon sy'n cael eu hagor o dan yr amodau cywir yn unig)? I ba raddau fydd eu llywodraethau'n cefnogi ffiniau agored, economïau agored a llifoedd rhydd o nwyddau, gwybodaeth, arian a phobl yn y dyfodol?

Beth yw eich barn chi? A yw globaleddiad wedi dechrau encilio, fel sy'n cael ei awgrymu gan y polisïau America First a Brexit? Neu a yw pŵer technoleg mewn 'byd sy'n lleihau' yn rhy gryf i'w wrthsefyll, gan olygu bod mwy o ryng-gysylltu a mwy o fasnach ryngwladol (sydd hefyd yn gynyddol ddigidol) yn mynd i fod yn anochel mae'n debyg? Waeth beth yw'r canlyniad, efallai fod cyfnod stormus o lywodraethiant byd-eang o'n blaenau. Cyfeiriwch yn ôl at Dabl 1.1 ar dudalennau 2 a 3; sut fydd Cyfnod 7 yn edrych yn eich barn chi?

 TERM ALLWEDDOL

Economïau cynyddol amlwg Gwledydd sydd wedi dechrau gweld cyfraddau uwch o dwf economaidd, a hynny'n aml oherwydd ehangiad ffatrïoedd a diwydiannu cyflym. Yn fras, mae'r economïau cynyddol amlwg yn cyfateb yn fras â grŵp gwledydd 'incwm canolig' Banc y Byd ac maen nhw'n cynnwys China, India, Indonesia, Brasil, México, Nigeria, a De Affrica.

Sut mae llywodraethiant byd-eang yn gweithio

▶ *Beth yw prif nodweddion llywodraethiant byd-eang, a pha rolau mae gwahanol weithredwyr yn eu chwarae?*

Rôl y gwladwriaethau sofran

Mae gwladwriaethau'n parhau i fod yn weithredwyr allweddol mewn llywodraethiant byd-eang. Ganddyn nhw yn unig y mae'r sofraniaeth sydd wedi rhoi'r awdurdod iddyn nhw yn y gorffennol nid yn unig i amddiffyn eu tiriogaeth a'u pobl eu hunain, ond hefyd i ddefnyddio'r pwerau y mae sefydliadau rhyngwladol wedi eu dirprwyo iddyn nhw. Wedi'r cwbl, grwpiau o wladwriaethau sydd wedi creu sefydliadau rhynglywodraethol fel y Cenhedloedd Unedig a'r Undeb Ewropeaidd. Yn anochel, mae gwladwriaethau mawr a phwerus wedi chwarae mwy o ran na'r gwladwriaethau llai sydd heb yr un grym. Mae UDA yn astudiaeth achos diddorol o ystyried mai'r wlad hon yw unig wir bŵer mawr y byd (gweler tudalen 30) a hefyd o ystyried mai hi luniodd lawer o 'bensaernïaeth' y Cenhedloedd Unedig ar ôl 1945 (yn cynnwys asiantaethau a sefydliadau allweddol fel Sefydliad Iechyd y Byd a Banc y Byd).

Ond, heddiw, nid yw UDA yn gallu siapio llywodraethiant byd-eang ar ei phen ei hun (e.e. roedd gwrthwynebiad cryf gan y Cenhedloedd Unedig i oresgyniad Iraq dan arweiniad UDA yn 2003). Yn aml iawn, mae UDA yn gweithio'n agos â chyd-aelodau o'r grŵp G7 o genhedloedd. Mewn blynyddoedd diweddar, fodd bynnag, mae'r grŵp BRIC o economïau cynyddol amlwg wedi dechrau gwrth-bwyso pŵer a dylanwad UDA a G7. Weithiau mae gwladwriaethau 'pŵer canolig' yn chwarae rôl hanfodol. Mae'r rhain yn cynnwys Awstralia, Norwy, yr Iseldiroedd a'r Ariannin, ac mae llywodraethau pob un o'r rhain yn dal i ddangos ymrwymiad cryf yn bennaf i amlochredd (*multilateralism*). Ar y llaw arall, mae niferoedd mawr o wladwriaethau llai datblygedig, bach neu fregus sydd yn methu cael pŵer a dylanwad ar y llwyfan rhyngwladol ar eu pen eu hunain ac felly maen nhw'n ffurfio clymbleidiau gan obeithio y gallan nhw siapio agendâu, blaenoriaethau a rhaglenni byd-eang. Mae'r grŵp G77 yn enghraifft o hyn.

Yn fyr felly, mae gwladwriaethau sofran yn parhau i fod yn weithredwyr mawr mewn llywodraethiant byd-eang. Mae gan eu llywodraethau bwerau cryf oherwydd y rolau gwleidyddol, cymdeithasol, economaidd a diogelu sy'n darparu'r sail i'w sofraniaeth. Ond, fel y gwelwn ni maes o law, gall nifer cynyddol o weithredwyr nad ydyn nhw'n wladwriaethau – yn cynnwys busnesau, sefydliadau anllywodraethol a chymdeithasau sifil – gael dylanwad a phŵer byd-eang hefyd.

'Darnau jig-so' eraill llywodraethiant byd-eang

Mae Ffigur 1.5 yn dangos 'jig-so' – neu 'bensaernïaeth' – llywodraethiant byd-eang. Er bod y bobl sy'n beirniadu llywodraethiant byd-eang ein cyfnod ni'n ei bortreadu fel cacoffoni o leisiau niferus heb fawr gysylltiad rhyngddyn nhw, does dim amheuaeth bod nifer o reolau a chyfreithiau rhyngwladol hynod o arwyddocaol wedi cael eu datblygu ers yr 1980au. Mae nifer fawr o benderfyniadau wedi cael eu gwneud (er nad yw pob un yn orfodol yn gyfreithiol) sydd wedi cael effaith eang iawn ar y ffordd y mae'r byd ar y cyd yn rheoli ei systemau ffisegol a dynol. Weithiau mae darnau'r jig-so cyfansawdd yn cydweithio'n dda mewn ffyrdd synergaidd sy'n creu'r hwb wedyn i allu cyflwyno trefniadau a gweithredoedd ar y cyd i ddatrys problemau. Mae syniadau sydd wedi newid bywydau – fel y syniad o ddatblygiad cynaliadwy – wedi codi o'r gwaith hwn.

Daw cymhlethdod llywodraethiant byd-eang nid yn unig yn y ffordd y mae'r darnau jig-so yn ffitio at ei gilydd, ond hefyd y nifer enfawr o weithredwyr sydd yn rhan o'r rhwydwaith. Yn yr adran hon, rydyn ni'n archwilio rolau gweithredwyr allweddol sydd ddim yn wladwriaethau ac yn ceisio asesu pa mor bwysig ydyn nhw o'u cymharu â gweithredwyr eraill yn y broses o lywodraethiant byd-eang. Mae gwahanol weithredwyr (neu chwaraewyr) byd-eang yn gallu cymryd rhan mewn nifer o dasgau, fel y gwelwn ni yn y diagram llif syml (Ffigur 1.4).

Er bod gwladwriaethau'n dal i fod yn endid canolog yn y broses o gyfreithloni normau a rheolaeth (ystyr hyn yw bod y Cenhedloedd Unedig yn hollbwysig fel arena lle gall gwladwriaethau drafod materion sydd o bwys i bawb), mae amrywiaeth o chwaraewyr eraill yn eu cefnogi ac yn eu herio. Mae'r gweithredwyr hyn sydd ddim yn wladwriaethau i'w cael ar amrywiaeth o lefelau llywodraethu, o'r lleol i raddfa fyd-eang. Fel y gwelwn ni mewn astudiaethau achos yn nes ymlaen (gweler tudalennau 58–59 a 77–78), gallwn ni weld mai canlyniad hyn yw cydweithredu ffrwythlon a phenderfyniadau sydd, yn y pen draw, yn effeithiol ac yn gyfreithlon.

▲ **Ffigur 1.4** Diagram llif yn dangos sut mae gwahanol weithredwyr yn cyfranogi mewn llywodraethiant

11

Mae gan weithredwyr, nad ydyn nhw'n wladwriaethau, adnoddau a galluoedd amrywiol i'w defnyddio. Pan fydd agenda yn cael ei gosod, mae sefydliadau anllywodraethol ac arbenigwyr gwyddonol a thechnegol yn aml yn arwain y gwaith o ddiffinio a fframio materion sydd angen sylw gan hefyd ddadlau dros strategaethau a dulliau datrys problemau penodol. Er enghraifft, yn y drafodaeth yn yr 1990au am y ffordd orau o ymdrin â'r pandemig HIV/AIDS, gosodwyd agendâu gan rwydweithiau hybrid o sefydliadau anllywodraethol yn ymwneud ag iechyd, arbenigwyr meddygol, busnesau (yn cynnwys cwmnïau cyffuriau) a'r gwladwriaethau hynny oedd yn profi effeithiau gwaethaf y pandemig. Prif ganlyniad y broses hon oedd cydnabyddiaeth i'r ffaith ei bod hi'n hollbwysig cael mynediad economaidd at feddyginiaeth gwrth-firaol (gweler tudalen 114).

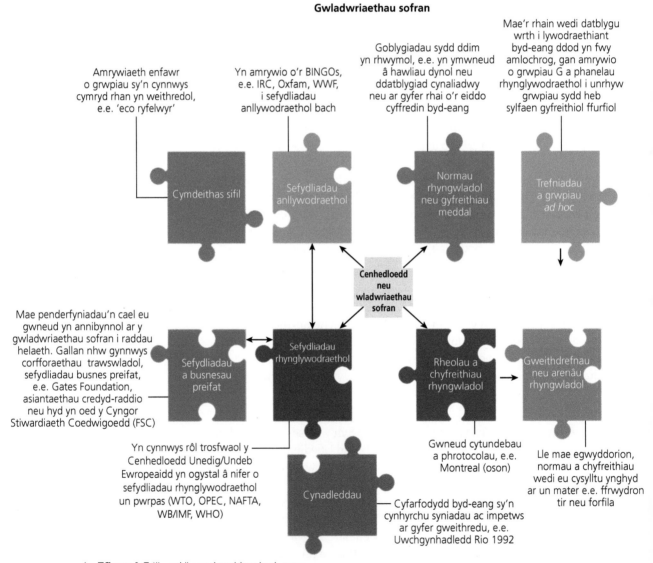

▲ **Ffigur 1.5** 'Jig-so' llywodraethiant byd-eang

Mae Ffigur 1.6 yn dangos yr amrywiaeth o weithredwyr nad ydyn nhw'n wladwriaethau. Bydd yr adran hon yn ymdrin yn fanwl â'r rhain (gwelwch hefyd grynodeb yn Nhabl 1.2 o'r rôl a chwaraewyd gan rai gweithredwyr gweddol fach).

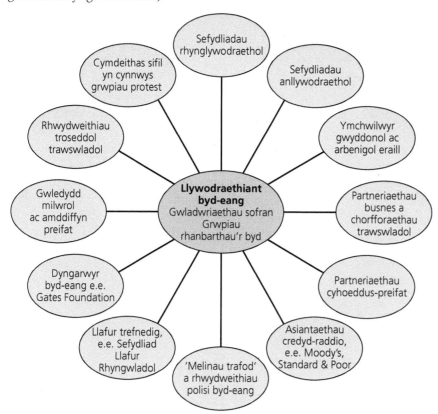

▲ **Ffigur 1.6** Gweithredwyr sydd ddim yn wladwriaethau mewn llywodraethiant byd-eang

Sefydliadau rhynglywodraethol (*IGOs: Intergovernmental organisations*)

Mae Pennod 2 yn esbonio'n fanwl pam mae sefydliadau rhynglywodraethol a grewyd gan y gwladwriaethau eu hunain mor bwysig. Gallwn ni feddwl am sefydliadau rhynglywodraethol, mewn llawer o ffyrdd, fel asiantau i'r aelod-wladwriaethau sy'n eu ffurfio nhw ac yn rhoi eu cylchoedd gwaith, eu cyfrifoldebau a'u hawdurdod i weithredu iddyn nhw. Ond, yn aml iawn, mae gan weision sifil ac ysgrifenyddion sefydliadau rhynglywodraethol lawer iawn o adnoddau. Mae'r adnoddau hyn yn cynnwys arian, bwyd, gwybodaeth ac arfau hyd yn oed (yn achos Adran Gweithredoedd Cadw Heddwch y Cenhedloedd Unedig (*DPKO: Department of Peacekeeping Operations*), fel y gwelwn ni ym Mhennod 4). Gall Banc y Byd a'r Gronfa Ariannol Ryngwladol orfodi amodau ar aelod-wladwriaethau am fenthyg arian i leihau dyledion (gweler tudalen 45 i gael disgrifiad manwl o'r ffordd y mae'r sefydliadau rhynglywodraethol hyn yn gweithredu). Gallwn ni ddadlau bod rhai sefydliadau rhynglywodraethol yn fwy dylanwadol na nifer o'r gwladwriaethau sofran sy'n eu cefnogi nhw'n ariannol.

Felly, mae sefydliadau rhynglywodraethol yn fwy na dim ond offer i'r gwladwriaethau sofran eu defnyddio. Yn hytrach, gallwn ni feddwl amdanyn nhw fel gweithredwyr gyda phwrpas sydd â gwir bŵer i ddylanwadu ar ddigwyddiadau'r byd (yn enwedig i liniaru argyfyngau dyngarol neu economaidd tymor byr). Mae ganddyn nhw'r awdurdod a'r ymreolaeth i weithredu, ar sail eu gallu, i'w cyflwyno eu hunain fel cyrff sydd â safbwynt niwtral, diduedd. Yn aml iawn mae sefydliadau rhynglywodraethol yn uno â gweithredwyr eraill, fel sefydliadau anllywodraethol, ac yn darbwyllo gwladwriaethau i newid eu hymddygiad (e.e. drwy roi troseddwyr rhyfel i'w herlyn yn y Llys Troseddol Rhyngwladol yn Den Haag).

Sefydliadau anllywodraethol (NGOs - Non-governmental organisations)

Mae sefydliadau anllywodraethol yn weithredwyr allweddol sy'n ffurfio rhan fawr o bensaernïaeth llywodraethiant byd-eang. Ochr yn ochr â thwf y sefydliadau anllywodraethol a'u rhwydweithiau ers yr 1980au, roedden nhw'n cyfranogi'n gynyddol mewn llywodraethiant ar bob graddfa – o'r lleol i'r byd-eang. Er nad yw'r mwyafrif o grwpiau 'llawr gwlad' graddfa fach bob amser yn perthyn i rwydweithiau ffurfiol, mae gan bob un bron iawn gysylltiadau anffurfiol â sefydliadau graddfa fwy, fel y prif sefydliadau anllywodraethol mewn datblygiad (e.e. Oxfam International a Gates Foundation). Yn aml iawn, mae'r cysylltiadau hyn rhwng sefydliadau anllywodraethol lleol a rhai graddfa fwy yn allweddol i'r gweithredoedd llwyddiannus hynny i gefnogi achosion da – yn amrywio o rymuso merched a hyrwyddo gofal iechyd i warchodaeth a diogelwch yr amgylchedd. Mae defnyddio'r cyfryngau cymdeithasol, fel Facebook a Twitter, wedi helpu gwaith y sefydliadau anllywodraethol yn fawr. Hefyd, mae sefydliadau anllywodraethol wedi datblygu i fod yn ffynonellau pwysig o wybodaeth ac arbenigedd technegol, yn ymwneud ag amrywiaeth eang o faterion rhyngwladol. Maen nhw'n helpu i godi ymwybyddiaeth a fframio problemau penodol, e.e. addysgu'r cyhoedd am broblem ffrwydron tir o ryfeloedd y gorffennol (a'r gorchymyn dyngarol i gael gwared arnyn nhw).

Amddiffyn	Atal	Hyrwyddo	Gweddnewid
darparu lloches i ddioddefwyr trychinebau a helpu'r tlawd	Gwneud pobl yn llai agored i niwed, drwy ddargyfeirio incwm a chynilion	cynyddu cyfleoedd pobl	cywiro unrhyw ormes neu eithrio cymdeithasol, gwleidyddol ac economaidd
'Rhoi pysgodyn i'r unigolyn'	'Dysgu'r unigolyn sut i bysgota'	'Trefnu cydweithfa bysgotwyr'	'Diogelu pysgota a hawliau pysgota'

▲ **Ffigur 1.7** Yr amrywiaeth o waith y mae sefydliadau anllywodraethol yn ei wneud

Rôl gynyddol bwysig i rai sefydliadau anllywodraethol mawr (yn cynnwys WWF (World Wildlife Fund) a Greenpeace) yw eiriolaeth. Mae sefydliadau anllywodraethol yn gweithio'n ddiflino i berswadio gwladwriaethau a chorfforaethau trawswladol i gyflwyno gwell hawliau dynol neu reoliadau a/neu ddeddfwriaeth ar yr amgylchedd. O ganlyniad, mae'r sefydliadau anllywodraethol mwyaf wedi dod yn weithredwyr hynod o weladwy yn aml iawn mewn llywodraethiant byd-eang. Mewn cynadleddau a thrafodaethau rhyngwladol, cynrychiolwyr sefydliadau anllywodraethol sydd fel arfer yn addysgu dirprwyon, yn ehangu opsiynau polisi neu'n addasu ac yn gosod agendâu. I gloi, mae'r holl agweddau i'r gwaith y mae sefydliadau anllywodraethol yn ei wneud, yn dangos eu bod nhw nid yn unig yn hynod o bwysig, ond hefyd bod eu diddordebau a'u strwythurau rheoli'n amrywiol iawn (Ffigur 1.7).

Cymdeithas sifil

Darn pwysig arall yn y jig-so llywodraethiant byd-eang yw mudiadau cymdeithasol cymdeithas sifil, sy'n debyg mewn rhai ffyrdd i'r sefydliadau anllywodraethol. Mae ymgyrchoedd cymdeithas sifil anffurfiol wedi tyfu'n aruthrol yn eu maint a'u dwyster ers yr 1990au. Mae rhai damcaniaethwyr yn ystyried cymdeithas sifil fel 'trydydd lle' gwleidyddol (ochr yn ochr â mathau o lywodraethau a busnesau). Rydyn ni'n gweld bod cymdeithasau o ddinasyddion yn ceisio siapio ac ail siapio rheolau cymdeithasol. Maen nhw'n sefyll y tu allan i strwythurau a phleidiau gwleidyddol sefydledig. Nod mudiadau cymdeithas sifil yw dylanwadu ar yr egwyddorion, normau, safonau a chyfreithiau sy'n llywodraethu bywydau'r bobl ar y cyd drwy'r byd i gyd. Meddyliwch am y nifer fawr o wahanol ymgyrchoedd amgylcheddol a chymdeithasol sy'n ceisio newid agweddau cyhoeddus (naill ai'n gadarnhaol neu'n negyddol), tuag at faterion fel newid hinsawdd, lles anifeiliaid, egni niwclear neu egni adnewyddadwy, mudo a ffoaduriaid. Heblaw eu bod nhw wedi cu trefnu gan sefydliad anllywodraethol penodol, mae'r rhain yn ymgyrchoedd cymdeithas sifil.

Mae cymdeithas sifil yn dod yn gynyddol berthnasol i lywodraethiant byd-eang am ei bod yn gallu gweithredu y tu allan i strwythurau ffurfiol ac eto, ar yr un pryd, yn ychwanegu cyfreithlondeb i lywodraethiant byd-eang. Rydyn ni wedi gweld nifer o wahanol fathau o effeithiau, gan gynnwys ffurfio agenda (tynnu sylw at faterion), penderfyniadau polisi ac esblygiad sefydliadol (rhoi pwysau ar lywodraethau a busnesau i newid y ffordd maen nhw'n gweithredu).

Gallai amrywiaeth fawr o wahanol gymunedau gymryd rhan yn yr ymgyrchu gan gymdeithas sifil, yn cynnwys gwahanol ddosbarthiadau cymdeithasol a grwpiau ethnig – yr enw ar hyn yw plwraliaeth democrataidd. Ond, nid yw gweithredoedd a gweithredwyr cymdeithas sifil bob amser wedi cyflawni eu disgwyliadau optimistaidd eu hunain yn eu cyfraniad at lywodraethiant. Mae llawer o ymgyrchoedd a gorymdeithiau protestio'n methu: yn llawer rhy aml, mae'r bobl sy'n gwneud y penderfyniadau yn anwybyddu'r lleisiau hyn. Un farn yw bod angen traws-gydlynu'n well rhwng ymgyrchoedd lleol. Yn 2019, cymerodd miloedd o bobl ifanc amser allan o'r ysgol i ymuno â phrotestiadau oedd yn cael eu cynnal mewn dinasoedd ar draws y wlad. Roedden nhw wedi cydlynu eu gweithredoedd gan ddefnyddio'r cyfryngau cymdeithasol. Roedd y protestiadau ar raddfa mor fawr nes bod yn rhaid i'r cyfryngau dalu sylw a chafodd y protestiadau eu dangos ar dudalennau blaen nifer o bapurau newydd i dynnu sylw at argyfwng sefyllfa'r hinsawdd (Ffigur 1.8).

Cryfder y mudiadau cymdeithas sifil yw'r ffordd y gallan nhw ehangu cynrychiolaeth a chyfranogaeth (gan roi llais a dylanwad i'r grwpiau hynny sydd wedi eu hymyleiddio fwy nag eraill, yn gymdeithasol neu'n ddaearyddol). Ond, mae eu gwendidau'n cynnwys y ffordd y mae rhai mudiadau'n cael eu dominyddu gan bersonoliaethau penodol, ac weithiau mae mudiadau eraill tebyg iddyn nhw'n ailadrodd eu hymdrechion.

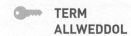

TERM ALLWEDDOL

Grŵp ethnig Cymuned neu grŵp sy'n cynnwys pobl sy'n rhannu cefndir diwylliannol cyffredin (e.e. yr un hanes neu draddodiadau) neu hanes cyffredin (e.e. yr un llinach neu grefydd).

▲ **Ffigur 1.8** Plant yn protestio yn erbyn newid hinsawdd yn rhan o'r grŵp Youth Strike 4 Climate

Dylanwad busnesau a'r sector preifat

Mae'r categori hwn yn cynnwys sbectrwm enfawr yn amrywio o gorfforaethau trawswladol mawr, fel Exxon ac Amazon, i fusnesau preifat llawer llai a'u sefydliadau cefnogi (fel ffederasiynau busnes). Mae gan y corfforaethau trawswladol rôl arweiniol yn y systemau economaidd byd-eang oherwydd buddsoddiad uniongyrchol tramor. Ond, pa mor bell maen nhw'n cyfrannu at adeiladu cyfreithiau byd-eang, cytundebau a normau?

Mae *The Economist* (2016) wedi disgrifio corfforaethau trawswladol mwyaf y byd fel y *Super Stars*. Mae Ffigur 1.9 yn eu dangos nhw: gallwch chi weld sut mae'r cwmnïau sydd wedi eu rhestru fel y rhai mwyaf yn ôl faint o'r farchnad y maen nhw'n berchen arno wedi newid dros ddegawd o'r sector egni i'r sector TG.

- Mae cewri fel Apple, Alphabet (Google) a Microsoft wedi ffynnu o ganlyniad i bŵer technoleg a globaleiddio. Mae corfforaethau trawswladol enfawr wedi elwa o'r globaleiddio ers yr 1980au. Mewn systemau byd-eang, mae'r cwmnïau hyn yn gweithredu fel 'hybiau' sy'n rhwydweithio nifer o wahanol grwpiau o gynhyrchwyr a defnyddwyr at ei gilydd gan ddefnyddio eu strategaethau marchnata a'u cadwynau cyflenwi byd-eang hynod o effeithlon.
- Mae eu hadnoddau a'u maint enfawr wedi golygu eu bod nhw'n dominyddu'r farchnad erbyn hyn, er gwaethaf ymdrechion gan wladwriaethau a sefydliadau rhynglywodraethol i reoleiddio eu gweithredoedd (yn bennaf, mewn perthynas ag osgoi trethi). Ers argyfwng ariannol 2008, mae rhai gweithgareddau (bancio yn bennaf) wedi bod yn atebol i fwy o reoleiddio gan lywodraethau. Ond, gall y corfforaethau trawswladol mwyaf pwerus fforddio'r costau ychwanegol yn hawdd.

Byd rhithiol newydd

Cwmnïau rhestredig mwyaf y byd yn ôl eu cyfalaf yn y farchnad, mewn $bn UDA

Sector: ☐ Egni ☐ Ariannol ☐ Gofal Iechyd ■ Diwydiannol ☐ Technoleg

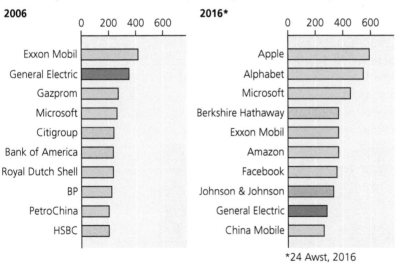

*24 Awst, 2016

▲ **Ffigur 1.9** Y 'deg mwyaf blaenllaw' o gorfforaethau trawswladol y byd yn 2006 a 2016

Mae corfforaethau trawswladol yn gyfrifol am syfliad byd-eang mewn gweithgynhyrchu, ynghyd â phatrymau o symud busnes/gwasanaethau dramor a phrynu gwasanaethau o dramor. Mae eu penderfyniadau ynglŷn â lle i fuddsoddi a lle i beidio buddsoddi wedi siapio'r cyfleoedd datblygu economaidd i gymunedau lleol a gwladwriaethau, a hyd yn oed i ranbarthau byd cyfan – fel Affrica is-Sahara neu Ddwyrain Ewrop. Mae'r corfforaethau trawswladol mwyaf yn endidau grymus sy'n gallu dylanwadu ar lywodraethiant cenedlaethol a byd-eang. Er enghraifft, mae penderfyniadau am gynhyrchu yn y diwydiant cerbydau modur yn creu cyfleoedd a sialensiau i wladwriaethau sofran. Yn aml iawn, mae gwledydd Ewropeaidd wedi cystadlu i ddenu buddsoddiad gan wneuthurwr ceir o UDA a Japan, fel Ford a Nissan. Mae llywodraethau cenedlaethol yn creu rheolau a chyfreithiau buddsoddi gyda'r bwriad o'u gwneud nhw mor gystadleuol â phosibl; ac, yn eu tro, efallai y byddan nhw'n ceisio dylanwadu ar reolau y mae'r sefydliadau rhynglywodraethol yn eu gwneud.

Mae pŵer y corfforaethau trawswladol yn codi cwestiynau ynglŷn â sut gallan nhw gael eu defnyddio fel grym cadarnhaol i ddiogelu'r amgylchedd neu ar gyfer datblygiad economaidd. Gyda rheoliadau digonol, gall y corfforaethau trawswladol helpu i ymdrin â'r materion hyn. Er enghraifft, mae Du Pont yn gorfforaeth drawswladol yn UDA a chwaraeodd ran bwysig mewn ymdrin â'r broblem o ddarwagiad oson yn yr 1980au (gweler tudalen 79). Un pwnc dadleuol (o gofio'r pryderon sydd gan lawer o grwpiau cymdeithas sifil am y grym digyfyngedig bron sydd gan y corfforaethau trawswladol, yn enwedig y cewri technolegol newydd) yw datblygiad diweddar y partneriaethau rhwng y Cenhedloedd Unedig a busnesau. Mae cydweithredu rhwng y Cenhedloedd Unedig a chorfforaethau trawswladol yn dod yn rhan fwy a mwy annatod o'r system lywodraethiant byd-eang amlochrog (gweler tudalen 46).

Mae amrywiol ddadleuon i esbonio pam mae rôl corfforaethau trawswladol mewn llywodraethiant byd-eang wedi ehangu mewn blynyddoedd diweddar:

- Yn ôl athroniaeth o'r enw neoryddfrydiaeth sydd wedi derbyn croeso gan lywodraethau gwladwriaethau, y ffordd orau o ysgogi twf economaidd a datblygiad yw gyda marchnadoedd rhydd a busnesau.
- Mae llywodraethau gwladwriaethau a sefydliadau rhynglywodraethol wedi cael trafferth ymdrin â nifer gynyddol o broblemau trawsffiniol cymhleth, yn amrywio o smyglo i gynorthwyo mewn trychinebau. Mae cwmnïau technoleg sector preifat wedi darparu offer monitro a mapio sy'n helpu i reoli'r problemau hyn.
- O ran y corfforaethau trawswladol, maen nhw wedi bod yn awyddus iawn i ddangos yn glir eu bod nhw'n gwneud y peth cywir gan weithio gyda'r Cenhedloedd Unedig (e.e. drwy ddangos hyn yn adroddiadau eu cwmnïau eu hunain). Mae hyn yn eu helpu nhw i ddangos eu bod nhw'n cadw'n gyfreithlon wrth wynebu beirniadaeth gynyddol (am ddiffyg cyfrifoldeb amgylcheddol a/neu gyfrifoldeb fel corfforaeth i gymdeithas). Gallwn ni ystyried y partneriaethau sydd ganddyn nhw gyda changhennau arbenigol o deulu'r Cenhedloedd Unedig (fel UNICEF, WHO UNDP neu FAO) neu fentrau penodol (fel Nodau Datblygu'r Mileniwm neu gytundebau newid hinsawdd, gan gynnwys COP21) yn arddangosiad rhagweithiol o'u cyfrifoldeb amgylcheddol a chymdeithasol fel corfforaethau.

Mae Ysgrifenyddion Cyffredinol diweddar y Cenhedloedd Unedig, fel y diweddar Kofi Annan a Ban Ki-moon, wedi dangos ymrwymiad pendant iawn i'r agenda Partneriaeth Fyd-eang sy'n cysylltu gwaith y Cenhedloedd Unedig â chorfforaethau trawswladol. Yn Fforwm Cynaliadwyedd Corfforaethol Rio+ 20 yn 2012, atgyfnerthwyd nodau triphlyg y partneriaethau: 'creu gwerth sy'n cael

TERMAU ALLWEDDOL

Symud busnes dramor
I wneud hyn mae corfforaethau trawswladol yn symud rhannau o'u proses gynhyrchu eu hunain (ffatrïoedd neu swyddfeydd) i wledydd eraill i ostwng costau llafur neu gostau eraill.

Prynu o dramor
Yn lle buddsoddi yn ei weithredoedd ei hun dramor, gallai corfforaeth drawswladol ddewis cynnig contract gwaith i gwmni tramor arall.

Neoryddfrydiaeth
Cyfres o syniadau o'r ugeinfed ganrif sy'n atsain credoau blaenorol o'r bedwaredd ganrif ar bymtheg bod pawb ar eu mantais os nad ydyn nhw'n rhwystro'r ffordd y mae grymoedd y farchnad yn gweithio (rhyddfrydiaeth 'laissez-faire'). Mae pobl neoryddfrydol yn cefnogi polisïau rhyddfrydiaeth economaidd fel preifateiddio, llymder ariannol (gostwng gwariant y llywodraeth ar wasanaethau) a masnach rydd.

Ysgrifennydd Cyffredinol (YC) Y Cynulliad Cyffredinol sy'n penodi'r Ysgrifennydd Cyffredinol ar argymhelliad y Cyngor Diogelwch, a hynny am dymor adnewyddadwy o bum mlynedd. Mae rôl yr YC yn gymhleth: mae'r swydd wedi ei rhannu'n bedair rhan gyfartal, sef: diplomydd, eiriolwr, gwas sifil a phrif swyddog gweithredol.

ei rannu, adeiladu galluoedd i ffurfio partneriaethau, a chryfhau cydlyniad ac uniondeb y polisïau a'r gweithredoedd'. Ond, byddai rhai beirniaid yn tynnu sylw at y ffaith bod hyn i gyd wedi digwydd ar yr un adeg ag y bu'r Cenhedloedd Unedig yn wynebu dirywiad ariannol a mwy o anawsterau wrth ddarparu cymorth dramor.

Heddiw, mae'r portffolio Partneriaethau Byd-eang yn llawn o gronfeydd mawr sydd wedi eu sefydliadu sydd â rhanddeiliaid niferus.

- Nod un o'r rhain, sef The Global Fund, yw dod â'r epidemigau AIDS, twbercwlosis a malaria i ben yn gyflymach ac, i wneud hynny, mae'n derbyn cefnogaeth gan gorfforaethau trawswladol byd-eang adnabyddus, ac hefyd nifer o sefydliadau a chwmnïau rhanbarthol llai.
- Mae Tabl 1.2 yn dangos sampl o weithredwyr corfforaethol sydd wedi ffurfio partneriaeth ag UNICEF (daw'r wybodaeth o'r wefan www.business. un.org).

■ Mae Tefal yn talu am raglen faethiad yn Madagascar (2010)
■ Partneriaeth Telenor Group i wella gwasanaethau cyfryngwyr iechyd yn Serbia (2008)
■ Mae'r sefydliad Veolia Environmental yn gweithredu os oes argyfwng dyngarol (2008)
■ Mae P&G Pampers yn talu am Raglen UNICEF ar Ddileu Tetanws mewn Mamau a Babanod Newydd-anedig (2006)
■ Mae FC Barcelona yn ariannu ac yn hyrwyddo ymwybyddiaeth pobl am HIV/AIDS (2006)
■ Mae Gucci yn ariannu projectau i blant sydd wedi eu heffeithio gan HIV/AIDS yn Affrica is-Sahara (2005)
■ Mae ING yn talu am brojectau i gefnogi addysg (2005)
■ Mae Audi China yn ariannu'r project 'Audi Driving Dreams' (2005)
■ Mae Clairefontaine yn ariannu'r rhaglen 'Back to School Programme' (2005)
■ Projectau Montblanc i gefnogi addysg plant (2004)
■ Mae'r US Fund yn cynnal 'Snowflake Ball' UNICEF (2004)
■ Mae H&M yn talu am brojectau ar atal HIV/AIDS a gwrthwynebu llafur plant, a phrojectau addysg a gofal iechyd i blant (2004)
■ Mae Diners Club, Groeg yn codi arian i UNICEF drwy gerdyn Diners Club – UNICEF (2003)
■ Mae Esselunga yn yr Eidal yn talu am brojectau iechyd ac addysg UNICEF (2001)
■ Mae IKEA Foundation yn talu am brojectau sydd wedi eu canolbwyntio ar hawl y plentyn i fywyd diogel ac iach (2000)

▲ **Tabl 1.2** Gwaith Corfforaethau Trawswladol dethol mewn partneriaeth ag asiantaeth y Cenhedloedd Unedig, UNICEF, 2000–10. A oes unrhyw batrymau'n dod i'r amlwg yn ffynonellau a chyrchnodau'r gweithredoedd a welwch yma? Faint o'r gweithredwyr ydych chi'n eu hadnabod fel 'enwau adnabyddus'?

Felly, mae sefydliadau preifat yn chwarae rôl gynyddol werthfawr yn y rhwyd o lywodraethiant byd-eang. Ond, mae rhesymau i fod yn ofalus, neu hyd yn oed i fod yn sinigaidd am rethreg partneriaethau. Mewn rhai achosion, mae mentrau wedi ymddangos yn y penawdau newyddion ond eto maen nhw wedi methu darparu'r union beth sydd ei angen i liniaru trafferthion pob dydd y merched, y plant a'r gweithiwyr sy'n cael eu hecsbloetio.

Darnau terfynol y jig-so llywodraethiant byd-eang

Mae rôl y gweithredwyr eraill a welwch chi yn Ffigur 1.5 (tudalen 12) wedi ei chrynhoi isod yn Nhabl 1.3. O'i gymharu â'r pum chwaraewr mawr blaenorol, mae llawer o'r chwaraewyr hyn o bwysigrwydd isel, neu o bwysigrwydd ysbeidiol.

Llafur wedi'i drefnu o dan arweiniad y Sefydliad Llafur Rhyngwladol (*ILO: International Labour Organization*) (ers 1919)	Y bartneriaeth dair ffrwd – llafur, busnes a llywodraeth – wedi ei hymgorffori gan yr ILO, i sicrhau bod amodau gwaith a hawliau gweithwyr yn parhau i gael sylw byd-eang.
Asiantaethau cyfraddau credyd e.e. Moody's	Mae gan y rhain bŵer cudd dros sefydlogrwydd economi'r byd a'i farchnad ariannol, a pha mor hawdd ydyn nhw i'w rhagweld.
Melinau trafod	Nod y rhain yw dylanwadu ar farn a gweithredoedd drwy ymchwilio mewn byd cyd-ddibynnol cymhleth sy'n gyfoethog ei wybodaeth. Nodwch dwf enfawr y sefydliadau ymchwil polisi cyhoeddus, un o arwyddion globaleiddio.
Arbenigwyr	Mae gwybodaeth ac arbenigedd yn hanfodol yn yr ymdrechion llywodraethiant wrth i broblemau dyfu'n fwy cymhleth yn raddol ac mae angen i ni ddeall y wyddoniaeth sy'n sail i faterion fel newid hinsawdd. Daw arbenigwyr o sefydliadau ymchwil, prifysgolion, diwydiannau preifat o amgylch y byd a phwyllgorau technolegol staff a hefyd grwpiau fel y Panel Rhynglywodraethol ar Newid Hinsawdd (*IPCC: Intergovernmental Panel on Climate Change*).
Dyngarwyr byd-eang	Mae'r sefydliadau hyn yn bwysig i lywodraethiant byd-eang. 'Billanthropy', (sydd wedi ei seilio ar enw Sefydliad Bill Gates (*Bill Gates Foundation*)), yw'r mwyaf o bell ffordd o ran pwysau ac amlygrwydd ac maen nhw'n defnyddio cyfoeth preifat er lles y cyhoedd, e.e. i 'ddatrys problemau iechyd mawr y byd'.
Cwmnïau milwrol a diogelwch preifat	Dyma un rhan sy'n tyfu o'r jig-so preifateiddio am eu bod nhw'n cymryd rhan gynyddol mewn gwaith cadw heddwch yn ardaloedd y byd lle mae helynt.
Rhwydweithiau troseddol trawswladol	Mae sefydliadau rhyngwladol fel Interpol a rhwydweithiau deallusrwydd a goruchwylio'n cael eu defnyddio i geisio rheoli rhwydweithiau trawswladol o droseddwyr a therfysgwyr sydd wedi defnyddio'r rhwydweithiau cymdeithasol a'r we dywyll i gryfhau eu cysylltiadau.

▲ **Tabl 1.3** Gweithredwyr eraill a'u rolau mewn llywodraethiant byd-eang (gallech chi ymchwilio rhai ohonyn nhw'n fanylach a cheisio eu rhoi yn eu trefn o ran eu heffaith gyfredol ar lywodraethiant byd-eang – nid yw pob un ohonyn nhw er budd pobl gyffredin)

Y casgliad felly yw bod twf y gweithredwyr a chwmpas eu rhwydweithiau wedi bod yn ganolog i faes cynyddol llywodraethiant byd-eang. Drwy blwraliaeth y mae'r byd yn cael ei lywodraethu ar hyn o bryd. Y cwestiwn yw, pa mor effeithiol yw hyn?

▲ **Ffigur 1.10** Symbol y Cyngor Stiwardiaeth Coedwig

Yn aml iawn rydyn ni'n cyfeirio at y gweithredwyr sy'n cyfranogi mewn partneriaethau datblygu etc. rhwng y Cenhedloedd Unedig a busnesau fel 'rhanddeiliaid' ac maen nhw'n cynnwys biwrocratiaid y Cenhedloedd Unedig, corfforaethau amlwladol a sefydliadau corfforaethol fel Sefydliad Gates, yn ogystal â rhoddwyr rhoddion llywodraethol, enwogion, sefydliadau anllywodraethol, sefydliadau cyflogi a mentrau llai – h.y. criw cymysg iawn o randdeiliaid. Gallwn ni ystyried bod hyn yn rhan o blwraliaeth gynyddol llywodraethiant byd-eang – sef cynnydd yn y gwahanol fathau o bobl sy'n rhan ohono – ac efallai gynnydd mewn democratiaeth oherwydd gallwn ni ddadlau bod mwy o bleidiau yn buddsoddi ac yn dod yn rhan ohono. Mae'r partneriaethau'n darparu amrywiaeth o nwyddau a gwasanaethau, o gymorth mewn argyfwng i ddatblygiad y farchnad (e.e. ar gyfer rhagor o gynlluniau arweiniad), neu hyd yn oed hyrwyddo egwyddorion ymddygiad, yn aml yn rhan o berthynas symbiotig sy'n dod â buddion i'r rhoddwyr a'r derbynwyr.

Ydych chi'n gyfarwydd â symbol FSC sydd i'w gweld ar nifer o gynhyrchion pren, papur a chynhyrchion eraill y goedwig (gweler Ffigur 1.10)? Mae'r Cyngor Stiwardiaeth Coedwigoedd (*FSC: Forest Stewardship Council*), yn fwy nag unrhyw sefydliad arall o bosibl, wedi gwneud torri coed yn rhywbeth sy'n dda i'r amgylchedd! Cafodd y syniad am FSC ei greu yn 1990 a'i sefydlu yn 1993 ar ôl Uwchgynhadledd y Ddaear yn Rio yn 1992. Cafwyd y syniad gwych yma gan grŵp o ddefnyddwyr coed, masnachwyr coed a sefydliadau anllywodraethol amgylcheddol oedd eisiau sefydlu system i ardystio cynhyrchion pren oedd yn dod o goedwigoedd a reolwyd yn gynaliadwy.

Yn wreiddiol, aeth y grŵp ati i lobïo gwledydd allweddol fel Brasil a Malaysia yn Uwchgynhadledd y Ddaear yn Rio i sefydlu a mabwysiadu cynllun ardystio. Ond, pan fethodd y gynhadledd ddod i gytundeb am reolaeth gynaliadwy ar ddatgoedwigo, gwthiodd FSC yn ei flaen â'i gynlluniau, gan sicrhau arian gan WWF a'r gadwyn DIY B&Q i sefydlu swyddfa fach yn Oaxaca yn México yn 1994. Erbyn 2003, roedd FSC wedi symud i'r Almaen, ac wedi sefydlu ei logo ardystio – sy'n gyfarwydd erbyn hyn mewn siopau DIY o amgylch y byd. Heddiw, mae'r FSC wedi ei ariannu gan amrywiaeth o wahanol sefydliadau, yn cynnwys elusennau a chwmnïau sydd â diddordeb mewn gwelliannau i'r cartref (fel IKEA a Home Depot yn UDA), tanysgrifiadau aelodaeth a ffioedd gan gyrff ardystio.

Erbyn 2018, roedd wedi ardystio 190 miliwn hectar o fforestydd mewn mwy nag 80 o wledydd fel rhai oedd yn cael eu rheoli'n gyfrifol, ac mae hyn wedi helpu i sicrhau bod y gadwyn gyflenwi gyfan o'r fforest i'r cwsmer yn cael ei rheoli'n gynaliadwy. Cafodd hyn i gyd ei gyflawni heb unrhyw reoliad cyfreithiol, mewn llai na deng mlynedd ar hugain.

Mae'r FSC yn achos diddorol o lywodraethiant preifat sydd heb ei yrru gan wladwriaethau na marchnadoedd. Mae'n tynnu ynghyd fuddiannau amgylcheddwyr a busnesau ac yn rheoleiddio a gorfodi ei bolisïau a'i safonau amgylcheddol ei hun heb unrhyw gyfranogaeth uniongyrchol gan wladwriaeth. Mae'n enghraifft ddiddorol o sut i ddod â newid (mae cwmnïau wedi cofrestru'n wirfoddol ar y cynllun ardystio) am fod hyn yn dod â buddion sylweddol i'w aelodau, yn foesol, h.y. gwneud y peth iawn, ac yn wybyddol oherwydd mae mwy a mwy o bobl yn ystyried mai rheoli fforestydd yn gynaliadwy yw'r unig beth i'w wneud!

Mae FSC yn enghraifft dda o rym llywodraethiant rhwydwaith a sut mae'n gallu arwain at newid polisi, gyda monitro gweithgareddau amgylcheddol yn y goedwig a wynebu mwy o graffu er budd ecosystemau fel coedwigoedd. Maen nhw'n sefydlu eu hawdurdod drwy sicrhau cymeradwyaeth gan gynulleidfaoedd allanol, fel sefydliadau anllywodraethol, ac yn fwyaf pwysig oherwydd pwysau gan gwsmeriaid sy'n gwrthod prynu cynhyrchion o unrhyw ffynonellau eraill heblaw rhai cynaliadwy.

Gwerthuso'r mater

▶ *Gwerthuso'r broses o wneud penderfyniadau mewn llywodraethiant byd-eang*

Themâu a chyd-destunau posibl ar gyfer y gwerthusiad

Pan fyddwn ni'n gwerthuso rhywbeth, rydyn ni'n pwyso a mesur ei gryfderau a'i wendidau (neu gostau/methiannau a buddion/llwyddiannau), yn aml o amrywiaeth o wahanol safbwyntiau neu bersbectif, cyn dod i gasgliad neu feirniadaeth gyffredinol. Mae adran drafod y bennod hon yn canolbwyntio ar wneud penderfyniadau mewn llywodraethiant byd-eang. Ymysg y themâu posibl i'w gwerthuso mae edrych i ba raddau mae'r broses o wneud penderfyniadau'n llwyddo fel arfer o ran:

● caniatáu i wahanol weithredwyr ar wahanol raddfeydd gymryd rhan yn ddemocrataidd yn y broses o wneud penderfyniadau
● creu canlyniad dilys (sy'n golygu bod y penderfyniadau sy'n cael eu gwneud yn amlwg yn ganlyniad i gyfarfodydd agored rhwng gweithredwyr ac y mae pob un ohonyn nhw wedi gweithredu'n deg ac wedi eu dal yn atebol)
● peri gweithrediad strategaethau neu gamau gweithredu effeithiol (h.y. cyflawnwyd y targedau).

Cyd-destunau posibl ar gyfer y gwerthusiad

Mae nifer o enghreifftiau posibl o gryfderau a gwendidau wrth wneud penderfyniadau amlochrog. Maen nhw'n amrywio o weithredoedd cadw heddwch y Cenhedloedd Unedig i weithredoedd wrth ymdrin â phandemig byd-eang. Fel arfer, mae amlochredd yr unfed ganrif ar hugain yn hynod o gymhleth, gyda chyfranogwyr niferus ac amrywiol iawn.

● Pan fydd niferoedd mawr o grwpiau cwbl wahanol (yn cynnwys y gweithredwyr sy'n wladwriaethau a'r rhai sydd ddim) gall hynny arwain at wneud y pwrpas yn llai penodol, gyda

buddiannau sy'n gorgyffwrdd, nifer o wahanol reolau, materion anodd (yn cynnwys problemau drwg sy'n anodd eu datrys) a hierarchaethau gwleidyddol sy'n ansefydlog (meddyliwch am y ffordd y mae goruchafiaeth neu hegemoni UDA yn cael ei herio drwy'r amser gan dwf China ac atgyfodiad Rwsia). Mae hyn i gyd yn cymhlethu'r prosesau trafod a diplomyddiaeth, ac yn ei gwneud hi'n llai tebygol y bydd modd dod o hyd i dir cyffredin i gyd-gytuno a/neu weithredu ar y cyd. Er enghraifft, mae cynadleddau sydd wedi eu noddi gan y Cenhedloedd Unedig, fel Uwchgynhadledd Byd Johannesburg ar Ddatblygiad Cynaliadwy (2002) wedi gweld miloedd lawer o gynrychiolwyr yn dod o 192 o wledydd, ynghyd â channoedd o sefydliadau anllywodraethol, busnesau a nifer o ddinasyddion preifat (cymdeithas sifil).

● Yn ogystal, mae nifer y gwladwriaethau sy'n cymryd rhan mewn llywodraethiant byd-eang yn parhau i gynyddu, o ganlyniad i fudiadau ymwahanwyr (e.e. gwahanu Yugoslavia fel roedd y wlad yn yr 1990au neu, yn fwy diweddar, ymraniad Sudan).

Felly beth allai effeithio ar y gallu i wneud neu i beidio gwneud penderfyniadau?

● Yn nyddiau cynnar Cynghrair y Cenhedloedd (gweler tudalen 2), cafodd y penderfyniadau i gyd eu gwneud ar sail 'un wladwriaeth un bleidlais'. I'r gwrthwyneb, mae rhai sefydliadau modern yn rhoi mwy o lais i rai gwladwriaethau nag eraill ar sail eu poblogaeth neu gyfoeth (e.e. mae UDA yn dal 16.5 y cant o'r pŵer pleidleisio mewn penderfyniadau y mae'r Gronfa Ariannol Ryngwladol (IMF) yn eu gwneud am ei bod yn cyfrannu cymaint o gymorth ariannol i'r IMF).
● Ers yr 1980au (gweler Pennod 2), mae holl sefydliadau'r Cenhedloedd Unedig yn gweithio ar fath o gonsensws, h.y. gall gwladwriaethau

Cryfderau	Gwendidau posibl
■ Yn agor y broses o wneud penderfyniadau i gyfranogaeth ddemocrataidd. ■ Yn gwella ansawdd y penderfyniadau a wneir (mae'n cymryd mwy o safbwyntiau i ystyriaeth). ■ Yn gwella dilysrwydd y penderfyniadau.	■ Anawsterau cynnwys yr holl randdeiliaid. ■ Yn gostus ac yn cymryd llawer o amser i'w weithredu. ■ Ychydig iawn o effaith ystyrlon ar benderfyniadau allweddol. ■ Gallai'r broses gael ei thanseilio gan bŵer anghyfartal rhai gweithredwyr.

▲ **Tabl 1.4** Gwerthusiad o'r dull cyfranogi 'pabell fawr' o lywodraethiant

unigol ganiatáu neu rwystro gweithredu, sydd, wrth gwrs, yn cynyddu'r siawns y bydd penderfyniadau'n cael eu 'rhewi' neu y bydd cynigion yn cael eu symleiddio er mwyn apelio at fwy o bobl.

● Mae'r broses o wneud penderfyniadau'n cael ei dylanwadu hefyd gan bersonoliaethau arweinwyr gwleidyddol gwahanol wledydd a'u cynrychiolwyr. Pan fyddwn ni'n sôn am gymryd y cam cyntaf a chanfod ateb sy'n gweithio, mae llwyddiant yn gallu dibynnu ar bragmatiaeth gwahanol arweinwyr cenedlaethol a gweithredwyr graddfa lai eraill.

● Wrth gwrs, mae faint o argyfwng yw'r broblem sydd dan sylw - a'i graddfa a'i chymhlethdod - yn hynod o bwysig hefyd yn y pen draw.

Y dirgelwch yw sut byddai unrhyw gynnydd o gwbl yn digwydd mewn sefydliad sy'n cynnwys mwy na 190 o aelod-wladwriaethau, wedi eu dylanwadu gan sefydliadau anllywodraethol niferus, a'u lobïo gan gorfforaethau trawswladol, a'u gwasanaethu gan ysgrifenyddiaeth ryngwladol sy'n cael ei chynghori gan nifer o arbenigwyr gwrthgyferbyniol! Ac eto weithiau, mae'n bosibl cysoni'r holl fuddiannau hyn sy'n gallu bod yn amrywiol iawn a dod i gonsenws, fel y gwelwn ni mewn nifer o enghreifftiau yn y llyfr hwn.

Gwerthuso i ba raddau y mae gwahanol weithredwyr yn gallu cymryd rhan mewn gwneud penderfyniadau.

Mae nifer o fanteision i'w cael o gynnwys llawer o weithredwyr a chymunedau yn y broses o wneud penderfyniadau am lywodraethiant byd-eang, a'r

mwyaf amlwg o'r manteision hyn yw y ceir consensws sy'n cael ei barchu'n eang. Gallai cyfarfodydd gael eu cynnal sy'n gadael i'r cyhoedd gyfranogi, gan hwyluso cyfathrebu rhwng llywodraethau, dinasyddion, rhanddeiliaid, busnesau a grwpiau eraill sydd â diddordeb. Mae Tabl 1.4 yn crynhoi rhai o gryfderau a gwendidau dull 'pabell fawr'.

I fod yn ddefnyddiol, mae'n rhaid i gyfranogaeth y cyhoedd fod yn addas i'r diben; ac i fod yn ddefnyddiol, mae'n rhaid i'r hyn a alwn ni yn 'ysgol ddringo o gyfranogaeth' fod yn fwy na dim ond arbenigwyr a gwleidyddion yn dweud wrth y cyhoedd beth sydd yn digwydd – yr enw ar hyn yw dull Penderfynu, Cyhoeddi Amddiffyn (*DAD: Decide, Announce, Defend*). Yn lle hynny, byddai'r dull 'pabell fawr' cynhwysol sy'n dilyn yr athroniaeth 'Cwrdd, Deall, Addasu' wrth wneud penderfyniad (*MUM: Meet, Understand, Modify*).

Ond, mae rhai problemau'n codi gyda'r model o gyfranogaeth gyhoeddus ar gyfer gwneud penderfyniadau. Mae nifer o sialensiau a allai wneud y broses yn llai defnyddiol:

● *Anghymesuredd* – mewn egwyddor, mae angen i randdeiliaid gael yr un maint o gyfranogaeth mewn mater arbennig, ond efallai nad yw eu rôl yn y broses o wneud penderfyniad yn gyfartal neu'n gymaradwy.

● *Gogwydd at yr arbenigwyr* – yn aml iawn mae tueddfa i anwybyddu profiad 'pobl gyffredin' er mwyn cael barn arbenigwyr (sy'n credu mai nhw sy'n gwybod orau er nad ydyn nhw efallai'n gweld y 'darlun llawn').

● *Diffyg adnoddau* – er mwyn i gyfranogaeth y cyhoedd fod yn effeithiol mae angen i'r llywodraeth wrando'n iawn, ac mae angen

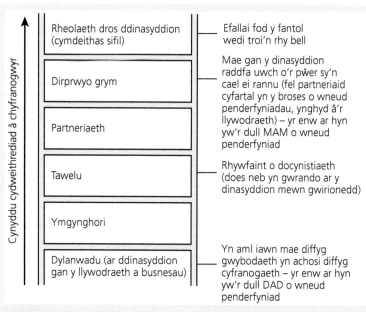

▲ **Ffigur 1.11** Yr ysgol ddringo wrth gyfranogi yn y gwaith o wneud penderfyniadau

amser ac arian sylweddol. Mae rhai sefydliadau'n ystyried bod cyfranogaeth yn wastraff o gyfalaf gwerthfawr, neu does ganddyn nhw ddim yr adnoddau i ymgynghori'n effeithiol.

Am y rhesymau hyn, mae prosesau gwneud penderfyniadau'n ddiffygiol weithiau o'r dechrau.

Gwerthuso *dilysrwydd* y broses o wneud penderfyniadau mewn llywodraethiant byd-eang

Beth sy'n gwneud i'r gweithredwyr grymus a'r rhai llai grymus mewn llywodraethiant byd-eang benderfynu cydweithredu? Pam mae'r gweithredwyr hyn yn penderfynu ufuddhau i'r rheolau er nad oes unrhyw orfodiad neu gymhelliad? Mae'n debyg mai'r ateb i hyn yw bod eu penderfyniad i gydymffurfio â rheolau, normau a chyfreithiau penodol yn gysylltiedig â bod yn *ddilys*. Efallai eu bod nhw wedi eu cymell gan awydd mewnol i sicrhau bod pobl (eu cyd-wladwriaethau a'u dinasyddion eu hunain) yn gweld eu bod nhw'n 'gwneud y peth iawn'.

Un agwedd allweddol o ddilysrwydd i wladwriaethau yn y system ryngwladol, wrth gwrs, yw aelodaeth o'r Cenhedloedd Unedig (mae gan y Cenhedloedd Unedig enw mor dda nes nad yw unrhyw un wladwriaeth sofran wedi ymadael ag o erioed).

- Yn 2003, gwrthododd y Cyngor Diogelwch gymeradwyo cyrch dan arweiniad UDA yn Iraq. Cafodd hyn yr effaith o wanhau honiadau'r UDA a'i gynghreiriaid eu bod nhw'n gweithredu'n ddilys.
- Ar y llaw arall pan mae milwyr cadw heddwch y Cenhedloedd Unedig (sydd weithiau'n cael eu galw'n 'gapiau glas') yn cael eu hanfon i ranbarth lle mae rhyfel cartref, er mwyn cadw ac atgyfnerthu'r ataliad yn y brwydro, mae eu presenoldeb yn anfon arwydd cryf i'r ddwy ochr sy'n gwrthryfela eu bod nhw'n gweithredu y tu allan i'r normau byd-eang arferol a bod angen iddyn nhw ganfod ateb mwy heddychlon.

Yn aml iawn, mae ymgynghori â gweithredwyr sydd ddim yn wladwriaethau, e.e. sefydliadau anllywodraethol sydd wedi sefydlu'n dda, neu arbenigwyr cymdeithas sifil (academyddion), yn golygu bod y penderfyniadau rhyngwladol sy'n cael eu gwneud yn rhai mwy dilys. Felly, mae gweithredoedd y Cenhedloedd Unedig i ymdrin â newid hinsawdd wedi eu dilysu gan y maint enfawr o ddata cefnogol sydd wedi ei gasglu gan wyddonwyr hinsawdd sy'n ennyn parch mawr. Hefyd, mae'r Cenhedloedd Unedig bob amser yn ymdrechu i roi llais i wladwriaethau llai eu maint, a llai pwerus, mewn fforymau fel Cynhadledd Paris 2015. Mae hyn yn helpu i sicrhau nad ydy penderfyniadau byd-eang wedi eu gyrru'n gyfan gwbl gan ddiddordebau'r gwladwriaethau pwerus.

Gwerthuso *atebolrwydd* y prosesau gwneud penderfyniadau mewn llywodraethiant byd-eang

Mewn blynyddoedd diweddar, mae holl weithredwyr llywodraethiant byd-eang – gan gynnwys sefydliadau rhynglywodraethol (IGOs), sefydliadau anllywodraethol (NGOs), corfforaethau amlwladol (MNCs) a grwpiau cymdeithas sifil *ad hoc* – wedi wynebu galw cynyddol am gymryd mwy o atebolrwydd mewn perthynas â'u penderfyniadau. Yn y gorffennol, roedd mwyafrif y canghennau yn nheulu'r Cenhedloedd Unedig (e.e. Sefydliad Masnach y Byd (WTO), y Gronfa Ariannol Ryngwladol (IMF) a Banc y Byd) yn cynnal cyfarfodydd caeedig, oedd yn cyfyngu ar ba mor agored ac eglur oedden nhw.

Mae atebolrwydd yn cynnwys y prosesau o adrodd, mesur, cyfiawnhau, esbonio a monitro effeithiau unrhyw weithredoedd a phenderfyniadau. Ond pwy sy'n gwneud y gwaith hwn mewn gwirionedd? Gan bwy mae'r grym i ddal sefydliadau rhynglywodraethol neu weithredwyr eraill yn atebol? Mae gan rai sefydliadau rhynglywodraethol, fel Banc y Byd, eu panel archwilio ac arolygu eu hunain. Weithiau, mae sefydliadau anllywodraethol ac aelod-wladwriaethau'r Cenhedloedd Unedig yn gofyn i'r Cenhedloedd Unedig sefydlu ymholiad annibynnol os yw rhaglen llywodraethiant byd-eang wedi perfformio'n wael. Er enghraifft, daeth rhaglen Olew am Fwyd y Cenhedloedd Unedig i ben mewn ffordd wael iawn ym mlynyddoedd cynnar y 2000au, gydag adroddiadau am gamreoli a llygru. O ganlyniad, sefydlwyd ymchwiliad annibynnol, dan arweiniad cyn-Gadeirydd Cronfa Ffederal UDA, Paul Volcker. Yn adroddiad terfynol comisiwn Volcker, cafwyd tystiolaeth bod tua 2000 o gwmnïau'n talu llwgrwobrwyon er mwyn cael cymryd rhan yn y rhaglen. O ganlyniad, cafwyd newidiadau ysgubol yn y Cenhedloedd Unedig, yn cynnwys gwelliannau yn y ffordd y mae projectau'n cael eu goruchwylio a'u rheoli'n ariannol.

Ond, mae pryderon am atebolrwydd yn dal i wneud y cyhoedd yn amheus am lywodraethiant byd-eang. Ym Mhennod 4 (tudalen 115) mae astudiaeth achos o'r ymdrechion i helpu Haiti yn dilyn daeargryn 2010 (pan gafodd yr ynys ei 'goresgyn' gan lu o wahanol sefydliadau anllywodraethol) ac mae'n archwilio'r materion cysylltiedig hyn: dilysrwydd, atebolrwydd ac effeithiolrwydd. Yn anffodus, mae hon yn stori sy'n cynnwys gweithredoedd amhriodol, llygredd a sgandal, ac sydd wedi gwneud drwg i ddelwedd sefydliadau anllywodraethol oedd ar un adeg yn ennyn parch mawr, fel Oxfam (gweler tudalennau 115-117).

Gwerthuso *canlyniadau* prosesau gwneud penderfyniadau llywodraethiant byd-eang

Mae llawer o'r gweithredwyr ac aelodau'r cyhoedd cyffredinol yn barod iawn i bwysleisio methiannau llywodraethiant byd-eang ar y sail nad yw eu gweithredoedd a'u mentrau nhw i gyd yn cyflawni eu nodau'n llawn bob amser. Yn fwyaf nodedig, pam nad yw'r broblem o dlodi byd-eang wedi cael ei datrys eto, sy'n golygu bod llawer o bobl yn dal i fyw o dan y llinell dlodi? Mae beirniaid yn cyfeirio at bensaernïaeth ddarniog y llywodraethiant byd-eang sy'n ymdrin â datblygiad rhyngwladol. Maen nhw'n dadlau mai'r brif reswm roedd Nodau Datblygiad y Mileniwm (gweler tudalen 58) wedi 'llwyddo' i daro rhai targedau gostwng tlodi byd-eang oedd twf economaidd anhygoel China ar ôl yr 1980au – a gododd gannoedd o filiynau o bobl China allan o dlodi. Maen nhw'n dweud felly mai gweithredoedd llywodraeth China ddylai gael y diolch pennaf am y llwyddiant hwn. Yn y cyfamser, mae o leiaf 1.5 biliwn o bobl (data 2018) yn methu cyrraedd fawr ddim o'r gwasanaethau mwyaf sylfaenol, neu'n methu eu cyrraedd o gwbl, ac yn nodedig felly mewn rhannau o Affrica is-Sahara. Ar yr un pryd, mae'r bwlch datblygiad wedi ehangu'n fawr rhwng gwledydd incwm uchel cynyddol amlwg, fel Qatar, a'r gwledydd tlotaf sydd wedi datblygu leiaf, fel Gweriniaeth Ddemocrataidd Congo. Ar sail hyn, gallwn ni ystyried bod y llywodraethiant byd-eang ar ddatblygiad wedi perfformio'n wael.

Weithiau mae penderfyniadau llywodraethiant byd-eang wedi methu cyflawni'r disgwyliadau sy'n ymwneud â llawer o faterion eraill hefyd:

- Mae lluoedd cadw heddwch wedi methu weithiau i amddiffyn bywydau poblogaethau'r byd sydd o dan y risg mwyaf mewn rhanbarthau o wrthryfela. Ymysg methiannau'r gorffennol mae Rwanda, Somalia, Sudan ac, yn fwy diweddar, Syria ac Yemen (gweler Pennod 4).
- Yn dilyn effeithiau dinistriol yr Argyfwng Ariannol Byd-eang (gweler tudalen 9), roedd llawer o arsylwyr yn beio sefydliadau rhynglywodraethol ariannol am hyn, yn enwedig y Gronfa Ariannol Ryngwladol. Mae rhai yn gofyn yn feirniadol pam nad oedd staff arbenigol y Gronfa Ariannol Ryngwladol wedi gweld yr Argyfwng Ariannol Byd-eang yn dod ac wedi gweithredu i'w atal.
- Weithiau mae llywodraethiant byd-eang wedi methu cyflawni'n ddigonol wrth ymdrin â phandemig byd-eang, yn cynnwys twbercwlosis, HIV/AIDS, colera, malaria a'r dwymyn deng. Er bod gwelliant wedi digwydd, nid yw'n fyd-eang; mae lledaeniad Ebola yng Ngorllewin Affrica yn symptomatig o ba mor fregus yw gwledydd tlotaf y byd o hyd.
- Hyd yn oed nawr, does dim mecanweithiau go iawn i sicrhau bod corfforaethau trawswladol yn codi eu safonau moesegol ac yn diogelu hawliau dynol eu gweithwyr. Mater arall y mae sefydliadau rhynglywodraethol yn cael trafferth ymdopi ag o yw'r ffordd y mae corfforaethau trawswladol yn mynd ati i osgoi talu treth.

Yn olaf, cyfyngedig iawn yw'r cynnydd hyd yma yn yr ymgais i gyflwyno atebion llwyddiannus i broblem amgylcheddol fwyaf y byd, h.y. rheoli'r newid hinsawdd. Mae nifer enfawr o drafodaethau wedi digwydd am newid hinsawdd mewn cynadleddau olynol. Ac eto, cyrhaeddodd allyriadau CO_2 uchafbwynt yn 2018, gan godi o bron i 3 y cant. Un farn yw bod hyn yn fesur damniol o fethiant llywodraethiant byd-eang.

Ar y llaw arall, mae'n bwysig nodi bod y rhain i gyd yn broblemau drwg, sydd, drwy ddiffiniad, yn anodd eu datrys. Byddwch chi wedi astudio nifer ohonyn nhw yn rhan o'ch cwrs Daearyddiaeth Safon Uwch, a byddwch wedi dod i ddeall yn dda erbyn hyn mor gymhleth ydyn nhw. Yn ogystal, mae'r llyfr hwn yn rhoi digonedd o enghreifftiau o fentrau llywodraethiant byd-eang llwyddiannus (neu rhannol lwyddiannus), fel yr ymdrech ryngwladol yn yr 1980au i ymdrin â phroblem darwagio'r oson yn yr atmosffer (gweler tudalen 79). Gwelwyd llwyddiant hefyd i leihau'r dyledion mewn nifer o wledydd tlawd (tudalen 47). Mae hefyd yn wir y byddai lledaeniad clefydau mawr yn broblem fwy fyth heb waith y Cenhedloedd Unedig a'i asiantaethau.

Dod i gasgliad gyda thystiolaeth

Un farn derfynol synhwyrol yw bod ein system jig-so graddfa fawr a gwasgaredig o lywodraethiant byd-eang ar hyn o bryd – lle mae llawer o weithredwyr, p'un a ydyn nhw'n wladwriaethau ai peidio, yn chwarae rolau allweddol wrth weithio mewn partneriaeth – yn gweithio'n dda weithiau, ond dim ond ar gyfer rhai materion ac o dan rai amgylchiadau. Yn y gwerthusiad eang hwn o wneud penderfyniadau mewn llywodraethiant byd-eang, mae llawer o bwyntiau pwysig wedi eu codi. Mae Ffigur 1.12 yn cynnig crynodeb o rai o'r cwestiynau y mae'n rhaid i ni eu gofyn i ni'n hunain cyn penderfynu pa mor llwyddiannus oedd unrhyw agwedd o'r broses wneud penderfyniadau – e.e. mewn perthynas ag ymdrin â thlodi, newid hinsawdd, problemau ariannol, gwrthdaro, lledaeniad clefydau neu bob math o faterion argyfyngus i'r gymuned fyd-eang.

Y rhwystr mwyaf o hyd sy'n atal y broses benderfynu rhag bod yn effeithiol (ac sydd felly'n atal y gweithredu rhag bod yn effeithiol) yw'r tensiwn sy'n dal i fodoli rhwng gwladwriaethau sofran ('blociau adeiladu' sefydlog y system

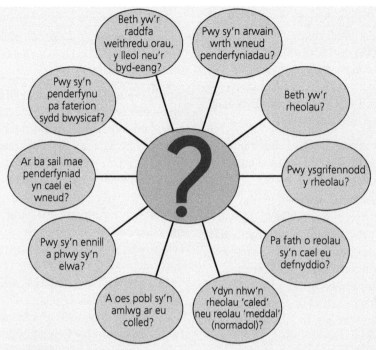

▲ **Ffigur 1.12** Deg cwestiwn i'w gofyn wrth werthuso penderfyniadau llywodraethiant byd-eang

ryngwladol) a'r llifoedd a grymoedd cynyddol symudol sy'n gweithredu mewn byd sydd wedi globaleiddio, gan gynnwys llifoedd dynol (pobl, nwyddau, data ac arian) a llifoedd ffisegol (gan gynnwys carbon a phathogenau sy'n achosi clefydau). O ganlyniad i'r tensiwn hwn, mae nifer o'r aelod-wladwriaethau'n ail wthio eu hannibyniaeth a'u sofraniaeth eu hunain, a hynny'n ddigon amlwg felly yn achos UDA, Rwsia a'r DU.

Mae hyn yn achosi llawer mwy o wrthdaro mewn llywodraethiant byd-eang nag yr ydym wedi arfer ag o mewn cyfnodau diweddar. Roedd llwyddiant etholiadol yr Arlywydd Trump yn 2016 yn arwydd o'r adnewyddiad hwn o ysbryd o hunan-ddiddordeb cenedl ynddi ei hun. O ystyried rôl UDA fel yr unig bŵer mawr go iawn mewn byd un pegwn, roedd buddugoliaeth Trump yn cynrychioli bygythiad difrifol i gydweithrediad rhyngwladol ac i brosesau gwneud penderfyniadau rhyngwladol.

Ond, mae chwaraewyr pwerus newydd yn dod yn gynyddol amlwg ar lwyfan y byd – yn enwedig India a China – sydd â llawer i'w ennill o barhad y cydweithredu byd-eang, yn enwedig mewn

perthynas â llywodraethiant newid hinsawdd, ac mae arwyddion yn barod bod China yn cymryd rôl arweiniol yn y cyswllt hwn. Un farn yw bod gostyngiad yn nylanwad UDA dros lywodraethiant byd-eang yn beth da mewn gwirionedd, oherwydd bydd yn golygu bod penderfyniadau mwy amlochrog yn cael eu gwneud mewn system fwy amrywiol. Yn y cyfamser, mae datblygiadau mewn technoleg yn dal i roi'r cyfryngau angenrheidiol i'r sefydliadau anllywodraethol a'r grwpiau cymdeithas sifil allu lledaenu syniadau a gwybodaeth, felly maen nhw hefyd yn cyfranogi'n llawnach yn y jig-so llywodraethiant byd-eang.

Yn sicr, mae'r ffaith bod problemau drwg, fel newid hinsawdd, yn datblygu mewn cyfnod o adnewyddu cenedlaetholdeb yn gwneud hon yn adeg arbennig o heriol i lywodraethiant byd-eang. Ar yr un pryd, mae natur argyfyngus y cyd-bryderon hyn yn rhoi'r sbardun i wladwriaethau pwerus a llai pwerus fel ei gilydd weithio'n adeiladol ochr yn ochr â sefydliadau rhynglywodraethol, sefydliadau anllywodraethol a grwpiau cymdeithas sifil i benderfynu ar y dulliau gorau o weithredu er budd y blaned a'i phobl.

Crynodeb o'r bennod

- Mae llywodaethiant byd-eang wedi datblygu dros amser. Dechreuodd gyda grwpiau o lywodraethau gwladwriaethau rhyngwladol yn cydweithio i greu pethau fel safonau mesur, fel bod pawb yn defnyddio yr un rhai. Mae hyn wedi esblygu i fod yn system lywodraethu lawer mwy cymhleth ac amlbwrpas ar nifer o wahanol raddfeydd, a'r enghraifft sy'n dangos hyn orau yw'r Cenhedloedd Unedig a'i asiantaethau.

- Mae'r angen am lywodraethiant byd-eang wedi tyfu ar raddfa gyflym iawn, am resymau cymdeithasol, gwleidyddol, economaidd ac amgylcheddol. Mae cyflymiad globaleiddio, yn arbennig, wedi creu sialensiau a chyfleoedd byd-eang sy'n gofyn am gydweithrediad rhyngwladol, e.e. yn ystod yr Argyfwng Ariannol Byd-eang.

- Gallwn ni ystyried llywodraethiant byd-eang fel jig-so sydd wedi ei wneud o lawer o ddarnau gwahanol o wahanol faint. Mae wedi dod yn fwy cymhleth mewn ymateb i fyd mwy cymhleth sy'n gofyn am ddatrys llawer o broblemau trawswladol. Mae nifer o weithredwyr allweddol sydd ddim yn wladwriaethau yn y jig-so hwn, ac mae eu pwysigrwydd wedi cynyddu'n fawr mewn degawdau diweddar. Mae'r rhain yn cynnwys 'teulu' y Cenhedloedd Unedig o sefydliadau rhynglywodraethol (IGOs), sefydliadau anllywodraethol (NGOs) a grwpiau cymdeithas sifil, yn ogystal â chorfforaethau trawswladol a sefydliadau busnes.

- Mae barn pobl yn wahanol iawn ynglŷn â pha mor llwyddiannus yw llywodraethiant byd-eang heddiw, o'i fesur yn nhermau ei ganlyniadau a hefyd i ba raddau y mae'r penderfyniadau'n cael eu gwneud yn gwbl ddemocrataidd ac agored. Rydyn ni'n mesur llwyddiannau a methiannau llywodraethiant byd-eang yn nhermau'r hyn a gyflawnwyd go iawn (mewn perthynas â llywodraethiant systemau dynol a ffisegol) ond hefyd i ba raddau mae'r broses yn caniatáu i lawer o wahanol weithredwyr gyfranogi a chael clust i'w lleisiau.

- Pan fydd gwledydd yn pwysleisio pwysigrwydd blaenaf y wladwriaeth sofran (fel y gwelson ni â slogan 'America First' y cyn-Arlywydd Trump) mae hyn yn herio, ond nid o anghenraid yn dirywio, pwysigrwydd ac effeithiolrwydd llywodraethiant byd-eang.

Cwestiynau adolygu

1. Eglurwch ystyr y termau daearyddol canlynol: llywodraethiant byd-eang; sefydliad rhynglywodraethol; cymdeithas sifil; sefydliad anllywodraethol;

2. Awgrymwch resymau pam fethodd Cynghrair y Cenhedloedd tra bod y Cenhedloedd Unedig wedi ffynnu dros amser.

3. Amlinellwch sut mae rôl gwladwriaethau sofran mewn llywodraethiant byd-eang wedi newid ers 1945.

4. Gan ddefnyddio enghreifftiau, awgrymwch resymau pam mae sefydliadau rhynglywodraethol wedi methu datrys rhai 'problemau drwg' o raddfa fyd-eang.

5. Awgrymwch sut gallai datblygiad llywodraethiant byd-eang yn y dyfodol gael ei effeithio gan (i) y cysylltiadau newidiol rhwng Rwsia a gwledydd eraill, a (ii) phŵer a dylanwad cynyddol China ac India.

6. Ydych hi'n meddwl ei fod yn syniad da i'r Cenhedloedd Unedig gydweithio mewn partneriaethau â busnes? Esboniwch eich ateb.

7. Gan ddefnyddio enghreifftiau, amlinellwch sut mae llywodraethiant byd-eang yn cynnwys partneriaeth rhwng chwaraewyr sy'n gweithredu ar nifer o wahanol raddfeydd daearyddol (o'r byd-eang i'r lleol).

8. Gan ddefnyddio enghreifftiau, esboniwch sut mae llywodraethiant byd-eang effeithiol wedi arwain at well datblygiad a thwf economaidd gwledydd neu gymunedau lleol.

9. Amlinellwch ddadleuon sy'n cefnogi'r farn bod 'oes aur' llywodraethiant byd-eang wedi dod i ben. Yn eich ateb, cyfeiriwch at faterion economaidd, amgylcheddol a gwleidyddol cyfoes.

Gweithgareddau trafod

1 Gan weithio mewn parau, adolygwch y rhestr o weithredwyr a welwch yn Ffigur 1.5 ar dudalen 12. Rhowch nhw yn nhrefn eu pwysigrwydd ar gyfer llywodraethiant byd-eang. Rhowch gyfiawnhad am eu rhoi nhw yn y drefn hon.

2 Gan weithio mewn grwpiau bach, aseswch sut mae'r pethau hyn wedi effeithio ar lywodraethiant byd-eang: (i) polisïau a gyflwynwyd gan UDA o dan Donald Trump, a (ii) pholisïau a gyflwynwyd gan Ffederasiwn Rwsia o dan Vladimir Putin. A yw'r dirwedd wleidyddol fyd-eang wedi newid yn barhaol yn eich barn chi?

3 Fel gweithgaredd ymchwil, ymchwiliwch weithgareddau 'eco ryfelwyr' (ymgyrchwyr amgylcheddol). Gan ddefnyddio enghreifftiau, aseswch eu cyfraniad at lywodraethiant byd-eang.

4 Gan weithio mewn grwpiau bach, datblygwch gyfres o feini prawf y gallech chi eu defnyddio i werthuso llwyddiant strategaethau a luniwyd i atal dirywiad (i) ecosystemau lleol penodol, a (ii) bïomau byd-eang.

5 Fel gweithgaredd ymchwil, ymchwiliwch yr effaith y mae Agenda 21 wedi ei gael ar ddatblygiad cynaliadwy yn eich ardal leol, er enghraifft mewn perthynas â gwella'r newid hinsawdd.

6 Gan weithio mewn parau neu grwpiau bach, ymchwiliwch un enghraifft o gorfforaeth drawswladol fawr fel Amazon, Microsoft neu Apple. Paratowch gyflwyniad PowerPoint sy'n (i) esbonio sut mae'r gorfforaeth drawswladol yn eich astudiaeth achos wedi codi i fod mor amlwg, ac (ii) archwiliwch ei rôl a'i chyfranogaeth mewn unrhyw faterion llywodraethiant byd-eang (fel lliniaru'r newid hinsawdd neu amrywiaeth a chydraddoldeb yn y gweithle).

FFOCWS Y GWAITH MAES

Gallai ffocws y bennod hon ar 'bensaernïaeth' hanfodol llywodraethiant byd-eang weithredu fel y sail ar gyfer ymchwiliad annibynnol, ar yr amod eich bod yn gallu cynhyrchu digon o ddata cynradd.

A *Archwilio'r ffordd y mae llywodraethiant yn gweithio mewn lleoliad mwy lleol.* Er enghraifft, gallech chi ymchwilio rôl a phwysigrwydd cyfranogaeth y cyhoedd mewn penderfyniad lleol dadleuol, fel cynnig i adeiladu ffordd osgoi, llosgwr gwastraff newydd neu ran o reillffordd (cyflym iawn) HS2 newydd Lloegr.

B *Ymchwilio effaith siopau elusen sy'n eiddo i sefydliadau anllywodraethol ar stryd fawr leol.* Gallech chi wneud cyfweliadau â gweithwyr siop a chwsmeriaid a'u dadansoddi ochr yn ochr â mapiau newid defnydd y tir a thystiolaeth arall fel ffotograffau hanesyddol.

C *Archwilio effaith globaleiddio ar boblogaeth ardal leol, gan gyfuno defnyddio cyfrifiad (census) gyda data cynradd sy'n deillio o gyfweliadau.* Er enghraifft, byddai'n bosibl cynhyrchu cyfres o fapiau i ddangos newidiadau yn y boblogaeth dros amser sy'n gysylltiedig â mudo rhyngwladol (efallai y byddai cofrestri etholaethol yn ffynhonnell ddata ddefnyddiol) a maint y clystyru a'r effaith ar ysgolion, gwasanaethau, etc. Ar y llaw arall, byddai hefyd yn bosibl edrych ar ddosbarthiad a gweithrediad corfforaethau trawswladol yn eich ardal leol, neu asesu'r nifer o 'filltiroedd bwyd' mewn basged siopa wythnosol arferol. Gallech chi hyd yn oed ystyried ymchwilio effaith buddsoddiad uniongyrchol tramor (FDI) ar eich ardal leol, er enghraifft lle mae datblygiad diwydiannol neu fasnachol mawr newydd, neu faes awyr newydd.

CH *Ymchwilio effaith 'byd sy'n lleihau' – a achoswyd gan dwf gwasanaethau TGCh – ar le lleol.* Dyma rai materion posibl i ganolbwyntio arnyn nhw: eithrio cymdeithasol (e.e. mewn ardaloedd lle mae'r derbyniad band llydan yn wael) neu effaith y cyfryngau cymdeithasol ar gymunedau neu grwpiau arbennig yn eich ardal leol (a sut mae Facebook, Instagram neu Twitter yn dylanwadu ar ddatblygiad cymdeithas sifil).

Deunydd darllen pellach

Avant, D. (2010) *Who Governs the Globe?* CUP.

Bonnell, M., a R. Duvall, R. (2005) *Power in Global Governance*, CUP.

The Economist (2018) 'Saving the World Order', 4 Awst.

The Economist (2013) 'The Gated Globe' atodlen, 12 Hydref.

Evans, J.P. (2014) *Environmental Governance*, Routledge.

Hulme, D. (2010) *Global Poverty: How Global Governance Is Failing the Poor*, Routledge.

Karns, M., a Mingst, K. (2009) *International Organisation: The Political Processes of Global Governance*, Lynne Riennan Publishers.

Oakes, S. (2019) *Global Systems Advanced Topic Master*, Hodder.

Weiss, T.G., a Wilkinson, J.R. (2012) *International Organisation and Global Governance*, Routledge.

Weiss, T.G., a Wilkinson, J.R. (2012) *Rethinking Global Governance*, Polity Press.

Wilkinson, R. (2005) *The Global Governance Reader*, Routledge.

Y Cenhedloedd Unedig a llywodraethiant byd-eang

Mae 'teulu' y Cenhedloedd Unedig o sefydliadau rhynglywodraethol wedi helpu i ddod â thwf, sefydlogrwydd a datblygiad i rai rhannau o'r byd. Ond, gallwn ni ddadlau bod sefydliadau rhynglywodraethol yn ei chael hi'n anoddach i ddarparu'r math a'r ansawdd o lywodraethiant byd-eang sy'n angenrheidiol i ymdrin â phroblemau cymhleth trawswladol ymysg geowleidyddiaeth byd sy'n mynd yn fwy a mwy oriog. Mae'r bennod hon:

- yn archwilio datblygiad, strwythur a gweithrediadau'r Cenhedloedd Unedig a'i sefydliadau
- yn ymchwilio llywodraethiant ariannol byd-eang a gwaith y sefydliadau Breton Woods
- yn dadansoddi tirwedd geowleidyddol newidiol y byd, yn cynnwys rolau ac agweddau newidiol UDA, yr Undeb Ewropeaidd a'r cenhedloedd BRIC
- yn gwerthuso cyflawniadau'r system Cenhedloedd Unedig ac i ba raddau mae'n parhau'n addas i'w bwrpas.

▲ **Ffigur 2.1** Adeilad y Cenhedloedd Unedig yn Efrog Newydd sef pencadlys y Cenhedloedd Unedig

CYSYNIADAU ALLWEDDOL

Systemau Cyfres o bethau'n cydweithio yn rhan o fecanwaith neu rwydwaith rhyng-gysylltiedig; cyfanwaith cymhleth. Yng nghyd-destun y Cenhedloedd Unedig, rydyn ni'n ymdrin â rhwydwaith sydd braidd yn ddigyswllt mewn mannau.

Cyd-ddibyniaeth Pan mae gwahanol leoedd, cymdeithasau ac amgylcheddau'n datblygu perthnasoedd lle mae pawb yn dibynnu ar ei gilydd. Mewn daearyddiaeth ddynol, mae'r perthnasoedd hyn yn cael eu creu a'u cynnal yn aml iawn gan systemau o lywodraethiant.

Anghydraddoldeb Y gwahaniaethau cymdeithasol ac economaidd (incwm a/neu gyfoeth) sy'n bodoli rhwng ac o fewn gwahanol gymdeithasau neu grwpiau o bobl. Mae'r anghydraddoldebau hyn, ar raddfeydd byd-eang, cenedlaethol a lleol, yn gallu cael eu cynyddu neu eu gostwng gan lifoedd masnachu, buddsoddi a mudo. Mewn cyd-destun byd-eang, mae anghydraddoldeb yn nodwedd o'r gwrthgyferbyniad rhwng y 'Gogledd Byd-eang' a'r 'De Byd-eang' i raddau mawr.

Pŵer mawr Gwlad sy'n ymestyn ei phŵer a'i dylanwad ar raddfa fyd-eang.

 ## Esblygiad y Cenhedloedd Unedig

▶ *Sut mae 'teulu' y Cenhedloedd Unedig wedi tyfu a newid dros amser?*

Cyflwynodd y cyn-Arlywydd UDA, Roosevelt y term Cenhedloedd Unedig (*United Nations*) yn ystod yr Ail Ryfel Byd. Yn 1942, llofnododd 26 o genhedloedd Ddatganiad o Fwriad y Cenhedloedd Unedig – roedd pawb a'i llofnododd yn cytuno 'i ddefnyddio eu hadnoddau llawn, yn filwrol neu'n economaidd' yn yr ymgais am fuddugoliaeth. Erbyn 1944, roedd UDA, DU,

Ffrainc, yr Undeb Sofietaidd (Rwsia) a China wedi cytuno ar weledigaeth fwy o amcanion, strwythur a rolau ar gyfer y Cenhedloedd Unedig. Cytunodd y cynghreiriaid rhyfel hyn i sefydlu sefydliad rhyngwladol a fyddai'n cynnal heddwch a diogelwch byd-eang wedi i'r Ail Ryfel Byd ddod i ben.

Yn 1945, daeth y Cenhedloedd Unedig yn sefydliad rhynglywodraethol (*IGO: intergovernmental organisation*) cyntaf y byd, ac aeth 50 o aelodau i'r gynhadledd gyntaf yn San Francisco. Dros saith deg pum mlynedd yn ddiweddarach, mae'r sefydliad hwn, a sefydlwyd ar adeg hanesyddol benodol iawn, yn parhau i ffynnu, ac mae ganddo 193 o aelodau erbyn hyn. Drwy gydol y cyfnod hwn, mae strwythur sylfaenol a gwneuthuriad sefydliadol (pensaernïaeth) y sefydliad rhynglywodraethol wedi aros yr un fath yn ei hanfod (gweler Ffigur 2.2).

Ar y llaw arall, mae'r Cenhedloedd Unedig wedi cynhyrchu llu o sefydliadau (cyrff, rhaglenni, comisiynau ac asiantaethau arbenigol) o fewn y system ehangach a welwn. Mae'r rhain wedi cael eu datblygu a'u hychwanegu i ymdopi â phroblemau a materion penodol wrth iddyn nhw godi. Mae hyn wedi arwain at 'we gymhleth' system y Cenhedloedd Unedig, fel y gwelwn yn Ffigur 2.2.

System y Cenhedloedd Unedig: manylion y ffordd y mae'n gweithio

Siarter y Cenhedloedd Unedig, a welwn yn Ffigur 2.3, yw offeryn cyfansoddiadol y Cenhedloedd Unedig sy'n nodi hawliau a goblygiadau aelod-wladwriaethau ac sy'n sefydlu ei 'organau' a'i weithdrefnau. Fel cytundeb rhyngwladol, mae'r Siarter yn codeiddio prif egwyddorion cysylltiadau rhyngwladol - o gydraddoldeb sofran yr holl aelod-wladwriaethau i wahardd defnyddio grym mewn cysylltiadau rhyngwladol mewn unrhyw ffordd sy'n anghyson â diben y Cenhedloedd Unedig.

Cafodd system y Cenhedloedd Unedig ei threfnu o amgylch **chwe** prif sefydliad: y Cynulliad Cyffredinol (*GA: General Assembly); y Cyngor Diogelwch (SC: Security Council); y Cyngor Economaidd a Chymdeithasol (ECOSOC: Economic and Social Council); y Llys Cyfiawnder Rhyngwladol (ICJ: International Court of Justice); yr Ysgrifenyddiaeth (Secreteriat) a'r Cyngor Ymddiriedolaeth (Trusteeship Council)*. Mae'r cyrff sy'n gwneud y penderfyniadau yn canolbwyntio ar ddarparu pedwar conglfaen diogelwch byd-eang a welwn yn Ffigur 2.4, tra bo'r Ysgrifenyddiaeth yn debyg i wasanaeth sifil rhyngwladol, sy'n cyfuno gyda niferoedd cynyddol o asiantaethau arbenigol i gefnogi gweinyddiaeth a datblygiad a swyddogaethau monitro system y Cenhedloedd Unedig.

Nid yw'r Cyngor Ymddiriedolaeth yn weithredol bellach ond, yn y gorffennol, roedd yn cefnogi'r holl wladwriaethau bach cyn iddyn nhw ddod yn annibynnol ac yna yn aelodau o'r Cenhedloedd Unedig. Erbyn hyn, mae'n cyfarfod ar sail *ad hoc* dim ond pan mae ei angen.

1 Y Cynulliad Cyffredinol (*GA: The General Assembly*)

Mae'r Cynulliad Cyffredinol yn darparu'r unig fforwm lle mae pob un o'r 193 o wladwriaethau (data 2018) yn gallu cyfarfod a thrafod pryderon byd-eang. Fodd bynnag, mae wedi cael yr enw 'organ drafod' am nad oes ganddo unrhyw rym rhwymol i orfodi gweithredoedd penodol. Mewn geiriau eraill, mae pobl wedi cyhuddo'r Cynulliad Cyffredinol o fod yn ddim byd mwy na 'siop siarad' lle mae pob gwladwriaeth sofran eisiau dweud eu dweud ond ychydig iawn o faterion arwyddocaol go iawn sy'n cael eu datrys.

- Mae'r Cynulliad Cyffredinol wedi ei ffurfio o gynrychiolwyr o'r holl aelod-wladwriaethau, ac mae gan bob un bleidlais o'r un gwerth â phleidlais pawb arall. Rhaid i benderfyniadau ar gwestiynau pwysig, fel cwestiynau am heddwch a diogelwch, derbyn aelodau newydd a materion cyllidebol, dderbyn mwyafrif o ddwy ran o dair, ond gyda materion eraill mae mwyafrif syml yn ddigon.
- Yn dilyn dadl a thrafodaeth gyffredinol, lle mae'r aelodau'n mynegi barn eu llywodraethau am y materion rhyngwladol mwyaf argyfyngus, mae'r rhan fwyaf o'r cwestiynau'n cael eu cyfeirio ymlaen i brif bwyllgorau eraill (yn dibynnu ar ba bwnc y maen nhw).

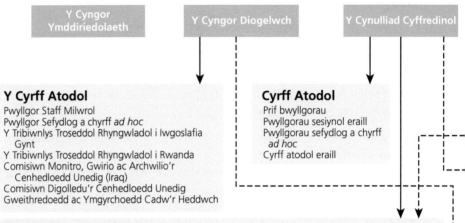

Y Cyngor Ymddiriedolaeth

Y Cyngor Diogelwch

Y Cynulliad Cyffredinol

Y Cyrff Atodol

Pwyllgor Staff Milwrol
Pwyllgor Sefydlog a chyrff *ad hoc*
Y Tribiwnlys Troseddol Rhyngwladol i Iwgoslafia
 Gynt
Y Tribiwnlys Troseddol Rhyngwladol i Rwanda
Comisiwn Monitro, Gwirio ac Archwilio'r
 Cenhedloedd Unedig (Iraq)
Comisiwn Digolledu'r Cenhedloedd Unedig
Gweithredoedd ac Ymgyrchoedd Cadw'r Heddwch

Cyrff Atodol

Prif bwyllgorau
Pwyllgorau sesiynol eraill
Pwyllgorau sefydlog a chyrff
 ad hoc
Cyrff atodol eraill

Rhaglenni a Chronfeydd

UNCTAD Cynhadledd y
Cenhedloedd Unedig ar Fasnach
a Datblygiad
ITC Y Ganolfan Fasnach
Ryngwladol (UNCTAD/WTO)
UNDCP Rhaglen Rheoli Cyffuriau'r
Cenhedloedd Unedig
UNEP Rhaglen Amgylchedd y
Cenhedloedd Unedig
UNICEF Cronfa Plant y
Cenhedloedd Unedig

UNDP Rhaglen Datblygu'r
Cenhedloedd Unedig
UNIFEM Y Gronfa Ddatblygu
i Fenywod y Cenhedloedd
Unedig
UNV Gwirfoddolwyr y
Cenhedloedd Unedig
UNCDF Cronfa Datblygiad
Cyfalaf y Cenhedloedd Unedig
UNFPA Cronfa Boblogaeth y
Cenhedloedd Unedig

UNHCR Swyddfa Uwch
Gomisiynydd Ffoaduriaid y
Cenhedloedd Unedig
WFP Rhaglen Fwyd y Byd
UNRWA Asiantaeth Gynorthwyo
a Gwaith y Cenhedloedd Unedig
i Ffoaduriaid Palesteina yn y
Dwyrain Agos
UN-HABITAT Rhaglen
Aneddiadau Dynol y
Cenhedloedd Unedig (UNHSP)

Sefydliadau Ymchwil a Hyfforddi

UNICRI Sefydliad Ymchwil Trosedd
a Chyfiawnder Rhyng-ranbarthol y
Cenhedloedd Unedig
UNITAR Sefydliad Hyfforddiant ac
Ymchwil y Cenhedloedd Unedig

UNRISD Sefydliad Ymchwil
i Ddatblygiad Cymdeithasol
y Cenhedloedd Unedig
UNIDIR Sefydliad Ymchwil i
Ddiarfogi'r Cenhedloedd
Unedig

INSTRAW Sefydliad Ymchwil a
Hyfforddiant Rhyngwladol ar
gyfer Datblygiad Menywod

Cyrff eraill y Cenhedloedd Unedig

OHCHR Swyddfa Uwch
Gomisiynydd Hawliau
Dynol y Cenhedloedd
Unedig

UNOPS Swyddfa
Gwasanaethau
Project y
Cenhedloedd
Unedig

UNU Prifysgol y
Cenhedloedd Unedig
UNSSC Coleg Staff
System y Cenhedloedd
Unedig

UNAIDS Cyd-Raglen y
Cenhedloedd Unedig ar
HIV/AIDS

▲ **Ffigur 2.2** System y Cenhedloedd Unedig

GYRFF

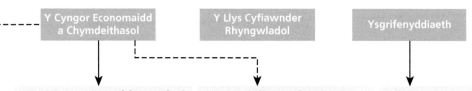

Y Cyngor Economaidd a Chymdeithasol

Y Llys Cyfiawnder Rhyngwladol

Ysgrifenyddiaeth

Comisiynau Swyddogaethol

Comisiynau ar:
Hawliau Dynol
Cyffuriau Narcotig
Atal Trosedd a Chyfiawnder Troseddol
Gwyddoniaeth a Thechnoleg ar gyfer Datblygiad
Datblygiad Cynaliadwy
Statws Merched
Poblogaeth a Datblygiad
Y Comisiwn Datblygiad Cymdeithasol
Y Comisiwn Ystadegol

Comisiynau Rhanbarthol

Comisiwn Economaidd i Affrica (ECA)
Comisiwn Economaidd i Ewrop (ECE)
Comisiwn Economaidd i America Ladin a'r Caribî (ECLAC)
Comisiwn Economaidd a Chymdeithasol i Asia a'r Môr Tawel (ESCAP)
Comisiwn Economaidd a Chymdeithasol i Orllewin Asia (ESCWA)

Cyrff eraill

Fforwm Parhaol ar Faterion Brodorol (PFII)
Fforwm ar Goedwigoedd y Cenhedloedd Unedig
Pwyllgorau sesiynol a sefydlog
Cyrff arbenigol, *ad hoc* a chysylltiedig

Sefydliadau Cysylltiedig

WTO Sefydliad Masnach y Byd

IAEA Yr Asiantaeth Ynni Atomig Ryngwladol

CTBTO PREP.COM
PrepCom ar gyfer Sefydliad y Cytundeb i Atal Profion Niwclear

OPCW Sefydliad dros Wahardd Arfau Cemegol

Asiantaethau Arbenigol

ILO Y Sefydliad Llafur Rhyngwladol

FAO Sefydliad Bwyd ac Amaeth y Cenhedloedd Unedig

UNESCO Sefydliad Addysgol, Gwyddonol a Diwylliannol y Cenhedloedd Unedig

WHO Sefydliad Iechyd y Byd

Grŵp Banc y Byd

IBRD Banc Rhyngwladol dros Adluniad a Datblygu

IDA Y Gymdeithas Ddatblygu Ryngwladol

IFC Y Gorfforaeth Gyllid Ryngwladol

MIGA Yr Asiantaeth Gwarantu Buddsoddiad Amlochrog

ICSID Y Ganolfan Ryngwladol dros Ddatrys Anghydfodau Buddsoddi

IMF Y Gronfa Ariannol Ryngwladol

ICAO Y Sefydliad Hedfan Sifil Rhyngwladol

IMO Y Sefydliad Morol Rhyngwladol

ITU Yr Undeb Telathrebu Rhyngwladol

UPU Yr Undeb Post Cyffredinol

WMO Sefydliad Tywydd y Byd

WIPO Sefydliad Eiddo Deallusol y Byd

IFAD Y Gronfa Datblygiad Amaethyddol Ryngwladol

UNIDO Sefydliad Datblygiad Diwydiannol y Cenhedloedd Unedig

UNWTO Sefydliad Twristiaeth Byd y Cenhedloedd Unedig

Adrannau a Swyddfeydd

OSG Swyddfa'r Ysgrifennydd Cyffredinol

OIOS Swyddfa'r Gwasanaethau Trosolwg Mewnol

OLA Y Swyddfa Materion Cyfreithiol

DPA Yr Adran Materion Gwleidyddol

DDA Yr Adran Materion Diarfogi

DPKO Adran Gweithredoedd Cadw'r Heddwch

OCHA Y Swyddfa Cydlyniad Materion Dyngarol

DESA Yr Adran Economaidd a Materion Cymdeithasol

DGACM Adran Reoli'r Cynulliad Cyffredinol a Chynadleddau

DPI Yr Adran Gwybodaeth Gyhoeddus

DM Yr Adran Rheoli

OHRLLS Swyddfa'r Uwch Gynrychiolydd ar gyfer y Gwledydd Lleiaf Datblygedig, Gwledydd Tirgaeedig sy'n Datblygu a Gwladwriaethau Ynysoedd Bach sy'n Datblygu

UNSECOORD Swyddfa Cydlynydd Diogelwch y Cenhedloedd Unedig

UNODC Swyddfa Cyffuriau a Throsedd y Cenhedloedd Unedig

~

UNOG Swyddfa'r Cenhedloedd Unedig yng Ngenefa

UNOV Swyddfa'r Cenhedloedd Unedig yn Wien

UNON Swyddfa'r Cenhedloedd Unedig yn Nairobi

Am fod y cynulliad yn gweithio drwy gonsensws, mae llawer o'r bobl sy'n ei feirniadu'n dadlau bod unrhyw benderfyniadau sy'n cael eu pasio a'u mabwysiadu'n tueddu i fod yn weddol 'ddof' (e.e. yn osgoi materion dadleuol neu'n defnyddio geiriau gwan neu amwys). Felly, cafwyd galwadau i ddiwygio'r Cynulliad Cyffredinol. Byddai'n bosibl iddyn nhw fabwysiadu system bleidleisio wedi'i phwysoli (ar sail cyfraniadau cyllidebol), er enghraifft.

2 Y Cyngor Diogelwch (*SC: The Security Council*)

Gallwn ni ddadlau mai'r Cyngor Diogelwch yw'r sefydliad mwyaf arwyddocaol sydd gan y Cenhedloedd Unedig am mai hwn sydd â'r dasg o gadw'r heddwch rhwng gwledydd ac yn gynyddol, o fewn gwledydd (gweler tudalen 106 i weld astudiaeth achos o'r rhyfel yn Yemen). Mae gan y Cyngor Diogelwch y grym i wneud penderfyniadau rhwymol ar gyfer yr aelod-wladwriaethau i gyd. Mae Ffigur 2.5 yn dangos aelodaeth y Cyngor Diogelwch yn 2019; mae ganddo bum aelod parhaol (y 'P5' – UDA, y DU, Ffrainc, Rwsia a China) a deg aelod sydd ddim yn barhaol sy'n gwasanaethu am ddwy flynedd yn unig. Mae'r aelod-wladwriaethau sydd ddim yn barhaol yn gwasanaethu ar sail rhanbarth o'r byd. Mae hyn yn golygu bod y Cyngor Diogelwch yn gynrychiolaeth well o etholaeth cwbl fyd-eang. Yn ddadleuol iawn, mae gan y pum aelod parhaol bwerau pleidlais atal dros benderfyniadau'r Cenhedloedd Unedig. Mae hyn yn golygu y gallai unrhyw un ohonyn nhw rwystro'r sefydliad rhag mabwysiadu ateb nad ydyn nhw'n ei hoffi.

TERM ALLWEDDOL

Hunanbenderfyniad
Yr hawl i wneud penderfyniadau drosoch chi'ch hun fel cenedl-wladwriaeth heb ofyn i awdurdod arall.

Dyma ddibenion y Cenhedloedd Unedig, fel y maen nhw wedi eu nodi yn y Siarter:

- cynnal heddwch a diogelwch rhyngwladol
- datblygu cysylltiadau cyfeillgar ymysg cenhedloedd sydd wedi eu seilio ar barch am yr egwyddor o hawliau cyfartal a hunanbenderfyniad pobloedd
- cydweithredu i ddatrys problemau economaidd, cymdeithasol, diwylliannol a dyngarol rhyngwladol ac i annog y cenhedloedd i barchu hawliau dynol a rhyddid sylfaenol
- bod yn ganolbwynt i sicrhau cytgord rhwng gweithredoedd y cenhedloedd er mwyn cyflawni'r amcanion cyffredin hyn.

Mae'r Cenhedloedd Unedig yn gweithredu yn unol â'r egwyddorion a ganlyn:

- Mae wedi ei seilio ar gydraddoldeb sofran ei aelodau i gyd.
- Rhaid i'r holl aelodau gyflawni eu hoblygiadau yn y Siarter yn ddidwyll.
- Rhaid iddyn nhw ddatrys eu dadleuon rhyngwladol drwy ddulliau heddychlon a heb beryglu heddwch a diogelwch a chyfiawnder rhyngwladol.
- Rhaid iddyn nhw beidio bygwth neu ddefnyddio grym yn erbyn unrhyw wladwriaeth arall.
- Rhaid iddyn nhw roi pob cymorth i'r Cenhedloedd Unedig mewn unrhyw gamau gweithredu y maen nhw'n eu cymryd yn unol â'r Siarter.
- Does dim byd yn y Siarter i awdurdodi'r Cenhedloedd Unedig i ymyrryd mewn materion sydd, yn eu hanfod, o fewn awdurdodaeth ddomestig unrhyw wladwriaeth.

▲ **Ffigur 2.3** Siarter y Cenhedloedd Unedig: dibenion ac egwyddorion

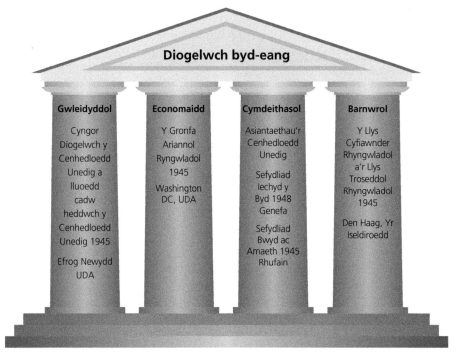

▲ **Ffigur 2.4** Pedair colofn diogelwch byd-eang

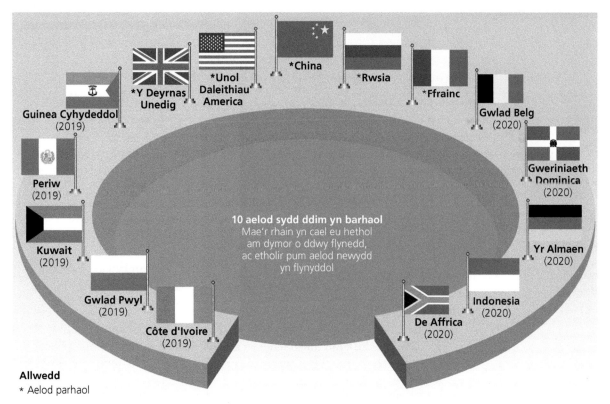

Allwedd

* Aelod parhaol

▲ **Ffigur 2.5** Y Cyngor Diogelwch yn 2019, mae'r blynyddoedd yn dangos diwedd tymhorau'r aelodau hynny sydd ddim yn aelodau parhaol.

Sancsiynau Cosbau sy'n cael eu bygwth am anufuddhau i gyfraith neu reol. Yng nghyd-destun llywodraethiant byd-eang, gallai'r rhain gynnwys gorfodi cyfyngiadau ar fasnach neu dynnu cymorth neu fathau eraill o gymorth neu ryngweithio.

Gallwn ni ddadlau mai'r Cyngor Diogelwch sydd wedi parlysu llawer o weithgareddau gwleidyddol y Cenhedloedd Unedig. Mae penderfyniadau sy'n condemnio ymddygiad aelod-wladwriaeth sofran yn digwydd yn aml ond nid oes unrhyw weithredu i gosbi ymddygiad o'r fath, er enghraifft sancsiynau. Hefyd, mae'r gwledydd P5 yn parhau i wrthsefyll pob cais i ddiwygio'r Cyngor Diogelwch er mwyn ei wneud yn fwy cynrychiolaidd o'r cydbwysedd pŵer byd-eang cyfredol.

● Ar hyn o bryd, mae gan Ewrop fwy o gynrychiolaeth yn y P5 nag y dylai ei gael, a'r rheswm dros hynny yw bod y sefyllfa hon wedi parhau ers ffurfio'r sefydliad yn syth ar ôl y rhyfel. O ystyried y ffaith bod eu grym wedi gostwng yn fawr, mae'n amheus a ddylai naill ai Ffrainc neu'r DU barhau i fod yn rhan o'r P5 (mae'r ddwy wladwriaeth eisiau cadw eu seddi wrth gwrs, oherwydd y dylanwad y mae hynny'n ei roi iddyn nhw).

● Er bod rhai wedi awgrymu modelau amrywiol i gynyddu maint y Cyngor Diogelwch (e.e. ychwanegu'r Almaen, Japan a/neu India i'r amserlen barhaol), nid oes unrhyw gynlluniau i wneud newidiadau.

O ganlyniad i bwerau'r bleidlais atal, mae'r ffaith bod gan aelodau'r Cyngor Diogelwch weledigaethau geowleidyddol hynod o wahanol i'w gilydd yn gwneud rôl y Cenhedloedd Unedig yn y llywodraethiant byd-eang ar heddwch a diogelwch yn llai effeithiol. Yn ystod cyfnod y Rhyfel Oer, 1945-90, roedd yr Undeb Sofietaidd (Rwsia) yn gyfrifol am fwy na 50 y cant o'r holl bleidleisiau atal a ddefnyddiwyd erioed. Yn gyffredinol, mae UDA, y DU a Ffrainc fel arfer yn pleidleisio yn debyg i'w gilydd, tra bo Rwsia a China yn aml yn pleidleisio gyda'i gilydd hefyd (weithiau mewn gwrthwynebiad i'r pwerau eraill). Mae Tabl 2.1 yn dangos enghreifftiau diweddar o'r P5 yn defnyddio eu pleidlais atal.

Chwefror 2017	Pleidleisiodd China a Rwsia i atal cynnig i gyflwyno sancsiynau'r Cenhedloedd Unedig ar Syria mewn ymateb i dystiolaeth o ymosodiadau gydag arfau cemegol yn rhyfel cartref y wlad.
Tachwedd 2017	Pleidleisiodd Rwsia i rwystro comisiwn rhag cael ei adnewyddu oedd wedi ei sefydlu yn y lle cyntaf i wneud ymchwiliad pellach o ymosodiadau gydag arfau cemegol yn Syria (mae'n hysbys bod Rwsia a Syria wedi cydweithredu fel cynghreiriaid gwleidyddol). Mae parhad hir y rhyfel yn Syria yn dangos sut mae pleidleisiau atal y P5 wedi rhwystro ataliad y saethu ac wedi ymestyn y brwydro.
Rhagfyr 2017	Pleidleisiodd UDA i atal penderfyniad drafft yn galw ar wledydd i osgoi sefydlu llysgenadaethau yn Jerwsalem yn Israel (ac yn ddiweddarach (2018) symudodd ei llysgenhadaeth ei hun yno).

▲ **Tabl 2.1** Ciplun o'r pleidleisiau atal y mae grŵp P5 y Cyngor Diogelwch wedi eu defnyddio

Mae amrywiaeth o sancsiynau posibl yn bodoli, sy'n amrywio yn dibynnu ar y wlad berthnasol a'r sefyllfa benodol sy'n cael ei hwynebu. Ymhlith yr enghreifftiau mae:

● **Gwaharddiadau arfau** – yn gwahardd arfau a chyflenwadau milwrol.
● **Gwaharddiadau masnach** – yn gwahardd eitemau mewnforio penodol i'r wlad berthnasol (e.e. technoleg fodern) neu bryniant allforion o'r wlad.
● **Cyfyngiadau ar fenthyciadau** ar gyfer projectau datblygu.
● **Rhewi asedau** (e.e. cyfrifon banc) pobl neu gwmnïau penodol.
● **Gwaharddiadau ar deithio** i bobl benodol fel gwleidyddion neu bobl fusnes.

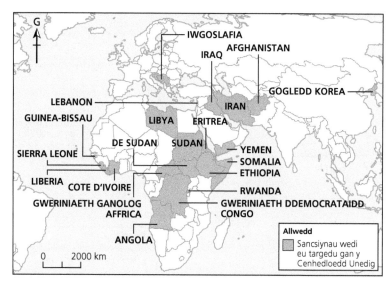

▲ **Ffigur 2.6** Sancsiynau wedi eu targedu sydd wedi eu hawdurdodi gan Gyngor Diogelwch y Cenhedloedd Unedig ers ei ffurfio. Nodwch: Cafodd pob un o'r sancsiynau arfau a/neu economaidd uchod eu defnyddio am gyfnod byr yn erbyn y Côte D'Ivoire a Liberia yn 2015 o ganlyniad i ddrwgdybiaeth bod troseddau rhyfel yn digwydd yno. Mae'r map yn dangos gwledydd a dargedwyd gan sancsiynau'r Cenhedloedd Unedig ar wahanol adegau. Gall sancsiynau fod yn effeithiol yn y tymor byr ond mae'r lefelau o lwyddiant yn amrywiol yn y tymor hir.

Mae Ffigur 2.6 yn dangos amrywiaeth o wledydd lle cafodd sancsiynau eu hawdurdodi gan y Cyngor Diogelwch ar wahanol adegau. Gall y Cyngor Diogelwch hefyd awdurdodi lluoedd cadw heddwch y Cenhedloedd Unedig i feddiannu rhanbarth o dan faner y Cenhedloedd Unedig er mwyn cadw'r heddwch rhwng yr ymgyrchwyr (Ffigur 2.7). Mewn rhai achosion, mae'n bosibl i ymyriad milwrol uniongyrchol gael ei gymeradwyo o dan yr egwyddor 'cyfrifoldeb i amddiffyn' (R2P - responsibility to protect), ar yr amod mai'r opsiwn olaf yw hyn, a'i fod yn digwydd gyda bwriadau da, bod ganddo siawns realistig o lwyddo ac nad yw'n defnyddio dulliau sy'n gryfach nag sydd ei angen. Yr egwyddor 'cyfrifoldeb i amddiffyn' (R2P) oedd yn sail i benderfyniad y Cyngor Diogelwch yn 2011 i awdurdodi aelod-wladwriaethau i gymryd 'pob mesur angenrheidiol' i amddiffyn dinasyddion yn Libya, gan arwain at gyrchoedd awyr gan luoedd awyr NATO (Cyfundrefn Cytundeb Gogledd Iwerydd).

Pan fydd aelodau'r Cenhedloedd Unedig yn methu dod i gytundeb heb ddefnyddio pleidlais atal, gallai aelod-wladwriaeth o'r Cenhedloedd Unedig benderfynu gweithredu'n uniongyrchol. Ers yr 1980au, mae UDA wedi lansio nifer o ymgyrchoedd milwrol (Ffigur 2.6), gan naill ai weithredu ar eu pennau eu hunain neu ochr yn ochr â'u cynghreiriaid yn NATO (Cyfundrefn Cytundeb Gogledd Iwerydd), ar ôl i awdurdodaeth y Cenhedloedd Unedig gael ei wrthod (yn fwyaf tebygol am fod Rwsia a/neu China wedi defnyddio pleidleisiau atal i rwystro cynigion cyngor diogelwch y Cenhedloedd Unedig). Yn debyg i hynny, mae'r DU, Ffrainc a Rwsia wedi gweithredu'n filwrol yn unochrog weithiau e.e. y DU yn ystod Rhyfel y Falklands yn 1982, neu, yn ddiweddarach, Rwsia yn goresgyn Ukrain yn 2022.

TERMAU ALLWEDDOL

Yr egwyddor 'cyfrifoldeb i amddiffyn' (*R2P: Responsibility to protect*) Mae hwn yn cyfeirio at rwymedigaeth i amddiffyn dinasyddion sydd wedi eu dal yn y canol mewn sefyllfa o drais. Daeth R2P i'r amlwg fel egwyddor prif ffrwd yn yr 1990au, yn rhan o'r galw cynyddol am gymryd rheolaeth effeithiol yn drawswladol ar argyfyngau dyngarol. Y prif syniad yw bod hawliau dynol pobl yn gallu bod yn bwysicach na'r angen am gynnal awdurdod y wladwriaeth sofran lle mae argyfwng yn digwydd, yn enwedig lle mae tystiolaeth o droseddau rhyfel, lladd ar sail hunaniaeth ethnig a hil-laddiad ar raddfa fawr.

NATO Cyfundrefn Cytundeb Gogledd Iwerydd – cynghrair milwrol rhynglywodraethol rhwng 29 o wledydd yn Ewrop a Gogledd America.

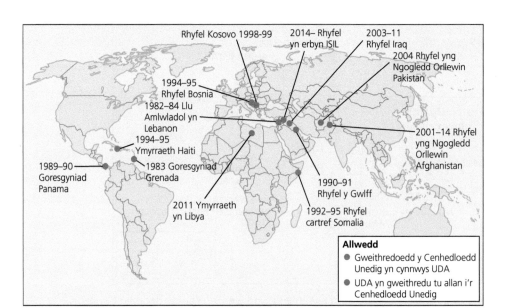

Rhyfel Kosovo 1998-99
2014– Rhyfel yn erbyn ISIL
2003–11 Rhyfel Iraq
2004 Rhyfel yng Ngogledd Orllewin Pakistan
1994–95 Rhyfel Bosnia
1982–84 Llu Amlwladol yn Lebanon
1994–95 Ymyrraeth Haiti
1989–90 Goresgyniad Panama
1983 Goresgyniad Grenada
2001–14 Rhyfel yng Ngogledd Orllewin Afghanistan
2011 Ymyrraeth yn Libya
1990–91 Rhyfel y Gwlff
1992–95 Rhyfel cartref Somalia

Allwedd
● Gweithredoedd y Cenhedloedd Unedig yn cynnwys UDA
● UDA yn gweithredu tu allan i'r Cenhedloedd Unedig

▲ **Ffigur 2.7** Gweithredoedd milwrol UDA ers 1980. Gallwch chi ymchwilio'r gweithredoedd hyn yn annibynnol i ganfod pam cafodd rhai eu cymeradwyo gan y Cenhedloedd Unedig a pham na chafodd rhai eraill gymeradwyaeth.

3. Y Cyngor Economaidd a Chymdeithasol (*ECOSOC: Economic and Social Council*)

Cafodd ECOSOC ei sefydlu gan Siarter y Cenhedloedd Unedig i fod yn brif sefydliad i gydlynu gwaith cymdeithasol ac economaidd y Cenhedloedd Unedig a'i asiantaethau a sefydliadau arbenigol. Ar y dechrau, nid oedd yn cynnwys gwaith amgylcheddol ond, dros amser, mae cylch gwaith ECOSOC wedi ehangu i gynnwys hynny. Cyfeiriwch yn ôl at Ffigur 2.1 a byddwch yn gweld y nifer enfawr o raglenni, comisiynau swyddogaethol ac asiantaethau arbenigol sy'n rhan o, neu sy'n gysylltiedig â, chylch dylanwad ECOSOC. Rydyn ni'n galw'r rhain yn 'deulu'r Cenhedloedd Unedig', sydd wedi eu cynnwys o fewn y system Cenhedloedd Unedig ehangach, ac mae Tabl 2.2 yn rhestru llawer o'r sefydliadau eithriadol bwysig hyn – sylwer bod 'pensaernïaeth' y Cenhedloedd Unedig wedi mynd yn hynod o gymhleth yn aml iawn!

Cafodd ECOSOC ei gymeradwyo am mai hwn oedd sefydliad cyntaf y Cenhedloedd Unedig i gynnwys ac ymgynghori â niferoedd mawr o sefydliadau anllywodraethol (NGOs) (gweler tudalen 38) i gefnogi'r asiantaethau arbenigol yn eu gwaith hanfodol sy'n cynyddu drwy'r amser. Ond mae effeithlonrwydd ECOSOC wedi cael ei feirniadu'n aml hefyd.

● Mae aelodau amrywiol o'i deulu a welwn yn Nhabl 2.2 wedi datblygu'n fwy diweddar mewn ymateb i anghenion penodol oedd heb ddod i'r amlwg eto pan ffurfiwyd y Cenhedloedd Unedig yn 1945 (e.e. rheoli cynhesu byd-eang). Fel y mae rhannau diweddarach o'r bennod hon yn dadlau (tudalennau 59-63), mae pobl yn pryderu bod coeden y Cenhedloedd Unedig wedi tyfu gormod o ganghennau newydd, gan achosi i ymdrechion gael eu dyblygu neu i genhadaeth y gwaith fynd yn aneglur. Gall hyn hyd yn oed arwain at wrthdaro gwrth-gynhyrchiol rhwng y gwahanol asiantaethau a rhaglenni (gweler tudalen 62).

● Ar un achlysur, mae UDA hyd yn oed wedi tynnu cyllid yn ôl allan o UNESCO gan honni eu bod yn camreoli'r arian (mewn perthynas â phryderon am raglen Olew am Fwyd 1995).

- Mae Bwrdd Prif Weithredwyr Systemau'r Cenhedloedd Unedig ar gyfer Cydgysylltiad (*CEB: The United Nations Systems Chief Executives Board for Co-ordination*) yn cynrychioli system gyfan y Cenhedloedd Unedig ac mae'n gwneud ei orau i gydamseru gweithredoedd gwahanol gronfeydd, rhaglenni ac asiantaethau arbenigol y Cenhedloedd Unedig. Mae hyn yn dangos bod yma gais i ganoli gwaith y Cenhedloedd Unedig ond mae pobl sy'n ei feirniadu'n dweud bod modd gwneud llawer mwy.

TERMAU ALLWEDDOL

Canoli Pan fydd swyddogaethau'n cael eu dal yn ganolog gan y llywodraeth, heb lawer o ddirprwyo i ranbarthau tu hwnt i'r brifddinas.

Hefyd, fel y gwelwn ni yn Ffigur 2.8, mae gwahanol aelodau'r teulu ECOSOC (neu ei ganghennau) wedi eu gwasgaru o amgylch y byd, yn rhan o bolisi bwriadol i bwysleisio natur gwir 'fyd-eang' llywodraethiant y Cenhedloedd Unedig. Ond, hyd yn oed yn ein hoes ddigidol ni, mae'r gwasgaru hwn yn gallu gweithio fel rhwystr weithiau i'n hatal ni rhag cyfathrebu cyflym a gwella'r ymdrechion i gydgysylltu, e.e. pan fydd angen brys am ymateb pendant i argyfwng dyngarol.

Aelodau'r teulu ECOSOC	
1945*	**Y Sefydliad Bwyd ac Amaeth** (*FAO: The Food and Agriculture Organisation*) sy'n hyrwyddo datblygiad amaethyddol a diogeledd bwyd.
1946	**Cronfa Ryngwladol Argyfwng Plant y Cenhedloedd Unedig** (*UNICEF: United Nations Children's Fund*), cafodd hon ei chreu yn 1946 i helpu plant Ewropeaidd yn dilyn yr Ail Ryfel Byd ac mae wedi ehangu ei chenhadaeth ers hynny i ddarparu cymorth o amgylch y byd ac i gynnal Confensiwn y Cenhedloedd Unedig ar Hawliau'r Plentyn.
1948*	**Sefydliad Iechyd y Byd** (*WHO: World Health Organisation*) sy'n canolbwyntio ar faterion iechyd rhyngwladol ac sydd wedi cael gwared i raddau mawr â pholio, dallineb afon a'r gwahanglwyf.
1950	**Mae Swyddfa Uchel Gomisiynydd y Cenhedloedd Unedig dros Ffoaduriaid** (*UNHCR: The Office of the United Nations High Commissioner for Refugees*) yn gweithio i amddiffyn hawliau ffoaduriaid, ceiswyr lloches a phobl sydd heb wladwriaeth.
1960	**Mae Rhaglen Datblygu'r Cenhedloedd Unedig** (*UNDP: The UN Development Programme*) yn cyhoeddi Mynegrif Datblygiad Dynol (*HDI: Human Development Index*), sy'n fesur cymaradwy o lefelau tlodi, llythrennedd, addysg, disgwyliad oes a ffactorau eraill. Cymerodd y rhaglen hefyd ran allweddol yn y broses o sefydlu Nodau Datblygu'r Mileniwm (MDGs) a'r Nodau Datblygiad Cynaliadwy (SDGs) (gweler tudalen 58).
1963*	**Mae Rhaglen Bwyd y Byd** (*WFP: The World Food Programme*), ynghyd â mudiadau Rhyngwladol y **Groes Goch** a'r **Gilgant Goch**, yn darparu cymorth bwyd mewn ymateb i newyn, trychinebau naturiol a gwrthdaro arfog, ac ar hyn o bryd maen nhw'n bwydo cyfartaledd o 90 miliwn o bobl mewn 80 o genhedloedd bob blwyddyn.
1964	**Mae Cynhadledd Fasnach a Datblygiad y Cenhedloedd Unedig (*UNCTAD: United Nations Conference on Trade and Development*)** yn helpu gwledydd gyda datblygiad economaidd.
1969	**Cronfa Boblogaeth y Cenhedloedd Unedig** – sydd hefyd yn clustnodi rhan o'i hadnoddau i frwydro HIV/AIDS – yw ffynhonnell ariannu fwyaf y byd ar gyfer gwasanaethau iechyd atgenhedlu a chynllunio teulu.
1972	**Mae Rhaglen Amgylcheddol y Cenhedloedd Unedig** (*UNEP: The United Nations Environmental Programme*) yn gosod agenda amgylchedd byd-eang drwy asesu tueddiadau amgylcheddol ar bob graddfa, gan ddatblygu strategaethau ac annog rheolaeth ddoeth ar yr amgylchedd.

▲ **Tabl 2.2** Rhannau dethol o'r system ECOSOC. Un dull yw ystyried yr asiantaethau, rhaglenni, comisiynau a chronfeydd hyn fel 'aelodau o deulu estynedig'. Dull arall yw eu hystyried nhw fel canghennau ar goeden sy'n tyfu drwy'r amser. Yn ogystal â'r rheini sydd wedi eu dangos, mae mwy na 50 o aelodau teulu (gweler www.un.org/en/ecosoc/about/pdf/ecosoc_chart.pdf). Mae'r rhain yn cael eu hystyried gan bawb bron iawn yn 'straeon llwyddiant' o ran dod â datblygiad a thwf cymdeithasol i lawer o bobl y byd.

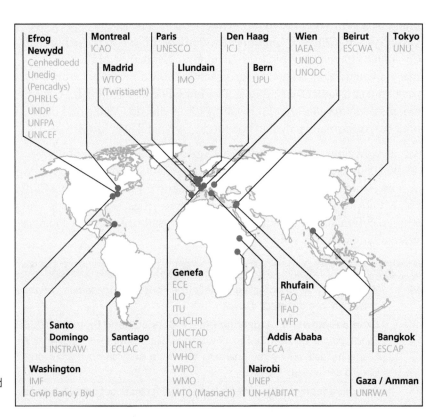

Efrog Newydd	Montreal	Paris	Den Haag	Wien	Beirut	Tokyo
Cenhedloedd Unedig (Pencadlys) OHRLLS UNDP UNFPA UNICEF	ICAO	UNESCO	ICJ	IAEA UNIDO UNODC	ESCWA	UNU
	Madrid WTO (Twristiaeth)	Llundain IMO	Bern UPU			

Genefa
ECE
ILO
ITU
OHCHR
UNCTAD
UNHCR
WHO
WIPO
WMO
WTO (Masnach)

Rhufain
FAO
IFAD
WFP

Santo Domingo
INSTRAW

Santiago
ECLAC

Addis Ababa
ECA

Bangkok
ESCAP

Nairobi
UNEP
UN-HABITAT

Gaza / Amman
UNRWA

Washington
IMF
Grŵp Banc y Byd

▶ **Ffigur 2.8** Prif swyddfeydd y Cenhedloedd Unedig

4 Llys Barn Rhyngwladol (*ICJ: International Court of Justice*)

Mae'r Llys Barn Rhyngwladol wedi ei leoli yn Den Haag (Hague, yr Iseldiroedd). Cafodd ei sefydlu yn 1946, a dyma brif organ farnwrol y Cenhedloedd Unedig, Mae'n datrys dadleuon rhwng gwladwriaethau sofran, e.e. pan maen nhw'n dadlau am ffiniau. Mae hefyd yn rhoi barnau cynghorol i'r Cenhedloedd Unedig a'i asiantaethau arbenigol am y ffyrdd y maen nhw'n bwriadu gweithredu. Mae gan y llys 15 barnwr sy'n cael eu hethol gan y Cynulliad Cyffredinol a'r Cyngor Diogelwch, gyda'r ddau gorff yn pleidleisio'n annibynnol. Mae'r beirniaid yn cael eu dewis i sicrhau bod prif systemau cyfreithiol y byd yn cael eu cynrychioli er mwyn rhoi canlyniadau teg a chyfiawn. Gweler hefyd dudalennau 00-00.

5 Y Llys Troseddol Rhyngwladol (*ICC: International Criminal Court*)

Yn Den Haag (Ffigur 2.9) hefyd, cafodd y Llys Troseddol Rhyngwladol ei sefydlu o'r diwedd gan Statud Rhufain yn 1998, ac mae gan y llys hwn yr awdurdodaeth i erlyn unigolion sy'n cyflawni hil-laddiad, troseddau rhyfel a throseddau yn erbyn y ddynoliaeth, e.e. yn Yugoslavia (gynt) neu Rwanda yn ystod yr 1990au. Daeth y statud i rym yn derfynol yn 2002, wedi ei lofnodi gan fwy na 90 gwladwriaeth. Un ffaith hynod yw bod rhai chwaraewyr mawr, yn cynnwys UDA, China a Rwsia, heb ei lofnodi: roedden nhw'n teimlo bod rôl y Llys yn gwrthdaro â'u systemau cyfiawnder eu hunain (e.e. fyddai UDA ddim eisiau bod mewn sefyllfa lle gallai ei milwyr ei hun gael eu hestraddodi am droseddau rhyfel honedig). Gweler tudalen 62 hefyd.

6 Yr Ysgrifenyddiaeth (*The Secretariat*)

Y chweched a'r olaf o'r prif sefydliadau yw Ysgrifenyddiaeth y Cenhedloedd Unedig (*United Nations Secretariat*). Mae hon yn cynnwys nifer o adrannau a swyddfeydd sy'n gwncud gwaith y Cenhedloedd Unedig o ddydd i ddydd. Mewn geiriau eraill, mae hon yn wasanaeth sifil rhyngwladol, yn gweinyddu'r rhaglenni a'r polisïau sydd wedi eu nodi gan Swyddfa Weithredol yr Ysgrifennydd Cyffredinol (gweler Tabl 2.3) a'i huwch gynghorwyr.

- Mae'r gwahanol swyddfeydd, fel y Swyddfa Gwasanaethau Goruchwylio Mewnol (*OIOS: Office of Internal Oversight Services*) yn gwneud gwaith archwilio, monitro, ymchwilio a swyddogaethau gwerthuso i ddangos diwylliant o atebolrwydd ac eglurder.
- Mae rhai adrannau a swyddfeydd eraill wedi eu sefydlu a'u datblygu er mwyn ceisio cynyddu cydlyniad – e.e. Swyddfa Cydlyniad Materion Dyngarol (*OCHA: Office of the Co-ordination of Humanitarian Affairs*), Adran Gweithredoedd Cadw'r Heddwch (*DPKO: Department of Peace Keeping Operations*) a'r Swyddfa Cydlynydd Diogelwch y Cenhedloedd Unedig (*UNESCORD: Office of the United Nations Security Co-ordinator*).
- Mae Comisiynau Rhanbarthol hefyd, e.e. i Affrica neu Ewrop, a'r rheini sy'n edrych ar ôl materion penodol fel problemau gwladwriaethau bregus difreintiedig yn cynnwys y gwledydd lleiaf datblygedig, gwledydd tirgaeedig sy'n datblygu a gwladwriaethau ynys bach (sefydlwyd yn 2001). Wrth i fater godi mae'r Cenhedloedd Unedig yn dyfeisio cynllun, corff neu asiantaeth i ymdrin ag o!
- Mae pencadlys yr Ysgrifenyddiaeth yn Efrog Newydd, ac mae ganddi swyddfeydd ym mhob rhanbarth o'r byd, gyda thair prif ganolfan o weithgareddau yn Genève (diarfogi a hawliau dynol), Wien (rheolaeth ar gamddefnyddio cyffuriau, atal troseddu) a Nairobi (yr amgylchedd ac anheddiad dynol). Mae swyddfeydd sylweddol yn Addis Ababa, Bangkok a Santiago hefyd (gweler Ffigur 2.8).

Fodd bynnag, cafwyd nifer o feirniadaethau am ansawdd yr Ysgrifenyddiaeth a hefyd yr Ysgrifennydd Cyffredinol a'i gynghorwyr/chynghorwyr. Mae T.G. Weiss yn siarad am 'fiwrocratiaeth llethol ac arweinyddiaeth wan' ac, am fod pobl yn honni bod cyflwr y Cenhedloedd Unedig yn ddigon camweithredol ar hyn o bryd, mae Weiss yn ystyried mai'r Ysgrifenyddiaeth yw un o'r rhesymau am hyn.

1974	Rhoddodd Kurt Waldheim newyn a bwydo pobl y byd yn uchel ar agenda'r Cenhedloedd Unedig a chyflwynodd Flwyddyn y Ferch yn 1978.
1992	Cyflwynodd Boutros Boutros-Ghali Agenda ar gyfer Datblygiad Cynaliadwy. Byddwch chi'n gweld bod ei dymor yn fyr oherwydd gwrthwynebiad gan UDA.
2000	Goruchwyliodd Kofi Annan y gwaith o sefydlu Nodau Datblygu'r Mileniwm (*Millennium Development Goals*) yn 2000. Kofi Annan hefyd gyflwynodd y Cytundeb Byd-eang arloesol (*Global Compact*), gan ddod â chorfforaethau busnes preifat at ei gilydd gydag asiantaethau'r Cenhedloedd Unedig a sefydliadau anllywodraethol.
2006	Rhoddodd yr Ysgrifennydd Cyffredinol Ban Ki-moon flaenoriaeth uchaf y Cenhedloedd Unedig i'r newid hinsawdd.

▲ **Tabl 2.3** Gweithredoedd cofiadwy Ysgrifenyddion Cyffredinol dethol o'r gorffennol. Mae'r Ysgrifennydd Cyffredinol yn symbol o ddelfrydau'r Cenhedloedd Unedig – fel Prif Swyddog Gweithredol, mae'n rhaid i'r Ysgrifennydd Cyffredinol dynnu sylw'r Cyngor Diogelwch at unrhyw fater a allai, yn eu barn nhw, fygwth parhad yr heddwch a'r diogelwch rhyngwladol

▲ **Ffigur 2.9** Den Haag

DADANSODDI A DEHONGLI

Astudiwch Ffigur 2.10, sy'n dangos pa mor aml y mae'r pum aelod parhaol (P5) o Gyngor Diogelwch y Cenhedloedd Unedig wedi defnyddio eu pleidlais atal mewn gwahanol gyfnodau hanesyddol.

(a) Amcangyfrifwch (i) faint o weithiau y cafodd penderfyniad ei atal gyda phleidlais atal gan y DU rhwng 1946 a 1969, a (ii) pha mor aml y cafodd penderfyniadau'r Cenhedloedd Unedig eu hatal gyda phleidlais atal gan UDA rhwng 1970 a 1991.

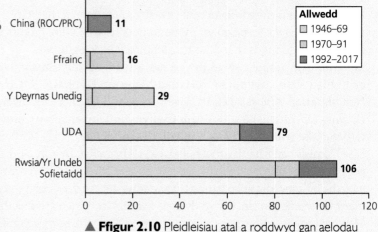

CYNGOR

Mae'r rhain yn dasgau meintiol gweddol syml i'w gwneud, yn enwedig y rhan gyntaf. Byddwch yn ofalus yn yr ail ran drwy fesur y nifer o bleidleisiau atal yn gywir cyn cyfrifo pa mor aml, ar gyfartaledd, y defnyddiwyd pleidlais atal yn ystod y cyfnod hwnnw o 21 mlynedd. Cyfathrebwch eich canfyddiadau mewn ffordd sy'n hawdd ei deall, e.e.: 'Defnyddiwyd pleidlais atal tua unwaith bob X o flynyddoedd.'

▲ **Ffigur 2.10** Pleidleisiau atal a roddwyd gan aelodau P5 Cyngor Diogelwch y Cenhedloedd Unedig rhwng 1946 a 2017

(b) Dadansoddwch newidiadau dros amser yn y nifer o benderfyniadau a ataliwyd gyda phleidlais atal gan y pwerau mawr sydd wedi eu dangos.

CYNGOR

Defnyddiwch y graffiau i ddadansoddi'r data ystadegol a welwch chi ar gyfer y pedair gwlad. Ceisiwch roi cyfrif sydd â strwythur iawn iddo i ddweud wrthym ni beth yw'r 'stori fawr' heb grwydro'n ormodol gyda manylion bach. Gallwch chi geisio datblygu rhywfaint o ddisgyblaeth ddadansoddol drwy gyfyngu eich ateb i 150 o eiriau. Bydd hyn yn gwneud i chi feddwl yn ofalus beth yw prif nodweddion dadansoddiad sy'n gryno ond sydd hefyd yn rhoi digon o wybodaeth.

(c) Awgrymwch resymau dros y newidiadau hyn.

CYNGOR

Gallwch chi geisio dehongli'r data drwy gynnig esboniadau gyda rhesymau sy'n gysylltiedig â newidiadau geowleidyddol yn y byd go iawn rydych chi wedi darllen amdanyn nhw yn y llyfr yma neu mewn ffynonellau eraill. Gallai'r themâu a ddewiswch chi gynnwys y Rhyfel Oer (a'i ddiwedd), neu gynnydd China fel pŵer mawr. A oedd rhai gwladwriaethau'n fwy tebygol nag eraill o fod yn 'estyn eu cyhyrau' yn ystod cyfnodau hanesyddol penodol? Efallai hefyd y gallwch chi ddefnyddio eich gwybodaeth a'ch dealltwriaeth o ddigwyddiadau'r byd mewn blynyddoedd diweddar, fel Rwsia yn defnyddio pleidlais atal i rwystro cyrch yn erbyn Syria.

Pwy sy'n talu am y Cenhedloedd Unedig a'i asiantaethau?

Rydych chi wedi darllen am strwythur cymhleth y Cenhedloedd Unedig a'i 'aelodau teulu' niferus. Sut mae'r holl waith yma'n cael ei ariannu? Yr ateb yw'r cyfraniadau ariannol a ddaw gan aelod-wladwriaethau unigol, wedi eu hasesu ar raddfa y mae pwyllgor ar gyfraniadau'r Cenhedloedd Unedig ei hun yn ei chymeradwyo.

- Y maen prawf sylfaenol ar gyfer cyfrifo cyfraniadau yw *gallu* (nid *parodrwydd* o anghenraid) y gwledydd i dalu, gan ddefnyddio fformiwla wedi ei seilio ar eu Cynnyrch Gwladol Crynswth.
- Yn ogystal â'r gyllideb arferol, mae aelod-wladwriaethau'n cael eu hasesu i weld beth yw cost tribiwnlysoedd rhyngwladol a gweithredoedd cadw'r heddwch (sydd, yn gyffredinol, yn tueddu i gynyddu, o ganlyniad i'r cynnydd yn y nifer o ryfeloedd sifil). Weithiau, mae sefyllfa ariannol gyffredinol y Cenhedloedd Unedig yn ansicr am fod llawer o'r aelod-wladwriaethau'n parhau i fethu talu yn llawn ac yn brydlon. O fewn blwyddyn nodweddiadol, mae traean o'r aelod-wladwriaethau'n debygol o fethu cyflawni eu goblygiadau ariannol statudol i'r Cenhedloedd Unedig.
- Weithiau, os nad yw'r gwladwriaethau wedi talu eu cyfraniadau'n llawn, maen nhw'n gohirio eu had-daliadau i wladwriaethau eraill sydd wedi cyfrannu milwyr, offer a chymorth logistaidd i weithredoedd cadw'r heddwch neu weithredoedd eraill, ac mae hynny'n rhoi baich annheg ar y gwledydd eraill hyn. Mewn sefyllfa fel hyn, gallai gwledydd fel UDA ofyn: pam ddylem ni fod yn blismon ar y byd a thalu am y gwaith ein hunain? Un enghraifft nodedig yw beirniadaeth y cyn-Arlywydd Trump o berthynas UDA â'r Cenhedloedd Unedig gan ddweud ei bod yn berthynas 'annheg' lle mae UDA ar ei cholled yn ariannol.

Hefyd, mae rhai rhaglenni'n cael eu hariannu drwy gyfraniadau gwirfoddol gan lywodraethau (e.e. i Raglen Amgylcheddol y Cenhedloedd Unedig, fel y gwelwn ni yn Nhabl 2.4 isod) ac mae ganddyn nhw gyllidebau cwbl wahanol. Beth sylwch chi am y cyfranwyr mwyaf?

Gwlad	Cyfraniad mewn miliynau o $UDA	Gwlad	Cyfraniad mewn miliynau o $UDA
Yr Iseldiroedd	10.25	Denmarc	4.60
Almaen	9.89	Ffindir	4.36
Gwlad Belg	5.93	Norwy	3.00
UDA	5.90	Canada	2.97
Ffrainc	5.85	Japan	2.78
Y Deyrnas Unedig	5.57	Rwsia	1.46
Sweden	4.80	Awstralia	1.20

▲ **Tabl 2.4** Y prif gyfranwyr ariannol i Raglen Amgylchedd y Cenhedloedd Unedig (*UNEP: United Nations Environment Programme*), 2016

Mae gan asiantaethau arbenigol y Cenhedloedd Unedig, e.e. WHO, FAO neu UNESCO, gyllidebau ar wahân hefyd. Mae'r rhain yn cael eu hategu gyda chyfraniadau gwirfoddol gan wladwriaethau ond hefyd gan sefydliadau anllywodraethol, asiantaethau rhoddi a hyd yn oed unigolion. Mae UNICEF yn cael ei ariannu'n gyfan gwbl gan gyfraniadau gwirfoddol. Mewn achosion fel hyn, gallwn ni weld 'jig-so' llywodraethiant byd-eang ar waith (gweler tudalennau 11-12).

2 Llywodraethiant ariannol byd-eang

▶ *Sut mae systemau ariannol a masnach byd-eang yn cael eu llywodraethu?*

Sefydliadau Bretton Woods

Mae tri sefydliad rhynglywodraethol a sefydlwyd yn y cyfnod 1944-47 wedi cael dylanwad enfawr ar ddatblygiad economaidd byd-eang ac ar fasnach y byd. Cawson nhw eu sefydlu gan gynghreiriaid buddugol (yr ochr a enillodd) yr Ail Ryfel Byd, ynghyd â chenhedloedd diwydiannol blaenllaw eraill, wrth iddyn nhw fynd ati gyda'i gilydd i ailadeiladu ac adfer economi'r byd wedi iddo gael ei niweidio. Prif nod y Gynhadledd Bretton Woods (yn 1944) oedd peidio dychwelyd at ddiffynnaeth yr 1930au. Roedd pobl, yn enwedig Arlywydd UDA, Roosevelt, yn ystyried y ddiffynnaeth honno'n eithriadol o niweidiol i fasnach byd ac yn ffactor a gyfrannodd yn fawr at Ddirwasgiad Mawr byd-eang yr 1930au. Roedd y degawd hwnnw'n adnabyddus am ddiweithdra a chaledi i weithwyr yn Ewrop a Gogledd America, a achosodd ansefydlogrwydd economaidd a chymdeithasol. Roedd llawer o haneswyr yn ystyried yr ansefydlogwydd hwn yn ffactor a gyfrannodd at dwf ffasgiaeth yn yr Almaen a'r Eidal, ac yn y pen draw at ddechrau'r Ail Ryfel Byd yn Ewrop yn 1939.

Cafodd y Gronfa Ariannol Ryngwladol (IMF), Banc y Byd a Sefydliad Masnach y Byd (WTO) (gweler Tabl 2.5 isod i gael crynodeb o'u swyddogaethau) eu sefydlu gydag UDA yn arwain y gwaith o'u llunio nhw. Cafodd y tri sefydliad rhynglywodraethol hyn eu datblygu i hyrwyddo neoryddfrydiaeth (gweler tudalen 17) fel yr ideoleg i ddod â thwf economaidd byd-eang. Ar yr un pryd, byddai rhai pobl yn dadlau eu bod nhw wedi helpu i ddiogelu a hyrwyddo goruchafiaeth neu hegemoni UDA (gweler tudalen 53), a dydy hynny ddim yn syndod o gofio bod UDA wedi cael dylanwad anghymesur ar ddatblygiad y sefydliadau hyn (UDA oedd yr unig un o wledydd buddugol yr Ail Ryfel Byd oedd â chronfeydd ariannol sylweddol ar ôl, ac felly gallai arwain y digwyddiadau hyn).

Sefydliad	Dyddiad sefydlu	Prif swyddfa	Rôl mewn llywodraethiant byd-eang
Y Gronfa Ariannol Ryngwladol (IMF)	1944	Washington DC, UDA	■ Yn hwyluso cydweithredu ariannol rhyngwladol rhwng gwladwriaethau a gweithredwyr eraill. ■ Yn hyrwyddo sefydlogrwydd ariannol drwy helpu aelodau (darparu adnoddau ariannol dros dro, h.y. benthyciadau). ■ Mae banciau a llywodraethau cenedlaethol yn talu i mewn i gronfa sydd wedyn yn cael ei rhannu i helpu i sefydlogi ariannau cyfred cenedlaethol.
Grŵp Banc y Byd	1944	Washington DC, UDA	■ Prif nod Banc y Byd (*WB: World Bank*) yw hyrwyddo datblygiad byd-eang drwy ostwng tlodi o amgylch y byd. ■ Mae Banc y Byd yn darparu adnoddau i helpu i gryfhau economïau cenhedloedd tlawd mewn cyfnodau o argyfwng.
Sefydliad Masnach y Byd (*WTO: World Trade Organization*) – sef GATT (*the General Agreement on Trade and Tariffs*) gynt	1995 (1947 gynt)	Genefa, Y Swistir	■ Prif ddiben Sefydliad Masnach y Byd (yr hen enw arno oedd GATT) yw hyrwyddo masnach drwy ostwng rhwystrau fel tollau, trethi a chwotâu. ■ Ar y dechrau, roedd GATT (y Cytundeb Cyffredinol ar Fasnach a Thollau) yn chwarae rôl allweddol yn yr ymgais i ail ddechrau masnach fyd-eang ar ôl yr Ail Ryfel Byd.

▲ **Tabl 2.5** Sefydliadau Bretton Woods a'u holynwyr

Yng Nghynhadledd Bretton Woods, cytunodd cynghreiriaid buddugol y rhyfel i roi nifer o egwyddorion allweddol ar waith er mwyn annog y system economaidd fyd-eang i dyfu ac i fasnach lifo heb rwystrau:

- *Sefydlu system gyfnewid sefydlog wedi ei seilio ar aur ac ar y ddoler.* Y nod oedd gwneud masach a buddsoddiadau'n haws, a helpu llifoedd ariannol byd-eang (a'r system economaidd fyd-eang gyfan) i dyfu dros amser. .
- *Defnyddio'r Gronfa Ariannol Ryngwladol a Banc y Byd i sefydlogi systemau byd-eang o gyllid a masnach.* Byddai cymorth gan y naill neu'r llall o'r ddau sefydliad benthyca'n helpu gwladwriaethau oedd yn cael anawsterau ariannol i gywiro unrhyw anghydbwysedd economaidd. Dros amser, mae cylch gwaith y Gronfa Ariannol Ryngwladol a Banc y Byd wedi ehangu i gynnig cymorth datblygu tymor hir i genhedloedd incwm isel.
- *Sefydlu'r Cytundeb Cyffredinol ar Dollau a Masnach (GATT) gan 23 o genhedloedd masnachu arweiniol.* Y nod oedd annog y cenhedloedd i dynnu rhwystrau oedd yn atal llifoedd masnachu a buddsoddi o amgylch y byd. Ers hynny, GATT a'i olynydd Sefydliad Masnach y Byd (WTO) sydd wedi gwneud y gwaith o gyflawni'r targed hwnnw, gyda chanlyniadau cymysg, drwy gyfres o 'rowndiau' neu gyfarfodydd, e.e. cynhadledd Doha 2001 (Qatar).

Llywodraethiant ariannol a Chonsensws Washington

Mae gan y Gronfa Ariannol Ryngwladol (*IMF: International Monetry Fund*) a Banc y Byd swyddogaethau sy'n wahanol ac eto sy'n cyd-gysylltu â'i gilydd, fel y gwelwn ni yn Nhabl 2.6. Yr enw a roddwyd i'r athroniaeth sy'n sail i'r ffordd y mae'r sefydliadau rhynglywodraethol hyn yn gweithredu yw Consensws Washington (gweler Tabl 2.7).

- Mae'n cyfeirio at y ffordd y mae model o gyfalafiaeth Orllewinol a dulliau neoryddfrydol y mae UDA yn hoff ohonynt (prifddinas UDA yw Washington DC) wedi dylanwadu'n gryf dros amser ar y ffordd y mae'r economi byd-eang cyfan yn gweithredu erbyn hyn.
- Hefyd, mae pencadlysoedd y Gronfa Ariannol Ryngwladol a Banc y Byd i'w cael yn Washington, yn agos at y Tŷ Gwyn (lle mae'r Arlywydd yn byw) a'r Pentagon (canolfan gweithredoedd milwrol ac amddiffyn UDA).
- Yn ei hanfod, y syniad sydd gan nifer eang o bobl yw mai UDA sydd yn gadarn wrth y llyw o hyd o ran llywodraethiant ariannol byd-eang, wedi ei helpu a'i chefnogi gan y Gronfa Ariannol Ryngwladol (IMF), Banc y Byd ac, i raddau llai, Sefydliad Masnach y Byd.

Y Gronfa Ariannol Ryngwladol	Banc y Byd
Mae'n goruchwylio'r system ariannol fyd-eang.	Cafodd hon ei sefydlu i ddechrau i helpu i ailadeiladu economïau'r byd datblygedig wedi i'r Ail Ryfel Byd ddod i ben yn 1945. Erbyn hyn, mae'n annog datblygiad economaidd yn fyd-eang.
Mae'n cynnig cymorth ariannol a thechnegol i'w aelodau.	Mae'n darparu benthyciadau buddsoddi tymor hir ar gyfer projectau datblygiad gyda'r nod o ostwng tlodi.
Dim ond os bydd hynny'n atal argyfwng economaidd byd-eang y mae'n darparu benthyciadau – y 'benthycwr opsiwn olaf' rhyngwladol.	Drwy gyfrwng y Gymdeithas Datblygiad Rhyngwladol (*IDA: International Development Association*), mae'n darparu benthyciadau di-log arbennig i wledydd sydd ag incymau isel iawn fesul pen (llai na $UDA 865 y flwyddyn).

Y Gronfa Ariannol Ryngwladol	Banc y Byd
Mae'n darparu benthyciadau i helpu aelodau i ymdrin â phroblemau cydbwyso taliadau a sefydlogi eu heconomïau.	Mae'n annog mentrau preifat newydd mewn gwledydd sy'n datblygu.
Mae'n cymryd ei hadnoddau ariannol o danysgrifiadau cwota'r aelod-wladwriaethau.	Mae'n caffael adnoddau ariannol drwy fenthyg ar y farchnad bondiau rhyngwladol.
Mae ganddo 2300 aelod o staff i gyd, yn dod o 185 o aelod-wladwriaethau, ac mae bob amser yn ethol rheolwr-gyfarwyddwr Ewropeaidd (yn fwyaf diweddar, Christine Lagarde).	Mae'n sefydliad mwy, gyda 7000 o staff o 185 o wledydd ac mae ganddi lywydd Americanaidd bob amser (Jim Yong Kim yn 2018, oedd yn ddinesydd UDA o dras Koreaidd).

▲ **Tabl 2.6** Gwahaniaethau yn y ffordd y mae'r Gronfa Ariannol Ryngwladol a Banc y Byd yn gweithredu.

1	Disgyblaeth o ran y polisi cyllidol, gan osgoi diffygion cyllidol (ariannol) mawr o'i gymharu â'r Cynnyrch Mewnwladol Crynswth.
2	Ailgyfeirio gwariant cyhoeddus o gymhorthdaliadau diwydiannol neu amaethyddol, tuag at gefnogi gwasanaethau allweddol oedd yn angenrheidiol ar gyfer twf tymor hir fel addysg gynradd, gofal iechyd sylfaenol a buddsoddiad mewn isadeiledd.
3	Diwygiad trethi, sylfaen drethi ehangach a chyfraddau trethi busnes ac incwm canolig neu isel.
4	Cyfraddau llog wedi eu penderfynu gan y farchnad i fenthycwyr (gan effeithio, e.e. ar gostau morgeisi).
5	Cyfraddau cyfnewid cystadleuol ar gyfer arian cyfred gwahanol wladwriaethau.
6	Rhyddfrydoli masnach mewnforion, gyda lefel isel o amddiffyniad masnach (defnyddio tollau isel).
7	Rhyddfrydoli buddsoddiad uniongyrchol tramor sy'n dod i mewn (gan ei wneud yn haws i gorfforaethau trawswladol ledaenu eu gweithredoedd).
8	Preifateiddio mentrau gwladwriaethau (e.e. gadael i gorfforaethau trawswladol gymryd rheolaeth dros reilffyrdd gwlad).
9	Dadreoleiddio – cael gwared â'r rheolau sy'n atal mynediad i farchnad neu'n cyfyngu ar gystadleuaeth (ar wahân i'r rheini sy'n dderbyniol am resymau diogelwch, amgylcheddol a diogelu'r cwsmer).
10	Diogelwch cyfreithiol ar gyfer hawliau eiddo.

▲ **Tabl 2.7** Un olwg ar 'ddeg egwyddor' yr hyn a gafodd ei alw'n Gonsensws Washington

Agweddau a dulliau newidiol y Gronfa Ariannol Ryngwladol a Banc y Byd

Pan gafodd y Gronfa Ariannol Ryngwladol ei llunio'n wreiddiol, ei phrif nod oedd helpu i sefydlogi'r system gyfraddau cyfnewid a thaliadau rhyngwladol yn y gwledydd wedi eu diwydianeiddio ar ôl yr Ail Ryfel Byd. Ond, ehangodd rôl y Gronfa Ariannol Ryngwladol i gynnwys 'rheolaeth argyfwng' gyda (i) dechreuad argyfwng dyled fyd-eang yn ystod yr 1980au a (ii) chwymp yr Undeb Sofietaidd yn 1989.

Digwyddodd 'ailddyfeisio' y Gronfa Ariannol Ryngwladol fel gweithredwr llywodraethiant byd-eang allweddol mewn nifer o gamau:

1   Yn y cyfnod yn syth ar ôl oes Bretton Woods, datblygwyd system newydd o gyfraddau cyfnewid sefydlog, oedd yn graddio arian cyfred y byd mewn cymhariaeth â gwerth aur, ac yn fwy diweddar â doler UDA, er mwyn diogelu yn erbyn amrywiad. Rhoddwyd y pŵer i'r Gronfa Ariannol Ryngwladol

ymyrryd ym mholisi economaidd gwlad os byddai'n mynd i ddyled (ac ni allai gadw ei mantol daliadau mewn perthynas ag unrhyw fenthyciadau).

2   Ond yn 1971, rhoddodd Nixon, Arlywydd UDA, y gorau i'r safon aur. Un o ganlyniadau anfwriadol hynny oedd bod angen i'r Gronfa gynyddu ei benthyca tymor byr i genhedloedd oedd yn datblygu. Saethodd y cyfraddau llog byd-eang i fyny yn yr 1970au hwyr a'r 1980au (mewn ymateb i brisiau olew uchel a sbardunwyd gan wrthdaro ac ansefydlogrwydd yn y Dwyrain Canol ar ôl 1973).

3   Aeth yr ad-daliadau ar fenthyciadau mor uchel nes bod llawer o wledydd oedd yn datblygu yn methu eu fforddio nhw. Yna ychwanegwyd y llog oedd heb ei dalu at y benthyciadau gan y Gronfa Ariannol Ryngwladol gan gynyddu lefel y ddyled gyffredinol. Erbyn 2000, roedd gan lawer o wledydd oedd yn datblygu ddyled llawer mwy na gwerth eu benthyciadau gwreiddiol.

4   Dywedodd y Gronfa Ariannol Ryngwladol na fyddai'n rhoi rhagor o gymorth i wledydd mewn anhawster heblaw eu bod nhw'n cytuno i amodau benthyca o'r enw *rhaglenni addasu strwythurol (SAPs: structural adjustment programmes)*. Yna byddai'r Gronfa'n ail drefnu ad-daliad benthyciadau'r gwledydd a effeithiwyd ar lefelau mwy fforddiadwy. Ond, i fod yn gymwys ar gyfer yr addasiad ariannol hwn roedd yn rhaid i'r gwledydd ennill mwy a gwario llai mewn gwirionedd, drwy allforio mwy o nwyddau i ennill y cyfalaf a gostwng gwariant y llywodraeth.

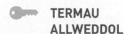

TERMAU ALLWEDDOL

Rhaglenni addasu strwythurol (*SAPs: Structural adjustment programmes*) Ers yr 1980au, mae'r Cyfleuster Addasu Strwythurol Gwell (***ESAF: Enhanced Structural Adjustment Facility***) wedi darparu benthyciadau ond mae amodau tyn yn gysylltiedig â nhw. Mewn gwirionedd, mae hyn wedi golygu bod llawer o'r gwledydd sydd wedi benthyca wedi gorfod preifateiddio gwasanaethau cyhoeddus.

Cafodd amodau eraill eu hatodi at SAPs, a chafodd y rhain eu tynnu o egwyddorion Consenws Washington (Tabl 2.7). Cytunodd y llywodraethau oedd yn benthyca i:

- *agor marchnadoedd domestig* – e.e. caniatáu i gwmnïau preifat ddatblygu adnoddau i'w hallforio gyda mwy o gyfranogaeth gan gorfforaethau trawswladol
- *gostwng rôl y llywodraeth mewn marchnadoedd* – ni ddylid cael unrhyw gyfyngiadau ar fuddsoddiad rhyngwladol, nac ar y pethau y gallai cwmnïau tramor eu caffael (gallai hynny ddinistrio nifer o'r diwydiannau domestig llai proffidiol)
- *gostwng gwariant y llywodraeth* – e.e. drwy wneud toriadau i brojectau isadeiledd a lles (gallai hynny gael effeithiau niweidiol ar addysg ac iechyd)
- *datbrisio eu harian cyfred* – i geisio gwneud allforion yn rhatach.

Felly, daeth y gwledydd oedd yn datblygu yn wledydd wedi eu 'trawswladoli' wrth i gorfforaethau trawswladol brynu gwasanaethau dŵr a gwasanaethau eraill wedi'u preifateiddio. Mae pobl sy'n beirniadu hyn wedi dadlau bod llawer o wledydd wedi aberthu eu sofraniaeth economaidd o ganlyniad i hyn. Hefyd, roedd gan SAPs gam cychwynnol weithiau pan fyddai cymorthdaliadau'n cael eu tynnu ac y byddai mentrau oedd yn eiddo i'r wlad yn cael eu cau, ac roedd hyn yn arwain at waethygu nid gwella problemau economaidd. Er bod enghreifftiau i'w cael o SAPs yn cael rhywfaint o lwyddiant, e.e. yn Tanzania, mewn gwledydd eraill roedd y diwygiadau wedi ansefydlogi eu heconomïau bregus ac wedi gwaethygu ansawdd bywyd eu dinasyddion.

Ar yr un pryd, roedd llwyddiant economaidd China, ac i raddau llai India ers yr 1990au, wedi defnyddio polisïau neoryddfrydol oedd yn cynnwys lefelau uchel o ddiffynnaeth ac ymyrraeth gan y wladwriaeth. Mae hynny'n awgrymu nad mesurau cyni'r Gronfa Ariannol Ryngwladol, wedi eu gyrru gan ideoleg, oedd y ffordd orau ymlaen bob amser efallai. Roedd adroddiad Banc y Byd *Learning from a decade of reform* (2005) yn tynnu sylw at wendidau SAPs.

- Cafodd y polisïau marchnad rydd, un maint i bawb, hyn eu cyflwyno ymhob man heb sicrhau cyfranogaeth y gwledydd oedd mewn dyled, neu heb ymgynghori â nhw fel y dylai ddigwydd. Mae hyn yn arwydd o lywodraethiant byd-eang gwael (cyfeiriwch yn ôl at dudalennau 10-19 i ddarllen am y ffordd y mae llywodraethiant byd-eang i fod i sicrhau cyfranogaeth).
- Yn fwy diweddar, i gymryd lle SAPs, mae gwledydd sy'n datblygu wedi cael eu hannog i ddatblygu eu papurau strategaeth gostwng tlodi (*PRSP: pverty-reduction strategy papers*) eu hunain. Mae hyn yn dangos mwy o gyfranogaeth mewn llywodraethiant byd-eang: mae caniatâd i'r gwladwriaethau sy'n cael eu heffeithio greu polisïau a sefydlu blaenoriaethau ar gyfer gweithredu sydd wedi eu teilwra i'w hanghenion penodol nhw eu hunain.

Model llywodraethiant arwyddocaol arall yw'r fenter Gwledydd Tlawd mewn Dyledion Mawr 1996 (*HIPC: Highly Indebted Poor Countries*), lle mae'r Gronfa Ariannol Ryngwladol a Banc y Byd yn gweithio ochr yn ochr i helpu i ryddhau gwledydd o ddyled a rhoi benthyciadau llog isel iddyn nhw i ganslo neu ostwng dyledion allanol i lefelau cynaliadwy.

- I fod yn gymwys ar gyfer y fenter HIPC, roedd angen i wledydd fod yn dioddef beichiau dyled nad oedden nhw'n gallu ymdopi â nhw gyda'r dulliau traddodiadol. Yn wreiddiol, nododd y fenter HIPC 39 o wledydd cymwys, yn bennaf yn Affrica is-Sahara (Ffigur 2.11).
- Yn ddiweddarach, yn 2005 – yn rhannol oherwydd pwysau lobïo gan sefydliadau anllywodraethol (Christian Aid ac Oxfam) ac ymgyrchu cymdeithasau sifil – penderfynwyd yn uwchgynhadledd G8 Gleneagles i ganslo'r holl ddyledion oedd gan 18 o wledydd HIPC.
- Erbyn 2016, derbyniodd pob gwlad HIPC bron, ryddhad dyled, o leiaf yn rhannol, (ar yr amod eu bod nhw'n gallu dangos tystiolaeth o reolaeth ariannol da a gonest, a stiwardiaeth gadarn o'r arbedion a gawson nhw drwy ganslo'r ad-daliadau dyled, i'w buddsoddi mewn rhaglenni addysg, iechyd a lles). Y tro hwn, roedd anghydraddoldeb ac anghyfiawnder ar raddfa fyd-eang yn cael ei drin yn ddisymwth gan benderfyniadau llywodraethiant byd-eang, wedi eu gwthio gan 'babell fawr' o weithredwyr, yn wladwriaethau ac eraill (gweler tudalen 48).

Llywodraethiant ariannol byd-eang yn y cyfnod ar ôl yr Argyfwng Ariannol Byd-eang

Yn y cyfnod hwnnw ar ôl Argyfwng Ariannol Byd-eang 2008 methodd llawer iawn o sefydliadau ariannol, cafwyd dirywiadau hir yn holl farchnadoedd y byd a chafwyd dirwasgiad mewn rhai o'r economïau arweiniol (yn cynnwys y DU). Canlyniad arall oedd bod yn rhaid i lywodraethau cenedlaethol dalu arian mawr i achub banciau oedd yn cael eu hystyried yn 'rhy fawr i fethu'. Gallwn ni ddadlau bod yr Argyfwng Ariannol Byd-eang wedi 'ail-sbarduno'r' Gronfa Ariannol Ryngwladol – dyna faint o reolaeth oedd ei angen. Yn uwchgynhadledd G20 2008, cafodd prif rôl y Gronfa Ariannol Ryngwladol mewn llywodraethu'r economi byd-eang ei gadarnhau fwy fyth, gyda mandad ehangach, adnoddau cyfalaf newydd a gwell goruchwyliaeth ariannol byd-eang (er mwyn rhagweld ac atal unrhyw argyfyngau economaidd pellach rhag datblygu mewn gwladwriaethau sofran cyn lledaenu'n fyd-eang).

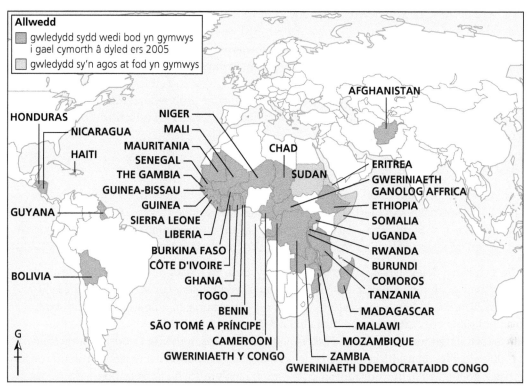

▲ Ffigur 2.11 Gwledydd oedd yn dal yn gymwys, neu bron yn gymwys, ar gyfer cymorth y fenter HIPC (gwledydd tlawd â dyledion trwm) yn 2016. Gallwch chi ymchwilio sut roedd Rhaglenni Addasu Strwythurol (*SAPs: Structural Adjustment Programmes*) a/neu Strategaethau Gostwng Tlodi (*PRSPs: Poverty Reduction Strategies*) wedi perfformio mewn un neu fwy o'r gwledydd a welwch chi er mwyn gwerthuso eu llwyddiant (a'r rhesymau pam roedd angen cymorth HIPC wedi hynny). Mae enghreiffdiau da yn cynnwys Uganda, Ghana a Jamaica

Erbyn hyn, goruchwyliaeth a rheolaeth argyfyngau yw conglfeini gwaith y Gronfa Ariannol Ryngwladol, ond mae sialensiau'n parhau.

- Mae gwrthwynebiad i'r oruchwyliaeth ariannol gan UDA a gwladwriaethau sofran pwerus sydd hefyd yn brif gymwynaswyr i'r sefydliad (yn nhermau blaendaliadau ariannol a staff).
- Fel y dangosodd yr Argyfwng Ariannol Byd-eang, nid oedd llawer o'r economïau diwydiannol lefel uwch mor sefydlog yn ariannol ag yr oedd pobl wedi ei feddwl yn y gorffennol. Hefyd, mewn byd wedi ei globaleiddio'n fawr, mae rhyng-gysylltiad yn creu risg o 'lygru' – lledaenodd problemau'n gyflym o le i le. Roedd ciplun o'r byd yn 2019 yn dangos methiannau ariannol posibl yn Nhwrci, Venezuela a'r Ariannin, a gwledydd eraill. A allai digwyddiadau mewn un o'r gwledydd hyn sbarduno argyfwng byd-eang newydd?
- Does neb yn gwybod eto a fydd y Gronfa Ariannol Ryngwladol yn gallu addasu'n ddigon cyflym ar gyfer sefyllfaoedd newidiol y system economaidd fyd-eang (gyda system o bŵer sy'n fwy cymhleth a gwasgaredig) ac a fydd yn gallu rheoli unrhyw argyfyngau yn y dyfodol yn effeithiol.

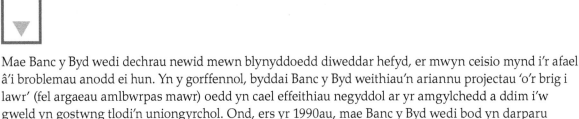

Mae Banc y Byd wedi dechrau newid mewn blynyddoedd diweddar hefyd, er mwyn ceisio mynd i'r afael â'i broblemau anodd ei hun. Yn y gorffennol, byddai Banc y Byd weithiau'n ariannu projectau 'o'r brig i lawr' (fel argaeau amlbwrpas mawr) oedd yn cael effeithiau negyddol ar yr amgylchedd a ddim i'w gweld yn gostwng tlodi'n uniongyrchol. Ond, ers yr 1990au, mae Banc y Byd wedi bod yn darparu benthyciadau llog isel, neu heb ddim llog o gwbl, yn fwy a mwy i brojectau datblygiad cynaliadwy 'o'r gwaelod i fyny', a hynny weithiau mewn cydweithrediad â sefydliadau anllywodraethol. Mae llawer o bobl yn ystyried hon yn ffordd well o lywodraethiant am ei bod yn rhoi mwy o ystyriaeth i wir anghenion cymunedau lleol a chymdeithas sifil.

Llywodraethiant masnach yn fyd-eang

Fel yr esboniwyd uchod (tudalen 43), Sefydliad Masnach y Byd (WTO) yw'r olynydd i Gytundeb Cyffredinol ar Dollau a Masnach (GATT) 1945. Ar hyn o bryd, mae ganddo fwy na 160 o aelodau, yn cynnwys Rwsia a China, ac mae mwy na 75 y cant o'r rhain naill ai'n economïau cynyddol amlwg neu'n wledydd sy'n datblygu. Mae gan Sefydliad Masnach y Byd nifer o swyddogaethau blaenllaw:

- Goruchwylio a rhyddfrydoli masnach drwy ostwng rhwystrau, fel tollau. Mae gan y drefn fasnach hon rôl bwysig mewn cefnogi globaleiddio. Yn yr 1950au, roedd tollau fel arfer yn yr ystod 20-30 y cant ond, erbyn 2010, roedd hyn wedi gostwng i ystod o 5-10 y cant, gan adlewyrchu'r ffaith bod agweddau a pholisïau neoryddfrydol wedi lledaenu'n fyd-eang yn yr 1980au.
- Gweithredu fel cyflafareddwr (*arbitrator*) i ddatrys dadleuon masnach rhwng aelod-lywodraethau. Mae bron i 500 o ddadleuon wedi cael eu datrys ers 1995, ac o ganlyniad i'r mwyafrif o'r rhain roedd y llywodraethau a gollodd y ddadl wedi addasu eu mesurau i gydymffurfio â'r gofynion.
- Negodi rheolau newydd mewn amrywiol 'rowndiau' o sgyrsiau:
  - Arweiniodd Rownd Uruguay (1986-94) at ostwng rhwystrau, yn bennaf ar gyfer gweithgynhyrchu nwyddau.
  - Mae'r rownd ddiweddaraf o sgyrsiau a ddechreuodd yn Doha (Qatar) yn 2001 yn dal i fynd yn ei blaen, oherwydd mae wedi bod yn anodd diwygio masnach mewn cynnyrch amaethyddol rhwng gwledydd datblygedig a gwledydd cynyddol amlwg/sy'n datblygu. Mewn rhai rhannau o'r byd datblygedig, mae'r ffermwyr yn derbyn llawer iawn o gymorthdaliadau gan eu llywodraethau i gynhyrchu cnydau, e.e. betys siwgr o fewn yr Undeb Ewropeaidd. Mae ffermwyr cotwm sy'n defnyddio llawer iawn o beiriannau gwaith yn derbyn cymorthdaliadau yn California ar draul y cynhyrchwyr ym Mali, Gorllewin Affrica, sydd heb obaith o gystadlu â nhw. Mae'r bobl sy'n beirniadu hyn yn cwyno am 'faes chwarae anwastad' (gweler Ffigur 2.12).

Sut mae Sefydliad Masnach y Byd yn cyfateb â darnau jig-so eraill llywodraethiant byd-eang?

Mae Sefydliad Masnach y Byd yn rhoi teimlad o sefydlogrwydd i'r systemau byd-eang. Mae'r rôl lywodraethiant hanfodol hon yn cynnwys rhoi hyder i'r cenhedloedd sy'n masnachu na fydd unrhyw newidiadau sydyn yn digwydd i reolau masnach y byd – heblaw bod gwladwriaethau pwerus fel UDA yn gweithredu ar eu pennau eu hunain i gyflwyno rhwystrau masnach, a chreu 'ysgytiad' byd-eang (digwyddodd hynny yn 2018 pan orfododd yr Arlywydd Trump dollau werth biliynau o ddoleri ar fewnforion o nwyddau, dur ac alwminiwm wedi eu gweithgynhyrchu yn China – Ffigur 2.13).

- Nid yw Sefydliad Masnach y Byd yn asiantaeth arbenigol i'r Cenhedloedd Unedig ond mae ganddo drefniadau cydweithredol cyfyngedig gyda'r Cenhedloedd Unedig. Mae'n gyfrifol am gydweithio â'r Gronfa Ariannol Ryngwladol /Banc y Byd i gael mwy o gydlyniad mewn llywodraethiant byd-eang.

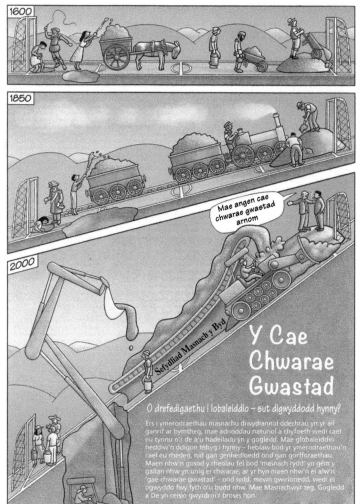

◄ **Ffigur 2.12** Y maes chwarae anwastad

- O fewn Sefydliad Masnach y Byd, mae'r penderfyniadau'n cael eu gwneud drwy gonsensws (hynny ydy, gallai unrhyw benderfyniad gael ei atal os bydd unrhyw aelod yn gwrthwynebu, ond mae pobl yn beirniadu'r Sefydliad am fod mwy o lais gan y chwaraewyr mwyaf ac am fod y rhain yn 'gorfodi'r gwledydd llai).

- Mae rheolaeth Sefydliad Masnach y Byd yn digwydd ar y cyd, ac mae cynhadledd i'r aelodau i gyd yn digwydd o leiaf unwaith bob dwy flynedd. O fewn 'rownd' benodol does dim wedi ei gytuno nes bod popeth wedi ei gytuno. Ond, gall y system un penderfyniad hon arwain at oedi (fel impasse Rownd Ddatblygu Doha a gychwynnodd yn 2001).

Un farn, fodd bynnag, yw bod rôl Sefydliad Masnach y Byd mewn llywodraethiant Byd-eang wedi gwanhau mewn blynyddoedd diweddar.

- Ochr yn ochr â chyfarfodydd gweinidogion yn Seattle yn 1999 a Cancun yn 2005 cafwyd protestiadau mawr yn erbyn Sefydliad Masnach y Byd gan sefydliadau anllywodraethol a chymdeithasau sifil. Mae Sefydliad Masnach y Byd wedi dod yn llai poblogaidd gyda busnesau am nad yw'n mynd i'r afael â phryderon cynyddol amlwg (fel hawliau eiddo deallusol yn yr oes ddigidol a phroblemau diogelwch data sy'n codi am fod data'n llifo ar draws ffiniau).

- Mae llywodraethau gwladwriaethau wedi dewis llunio eu cytundebau masnach dwyochrog a rhanbarthol eu hunain (yn fwyaf amlwg yn Ewrop). Am fod y gwledydd hyn yn mynd ati'n frwd i fabwysiadu cytundebau masnach ffafriol (*PTAs: preferential trade agreements*) rhaid gofyn pa mor berthnasol yw Sefydliad Masnach y Byd.
- Maes arall y mae dadlau egnïol amdano yw pa ddull sy'n briodol yn Sefydliad Masnach y Byd i fynd i'r afael â datblygiad economaidd. Yn hanesyddol, am fod gwledydd sy'n datblygu wedi cael eu trin yn arbennig a gwahaniaethol, mae hyn wedi llwyddo i ryw raddau i gydbwyso'r anghydraddoldebau maint a phŵer rhwng aelodau Sefydliad Masnach y Byd.

Felly, mae Sefydliad Masnach y Byd yn wynebu nifer o sialensiau allweddol a phroblemau cynyddol amlwg. Mae globaleiddio wedi golygu bod y materion rheoleiddiol sy'n rhan o'r drafodaeth mewn rowndiau masnach yn mynd yn gynyddol gymhleth. Er bod Sefydliad Masnach y Byd yn sefydliad rhyngwladol unigryw ac mae wedi bod yn hanfodol i gefnogi twf economaidd byd-eang a gostwng tlodi, mae llawer o wledydd sy'n datblygu eisiau gweld y rheolau'n newid er mwyn rhoi gwell cefnogaeth i'r amcanion datblygu. Ar y llaw arall, mae llawer o wledydd incwm uchel datblygedig eisiau i Sefydliad Masnach y Byd sefyll yn fwy cadarn yn erbyn diffynnaeth a chymorthdaliadau gwladwriaethau mewn economïau cynyddol amlwg, yn enwedig y ddau gawr India a China. Mae pryderon am amodau cystadleuol annheg sydd wedi'u hachosi gan y ffordd y mae llywodraeth China yn talu cymorthdaliadau i'w mentrau ei hun sydd o dan berchnogaeth y wlad (un enghraifft o hyn sy'n cael ei godi yn aml yw'r ffordd y mae China wedi helpu i dalu am weithgynhyrchu paneli solar).

▶ **Ffigur 2.13**
Gwaethygodd y 'rhyfel masnach' rhwng China ac UDA yn 2018: gan weithredu ar eu pennau eu hunain, mae'r ddau bŵer mawr economaidd hyn wedi tanseilio ceisiadau parhaus Sefydliad Masnach y Byd i ddarparu llywodraethiant byd-eang da a theg ar fasnachu

Sialensiau geowleidyddol byd-eang

Pa sialensiau sy'n wynebu llywodraethiant byd-eang oherwydd newidiadau yng nghydbwysedd y pŵer rhyngwladol?

Mae gwaith y Cenhedloedd Unedig a sefydliadau ariannol mawr y byd wedi cael ei rwystro bob amser gan y ffordd y mae gwladwriaethau'n cystadlu'n aml am bŵer gydag un arall. Yn hytrach na chyflwyno oes newydd o well cydweithredu (fel roedd llawer o bobl wedi gobeithio ei weld), prif nodwedd yr unfed ganrif ar hugain hyd yn hyn yw cyfnod o sialensiau geowleidyddol mwy. Mae'r adran hon yn archwilio'r prif broblemau a 'fflachbwyntiau' a allai wneud pethau'n anoddach i'r Cenhedloedd Unedig a sefydliadau rhynglywodraethol eraill drefnu llywodraethiant byd-eang yn llwyddiannus. Y prif bryder yw'r newid yn y cydbwysedd pŵer rhwng UDA, yr Undeb Ewropeaidd a'r grŵp cenhedloedd BRICS. A yw'r UDA yn colli ei safle hegemonaidd yn y byd, a beth yw'r goblygiadau i lywodraethiant byd-eang? Fel y cewch weld, mae safbwyntiau pobl yn gwahaniaethu.

Bygythiadau i hegemoni UDA

Fel y gwelsom ni eisoes, defnyddiodd UDA ei safle geowleidyddol dominyddol (ar ôl yr Ail Ryfel Byd) i gymryd yr arweiniad a rheoli strwythur rhyngwladol y llywodraethiant byd-eang oedd â'r Cenhedloedd Unedig yn ganolbwynt. Gallwn ni ddadlau bod UDA wedi hyrwyddo ac ymwreiddio ei normau a'i rheolau dewisedig ei hun i mewn i'r system hon, gyda chydweithrediad agos y DU. Felly, mae UDA wedi defnyddio pŵer caled a phŵer meddal i amddiffyn y strwythur llywodraethiant byd-eang y bu'n helpu i'w siapio, ynghyd â'i rôl ei hun fel pŵer hegemonaidd.

Daeth yr her fwyaf i bŵer UDA yn yr 1960au a'r 1970au gan yr Undeb Sofietaidd (Rwsia). Yn ystod cyfnod y Rhyfel Oer dau begwn, cafodd y ddau bŵer mawr, gyda'u harfau niwclear, eu cefnogi gan gynghreiriaid milwrol NATO (oedd yn cefnogi UDA) a Chytundeb Warsaw oedd yn cefnogi Rwsia. Ond erbyn 1991, roedd yr Undeb Sofietaidd wedi chwalu, o ganlyniad i bolisi tramor rhy uchelgeisiol (e.e. eu goresgyniad o Afghanistan yn 1980), argyfwng mewnol am yr arweinyddiaeth a dymuniad llawer o wladwriaethau i dorri i ffwrdd o'r Undeb Sofietaidd. Felly, tawelodd yr her fawr gyntaf i hegemoni UDA. Wrth i ddrwgdeimlad y Rhyfel Oer 'ddadmer', cafodd y Ffederasiwn Rwsiaidd oedd newydd ei ffurfio (byddwn ni'n cyfeirio at hwn fel 'Rwsia' yng ngweddill y llyfr) ei wahodd i ymuno â'r grŵp G7 (gweler tudalen 11), gan achosi i'r grŵp G7 gael ei ehangu a'i ail frandio gyda'r enw G8. Ond, mae map geowleidyddol y byd wedi newid wedyn mewn ffyrdd newydd sy'n herio hegemoni UDA.

Ffurfio'r Undeb Ewropeaidd (UE)

Yn 1993, crewyd yr Undeb Ewropeaidd (UE) a welwch yn Ffigur 2.14 a chreodd hyn bŵer mawr newydd i gystadlu â'r lleill (er ei fod wedi ei greu o gyfuniad o wladwriaethau sofran).

TERMAU ALLWEDDOL

Pŵer caled Mae hyn yn golygu cael eich ffordd eich hun gan ddefnyddio grym. Mae goresgyn, rhyfela a gwrthdaro oll yn ffyrdd di-awch o wneud hynny. Mae modd defnyddio pŵer economaidd fel math o bŵer caled: mae sancsiynau a rhwystrau masnachu'n gallu achosi niwed mawr i wladwriaethau eraill.

Pŵer meddal Bathodd y gwyddonydd gwleidyddol Joseph Nye y term 'pŵer meddal' i olygu 'y grym o berswadio'. Mae rhai gwledydd yn gallu gwneud i eraill ddilyn eu harweiniad drwy wneud eu polisïau'n ddeniadol ac atyniadol. Efallai fod diwylliant gwlad (ei chelfyddydau, cerddoriaeth, sinema) yn edrych yn ddeniadol i bobl mewn gwledydd eraill.

Cytundeb Warsaw Cytundeb amddiffyn ar y cyd rhwng yr Undeb Sofietaidd a saith gwladwriaeth ddibynnol Sofietaidd a ffurfiwyd yn 1955.

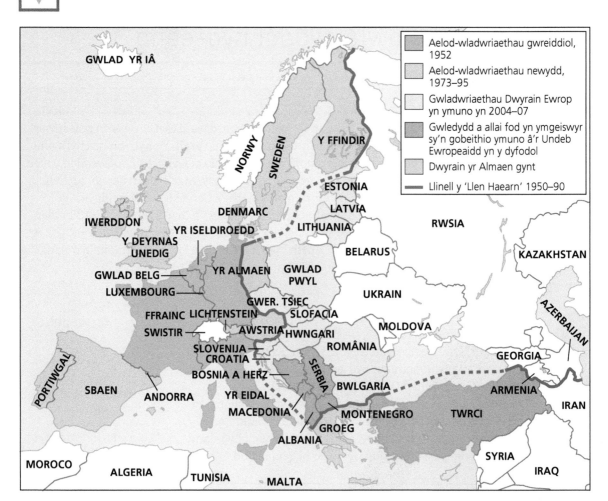

Ffigur 2.14 Map geowleidyddol newidiol Ewrop, yn cynnwys ffurfio'r Undeb Ewropeaidd yn 1993

Erbyn hyn, mae'r Undeb Ewropeaidd yn weithredwr allweddol o fewn y system llywodraethiant byd-eang: ar amrywiol adegau, yr UE oedd economi mwyaf y byd (e.e. yn 2009). Cynghrair economaidd yw'r UE yn bennaf. Ond, yn wahanol i lawer o undebau sy'n economaidd *llwyr* (fel blociau masnach ASEAN a NAFTA/USMCA), i fod yn aelod o'r Undeb Ewropeaidd mae gofyn hefyd i bob aelod-wladwriaeth ddirprwyo pŵer i sefydliadau gwleidyddol ar raddfa Ewropeaidd (e.e. rheolau a chyfreithiau sy'n rheoleiddio llafur, hawliau dynol a rhai agweddau o reolaeth ariannol). Mae'r UE yn farchnad rydd ar gyfer llifoedd o nwyddau a phobl (h.y. mae pobl yn meddwl amdano, mewn rhai agweddau, fel un wladwriaeth enfawr heb ffiniau). Hefyd, mae ganddo ei arian cyfred ei hun sy'n cael mwy o statws byd-eang drwy'r amser (yr Ewro). Mae gan yr Undeb Ewropeaidd hefyd adnoddau milwrol cyfunedig mawr ac, o ganlyniad, mae ganddo bŵer caled sylweddol.

Ond, er bod yr Undeb Ewropeaidd yn cystadlu â'r UDA o ran ei bŵer economaidd, mae undeb o wladwriaethau sofran yn wahanol iawn i un wladwriaeth sofran fawr iawn. Hefyd, mae rhai gwledydd fel y DU wedi dewis optio allan o rai agweddau penodol o'r 'clwb Undeb Ewropeaidd' (e.e. mabwysiadu'r Ewro). Mae cymdeithas sifil mewn llawer o wledydd yr UE yn dangos mwy a mwy o wrthwynebiad i symudiad rhydd pobl. Hynny, i raddau mawr, a arweiniodd at bleidlais etholwyr y DU yn 2016 i adael yr UE. O ganlyniad, gallwn ni ddadlau mai cyfyngedig yw her yr UE i hegemoni UDA oherwydd ei sialensiau mewnol ei hun.

Amlygrwydd y grŵp BRICS

Daw her bellach i hegemoni UDA gan y grŵp BRICS o genhedloedd cynyddol amlwg (Ffigur 2.15). Mae Ffigur 2.15 yn crynhoi rhai o nodweddion allweddol y BRICS.

Nodweddion allweddol y grŵp BRIC/BRICS

- Mae dwy ffurf i'r acronym hwn – **BRIC** (Brasil, Rwsia, India a China) a **BRICS** (pan ychwanegwyd De Affrica yn 2011).
- Maen nhw'n cyfrif am fwy na 25 y cant o arwynebedd tir y byd a 40 y cant o boblogaeth y byd.
- Mae'r gwledydd BRICS i gyd yn aelodau o'r grŵp G20 o genhedloedd.
- Mae economïau'r BRICS wedi parhau i dyfu'n gryf yn y degawdau diwethaf. Llwyddodd y pedwar i gael cynnyrch mewnwladol crynswth blynyddol o fwy nag 1 triliwn o $UDA yn 2019.
- Maint cynnyrch mewnwladol crynswth cyfan y BRICS, wedi eu cyfuno, yn 2014 oedd 17 triliwn o $UDA, sy'n cynrychioli bron i 22 y cant o'r economi byd-eang.
- Mae ganddyn nhw gronfeydd wrth gefn sylweddol o arian cyfred tramor, sy'n cyfrif am tua 40 y cant o gyfanswm y byd.

Maen nhw'n masnachu fwy a mwy rhyngddyn nhw eu hunain ac maen nhw wedi sefydlu eu banc datblygu eu hunain (y Banc Datblygiad Newydd) fel opsiwn arall yn lle'r Gronfa Ariannol Ryngwladol (IMF) a Banc y Byd.

▲ **Ffigur 2.15** Y grŵp o genhedloedd BRIC/BRICS. Cafodd yr acronym 'BRIC' ei greu gan Jim O'Neill, economegydd byd-eang yn Goldman Sachs, yn y 2000au cynnar. Roedd Jim O'Neill yn ystyried mai'r gwledydd hyn oedd y prif economïau cynyddol amlwg oedd â photensial uchel iawn i dyfu (yn achos Rwsia, economi oedd yn dod yn ôl i amlygrwydd).

Ers blynyddoedd lawer mae'r grŵp BRIC wedi cydweithio â'i gilydd, e.e. drwy gynnal yr uwchgynhadledd gyntaf BRIC bedair gwlad yn Yekaterinburg, Rwsia, yn 2009, gan ehangu'n ddiweddarach i gynnwys De Affrica yn 2011. Mae'r gwladwriaethau BRICS, sy'n bump erbyn hyn, yn rhannu nodweddion penodol, ond mae eu cryfderau'n wahanol iawn i'w gilydd.

- Mae China wedi dod yn 'weithdy i'r byd' fel un o gyflenwyr blaenllaw nwyddau wedi'u gweithgynhyrchu.
- Mae India wedi datblygu'n ganolfan fawr ar gyfer gweithgareddau trydyddol a chwaternaidd.
- Mae Brasil a Rwsia yn allforwyr byd-eang mawr o adnoddau a defnyddiau crai – ac mae ar China ac India, yn eu tro, angen y rhain ar gyfer eu diwydianeiddio. Mae hyn wedi datblygu cyd-ddibyniaeth rhwng y gwledydd.
- Mae economi De Affrica'n fregus er ei fod yn amrywiol, ac mae gwledydd tramor yn ystyried bod buddsoddi yn ei feysydd amaethyddiaeth, gweithgynhyrchu a thwristiaeth yn risg gweddol isel.
- Mae cwmnïau sy'n deillio o'r cenhedloedd BRICS, yn enwedig China, wedi tyfu i fod yn flaenllaw erbyn hyn fel brandiau byd-eang, yn enwedig mewn egni (Gazprom Rwsia) ac yn gynyddol mewn technoleg (Huawei China a Tata yn India).

BRICS sy'n ariannu'r Banc Datblygiad Newydd (*NDP: New Development Bank*), sydd wedi ei seilio yn Shanghai, ac mae'r banc hwn yn helpu i ariannu projectau isadeiledd a datblygiad cynaliadwy (egni gwyrdd) ymhob un o'r gwledydd sy'n aelodau, a fwy a mwy hefyd mewn economïau eraill sy'n gynyddol amlwg. Mae gan NDP y potensial i ddod yn gystadleuydd sylweddol i Fanc y Byd, gan gynyddu dylanwad rhyngwladol yr economïau BRICS a chymhlethu llywodraethiant byd-eang ymhellach. Yn uwchgynhadledd BRICS yn 2014 cynigiwyd sefydlu cronfa bellach o 100 biliwn o $UDA i sefydlogi marchnadoedd arian cyfred y byd – yn ei hanfod, byddai'r gronfa'n gweithredu fel opsiwn arall yn lle'r Gronfa Ariannol Ryngwladol (IMF) i wledydd oedd yn mynd drwy gyfnodau anodd o ansefydlogrwydd cyfalafol.

Mae gan y BRICS resymau cryf dros fod eisiau cryfhau eu cysylltiadau â'i gilydd ymhellach fyth.

- Gall China ddefnyddio'r gynghrair BRICS fel ffordd fwy diogel (mwy cyfrinachgar) o ymestyn ei dylanwad cynyddol ar economi'r byd, yn hytrach na chael ei beirniadu am gymryd camau unochrog y byddai llawer o bobl yn ei beirniadu amdano ac yn ei alw'n neo-drefedigaethiad.
- Er ei bod yn wlad enfawr fel democratiaeth fwyaf poblog y byd, nid yw India wedi cael cydnabyddiaeth wleidyddol yn fyd-eang. Nid yw'n un o'r P5 yng Nghyngor Diogelwch y Cenhedloedd Unedig (gweler tudalen 34) a gall dderbyn mwy o gydnabyddiaeth geowleidyddol o dan yr ymbarél BRICS.
- Mae Rwsia wedi cael trafferth adennill y statws geolweidyddol oedd ganddi fel pŵer mawr wrth lyw yr Undeb Sofietaidd yn ystod y Rhyfel Oer (gweler tudalen 4). Mae Rwsia yn goresgyn Ukrain yn 2022 yn bennod arall yn yr hanes.
- Mae Brasil wedi bod yn bŵer rhanbarthol ers blynyddoedd yn America Ladin, ond mae'n awyddus i ymestyn ei dylanwad ar lwyfan y byd.
- Pan gynhwyswyd De Affrica yn y BRICS, ehangwyd ei henw da fel 'arweinydd' posibl y cenhedloedd Affricanaidd.

Ond, mae pobl sy'n beirniadu'r grŵp yn sôn amdano fel 'BRICS yn malu' am fod hwn yn grŵp gwasgaredig; gallai dyheadau unigol amrywiol y gwahanol aelodau effeithio ar gryfder y gynghrair yn hawdd iawn. Maen nhw'n cystadlu â'i gilydd i bob pwrpas mewn masnach fyd-eang ac o ran eu dyheadau buddsoddi, ac mae tensiwn yn mud-ferwi o dan y wyneb oherwydd cystadlu strategol – yn enwedig rhwng Rwsia, China ac India, sydd â chylchoedd dylanwad yn gorgyffwrdd (gweler tudalen 37) yn Ne Ddwyrain Asia. Yn ogystal, mae'r rhan fwyaf o'r BRICS wedi wynebu sialensiau economaidd mewn blynyddoedd diweddar (Ffigur 2.15), a allai fod wedi gwanhau eu gallu ar y cyd i wneud newidiadau mawr i drefn un pegwn y byd (dan arweiniad UDA) fel y mae ar hyn o bryd ac felly hefyd i status quo llywodraethiant byd-eang.

Dim ond yn ddiweddar mae **Brasil** wedi dechrau gwireddu ei photensial enfawr. Yn 2018, roedd ganddi gyfradd dwf is na chyfartaledd y gwledydd BRICS. Peth gweddol ddiweddar yw democratiaeth ym Mrasil, ac mae angen mynd i'r afael â phryderon am anonestrwydd, cydraddoldeb incwm a lefelau cynyddol o ddyled. Mae cryfder Brasil yn ei heconomi amrywiol, yn cynnwys ei hallforion amaethyddol, biodanwydd, sector technoleg uchel sy'n gysylltiedig ag awyrofod, a llawer iawn o ddiogelwch egni. Yn 2018, aeth Brasil drwy newid gwleidyddol mawr yn dilyn etholiad yr Arlywydd Jair Bolsonaro, dyn oedd yn cyfaddef ei hun ei fod yn cefnogi Trump.

Mae **China** wedi codi'n fawreddog i ddod yn un o gewri economaidd y byd. Y rheswm pennaf am y 'bwlch twf' rhwng China a'r gwledydd BRICS eraill yw ffocws cynnar China ar brojectau isadeiledd uchelgeisiol, oedd yn denu buddsoddi mewnol, ac yn caniatáu i gwmnïau oedd yn datblygu gartref ffynnu yn dilyn diwygiadau 1978. Mae'n dal i fod yn 'weithdy gweithgynhyrchu' y byd, sy'n golygu ei bod yn gallu cael gafael ar gronfeydd cyfnewid tramor enfawr. Mae'r cronfeydd yma'n cael yn cael eu buddsoddi dramor erbyn hyn, gan adael i gwmnïau o China fel Huawei ddatblygu'n gorfforaethau trawswladol. Ac eto mae gan China broblemau sylweddol i ymdrin â nhw o hyd. Mae ffyniant credyd y wlad dros y blynyddoedd diwethaf yn creu perygl o or-gynhesu'r economi, dyledion nad oes modd eu rheoli, yn enwedig mewn tai, a'r posibilrwydd o gwymp economaidd difrifol. Ar ben hynny, gallai'r diffyg ystyriaeth i hawliau dynol a democratiaeth arwain at brotestiadau ac aflonyddwch, gan ansefydlogi'r economi. Er gwaethaf y problemau hyn, China sydd wedi cyfrannu fwyaf at dwf byd-eang ers argyfwng ariannol 2008.

DYFODOL Y BRICS?

Mae gan **India** gorfforaethau trawswladol sy'n adnabyddus drwy'r byd, fel Tata. Un o'i chryfderau fel gwlad yw'r sector gwasanaethau ar gontract i wledydd eraill a symudiad busnesau tramor i India. Mae gan India boblogaeth ifanc iawn sydd ag enw da am arloesi a mentergarwch. Ond, mae ganddi her yr 'economi dau gyflymder' i ymdrin â hi. Mae'r tlodi'n ddifrifol yn ei hardaloedd gwledig, ond mae ei dinasoedd wedi denu swyddi a buddsoddiad, a hynny i raddau mawr oherwydd ei gweithlu sydd mor hyddysg mewn technoleg gwybodaeth. Er bod ganddi'r potensial i dyfu, mae hynny'n cael ei rwystro gan isadeiledd gwael, prinder egni a biwrocratiaeth.

Mae **De Affrica** wedi dod â datblygiad i'w phobl yn y degawdau ers i anghyfiawnderau'r system Apartheid gael eu disodli gan reolaeth y mwyafrif Du. Mae'n ymddangos bod y wlad wedi cael ei chynnwys yn y gynghrair BRICS am resymau geowleidyddol craff, am fod hynny'n cysylltu'r gwledydd BRIC gwreiddiol â'r economi mwyaf datblygedig ar gyfandir sy'n tyfu'n gyflym, sy'n rhoi cyfleoedd masnachu a buddsoddi newydd ledled Affrica i BRICS. Mae gan Dde Affrica adnoddau mwynol toreithiog, isadeiledd modern a sector ariannol cryf. Ond, mae diweithdra uchel yn bygwth ei sefydlogrwydd cymdeithasol a gwleidyddol.

Mae **Rwsia** wedi ail ymddangos fel pŵer mawr byd-eang posibl, ond mae ei llwyddiant wedi bod yn ddibynol bron yn llwyr ar gyfnodau o brisiau byd-eang uchel am ei chronfeydd sylweddol o olew a nwy. Mae'r amrywio mawr ym mhrisiau cynwyddau yn mynd i fod yn fygythiad i ffyniant y wlad bob amser. Yn ogystal â hynny, mae'r ffaith ei bod yn ymyrryd â'i chymydog, Ukrain, wedi gwneud Rwsia yn amhoblogaidd gyda gwledydd Gorllewinol. Mae'n bosib y bydd Rwsia'n talu'n ddrud am ei pholisi ymosodol. Nid yw'n glir eto beth fydd effaith hir-dymor defnydd treisgar Vladmir Putin o bŵer milwrol.

▲ **Ffigur 2.16** Dyfodol y gwledydd BRICS

Sialensiau mewnol UDA

Efallai fod yr her fwyaf un i hegemoni UDA'n dod o or-ymestyniad imperialaidd UDA ei hun. Mae gan UDA rwydwaith o bron i 750 o ganolfannau milwrol a chanolfannau eraill mewn mwy na 130 o wledydd, yn cynnwys y tir a'r môr. Mae lluoedd arfog UDA wedi gwasanaethu yn Ewrop ers 1945 (ar hyn o bryd maen nhw i'w gweld yn gwrthsefyll bygythiad atgyfodiad Rwsia). Mae presenoldeb milwrol UDA yn Asia hefyd yn dyddio o 1945, ac mae ganddi luoedd yn Asia a'r Môr Tawel Gorllewinol, yn enwedig yn Ne Korea a Japan. Hefyd, mae lluoedd UDA yn diogelu ac yn plismona llwybrau llongau allweddol yn y mannau sy'n cael eu galw'n 'bwyntiau tagfa', fel culfor Malacca.

Ers yr 1990au, mae UDA wedi cymryd rhan mewn nifer o ryfeloedd yn Iraq, Afghanistan, Somalia a mannau eraill, gan weithredu'n aml iawn heb awdurdodaeth y Cenhedloedd Unedig (gweler tudalen 102). Mae'r gwrthryfeloedd hyn wedi gwneud economi UDA yn llawer gwanach ac mae'n bosibl mai gor-ymestyn milwrol yw man gwan hegmoni UDA. Un farn a oedd gan gyn-Arlywydd America, George W. Bush, ac un sydd wedi ei mynegi'n gryfach gan y cyn-Arlywydd Trump, yw bod yr UDA yn methu 'cario'r byd ar ei ysgwyddau mwyach'. Mae rhoi 'America yn Gyntaf' yn bolisi realistig mewn nifer o ffyrdd. Sbardunodd yr Argyfwng Ariannol Byd-eang ddirwasgiad a effeithiodd yn wael ar sefyllfa ariannol UDA, a chyfrannu at ddyled genedlaethol a gyrhaeddodd 21 triliwn o $UDA yn 2018.

Mae hyn i gyd yn cael effeithiau enbyd ar lywodraethiant byd-eang ac ar y Cenhedloedd Unedig. Dechreuodd UDA dynnu allan ar ei liwt ei hun o rai o'i rolau rhyngwladol allweddol. Ar hyn o bryd, mae ei diwylliant, syniadau gwleidyddol a chymorth hegemonaidd wedi lleihau, ond mae'r statws sydd ganddi ym meddyliau pobl fel 'arweinydd y byd rhydd' yn parhau. Hefyd, roedd llywodraeth UDA yn amharod i ganiatáu i China dyfu'n bŵer mawr cystadleuol – mae'r tollau a gyflwynwyd gan yr cyn-Arlywydd Trump yn arwydd o hynny (gweler tudalen 50).

Mae maint yn bwysig, a bydd y ffordd y mae'r byd geolweidyddol o bwerau mawr yn edrych yn y dyfodol yn cael effaith glir ar gyfeiriad llywodraethiant byd-eang.

(gweler tudalen 102)

(gweler tudalen 50)

🔑 TERM ALLWEDDOL

Nodau Datblygiad Cynaliadwy (SDGs: Sustainable Development Goals) Cyflwynwyd 17 o Nodau Datblygiad Cynaliadwy'r Cenhedloedd Unedig yn 2015. Maen nhw'n cymryd lle ac yn ymestyn Nodau Datblygiad y Mileniwm (MDG: Millennium Development Goals) cynharach a oedd yn gyfres o dargedau y cytunwyd arnyn nhw yn 2000 gan arweinwyr y byd. Mae'r Nodau Datblygiad Cynliadwy a'r Nodau Datblygiad y Mileniwm cynharach yn darparu 'map ffordd' ar gyfer datblygiad dynol drwy osod y blaenoriaethau ar gyfer gweithredu.

▶ **Ffigur 2.17** Llong awyrennau o UDA gyda llynges Chile yn ne'r Môr Tawel

ASTUDIAETH ACHOS GYFOES: 2015 – BLWYDDYN FAWR I LYWODRAETHIANT BYD-EANG O DAN ARWEINIAD Y CENHEDLOEDD UNEDIG

Er gwaethaf y newidiadau geowleidyddol byd-eang yn y blynyddoedd diwethaf, mae rhai pobl yn ystyried 2015 yn 'flwyddyn euraidd' i'r Cenhedloedd Unedig. Yn wir, disgrifiodd Mary Robinson, cyn-Brif Weinidog Iwerddon, y flwyddyn 2015 fel 'ennyd Bretton Woods ein cenhedlaeth ni'.

O le daw'r optimistiaeth hon?

Cynhaliodd y Cenhedloedd Unedig bedair cynhadledd lwyddiannus yn 2015:

- Roedd y Gynhadledd Sendai yn canolbwyntio ar sut i ostwng risg trychinebau.

- Roedd Cyfarfod Arbennig y Cenhedloedd Unedig yn Efrog Newydd yn edrych ar ddatblygiad – er mwyn cymeradwyo cyfres o **Nodau Datblygiad Cynaliadwy (SDGs)** i gymryd lle Nodau Datblygiad y Mileniwm (gweler tudalen 40).

- Nod Cynhadledd Addis Ababa oedd rhannu risg y projectau isadeiledd mawr yn ehangach rhwng buddsoddwyr a benthycwyr masnachol (model rhannu llywodraethiant) a hefyd bwyso ar wledydd cyfoethog i gynyddu eu hymrwymiadau i gymorth rhyngwladol.

- Darparodd Cynhadledd Paris (COP21) gytundeb byd-eang newydd ar fynd i'r afael â newid hinsawdd - Cytundeb Paris (gweler tudalen 77).

Roedd nodau ac agendâu'r pedwar cyfarfod yma'n gorgyffwrdd â'i gilydd mewn nifer o ffyrdd. E.e., gall y newid hinsawdd gynyddu nifer a difrifoldeb y trychinebau, a gall hynny gael effaith anghymesur ar wledydd tlotach o ran yr effeithiau cymdeithasol, a fydd felly'n golygu eu bod angen lefelau uwch o gymorth.

Dywedodd Helen Clark, cyn-Brif Weinidog Seland Newydd a phennaeth yr UNDP yn 2015, bod 2015 yn flwyddyn arbennig o lwyddiannus oherwydd y ffordd y darparodd 'gytundeb hinsawdd oedd yn brathu' a chyfres o nodau datblygiad cynaliadwy wedi eu diffinio'n dda a fydd yn gallu gweithredu fel map ffordd ar gyfer llywodraethiant byd-eang am flynyddoedd i ddod. Roedd nodau datblygiad y mileniwm, oedd yn hynod o lwyddiannus, wedi eu canolbwyntio'n bennaf ar ysgafnhau tlodi, ond mae'r nodau datblygiad cynaliadwy'n llawer mwy uchelgeisiol ac yn canolbwyntio ar drefoli, isadeiledd, safonau llywodraethiant, anghydraddoldeb incwm a newid hinsawdd (Ffigur 2.18). Yn sylfaen i'r nodau newydd hyn mae gweledigaeth wironeddol uchelgeisiol o gymdeithas fyd-eang heddychlon a chynhwysol.

Ond, roedd pedair cynhadledd 2015 yn dangos unwaith eto bod ymraniad parhaus yn bodoli rhwng y gwledydd mwy cyfoethog a'r rhai mwy tlawd. Roedd y mwyafrif o wledydd yn gofyn bod eraill, nid nhw eu hunain, yn gwneud yr aberthau mwyaf oedd yn angenrheidiol i gryfhau'r systemau amgylcheddol ac economaidd-gymdeithasol byd-eang.

◀ **Ffigur 2.18** Nodau Datblygiad Cynaliadwy (*SDGs : Sustainable Development Goals*) 2015

DADANSODDI A DEHONGLI

Astudiwch Ffigur 2.16 sy'n dangos pedwar dyfodol posibl i geowleidyddiaeth y pwerau mawr a llywodraethiant byd-eang yn 2030.

Hegemoni UDA (un pegwn)		Mae goruchafiaeth UDA, a'i chynghreiriaid economaidd a milwrol, yn parhau mewn byd un pegwn. Mae China yn wynebu argyfwng economaidd, yn debyg i un Japan yn yr 1990au cynnar, ac mae'n ei thwf cyflym yn dod i ben.
Mosaig rhanbarthol (amlbegynol)		Mae'r pwerau cynyddol amlwg yn parhau i dyfu tra bo'r Undeb Ewropeaidd ac UDA yn dirywio o'i gymharu â nhw, gan greu byd amlbegynol o bwerau sy'n weddol gyfartal gyda dylanwad rhanbarthol ond nid byd-eang.
Rhyfel Oer Newydd (deubegynol)		Mae China yn codi i ddod yn gyfartal mewn pŵer ag UDA, ac mae llawer o genhedloedd yn cymryd ochr un ideoleg neu'r llall, gan greu byd deubegynol yn debyg i gyfnod y Rhyfel Oer 1945-90.
Canrif Asiaidd (un pegwn)		Mae problemau economaidd, cymdeithasol a gwleidyddol yn gostwng pŵer yr UE ac UDA; mae'r pŵer economaidd a gwleidyddol yn symud draw i'r pwerau cynyddol amlwg yn Asia, dan arweiniad China.

▲ **Ffigur 2.19** 'Edrych i'r belen grisial' – pedwar dyfodol posibl i'r pwerau mawr erbyn 2030

(a) Cymharwch a chyferbynnwch y pedwar dyfodol posibl i geowleidyddiaeth y pwerau mawr yn 2030.

CYNGOR

Mae'r dasg ddadansoddi hon yn gofyn i chi ddefnyddio sgiliau daearyddol i roi crynodeb cryno o'r wybodaeth ansoddol a meintiol yn Ffigur 2.19. Ceisiwch ddefnyddio maint cymharol y cylchoedd cyfraneddol. Sylwch fod gofyn i chi 'gymharu a chyferbynu' y senarios ac nid eu disgrifio neu eu rhestru nhw yn unig. Chwiliwch am elfennau tebyg neu nodweddion cyffredin rhwng rhai o'r senarios. Defnyddiwch iaith gymharol, gan ddefnyddio ymadroddion fel 'fodd bynnag', 'ar y llaw arall', 'yn yr un modd' etc.

(b) Esboniwch sut gallai pob dyfodol effeithio ar lywodraethiant byd-eang.

CYNGOR

I esbonio effaith y pedwar dyfodol ar lywodraethiant byd-eang defnyddiwch y themâu canlynol:
- *Yr effaith ar gydweithredu byd-eang.* Er enghraifft, mae'n ymddangos bod senario 2 yn gwbl ansefydlog – mae gwledydd sydd yr un mor rymus â'i gilydd yn cystadlu, heb unrhyw un wlad yn arwain y lleill. Sut allai hynny effeithio ar yr ymdrechion i wella'r newid hinsawdd neu broblemau eraill?
- *Yr effaith ar ryfeloedd a gwrthryfela rhyngwladol.* Gallai Senario 3 arwain at 'ras arfau' newydd a allai olygu bod angen i'r Cenhedloedd Unedig fonitro ac ymyryd. Gallai gwrthdaro ddigwydd hefyd mewn cysylltiad ag adnoddau prin, fel dŵr. Byddai mwy o angen am fframweithiau diogelwch y Cenhedloedd Unedig.
- *Yr effaith ar systemau ariannol a gwleidyddol byd-eang.* Byddai Senario 4 yn dod â newid sylfaenol i gydbwysedd economaidd y byd. Efallai hefyd y bydd symudiad gwleidyddol i ffwrdd oddi wrth ddemocratiaeth ar ddull Gorllewinol. Mae Senario 1 ar y llaw arall yn cynrychioli 'busnes fel arfer' – er ei bod hi'n bosibl i UDA dynnu allan (am ei fod wedi ei or-ymestyn ei hun) gan arwain at wactod pŵer mewn rhai agweddau o'r llywodraethiant.

 # Gwerthuso'r mater

▶ *Gwerthuso rôl y Cenhedloedd Unedig (CU) mewn llywodraethiant byd-eang*

Themâu a chyd-destunau posibl ar gyfer y gwerthusiad

Mae adran drafod y bennod hon yn edrych ar waith y 'teulu' Cenhedloedd Unedig o sefydliadau rhyng-lywodraethol. Y dasg yw gwerthuso'r ffordd mae system y Cenhedloedd Unedig yn perfformio fel offeryn llywodraethiant byd-eang (ei beirniadu ar sail eich gwybodaeth). O ystyried cymhlethdod y Cenhedloedd Unedig a'r materion y mae'n ymdrin â nhw (Ffigur 2.8), mae angen adeiladu'r gwerthusiad yn ofalus o amgylch themâu allweddol penodol y mae'n bosibl eu harchwilio'n systematig.

Yn gyntaf, beth yw'r prif faterion llywodraethiant byd-eang i ganolbwyntio arnyn nhw wrth werthuso gwaith y Cenhedloedd Unedig?
- Ymysg y themâu pwysig sy'n berthnasol i ddaearyddiaeth mae cyfraniad y Cenhedloedd Unedig i reoli ffoaduriaid, datblygiad economaidd a masnach, a'r amgylchedd.
- Yn ei dro, gallai hyn ein harwain ni i bwyso a mesur gwaith asiantaethau neu gytundebau penodol sy'n gysylltiedig â'r Cenhedloedd Unedig. Gallai'r diagram sy'n dangos pedwar conglfaen diogelu'r Cenhedloedd Unedig (gweler Ffigur 2.4) weithio fel fframwaith

dadansoddol defnyddiol (e.e. gallwn ni archwilio gwaith y Cenhedloedd Unedig yn systematig yn yr agweddau gwleidyddol, economaidd, cymdeithasol a barnwrol o lywodraethiant byd-eang).

Yn ail, yn ddelfrydol mae llywodraethiant byd-eang yn cynnwys cyfranogaeth gweithredwyr ar wahanol gyfraddau daearyddol, nid y rheolaeth 'o'r brig i lawr' gan asiantaethau'r Cenhedloedd Unedig yn unig. Felly, mae'n bosibl y byddai gwerthusiad go iawn o gyfraniad y Cenhedloedd Unedig i lywodraethiant yn pwyso a mesur cryfderau a gwendidau'r ffordd y mae ei asiantaethau'n gweithio ochr yn ochr ag aelod-wladwriaethau.

- A yw'r Cenhedloedd Unedig yn gweithio'n gytûn ag UDA a gwledydd pwerus eraill, neu a yw'n cael ei anwybyddu neu ei wthio i un ochr yn aml gan lywodraethau'r gwladwriaethau hynny?
- A yw'r Cenhedloedd Unedig yn helpu gwledydd llai pwerus yn effeithiol i leisio eu barn ar y llwyfan byd-eang?

Yn olaf, i ba raddau mae system y Cenhedloedd Unedig yn gweithio'n drefnus, gan olygu ei bod yn cael yr effaith gadarnhaol fwyaf ar faterion byd-eang? Neu, a yw'n methu gwireddu ei botensial oherwydd ei fethiannau mewnol ei hun? Mae beirniadaeth T.K. Weiss o system y Cenhedloedd Unedig yn rhoi darlun o 'deulu

camweithredol (*dysfunctional*)', sydd â nifer gynyddol o sefydliadau a luniwyd i ateb problemau newydd ond sydd, yn anffodus, yn gweithredu fel *silos* ynysig, gan olygu bod cyfraniad y Cenhedloedd Unedig i lywodraethiant byd-eang yn llai effeithiol nag y gallai fod.

Gwerthuso cefndir y CU o ran ymdrin â materion byd-eang

Fel mae Penodau 1 a 2 wedi dangos, mae llwyddiant y Cenhedloedd Unedig wedi bod yn gymysg o ran mynd i'r afael â materion byd-eang brys. Mewn rhai achosion, y farn gyffredinol yw bod y Cenhedloedd Unedig wedi gwneud cyfraniad pwysig ac effeithiol i lywodraethiant byd-eang.

- Yng Nghynhadledd y Cenhedloedd Unedig yn Rio yn 1992 daeth y syniad o ddatblygiad cynaliadwy i amlygrwydd, a dyfeisiwyd mecanweithiau ariannu fel y Cyfleuster Amgylcheddol Byd-eang (GEF) i dalu amdano. Roedd datblygiad cynaliadwy yn newid cysyniadol pwysig iawn i lywodraethiant byd-eang.
- Yn dilyn hyn, lluniodd Uwchgynhadledd y Mileniwm 2000 wyth prif nod ar gyfer datblygiad byd-eang (gweler tudalen 40). Er na chynigiwyd unrhyw ateb oedd yn cyflawni'r gofyniadau'n union, cymerodd y Cenhedloedd

▲ **Ffigur 2.20** Mae gweithrediadau'r Cenhedloedd Unedig yn eang ac yn aml yn gymhleth i'w trefnu a'u darparu

🔑 **TERMAU ALLWEDDOL**

silo Mae adrannau neu asiantaethau mewn sefydliad yn gweithio fel silos ynysig os nad ydyn nhw'n rhannu gwybodaeth, nodau, technolegau neu adnoddau pwysig eraill gydag adrannau eraill. O ganlyniad, mae'r sefydliad cyfan yn dod yn llai effeithiol.

Unedig rôl arweiniol yn y gwaith o fynd i'r afael – bob yn wlad – â llawer o'r problemau datblygiad mwyaf argyfyngus fel tlodi a newyn. Dyma hanfod llywodraethu da – mabwysiadodd y Cenhedloedd Unedig rôl arweiniol gan hefyd helpu i greu partneriaethau newydd oedd yn cynnwys nifer o wahanol weithredwyr (gwladwriaethau, sefydliadau anllywodraethol a busnesau), oedd i gyd yn ceisio gwella'r canlyniadau datblygu i wahanol gymunedau.

- Mae asiantaethau'r Cenhedloedd Unedig, fel UNDP, UNICEF ac UNIFEM wedi gweithio'n ddiflino i dynnu sylw at rôl merched a rhywedd mewn gwaith datblygu. E.e., ar ddiwedd Cynhadledd Byd y Cenhedloedd Unedig ar Fenywod 1995 yn Beijing – a fynychwyd gan 189 o lywodraethau a 2000 o sefydliadau anllywodraethol – mabwysiadwyd Datganiad a Llwyfan Gweithredu Beijing drwy gonsensws, a amlinellodd agenda i rymuso menywod.

- Mae nifer o hanesion llai adnabyddus o lwyddiant hefyd, fel Cytundeb Ottowa 1997 i Wahardd Ffrwydron Tir a gafodd ei lywio'n llwyddiannus gan y Cenhedloedd Unedig mewn partneriaeth â llywodraethau gwladwriaethau a nifer o sefydliadau anllywodraethol.

Fodd bynnag, mae'r bobl sy'n ei feirniadu'n dweud nad yw'r Cenhedloedd Unedig wedi gwneud digon i sicrhau bod rhai o broblemau mwyaf y byd yn cael eu datrys yn effeithiol.

- Gallwn ni ddadlau bod agweddau neoryddfrydol y sefydliadau Bretton Woods wedi arwain at gynnydd mewn dyledion i nifer o wladwriaethau tlotaf y byd. Un farn yw bod hyn wedi gwaethygu'r anghydraddoldeb mewn datblygiad.

- Er na allwn ni wadu'r ffaith bod gwelliant wedi digwydd mewn materion hawliau dynol o dan arweiniad y Cenhedloedd Unedig, mae rhai llywodraethau'n anghytuno bod hawliau dynol wedi derbyn sylw cyfartal ymhob man (gweler tudalen 157). Mae eraill yn dadlau, hyd nes bydd y bwlch datblygiad wedi ei gau, na ddylai

materion hawliau dynol gael y sylw pennaf i'r graddau y maen nhw.

- Yn olaf, ac efallai bwysicaf, ni chafwyd digon o gynnydd yn y gwaith o ymdrin â'r newid hinsawdd, er gwaethaf y ffaith bod miloedd o gynrychiolwyr wedi hedfan o amgylch y byd fwy nag 20 o weithiau i fynd i gynadleddau'r Cenhedloedd Unedig ar newid hinsawdd. Cafwyd problemau wrth geisio dod i gytundeb ar Brotocol Kyoto, ac nid yw Cytundeb Paris 2015 (gweler tudalen 77) wedi llwyddo i atal allyriadau carbon rhag codi ymhellach fyth. Un farn yw nad yw'r Cenhedloedd Unedig wedi canfod ffordd effeithiol eto o ddarbwyllo llawer o wledydd datblygedig, a gwledydd sy'n datblygu, i roi'r gorau i ddefnyddio glo: felly, mae'r cytundebau a phrotocolau newid hinsawdd yn rhy wan.

Gwerthuso'r ffordd y mae'r CU yn rhyngweithio â gwladwriaethau sofran.

Mae rhyngweithio'n gadarnhaol rhwng gweithredwyr ar raddfa genedlaethol a byd-eang yn elfen hanfodol o'r ffordd y mae llywodraethiant byd-eang yn gweithio mewn gwirionedd. I ba raddau mae'r Cenhedloedd Unedig wedi gallu datblygu'r cydweithredu hwn? Mewn egwyddor, gallwn ni ddisgwyl perthynas gydgordiol – wedi'r cwbl, cafodd y Cenhedloedd Unedig ei sefydlu'n wreiddiol gan wladwriaethau sofran i geisio eu hamddiffyn eu hunain rhag unrhyw ryfeloedd byd a dirwasgiadau economaidd eto yn y dyfodol.

Ac eto, ar yr un pryd, buddiannau cul cenedlaethol (yn hytrach na byd-eang) sy'n ysgogi penderfyniadau llywodraethau gwladwriaethau sofran fel arfer. Mae hyn yn cynnwys yr hegemonau cyfoes yma:

- UDA (roedd y cyn-Arlywydd Trump yn feirniadol o'r Cenhedloedd Unedig, er mai UDA arweiniodd y broses o'i sefydlu yn y lle cyntaf)

- Rwsia (o dan Vladimir Putin, mae Rwsia wedi dilyn agenda cenedlaetholgar heb geisio cuddio'r ffaith honno)

- China (mae ei llywodraeth yn gwrthod rhai o'r normau disgwyliedig sy'n sylfaenol i bolisïau'r Cenhedloedd Unedig, a'r mwyaf nodedig o'r rheini yw hyrwyddo democratiaeth).

E.e. er bod bron i gant o wledydd wedi derbyn Statud Rhufain a sefydlodd y Llys Troseddol Rhyngwladol (ICC), mae nifer o wladwriaethau dylanwadol – yn cynnwys UDA, Rwsia China, India ac Israel – wedi gwrthod rôl ICC fel awdurdod rhyngwladol ystyrlon, a'r rheswm dros hynny i raddau mawr yw eu bod nhw'n ofni sut gallai ei benderfyniadau effeithio ar eu sofraniaeth nhw eu hunain. I'r un graddau, mae cyffion sofraniaeth i'w gweld yn amlwg iawn yng ngwaith prif beirianwaith hawliau dynol y Cenhedloedd Unedig, h.y. Cyngor Hawliau Dynol (HRC) 2006. Mae nifer o wladwriaethau'n anwybyddu beirniadaeth y Cenhedloedd Unedig o'u hanes hawliau dynol nhw eu hunain (gweler tudalen 157).

Ar y llaw arall, mae'r Cenhedloedd Unedig wedi derbyn cymeradwyaeth am y ffordd y mae wedi rhyngweithio â llawer o wladwriaethau llai a thlotach y byd a gafodd annibyniaeth ffurfiol oddi wrth reolaeth y pwerau Gorllewinol yn y cyfnod rhwng yr 1940au a'r 1960au.

- Wrth i ddad-drefedigaethu gyflymu, e.e. pan ysgubodd y 'gwyntoedd cyfnewid' ar draws Affrica yn yr 1960au, cafodd cyn-drefedigaethau'r DU, Ffrainc a gwledydd Ewropeaidd eraill eu croesawu ar unwaith yn aelodau newydd o'r Cenhedloedd Unedig.
- Pan gyrhaeddodd y gwledydd hyn, newidiwyd gwneuthuriad Cynulliad Cyffredinol y Cenhedloedd Unedig yn gyfan gwbl (er, does dim digon wedi'i wneud eto i newid gwneuthuriad y Cyngor Diogelwch).
- O dan ambarél y Cenhedloedd Unedig, cynhyrchodd y gwledydd hyn ddau gorff allweddol i ddangos eu bod yn sefyll ynghyd o ran eu bwriad, ac i ddiffinio'r diddordebau economaidd a diogelwch y maen nhw'n eu rhannu, sef y Mudiad Anymochrol (*NAM: Non-aligned Movement*), a gafodd ei ffurfio yng Nghynhadledd Bandung 1955, a'r Grŵp o 77 (G77) sy'n canolbwyntio ar faterion economaidd (ac sydd â mwy na 130 o aelodau erbyn hyn).

Gwerthuso sut mae'r CU yn gweithredu fel sefydliad

Mae'n bosib bod siart sefydliadol y system Cenhedloedd Unedig gyfan (Ffigur 2.1) yn awgrymu bod gan y system fwy o resymeg, cydlyniad a chydsyniad nag sydd ganddi hi mewn gwirionedd. Yn lle hynny, yn ôl T.G. Weiss, mae'r system yn gyfres o silos, neu endidau ar wahân, gyda chysylltiadau gwan rhyngddyn nhw. Mae Ffigur 2.1 yn dangos bod gan y system gyfrifoldebau sy'n croestori ac yn gorgyffwrdd, ond am nad oes unrhyw hierarchaeth gorchymyn ar gyfer y system gyfan dydy hi ddim yn gweithredu'n effeithiol iawn bob amser. Weithiau mae'r problemau cyfathrebu'n waeth am fod gan y gwahanol asiantaethau batrymau ariannu di-drefn ac mae eu lleoliadau'n wasgaredig. Mae cenhadaeth y gwahanol asiantaethau'n gorgyffwrdd, mae gormod o weithredwyr ac mae cystadleuaeth am arian sy'n gyfyngedig. Dyma'r problemau sy'n ailadrodd dro ar ôl tro ac yn gwanhau'r cyfraniad y mae'r Cenhedloedd Unedig yn gallu ei wneud i lywodraethiant byd-eang.

- E.e. yn yr 1990au daeth yn amlwg bod yr awdurdodaeth yn gorgyffwrdd ac yn wrthgynhyrchiol rhwng dau chwaraewr pwysig ym maes diogelu'r amgylchedd, UNEP (asiantaeth arbenigol) a'r Comisiwn Datblygu Cynaliadwy (corff rhynglywodraethol).
- Daeth y sefydliadau hyn i fodolaeth o ganlyniad i gynadleddau byd-eang 20 mlynedd ar wahân (Stockholm, 1972, a Rio, 1992). Roedd gan y ddau gyllidebau gwahanol ond cyfyngedig, a doedd ganddyn nhw ddim mandad digon cryf ac eang i reoli'r bygythiadau amgylcheddol sy'n cynyddu yn y byd.

Mae pobl yn beirniadu'r Cenhedloedd Unedig am eu bod fel arfer yn ymateb i bob problem ryngwladol newydd drwy ychwanegu pwyllgor newydd, nid rhoi pwrpas newydd i un sy'n bodoli'n barod. Am nad oes pŵer canolog i reoli'r adnoddau, ac am nad oes rhywle i orfodi'r aelodau i gydymffurfio, mae'n anarferol i weithredoedd y system ddarniog hon gydweithio'n effeithiol. Y cwbl sy'n rhaid i ni ei wneud i sylweddoli maint y broblem yw edrych ar y nifer anhygoel o acronymau sydd yn y system Cenhedloedd Unedig, a'r cannoedd o sefydliadau anllywodraethol (NGOs) rhyngwladol neu fawr (*INGOs: international non-governmental organizations; BINGOs: big international non-governmental organizations*). Does dim 'system' ddyngarol ryngwladol go iawn mewn gwirionedd os yw athroniaeth yr holl adrannau niferus o lywodraethiant byd-eang yn cystadlu â'i gilydd, os oes ganddyn nhw wahanol ddiwylliannau sefydliadol ac os ydyn nhw'n cystadlu am sylw ac arian! I wneud pethau'n waeth, adroddwyd am broblemau ymysg arweinwyr rhai asiantaethau. Un enghraifft nodedig o hyn yw UNESCO yn ystod yr 1980au (pan wrthododd UDA, y DU a Singapore roi eu cefnogaeth oherwydd honiadau am anonestrwydd gyda'r ariannu).

Ar y llaw arall, mae gwelliant mawr wedi digwydd mewn blynyddoedd diweddar yn y ffordd y mae asiantaethau'r Cenhedloedd Unedig wedi gweithio mewn partneriaeth â'u gweithredwyr eu hunain ac â gweithredwyr allanol. Ers 2005, mae hyn wedi cynnwys dull y Prif Asiantaeth, lle mae un asiantaeth o'r Cenhedloedd Unedig yn arwain mewn un sector penodol, e.e. Sefydliad Iechyd y Byd i reoli iechyd, neu UNICEF ar gyfer gwella hylendid dŵr a glanweithdra (Ffigur 2.12).

Dod i gasgliad â thystiolaeth

Gyda'i 193 o aelod-wladwriaethau a'i gylch gwaith cynyddol i drafod popeth bron y mae llywodraethau a dinasyddion y byd yn ymwneud â nhw, mae'n ymddangos bod cylch dylanwad ac agenda'r Cenhedloedd Unedig yn ddiderfyn. Byddai'r bobl a sefydlodd y Cenhedloedd Unedig yn rhyfeddu at y pethau y mae wedi eu cyflawni mewn llywodraethiant byd-eang o ystyried y cynnydd di-baid yn y problemau roedd Kofi Annan yn eu disgrifio fel 'problemau heb basbort' (h.y. problemau trawswladol). Y 'pentyrru' argyfyngau hyn, mewn byd sydd wedi globaleiddio a rhyng-gysylltu ac sydd eto'n ofnadwy o anghyfartal, sy'n gwneud y Cenhedloedd Unedig yn fwy angenrheidiol nag erioed. Nid yw'n bosibl i wladwriaethau sofran unigol ymdrin â'r problemau byd-eang sy'n wynebu'r ddynoliaeth ar eu pennau eu hunain. Yn amlwg, mae problemau'n wynebu system y Cenhedloedd Unedig. Efallai ei fod yn rhy hawdd canolbwyntio ar yr adegau hynny pan mae'r Cenhedloedd Unedig heb lwyddo i wneud cyfraniad effeithiol neu sylweddol i lywodraethiant byd-eang. Pan fydd wedi methu, y rheswm dros hynny'n aml iawn yw cymhlethdod y problemau – yn sicr, mae hyn yn wir am y broblem ddrwg o newid hinsawdd.

Ond, mae'n rhaid i ni hefyd gydnabod rhai llwyddiannau gwych, e.e. mewn perthynas ag iechyd y byd a hefyd y ffordd mae wedi hyrwyddo a rheoli agendâu cynaliadwyedd a datblygu. Cyfeiriodd y diweddar Kofi Annan at y ffaith bod y gweithredwyr ar y llwyfan byd-eang sy'n ceisio cynnal llywodraethiant byd-eang mewn amgylchedd amlochrog, yn cynnwys gwladwriaethau, sefydliadau anllywodraethol, cymdeithas sifil a'r sector preifat. Mae pobl yn cydnabod fwy a mwy bod llywodraethiant byd-eang yn gofyn canfod atebion i broblemau byd-eang y mae'r gweithredwyr amrywiol hyn i gyd yn cytuno arnyn nhw ac yn fodlon eu cefnogi. Ysgrifennodd Kofi Annan: 'Ni ddylai'r Cenhedloedd Unedig geisio ailadrodd rôl y gweithredwyr byd-eang hyn. Yn hytrach, dylai geisio dod yn gatalydd mwy effeithiol i ddod â newid a chydlyniad ymysg y gweithredwyr hyn, gan ysgogi pobl i gydweithio ar lefel fyd-eang.' Roedd yn dadlau y dylai'r Cenhedloedd Unedig fanteisio ar ei gryfderau sylfaenol drwy helpu i osod a chynnal normau byd-eang, ysgogi sylw a gweithredu drwy'r byd i gyd, ac ysbrydoli pobl eraill gyda'r gwaith ymarferol y mae'n ei wneud i wella bywydau pobl. Ar y sail yma, mae cyfraniad y Cenhedloedd Unedig i lywodraethiant byd-eang wedi bod yn hanfodol, ac mae'n parhau i fod yn hanfodol.

Crynodeb o'r bennod

- Mae 'teulu' y Cenhedloedd Unedig yn cynnwys system gymhleth o asiantaethau ac adrannau, ac maen nhw i gyd yn weithredwyr allweddol mewn llywodraethiant byd-eang. Dros amser, mae'r Cenhedloedd Unedig wedi tyfu'n organig i ymdrin â phroblemau newydd yn fyd-eang ac yn fwy lleol wrth iddyn nhw ddigwydd, ac erbyn hyn mae ganddo gylch gwaith sy'n cynnwys materion economaidd, cymdeithasol, diwylliannol, gwleidyddol, amgylcheddol a mwy. Mae elfennau allweddol system y Cenhedloedd Unedig yn cynnwys y Cynulliad Cyffredinol a'r Cyngor Diogelwch.

- Mae llywodraethiant ariannol byd-eang yn cael ei ddarparu gan sefydliadau Bretton Woods – y Gronfa Ariannol Ryngwladol, Banc y Byd, a Sefydliad Masnach y Byd (GATT gynt). Er bod y rhain wedi hyrwyddo twf a datblygiad byd-eang, mae'r bobl sy'n eu beirniadu nhw'n dweud bod eu polisïau a'u gwerthoedd neoryddfrydol wedi cyfrannu at fwy o anghydraddoldeb ac anghyfiawnder i rai o'r cymunedau sy'n fwy tlawd.

- Mae gallu'r Cenhedloedd Unedig i helpu i lywio llywodraethiant byd-eang wedi cael ei effeithio gan newidiadau a sialensiau geowleidyddol fel diwedd y Rhyfel Oer ac amlygrwydd cynyddol y gwladwriaethau BRICS. Mae'n amhosibl i ni gymryd rôl UDA fel hegemon byd-eang yn ganiataol bellach, ac mae hyn yn golygu y bydd tirlun llywodraethiant byd-eang yn newid.

- Yn anffodus, gallai ton newydd o wladgarwch mewn llawer o wladwriaethau, yn cynnwys UDA a'r DU, wneud cydweithrediad byd-eang ar faterion fel masnach neu newid hinsawdd yn anoddach yn y dyfodol. Bydd agweddau a gweithredoedd UDA, China a Rwsia yn arbennig yn penderfynu sut mae llywodraethiant byd-eang yn datblygu yn y dyfodol.

- Mae'r cynnydd mewn problemau drwg wedi golygu bod y Cenhedloedd Unedig yn wynebu mwy o sialensiau nag ar unrhyw adeg arall yn ei hanes. Un farn yw bod y Cenhedloedd Unedig wedi gwneud ei orau i greu fframwaith llywodraethiant byd-eang sy'n gadael i weithredwyr eraill sy'n wladwriaethau a'r rhai sydd ddim yn wladwriaethau gydweithio i ymdrin yn effeithiol â'r sialensiau diweddaraf hyn. Barn arall yw bod y Cenhedloedd Unedig yn dioddef nifer o broblemau mewnol oherwydd ei gynllun a'i strwythur or-gymhleth, sy'n cyfyngu ar ei ddylanwad ac yn rhwystro ei lwyddiant. Mae hyn yn achosi pryder mewn cyfnod pan mae angen gweithredu ar frys i ymdrin â materion fel newid hinsawdd, colli bioamrywiaeth a gwrthdaro parhaus mewn rhai rhannau o'r byd.

Cwestiynau adolygu

1. Eglurwch ystyr y termau daearyddol canlynol: cyd-ddibyniaeth; neoryddfrydiaeth; neo-drefedigaethiad; hegemon; pŵer meddal; silo.

2. Amlinellwch sut arweiniodd amgylchiadau hanesyddol at ffurfio'r Cenhedloedd Unedig.

3. Awgrymwch resymau pam roedd geowleidyddiaeth y Rhyfel Oer 1970-91 wedi effeithio'n negyddol ar lywodraethiant byd-eang.

4. Gan ddefnyddio enghreifftiau, esboniwch y rôl a chwaraewyd gan wahanol wladwriaethau sofran yng ngweithrediad system y Cenhedloedd Unedig.

5. Amlinellwch y ffyrdd y dylanwadodd y gwerthoedd neoryddfrydol Gorllewinol ar ffurfio a gweithrediad y sefydliadau Bretton Woods (y Gronfa Ariannol Ryngwladol (IMF), Banc y Byd a Sefydliad Masnach y Byd (WTO)/GATT).

6. Esboniwch sut mae'r Cenhedloedd Unedig a'i asiantaethau'n cael eu hariannu.

7. Cymharwch y Nodau Datblygu Cynaliadwy (**SDGs: sustainable development goals**) gyda'u rhagflaenydd, Nodau Datblygu'r Mileniwm (**MDGs: Millennium Development Goals**).

8 Esboniwch pam cafwyd tensiynau cynyddol rhwng UDA a China mewn blynyddoedd diweddar. Sut mae'r tensiwn hwn wedi dod yn weladwy?

9 Cymharwch y proffiliau sydd gan y gwledydd BRICS ar hyn o bryd o ran eu grym a'u dylanwad byd-eang.

10 Amlinellwch gryfderau a gwendidau'r Cenhedloedd Unedig fel offeryn llywodraethiant byd-eang.

Gweithgareddau trafod

1 Gan weithio mewn parau, ymchwiliwch hanes Sefydliad Iechyd y Byd (WHO) a'r Sefydliad Bwyd ac Amaethyddiaeth (**FAO: Food and Agriculture Organization**), a rhowch dystiolaeth o'u llwyddiant fel dau o sefydliadau mwyaf gwerthfawr y Cenhedloedd Unedig.

2 Mewn parau, lluniadwch ddiagram mawr o bedair colofn ddiogelwch y Cenhedloedd Unedig. Gweithiwch gyda'ch gilydd i ehangu'r anodiadau er mwyn dangos pwysigrwydd y sefydliadau sydd wedi eu henwi ym mhob colofn.

3 Gweithiwch mewn parau i wneud gweithgaredd ymchwil ac ymchwiliwch yr effaith y mae polisïau sefydliadau Bretton Woods wedi eu cael ar un wlad incwm isel sydd o ddiddordeb i chi ac yr hoffech ddysgu amdani. Cyflwynwch eich

canfyddiadau i weddill y dosbarth gan ddefnyddio cyflwyniad PowerPoint (neu debyg).

4 Fel gweithgaredd ymchwil, ymchwiliwch rôl y Cenhedloedd Unedig mewn un math o lywodraethiant amgylcheddol (fel bioamrywiaeth neu newid hinsawdd). Mewn grwpiau bach, trafodwch i ba raddau y mae'r Cenhedloedd Unedig yn gallu rheoli'r problemau amgylcheddol rydych chi wedi eu nodi.

5 Gweithiwch mewn parau neu grwpiau bach i drafod gwendidau'r Cenhedloedd Unedig a nodwyd yn y bennod hon. Gwnewch asesiad o'r hyn rydych chi'n ei ystyried yn broblem fewnol fwyaf y Cenhedloedd Unedig sy'n ei atal rhag cyflawni ei botensial yn llawn.

6 Gan weithio mewn parau neu grwpiau bach, trafodwch pa un o'r pedwar dyfodol yn Ffigur 2.11 sydd fwyaf tebygol o ddigwydd. Yn eich barn chi, pa effaith fydd hyn yn ei gael ar lywodraethiant byd-eang?

Deunydd darllen pellach

Annan, K. (1997) *Reviewing the UN: A Programme for Reform*, UN.

The Economist (2018) 'China vs America – a Dangerous Rivalry', 20 Hydref.

The Economist (2018) 'Trade Blockage Briefing the World Trading System', 21 Gorffennaf.

The Economist (2018), 'What to Make of the Belt and Road Initiative', 3 Awst.

Geographic Magazine (2018), 'The New Silk Road China's Trillion Dollar Master Plan', Awst.

Lowe, P. (2015) *The Rise of the BRICS in the Global Economy*, cyfrol Kindle.

Malloch-Brown, M. (2011) *The Unfinished Global Revolution*, Penguin Press.

New African (2015) 'What Is China's Game in Africa?' Medi.

Oakes, S. (2018) 'Global Governance: Getting to Grips with Global Norms', *Geography Review 2*, 27–29.

Oakes, S. (2019) 'Global Governance: A Case Study of Interacting Scales of Governance', *Geography Review 2*, 32–34.

Torr, G. (2008) *The Silk Roads: A History of the Great Trading Routes Between East and West*, Arcturus Publishing.

Basic Facts about the UN, Adran Gwybodaeth Gyhoeddus y Cenhedloedd Unedig.

Understanding the WTO, Sefydliad Masnach y Byd.

Weiss, T.G. (2008) *What's Wrong with the United Nations?* Polity Press.

Weiss, T.G., a Wilkinson, R. (gol.) (2016) *International Organisation and Global Governance*, Routledge [yn enwedig y penodau am Gynulliad Cyffredinol y Cenhedloedd Unedig a Systemau'r Cenhedloedd Unedig.]

Llywodraethiant byd-eang yr atmosffer ac Antarctica

Mae'r atmosffer ac Antarctica yn eiddo cyffredin byd-eang sy'n cael eu gweinyddu er budd Treftadaeth Gyffredin y Ddynoliaeth (*CHM - Common Heritage of Mankind*). Mae'r bennod hon:

- yn esbonio cysyniad yr eiddo cyffredin byd-eang
- yn archwilio pam mae angen brys am wella llywodraethiant byd-eang yr atmosffer
- yn ymchwilio hanes a phroblemau sy'n gysylltiedig â llywodraethiant byd-eang Antarctica
- yn gwerthuso'r bygythiad i Antarctica am fod yr atmosffer yn parhau i gael ei gamreoli.

CYSYNIADAU ALLWEDDOL

Eiddo cyffredin byd-eang Adnoddau byd-eang sydd mor fawr nes eu bod y tu hwnt i gyrhaeddiad gwleidyddol unrhyw un wladwriaeth benodol. Mae cyfraith ryngwladol yn nodi pedwar eiddo cyffredin byd-eang: y cefnforoedd, yr atmosffer, Antarctica a'r gofod.

System Cyfuniad o rannau, a'r cysylltiadau sydd rhyngddyn nhw, sydd gyda'i gilydd yn creu endid neu gyfanrwydd. Mae'r dull o ddefnyddio systemau yn ein helpu i ddeall cyfresi cymhleth o ryngweithiadau. Mae Antarctica, yr atmosffer a'r cefnforoedd wedi eu cysylltu â'i gilydd mewn system ddolen adborth lle mae newidiadau amgylcheddol mewn un yn gallu achosi newidiadau ymhob un, oherwydd y ffordd y mae'r eiddo cyffredin byd-eang hyn wedi eu cysylltu â'i gilydd yn rhan o systemau amgylcheddol byd-eang y Ddaear.

Addasu a lliniaru I addasu mae angen newid yr amgylchedd, gweithgareddau economaidd a dulliau o fyw i ymdopi ag effeithiau cynhesu byd-eang. I liniaru mae angen cymryd camau i ostwng allyriadau nwyon tŷ gwydr byd-eang a/neu gynyddu maint suddfannau carbon.

 ## Beth yw'r eiddo cyffredin byd-eang?

▶ *Pam ei bod hi mor bwysig i eiddo cyffredin byd-eang y blaned gael ei lywodraethu'n effeithiol?*

Dyma ddiffiniad y gyfraith ryngwladol o eiddo cyffredin byd-eang: 'parthau adnoddau neu ardaloedd sydd y tu allan i gyrhaeddiad gwleidyddol unrhyw un genedl-wladwriaeth'. Mewn geiriau eraill, ni all un genedl unigol weithredu sofraniaeth drostyn nhw.Mae ardal sydd wedi ei diffinio fel eiddo cyffredin byd-eang ar gael i'w ddefnyddio gan unrhyw wlad, cwmni neu unigolyn, ar yr amod nad ydyn nhw'n hawlio defnydd *llwyr* ohoni gan gau pawb arall allan. Mae cyfraith ryngwladol yn nodi pedwar eiddo cyffredin byd-eang: y cefnforoedd; yr atmosffer; Antarctica; y gofod.

Ond, pan fydd y lleoedd hyn yn cael eu defnyddio ar y cyd, mae hynny'n gallu arwain at gamddealltwriaeth, tensiwn neu wrthdaro rhyngwladol. I osgoi problemau fel hyn, cafodd canllawiau llywodraethiant pwysig eu datblygu ar gyfer yr eiddo cyffredin byd-eang. Mae'r egwyddor Treftadaeth Gyffredin y Ddynoliaeth (*CHM: Common Heritage of Mankind*) yn cydnabod bod gwladwriaethau unigol ar eu mantais gorau yn y tymor hir os ydyn nhw'n cydweithio i sicrhau bod yr eiddo cyffredin byd-eang yn cael eu defnyddio'n gynaliadwy dros amser. Yn arbennig, mae'r atmosffer a'r cefnforoedd yn darparu gwasanaethau hanfodol i bob cymdeithas ddynol drwy, ymysg pethau eraill, reoli'r hinsawdd a sicrhau bod gwres a dŵr yn cael eu trosglwyddo o le i le.

Mae'r bennod hon yn canolbwyntio ar lywodraethiant dau o'r eiddo cyffredin byd-eang – yr atmosffer ac Antarctica – ac yn asesu i ba raddau mae dyfodol Antarctica yn cael ei beryglu gan newid hinsawdd. Mae Tabl 3.1 yn rhoi darlun cryno o'r ddau eiddo cyffredin byd-eang arall: Cefnforoedd y ddaear a'r gofod (Ffigur 3.1). Byddwn ni'n dychwelyd at y thema o reoli'r cefnforoedd yn ddiweddarach ym Mhennod 7. Yn ogystal, mae dadl bod seiberofod wedi dod i'r amlwg fel pumed eiddo cyffredin byd-eang ac y dylai gael ei gydnabod yn ffurfiol fel hynny (mae Pennod 7, tudalennau 202-205, yn mynd ati'n gryno i bwyso a mesur y dystiolaeth sy'n cefnogi'r farn hon).

Pam mae'r eiddo cyffredin byd-eang yn bwysig?

Mae rhannu rheolau a chyfreithiau am ddefnyddio – a chael mynediad i – eiddo cyffredin byd-eang yn annog pobl i'w defnyddio nhw'n gydweithredol ac yn heddychlon. UDA sydd wedi arwain y broses o greu trefn ryngwladol ryddfrydol dros y 70 mlynedd diwethaf, ac mae hon wedi ceisio diffinio'r rheolau ar gyfer yr eiddo cyffredin byd-eang. Ond, gyda chynnydd y pwerau llai rhyddfrydol neu ddemocrataidd, yn arbennig China a Rwsia, mae pobl yn barnu y byddwn ni efallai angen datblygu prosesau llywodraethiant byd-eang mwy effeithiol (oherwydd y risg posibl y bydd y pwerau'n ceisio cipio adnoddau'r eiddo cyffredin byd-eang iddyn nhw eu hunain). Mae'r Undeb Ewropeaidd wedi arwain y ffordd mewn llawer o'r meysydd hyn, e.e. yn y gofod ac, i ryw raddau, y seiberofod.

Mae *tair* dadl yn esbonio pam mae'r eiddo cyffredin byd-eang yn bwysig ac y mae'n rhaid eu hamddiffyn:

1 O safbwynt diogelwch, y prif bryder yw diogelu hawl mynediad pob gwladwriaeth i'r mannau hyn yn y tymor hir am resymau masnachol a milwrol. Yn y byd sydd ohoni

🗝 **TERMAU ALLWEDDOL**

Seiberofod Yr amgylchedd rhithiol lle mae cyfathrebu electronig yn digwydd. Mae'n gyfrwng electronig sy'n sylfaen ar gyfer rhwydwaith cyfathrebu cyfrifiadurol byd-eang. Yn yr *Oxford English Dictionary* (2014) mae'r term yn cael ei ddiffinio fel hyn: 'yr amgylchedd tybiannol lle mae cyfathrebu'n digwydd dros rwydweithiau cyfrifiadurol, hynny ydy, mae seiberofod yn barth rhyngweithiol wedi ei greu o rwydweithiau digidol, sy'n cael eu defnyddio i storio, addasu a chyfathrebu gwybodaeth, felly mae'n cynnwys y rhyngrwyd ond hefyd systemau eraill sy'n cefnogi ein busnesau (rhwydweithiau ffonau symudol), isadeiledd a gwasanaethau'.

▲ **Ffigur 3.1** Mae'r olwg hon ar y Ddaear o'r gofod yn ein helpu i fyfyrio ar faint yr eiddo cyffredin byd-eang. Mae'r gofod, y cefnforoedd, atmosffer y Ddaear ac Antarctica yn barthau sy'n cael eu rhannu gan bawb ac nid yw unrhyw un wladwriaeth yn gallu hawlio perchnogaeth lwyr arnyn nhw

Cefnforoedd y Ddaear	Y gofod
■ Y Moroedd Mawr, sy'n gorchuddio tua dwy ran o dair o gefnforoedd y byd, yw'r ardaloedd hynny o'r môr sydd heb eu cynnwys yn y dyfroedd tiriogaethol (pellter o 12 morfilltir , neu 22 km, o arfordir pob gwladwriaeth sofran), neu'r Parth Economaidd Unigryw (*EEZ - Exclusive Economic Zone*) sy'n ymestyn 200 morfilltir (370 km) allan i'r môr, ac sydd o'r un maint yn fras â'r sgafell gyfandirol.	■ Cychwynnodd llywodraethiant y gofod gyda sefydlu Pwyllgor y Cenhedloedd Unedig ar Ddefnyddio'r Gofod yn Heddychlon yn 1959 (*UNCOPUOS – UN Committee on the Peaceful Uses of Outer Space*). Dyma rai o'r cerrig milltir a gafwyd wedi hynny: Cytundeb y Gofod 1967, Cytundeb Achub 1968 a Chonfensiwn Atebolrwydd y Gofod 1972. Yn fuan wedyn cafwyd Confensiwn Cofrestru 1976 a Chytundeb y Lleuad 1979. Ym mlynyddoedd cynnar y llinell amser hon, roedd gan yr unig ddau bŵer mawr yn y byd deubegynol ar y pryd (UDA a'r Undeb Sofietaidd) y dechnoleg i gymryd rhan yn 'y ras ofod', fel roedd hi'n cael ei galw bryd hynny.
■ Mae'r Moroedd Mawr yn eiddo cyffredin i'r holl genhedloedd h.y. yn eiddo cyffredin byd-eang. Ni all unrhyw un wladwriaeth hawlio unrhyw ran ohonyn nhw i'w ddefnyddio'n llwyr ar ei gyfer ei hun.	■ Yn fwy diweddar, mae'r cyfranogaeth wedi ehangu (mae China, India, Japan a rhai o wladwriaethau'r Undeb Ewropeaidd wedi dod yn weithredwyr pwysig). Heddiw, mae nifer o wledydd wedi buddsoddi mewn mwy na mil o loerennau sy'n cylchdroi'r ddaear ac sy'n helpu gyda chyfathrebu milwrol a sifiliad. Mae'r lloerennau'n cael eu rheoli gan yr Undeb Telathrebu Rhyngwladol (*ITU: International Telecommunications Union*), yr asiantaeth arbenigol berthnasol yn y Cenhedloedd Unedig sy'n dyrannu'r sbectrwm radio ac orbitau'r lloerennau daearsefydlog.
■ Mae rhyddid y Moroedd Mawr yn cynnwys: rhyddid i lywio; rhyddid i bysgota; rhyddid i osod ceblau tanforol (fel EASSY ar gyfer datblygu'r rhyngrwyd) a phiblinellau; ac, yn fwy dadleuol, mae'r rhyddid i fanteisio ar adnoddau'r môr dwfn (wrth i dechnoleg wella, mae gwely'r môr sydd yn ddwfn o dan y Moroedd Mawr yn dod yn adnodd cynyddol.	■ Ond, yn wahanol i Antarctica, does dim cytundeb trosfwaol yn weithredol ar hyn o bryd ar gyfer y gofod. Does dim consenus rhyngwladol eto ynglŷn â lle mae'r ffin rhwng y gofod a'r gofod allanol, a does dim system ar gyfer datrys anghydfodau sy'n codi o weithgareddau yn y gofod allanol gan wladwriaethau sofran.
■ Mae cefnforoedd y byd yn suddfan carbon bwysig. Amcangyfrifwyd bod mwy na chwarter y 25 biliwn o dunelli o CO_2 a gafodd eu rhyddhau i'r atmosffer rhwng 2000 a 2010 wedi eu hamsugno gan y cefnfor. Hefyd, mae cefnforoedd y byd yn chwarae rôl bwysig mewn digwyddiadau tywydd eithafol (mae'r cefnforoedd cynnes yn un o'r ffactorau allweddol sy'n achosi stormydd trofannol).	■ Bydd angen i lywodraethiant y gofod allanol ddatblygu ar yr un raddfa â'r cyflymu a fydd yn digwydd yn natblygiad y dechnoleg ofod yn y blynyddoedd sy'n dod. Gallai'r anghydfodau fynd yn waeth hefyd gan y posibilrwydd o gyfranogaeth y sector preifat (sy'n cael ei alw'n 'dwristaeth gofod').
■ I gadw'r blaned yn iach, felly, mae'n rhaid cael cysylltiadau rhyngddibynnol rhwng dau eiddo cyffredin byd-eang, y cefnfor a'r atmosffer.	

▲ **Tabl 3.1** Erbyn hyn, mae cefnforoedd y Ddaear a'r uwch-ofod yn cael eu cydnabod mewn cyfraith ryngwladol fel eiddo cyffredin byd-eang (ardaloedd sydd y tu hwnt i awdurdodaeth genedlaethol)

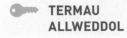

TERMAU ALLWEDDOL

Suddfan carbon Cronfa naturiol neu artiffisial sy'n cronni neu'n storio carbon, fel biomas coedwig.

heddiw, gyda'i ryng-gysylltiadau lu, byddai unrhyw gyfyngiadau ar fynediad yn amharu'n fawr iawn ar y systemau economaidd byd-eang (Ffigur 3.2).

2   Mae amgylcheddwyr yn pryderu am y niwed sy'n cael ei wneud i'r eiddo cyffredin gan weithredwyr sy'n gor-ddefnyddio'r adnoddau hyn ac eto sydd ddim yn gorfod talu'r costau uniongyrchol. Mae pryderon dwys iawn am: ddirywiad yr adnoddau sy'n cael eu rhannu, fel stociau pysgod y cefnfor; niwed i'r atmosffer (tyllau oson a newid hinsawdd anthropogenig); datblygiad y parthau sy'n cael eu rhannu, fel Antarctica a Chefnfor Iwerydd.

3   Mae'r drydedd ddadl, wedi ei chanolbwyntio nid ar broblemau mynediad neu gadwraeth, ond yn hytrach ar allu'r eiddo cyffredin byd-eang i barhau i ddarparu 'nwyddau cyhoeddus byd-eang'. Mae nwyddau a gwasanaethau hanfodol i'r ddynoliaeth yn cynnwys dŵr glân ac atmosffer cytbwys (mewn cyflwr sefydlog).

▲ **Ffigur 3.2** Mae iechyd economaidd y systemau byd-eang yn dibynnu ar fynediad heb unrhyw rwystrau i'r Cefnforoedd ar gyfer teithiau llongau cynwysyddion. Mae llywodraethiant effeithiol yr eiddo cyffredin byd-eang yn hanfodol i sicrhau bod systemau byd-eang yn parhau i weithredu'n esmwyth

Yr her i reolaeth yr eiddo cyffredin byd-eang

Mae'r rheolaeth ar yr eiddo cyffredin byd-eang yn gweithio orau pan mae cytundebau rhwymol, cyrff rheoli wedi sefydliadu a mecanweithiau gorfodi go iawn. Os nad yw sialensiau'r eiddo cyffredin byd-eang yn cael eu trin gyda fframweithiau sy'n cael eu cydnabod yn gyfreithiol a'u gweinyddu gan y Cenhedloedd Unedig, bydd cyfres gynyddol gymhleth o randdeiliaid (amlochredd) yn cael trafferth datblygu rheolau a mecanweithiau i'w hamddiffyn nhw.

Fel y byddwn ni'n gweld yn y bennod hon, mae cydweithrediad rhyngwladol yn gweithio'n dda weithiau. Mae hi'n bosibl i'r gwladwriaethau sofran roi'r gorau i gystadlu dros yr eiddo cyffredin byd-eang a dewis y ffordd foesol o weithredu, drwy 'wneud daioni' a chydweithio. Mae'r strwythurau llywodraethiant sydd yn eu lle yn barod i reoli'r eiddo cyffredin byd-eang yn gyflawniadau pwysig. Ond, ni fydd y rhain yn gallu parhau os na fydd llywodraethau'n dal ymlaen i gydnabod bod yn rhaid i'w buddiannau cenedlaethol nhw eu hunain gymryd lle israddol weithiau er mwyn diogelu Treftadaeth Gyffredin y Ddynoliaeth. Mae fframweithiau o gytundebau wedi eu cadarnhau – fframweithiau sy'n rhwymo'r cenhedloedd yn gyfreithiol – wedi darparu rheolau sy'n ennyn parch drwy'r byd i gyd ac sydd, hyd yn hyn, wedi helpu'r byd i reoli'r ardaloedd sydd y tu hwnt i gyfreithiau cenedlaethol. Yn arbennig, gallwn ni ystyried Antarctica (fel y gwelwn ar dudalennau 80–85) yn 'stori lwyddiant' i ryw raddau yn y cyswllt hwn. Ond, un farn sinigaidd efallai yw nad yw diogelu'r Antarctig wedi gofyn i'r cenhedloedd arweiniol wneud unrhyw aberth fawr.

Mae datblygiad economaidd a thechnolegol cyflym, a chynnydd mewn masnach ryngwladol, yn golygu bod y llwyfan rhyngwladol yn dechrau mynd yn fwy a mwy llawn. Mae hyn yn creu sialensiau newydd i lywodraethiant amlochrog yr eiddo cyffredin byd-eang. Yn gynyddol, i reoli'r atmosffer, y cefnforoedd ac Antarctica (ac i raddau llai, y gofod) mae gofyn integreiddio

TERMAU ALLWEDDOL

Pwynt di-droi'n-ôl Yr adeg pan fydd cyfres o newidiadau graddol a bach mewn strwythur neu system yn dod yn ddigon sylweddol i achosi newidiadau llawer mwy (nad oes modd eu gwyrdroi). Erbyn hyn, wrth sôn am y newid hinsawdd, y cynnydd mewn tymheredd sy'n cael ei nodi fel y trothwy cyn y bydd y byd yn cyrraedd pwynt di-droi'n-ôl yw dim ond 1.5°C yn uwch na'r lefelau cyn-ddiwydiannol. Mae'n bosibl bod eiddo cyffredin byd-eang eraill fod ar fin cyrraedd pwyntiau di-droi'n-ôl hefyd (gallai'r stociau o bysgod môr fethu, heb allu adfer eu niferoedd byth eto; gallai rhewlifoedd yr Antarctig ddechrau dioddef o effeithiau adborth cadarnhaol).

Effaith tŷ gwydr Mae'r atmosffer yn gweithredu'n naturiol fel tŷ gwydr, gan ddal ymbelydredd solar (gwres) i mewn a fyddai fel arall yn cael ei ail-belydru i'r gofod.

Effaith tŷ gwydr ehangach Pan fydd pobl yn cynhyrchu crynodiadau o nwyon tŷ gwydr mae'n creu cynhesu anthropogenig, yn enwedig pan maen nhw'n cynhyrchu CO_2, sydd wedi cynyddu'n gyflym o'i gymharu â'r crynodiad gwaelodlin naturiol. Mae hyn yn arwain at fwy o gynhesu, gyda mwy o ymbelydredd solar yn cael ei ddal yn yr atmosffer yn hytrach na chael ei belydru yn ôl i'r gofod.

buddiannau nifer cynyddol o wladwriaethau sofran, sefydliadau rhyngwladol a gweithredwyr sydd ddim yn wladwriaethau. Yn anffodus, wrth i amrywiaeth y rhanddeiliaid gynyddu gyda'u holl ddiddordebau niferus a chystadleuol (ac sy'n amharod yn aml iawn i dalu'r costau cynyddol sy'n gysylltiedig ag amddiffyn yr eiddo cyffredin), gallai hynny rwystro rheolaeth lwyddiannus. Bydd effeithiolrwydd y gwahanol systemau a mecanweithiau rheoli sy'n cael eu mabwysiadu'n dibynnu ar ba mor gyflym y mae newid yn dechrau effeithio ar yr amrywiol eiddo cyffredin byd-eang – ar hyn o bryd mae pryderon y gallai popeth fod ar fin cyrraedd pwynt di-droi'n-ôl.

 # Llywodraethiant byd-eang yr atmosffer

▶ *Pam mae'n bwysig cadw llywodraethiant byd-eang da ar atmosffer y Ddaear?*

Pwysigrwydd yr atmosffer i fywyd ar y Ddaear

Mae'r eiddo cyffredin byd-eang hwn yn darparu nwyddau a gwasanaethau hanfodol. Mae'r cenhedloedd i gyd yn dibynnu ar y system atmosfferig i: reoli tymheredd a hinsawdd; ddiogelu'r oson; ac fel cyfrwng ar gyfer teithio awyr.

Rheoli tymheredd a hinsawdd

Byddai bywyd ar y Ddaear yn amhosibl heb yr atmosffer sy'n darparu amgylchedd addas ar gyfer amrywiaeth eang o fathau cymhleth o fywyd ac, yn ogystal, mae'n diogelu'r bywyd hwnnw rhag ymbelydredd solar niweidiol. Mae'r effaith tŷ gwydr yn ffenomenon atmosfferig sy'n digwydd yn naturiol ac sy'n cynnal tymereddau byd-eang cyfartalog y Ddaear ar 14°C. Heb yr atmosffer, byddai'r ffigur yn –19°C. Y brif broblem â llywodraethiant byd-eang sy'n ymwneud â'r atmosffer yw beth yw'r ffordd orau o gynnal yr ecwilibriwm ac osgoi canlyniadau trychinebus effaith tŷ gwydr ehangach y mae gwyddonwyr hinsawdd yn cytuno bron yn unfrydol sy'n ganlyniad i weithredoedd anthropogenig.

Yn ogystal, mae patrymau glawiad a thymheredd dyddiol a thymhorol yn cael eu penderfynu gan yr amodau atmosfferig mewn cydweithrediad â ffactorau eraill, fel lledred a chylchrediad y gwynt sydd wedi ei yrru gan wasgedd. Gall y newidiadau atmosfferig byd-eang gael effaith enfawr ar hinsoddau lleol, ac achosi effeithiau economaidd i'r sectorau amaeth a thwristiaeth, ymysg pethau eraill. Mae'r newid hinsawdd yn gysylltiedig â'r achosion cynyddol o ddigwyddiadau tywydd eithafol; mae'n ymddangos bod cynhesu'r cefnforoedd yn un ffactor allweddol sy'n achosi digwyddiadau tywydd eithafol neu anarferol, fel stormydd trofannol dwysedd uchel, sy'n dod â chanlyniadau trychinebus i wahanol gymdeithasau ac economïau cenedlaethol.

Yn olaf, un ffordd arall y mae pobl yn dibynnu ar yr atmosffer yw ar gyfer cynhyrchu egni. Mae egni gwynt a solar yn cyfrannu'n gynyddol at y cymysgedd egni byd-eang. Gallai datblygiad yr adnoddau hyn helpu i atal rhagor o gynhesu atmosfferig drwy ostwng y ddibyniaeth ar danwyddau ffosil – mewn egwyddor, gallai grym y gwynt yn Rwsia bweru'r blaned gyfan (er y byddai angen miliynau lawer o dyrbinau gwynt). Er mwyn diogelu'r atmosffer, mae'n dilyn felly bod angen i ni gael fframwaith llywodraethiant byd-eang sy'n annog gwledydd i wneud gwell defnydd o'u hadnoddau!

Diogelu'r oson

Mae haen o oson yn y stratosffer yn diogelu bywyd ar y Ddaear rhag ymbelydredd solar uwchfioled (mae oson yn nwy sy'n ffurfio'n naturiol o foleciwlau ocsigen). Dros y degawdau diwethaf, mae gweithgareddau dynol wedi bod yn gyfrifol am ddinistrio'r haen hon yn rhannol a ffurfio tyllau oson (roedd y mwyaf nodedig dros Antarctica - Ffigur 3.3). Yn hytrach na bod yn rhwystr amhosibl i'w reoli'n rhyngwladol, trodd y mater hwn yn un o lwyddiannau mawr llywodraethiant byd-eang amgylcheddol (gweler tudalen 79).

Rhannu'r awyr ar gyfer teithio

Yn ystod yr ugeinfed ganrif, wrth i oes yr awyrennau ddatblygu, daeth yr atmosffer yn lle pwysig i'w rannu ar gyfer yr economi byd-eang. I deithio drwy'r awyr yn rhyngwladol a chroesi'r awyr yn barhaol, mae'n rhaid defnyddio'r gofod awyr rhyngwladol ac mae hynny'n gofyn cael cytundebau manwl sy'n diffinio'r hawliau croesi. Yn fyd-eang, mae mwy na 10 miliwn o bobl wedi eu cyflogi'n uniongyrchol yn y diwydiant awyrennau. Er bod llai na 2 y cant o faint yr allforion byd-eang yn digwydd drwy gludiant awyr, mae gwerth yr allforion hyn bron yn 40 y cant o'r fasnach fyd-eang. Mae Ffigur 3.4 yn dangos i chi faint y rhyng-gysylltiad byd-eang sy'n dod o deithio awyr. Ond, cofiwch fod hedfan yn cyfrannu'n fawr at waethygu'r effaith tŷ gwydr!

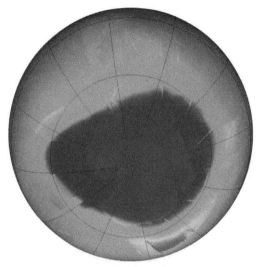

▲ **Ffigur 3.3** Darwagiad oson dros Antarctica. Diolch i lywodraethiant byd-eang effeithiol, mae disgwyl i'r broblem gael ei datrys yn y degawdau nesaf. Mae'r gwyrdd yn cynrychioli haen oson arferol, mae'r ardaloedd piws a glas yn cynrychioli tyllau yn yr haen oson

Roedd digwyddiad cwbl naturiol y 'Cwmwl Lludw' yng Ngwlad yr Iâ yn 2010 yn dangos mor fregus yw'r rhyng-gysylltiad byd-eang pan fydd rhywbeth yn amharu ar ran o'r system. Roedd yn rhaid cau ardal fawr o ofod awyr Gogledd yr Iwerydd am bron i wythnos yn dilyn y ffrwydrad folcanig.

Rheoli'r atmosffer fel eiddo cyffredin byd-eang

Efallai mai newid hinsawdd yw *yr* her i lywodraethiant byd-eang yn ein cyfnod ni, a gallai barhau felly am y ganrif sy'n dod. Mae'r nwyon tŷ gwydr (GHGs) anthropogenig sydd wrth wraidd y broblem yn cael eu cynhyrchu ym mhobman yn y byd i raddau mwy neu lai. Ar y llaw arall, mae effeithiau negyddol y newid hinsawdd yn cael eu teimlo'n wahanol mewn gwahanol leoliadau – nid y cenhedloedd sy'n cynhyrchu'r meintiau mwyaf o'r nwyon hyn sy'n cael eu heffeithio fwyaf bob tro. Mae'r

TERM ALLWEDDOL

Nwyon tŷ gwydr (GHGs) Nwyon sy'n trapio ymbelydredd solar ac sy'n cadw'r blaned yn gynnes. Mae'r rhain yn digwydd yn naturiol ond mae gweithgareddau dynol yn gallu ychwanegu mwy, yn cynnwys anwedd dŵr, CO_2, methan ac ocsid nitrus.

Gwladwriaethau Ynys Bach sy'n Datblygu (SIDS) Grŵp arbennig o wledydd sy'n datblygu, sy'n wynebu gwendidau cymdeithasol, economaidd ac amgylcheddol penodol. Yn Uwchgynhadledd y Ddaear y Cenhedloedd Unedig yn 1992, cafodd y SIDS eu cydnabod fel achos arbennig oherwydd eu hamgylchedd a'u datblygiad. Dyma rai enghreifftiau ohonyn nhw: Barbados, Fiji, Haiti, Jamaica, Maldives a Papua Guinea Newydd.

Gwladwriaethau Ynysoedd Bach sy'n Datblygu (SIDS) yn cael eu heffeithio'n ddifrifol er nad ydyn nhw'n gynhyrchwyr mawr. Felly, mae newid hinsawdd yn dod yn broblem wleidyddol.

Mae'r wyddoniaeth hinsawdd ddiweddaraf gan y Panel Rhynglywodraethol ar Newid Hinsawdd (*IPCC: Intergovernmental Panel on Climate Change*) – sy'n un o gyrff rhynglywodraethol y Cenhedloedd Unedig – yn dweud wrthym ein bod yn symud tuag at gynhesu planedol sylweddol. I ddal y cynhesu yn ei ôl i lefel o 1.5°C uwch ben y waelodlin cyn 1750 (y chwyldro diwydiannol), mae'n rhaid i'r allyriadau byd-eang o nwyon tŷ gwydr gyrraedd uchafbwynt yn 2030 ac yna ostwng yn gyflym, gan ddod â lefel carbon y byd i sero (sef datgarboneiddio) erbyn 2080. Mae'r adroddiad diweddaraf gan IPCC yn 2018 (gwelwch yr astudiaeth achos cyfoes o Adroddiad Arbennig IPCC, tudalen 77) yn cynghori y byddai mynd y tu hwnt i 1.5°C yn bygwth gwneud ein planed yn lle sydd ddim bellach yn anheddadwy.

Mae nifer o arwyddion yn barod bod y byd yn cyflymu tuag at y pwynt di-droi'n-ôl hwn, sydd wedi ei osod yn nominal fel 450 ppm (rhan fesul miliwn) o CO_2. Rydym yn gweld cynnydd mewn tymheredd na welwyd erioed o'r blaen, yn enwedig yn y lledredau uchel, gan achosi i gapiau iâ yr Arctig doddi'n sylweddol a gwneud i lefel y môr godi'n gyflymach. Mae

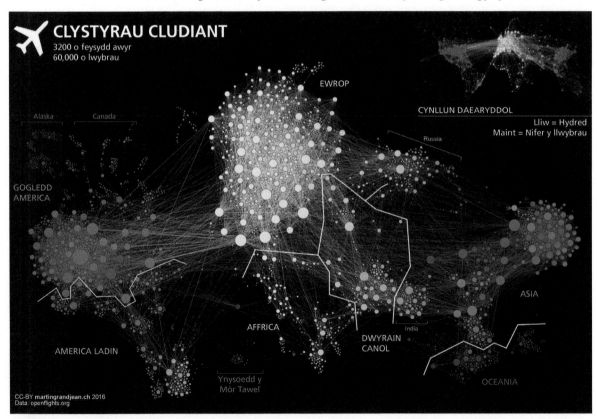

▲ **Ffigur 3.4** Mae llwybrau awyr byd-eang yn helpu i gefnogi systemau economaidd byd-eang. Yn eu tro, maen nhw angen llywodraethiant byd-eang effeithiol

llywodraethiant byd-eang y newid hinsawdd yn cynnwys ei leihau (creu fframweithiau ar gyfer byd wedi ei ddatgarboneiddio) a'i addasu (ymdrin â goblygiadau'r cynhesu, fel lefelau'r môr yn codi – er y gallai gwledydd tlotach sy'n datblygu gael trafferthion ceisio talu am y mesurau amddiffyn y maen nhw eu hangen heb gael cymorth gan wledydd eraill).

Mae llywodraethiant y newid hinsawdd yn gosod y bar yn llawer uwch nag unrhyw 'broblem heb basbort' flaenorol, am fod ei achosion yn dod o bob rhan o'r byd ac oherwydd natur eang, cymhleth a rhyng-gysylltiedig ei effeithiau. Yn ogystal, mae tanwyddau ffosil yn rhan ddwfn a gwaelodol o'r economi byd-eang ac o'n systemau egni. Mae IPCC yn credu bod angen newid normadol sylweddol yn y ffordd y mae cymdeithasau'n gweithio, h.y. mae'n rhaid i'r normau byd-eang (tudalen 40) newid. Rhaid i ddulliau byw ac economïau gael eu gweddnewid a rhaid cymryd camau radicalaidd ar frys, beth bynnag fydd y costau tymor byr. Ond, mae'r syniad yma'n un anodd ei 'werthu' i lawer o gymunedau ar draws y byd sy'n dal i deimlo ôl-effeithiau'r Argyfwng Ariannol Byd-eang (gweler tudalen 9).

Her llywodraethiant hinsawdd

Mae newid hinsawdd yn un o'r 'colofnau' pwysig mewn gwleidyddiaeth amgylcheddol fyd-eang am ei fod yn rhyng-gysylltu â chynifer o faterion eraill, yn cynnwys datgoedwigo, colli bioamrywiaeth a diffeithdiro. Does dim modd dilyn agenda datblygiad cynaliadwy (gweler tudalen 61) heb lywodraethiant byd-eang effeithiol ar newid hinsawdd.

Yn anffodus, mae'r cydweithredu a'r gweithredu rhyngwladol wedi bod yn brin weithiau. Roedd ansicrwydd gwyddonol am achosion cynhesu byd-eang yn bla ar gynnydd gwleidyddol ymhell i'r 1980au a'r 1990au, gan roi esgus i wneuthurwyr polisïau ohirio gweithredu a gadael y peth dros dro i lywodraethau'r dyfodol ymdrin ag o. Hyd yn oed heddiw, dydyn ni ddim yn llawn ddeall y cysylltiadau ffisegol rhwng y systemau cefnforol a'r systemau atmosfferig. Mae pobl sy'n amau neu sy'n gwrthod derbyn bod yr hinsawdd yn newid (fel rhai o'r cyfryngau a rhai aelodau o Blaid Weriniaethol UDA) yn defnyddio cymhlethdod y data a'r ansicrwydd sy'n gysylltiedig â dehongli'r rhagolygon am newid hinsawdd yn y dyfodol, fel esgus i beidio gweithredu.

Yn y rhan fwyaf o wledydd, mae prinder gweithredu eang ymysg y gymdeithas bobl gyffredin o hyd. Efallai fod hyn yn deillio o'r ffordd y mae rhannau o'r cyhoedd yn methu credu rhybuddion difrifol IPCC am eu bod wedi gweld y lefelau uchaf erioed o eira neu dymheredd oer yn ddiweddar. Yn anffodus, mae llawer o gamddealltwriaeth am y gwahaniaethau rhwng tywydd a hinsawdd. Mae'r ffyrdd cymhleth y mae cynhesu hinsawdd yn gallu dod ag amodau oerach i rai lleoedd oherwydd newidiadau yng nghylchrediad yr aer a'r cefnforoedd yn elfen wyddonol sy'n achosi dryswch i lawer o bobl.

Mae cynhesu byd-eang, fel problemau amgylcheddol penodol eraill, fel colli bioamrywiaeth, yn drawsffiniol ei natur, ac yn torri ar draws pob awdurdodaeth wleidyddol. Ac eto, fel y mae penodau blaenorol wedi dangos, mae'r prif sefydliadau rhynglywodraethol yn dal i gael eu rheoli gan ddylanwad y gwladwriaethau sofran mwyaf pwerus. Cystadleuaeth, yn hytrach na chydweithredu, yw'r elfen sy'n rheoli mewn cysylltiadau rhyngwladol yn aml iawn. Mae'r llywodraethiant ar y newid hinsawdd yn dioddef hefyd o'r tensiynau rhwng y gwledydd sy'n datblygu/gynyddol amlwg ar un llaw, a'r gwladwriaethau datblygedig (neu 'ar y blaen') ar y llaw arall. Mae'r rhan fwyaf o'r atebion sy'n cael eu cynnig i'r newid hinsawdd yn gofyn gwneud buddsoddiadau cyfalafol enfawr i 'drwsio'r dechnoleg'. Mae drwgdeimlad rhwng y gwledydd mwy tlawd a'r gwledydd mwy cyfoethog ynglŷn â phwy ddylai gyfrannu'r rhan fwyaf o'r cyfalaf a'r dechnoleg sydd eu hangen. Datblygodd holltau mawr mewn llawer o'r cynadleddau a welwch chi yn Nhabl 3.2 rhwng y gwledydd cyfoethog a gyfrannodd y rhan fwyaf o'r stoc carbon gormodol sydd yn awr yn yr atmosffer, a'r gwledydd mwy tlawd sy'n dioddef yr effeithiau gwaethaf er nad oedden nhw wedi gwneud fawr ddim i'w hachosi (e.e. SIDS, neu wlad ddeltaidd Bangladesh).

Mae Tabl 3.2 yn dangos faint rydyn ni wedi dod yn agosach dros amser i gael cytundeb byd-eang ar yr hinsawdd. Hyd yn hyn, mae wedi bod yn 'broblem ddrwg iawn (gweler tudalen 3), gyda nifer o rwystrau yn atal cydweithredu amlochrog a symudiad tuag at gytundeb sy'n gyfreithiol rwymol.

1986	Cyrhaeddodd newid hinsawdd yr agenda wleidyddol ryngwladol yn gyntaf yn 1986. Cyn hynny, nid oedd yn adnabyddus fel problem mewn gwirionedd.
1988	Cafodd IPCC ei sefydlu gan Gynhadledd y Byd ar yr Atmosffer Newidiol (yn Toronto) a symudodd y newid hinsawdd o'r agenda gwyddonol i'r fforwm gwleidyddol. Daeth gweinidogion llywodraethol a gwyddonwyr at ei gilydd i alw am ostyngiadau o 20% yn allyriadau 1988 erbyn 2005. Dechreuodd IPCC ddarparu adroddiadau yn gyfnodol, gan gyfuno adolygiad o ddeunydd gwybodaeth gwyddonol â negeseuon gwleidyddol.
1990	Adroddiad cyntaf IPCC. Rhoddodd y Cenhedloedd Unedig y dasg i'r Pwyllgor Negodi Rhynglywodraethol (*INC: Intergovernmental Negotiating Committee*) i ddechrau trafod cytundeb ar newid hinsawdd.
1992	Llofnodwyd Confensiwn Fframwaith y Cenhedloedd Unedig ar Newid Hinsawdd (UNFCCC: *UN Framework Convention on Climate Change*) yn Uwchgynhadledd y Ddaear yn Rio. Gosododd UNFCCC dargedau uchelgeisiol i adrodd am lefelau allyriadau ac i drosglwyddo technoleg sy'n garedig i'r hinsawdd rhwng gwledydd. Cytunodd y rhai a lofnododd yr UNFCCC i ystyried a thrafod cytundeb rhyngwladol i fynd i'r afael â newid hinsawdd.
1997	Protocol Kyoto – cytundeb tirnod ar ôl bargeinio caled. Cytunodd y gwledydd datblygedig (blaengar) i ostwng eu hallyriadau ar y cyd o 5.2% rhwng lefelau 1990 a lefelau 2012. Cyflwynwyd mecanweithiau hyblygedd – gan gynnwys system fasnachu allyriadau byd-eang.
2001	Daeth Kyoto i rym (pan lofnododd digon o wladwriaethau'r cytundeb i gyrraedd gostyngiad targed o 5%). Ond, tynnodd UDA ei lofnod yn ôl yn ddiweddarach yn 2005.
2009	Cychwynnwyd trafodaethau newydd yn Copenhagen, ond ni lofnodwyd unrhyw beth gydag ymrwymiad cyfreithiol yn lle Kyoto. Ystyriwyd bod Cytundeb Copenhagen yn fethiant (dim ond system o addewidion gwirfoddol y cytunwyd arni – yn llawn o fwriadau da ond gyda'r gweithredu gwirioneddol wedi ei ohirio).
2011	Yn Durban, cafwyd cytundeb i barhau i geisio cael trafodaethau gyda dyddiad targed o 2015 ar gyfer y gynhadledd nesaf.
2015	Llofnodwyd Cytundeb Paris gan 195 o wledydd, yn cynnwys cenhedloedd sy'n datblygu a chenhedloedd datblygedig. Nod pwysicaf Cytundeb Paris oedd cyfyngu ar unrhyw gynnydd byd-eang o nwyon tŷ gwydr i fod o fewn 2°C i'r waelodlin cyn y chwyldro diwydiannol. Ymrwymodd y gwledydd datblygedig 100 biliwn o $UDA y flwyddyn i helpu cenhedloedd sy'n datblygu i gyrraedd y targedau a osodwyd gan bob gwladwriaeth sofran. Fodd bynnag, tynnodd yr UDA allan o Gytundeb Paris yn ddiweddarach.
2018	Cyhoeddwyd adroddiad IPCC newydd (The Final Call). Diben Cynhadledd Hinsawdd Katowice 2018 oedd mynd ati i drafod a datrys rhai o fanylion mwyaf dyrys Cytundeb Paris. Mae gwyddonwyr yn awr yn dadlau dros gyfyngiad o 1.5°C.

▲ **Tabl 3.2** Llinell amser y llywodraethiant newid hinsawdd byd-eang

Llygedyn o obaith?

Efallai fod Cytundeb Paris 2015 wedi canfod dull gwell o lywodraethu hinsawdd fyd-eang. Defnyddiwyd dull wedi'i ddatganoli, o'r gwaelod i fyny, a fydd yn y pen draw yn gofyn am weithredu wedi'i gydlynu gan rwydweithiau o weithredwyr gwleidyddol (cymdeithas sifil, sefydliadau anllywodraethol, awdurdodau dinasoedd, busnesau, etc.). Rydyn ni'n gweld dechreuad y symudiadau tuag at fentrau hinsawdd trawswladol sy'n canolbwyntio ar nifer o dargedau sy'n gorgyffwrdd, fel cadwraeth ac effeithiolrwydd egni, gridiau clyfar, systemau cludiant clyfar a newidiadau mewn dull o fyw mewn cymdeithas sifil.

- Mae modelau diddorol newydd o lywodraethiant yn dod yn gynyddol amlwg yn rhan o'r gwaith hwn, fel y grŵp C40 o ddinasoedd mawr, sydd oll yn cymryd camau gweithredu dinesig lleol i wneud toriadau mawr mewn nwyon tŷ gwydr. Un o ganlyniadau hyn yw bod llawer o ddinasoedd UDA wedi cadw eu hymrwymiad i'r targedau y cytunodd UDA iddyn nhw'n wreiddiol, er bod UDA wedi ymadael yn ffurfiol â Chytundeb Paris! Mae hyn yn ddatblygiad newydd diddorol i'r astudiaethau o lywodraethiant byd-eang sy'n canolbwyntio ar y chwarae rhwng y gweithredwyr ar wahanol raddfeydd, o'r lleol i'r byd-eang.
- Yng ngeiriau'r Llywodraethwr Brown, cyn-Lywodraethwr California, ni all newid hinsawdd gael ei ddatrys gan ddinasoedd, taleithiau a chorfforaethau yn unig, oherwydd maen nhw angen cymorth gwladwriaethau sofran cenedlaethol: 'Nid sefyllfa o "naill ai-neu" sydd yma … mae'n rhaid cael cyfuniad o fframweithiau o'r brig i lawr a chamau gweithredu o'r gwaelod i fyny sy'n cael cefnogaeth fframwaith cenedlaethol.'

🔑 **TERMAU ALLWEDDOL**

Wedi ei ddatganoli Bydd gwladwriaeth yn cael ei datganoli os bydd y llywodraeth ganolog yn trosglwyddo rhai o'i swyddogaethau i awdurdodau mwy lleol – swyddogaethau y byddai hi, y llywodraeth genedlaethol, yn eu gweinyddu fel arfer. Gallai hynny gynnwys addysg neu systemau iechyd, neu godi refeniw sy'n cynnwys trethiant.

C40 Mae'r Grŵp Arweinyddiaeth ar Hinsawdd Dinasoedd C40 (*C40 Cities Climate Leadership Group*) yn cysylltu 90 o ddinasoedd mwyaf y byd, sy'n cynrychioli mwy na 650 miliwn o bobl a chwarter yr economi byd-eang. Mae deuddeg dinas fawr yn UDA, yn cynnwys Efrog Newydd a Los Angeles, yn perthyn i'r grŵp C40. Mae hyn yn golygu bod y dinasoedd hyn yn yr UDA wedi ymrwymo i ymdrin â'r newid hinsawdd, er i'r cyn-Arlywydd Trump droi ei gefn ar Gytundeb Paris, gan gymhlethu'r llywodraethiant ar hinsawdd fyd-eang.

DADANSODDI A DEHONGLI

Astudiwch Ffigur 3.5 sy'n dangos y patrymau o ran allyriadau carbon y chwaraewyr mawr mewn llywodraethiant byd-eang.

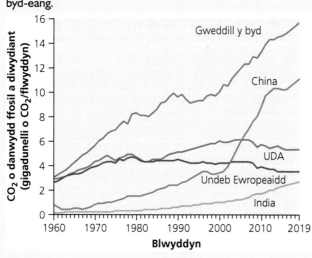

◀ **Ffigur 3.5** Yr allyriadau CO$_2$ gan wledydd a rhanbarthau byd dethol, 1960–2019

(a) Cyfrifwch ganran y cynnydd mewn allyriadau gan China rhwng 2000 a 2010.

(b) Dadansoddwch y tueddiadau mewn gwledydd incwm uchel yn Ffigur 3.5.

(c) Esboniwch ffyrdd posibl y gallai'r allyriadau yn y gwledydd a'r rhanbarthau hyn newid mewn degawdau i ddod.

ASTUDIAETH ACHOS GYFOES: CYTUNDEB PARIS AC ADRODDIAD IPCC 2018

Roedd Cytundeb Paris ym mis Rhagfyr 2015 (Ffigur 3.6) yn gais diweddar gan UNFCCC i ostwng cyflymder y cynhesu hinsawdd. Cafwyd y cytundeb o ganlyniad i chwe blynedd o drafodaethau rhyngwladol, ac mae'n darparu llwybr a map gweithredu manwl i gadw llygad ar y cynhesu byd-eang (y targed a osodwyd oedd cynnydd o ddim mwy na 2°C yn uwch na gwaelodlin y nwyon tŷ gwydr cyn yr oes ddiwydiannol). Y nod yw y (i) dylai allyriadau gyrraedd eu huchafbwynt erbyn 2030, ac (ii) y dylid sicrhau allyriadau sero net erbyn 2050. Felly, mae *gofyn* i'r holl lywodraethau sy'n llofnodi gyfrannu at y strategaethau lliniaru ac addasu.

▲ **Ffigur 3.6** Ymgyrchwyr newid hinsawdd yn protestio yn Amsterdam cyn i Gytundeb Paris gael ei lofnodi, 2015

Yn wahanol i Brotocol Kyoto, dydy Cytundeb Paris ddim yn trosglwyddo targedau i wledydd penodol ar gyfer gostwng allyriadau carbon. Yn lle hynny, mae'n gofyn i'r gwledydd i gyd ddatblygu eu cynlluniau eu hunain ynglŷn â sut (ac o faint) y maen nhw'n bwriadu cyfrannu at y gyd-ymdrech liniaru fyd-eang. Mae Tabl 3.3 yn dangos sampl o'r Cyfraniadau Bwriadedig wedi eu Penderfynu'n Genedlaethol (*INDCs: Intended Nationally Determined Contributions*) y cytunwyd arnynt gan y llofnodwyr. Bydd yr INDCs yn cael eu hadolygu gan UNFCCC unwaith bob pum mlynedd. Mewn egwyddor, gall y targedau gael eu cyflawni gan wledydd sydd ag allyriadau masnachu, ac mae'r sector preifat yn cael ei annog i ddatblygu a rhannu technolegau gostwng allyriadau newydd.

Gwlad/grŵp	Y gostyngiad a addawyd mewn allyriadau	Y flwyddyn waelodol (o)	Y flwyddyn darged (hyd)	Poblogaeth, 2016 (miliynau)	CMC y pen, 2016 ($UDA)
Awstralia	−26 i 28%	2005	2030	24	49,755
Brasil	−37%	2005	2025	207	8,656
Canada	−30%	2000	2030	36	42,349
China	−60%	2005	2030	1,379	8,213
UE-28	−40%	1990	2030	74	23,534
India	−33%	2005	2030	1,324	1,710
Japan	−26%	2005	2030	128	38,972
México	−22%	2005	2030	128	8,209
Rwsia	−70%	1990	2030	144	8,748
Twrci	−21%	2012	2030	79	10,863

▲ **Tabl 3.3** Sampl o'r Cyfraniadau Bwriadedig wedi eu Penderfynu'n Genedlaethol (INDCs)

Cafodd y cytundeb ei lofnodi ym mis Ebrill 2016 gan 193 o wledydd a bydd yr INDCs yn dod i rym erbyn 2030 (bwlch mawr o ran amser, yn ôl y beirniaid). Ar un llaw gallech chi ddadlau bod hon yn fuddugoliaeth fawr i lywodraethiant byd-eang – cafodd cynghreiriaid niferus eu creu rhwng gwledydd oedd â buddiannau amrywiol. Mae'n sicr bod Cytundeb Paris yn ymddangos yn gytundeb a luniwyd yn dda – ond a oedd hynny'n wir mewn gwirionedd?

Cafodd nifer o gyfyngiadau a phryderon eu hamlygu, fel a ganlyn:

■ A fydd Cytundeb Paris yn darparu'r hyn y mae'n ei addo go iawn? Bydd UDA (un o'r allyrwyr nwyon tŷ mwyaf fesul pen) yn tynnu allan ohono yn 2020. Mae rhai arsylwyr yn teimlo nad yw'r INDCs, sef dull llywodraethiant o'r gwaelod i fyny yn ei hanfod, yn ddigon uchelgeisiol. Mae rhai o'r targedau'n isel iawn, ac efallai na fydden nhw'n llwyddo ar y cyd i gyflawni'r targed byd-eang gofynnol. (Y farn arall yw mai'r targedau gorau i'w defnyddio yw'r rhai y mae'r gwladwriaethau'n eu gosod iddyn nhw eu hunain, oherwydd o leiaf maen nhw'n realistig.)

■ Mae rhywfaint o bryder hefyd y gallai fod yn anodd gorfodi gwledydd i gydymffurfio â'u targedau eu hunain, yn enwedig os yw eu llywodraethau'n dechrau canolbwyntio fwy ar sialensiau economaidd neu wleidyddol eraill.

■ Mae rhai arsylwyr yn dweud bod y cytundeb yn ymwneud gormod â gostwng llosgi tanwyddau ffosil ac nad yw'n talu digon o sylw i ochr arall yr hafaliad – atafaelu mwy o garbon mewn suddfannau cefnforoedd a fforestydd.

■ Mae amgylchiadau lleol a allai rwystro gwledydd rhag cyflawni eu targedau cenedlaethol unigol nhw. Mae'r rhain yn cynnwys gwledydd sy'n datblygu sy'n methu datblygu neu sy'n methu fforddio'r ffynonellau egni eraill y bydden nhw eu hangen. Mae Cytundeb Paris yn cymryd gormod yn ganiataol drwy obeithio y bydd y gwledydd mwy cyfoethog yn helpu'r rhai mwy tlawd gyda'r cyfalaf a'r trosglwyddiadau technoleg y maen nhw'n wirioneddol eu hangen.

■ Mae wedi anghofio ystyried pethau digon difrifol hefyd, yn arbennig y maint enfawr o allyriadau a ddaw o drafnidiaeth ryngwladol (ar y tir a'r môr ac yn yr awyr) sy'n angenrheidiol i gynnal y systemau economaidd byd-eang. Mae Ffigur 3.7 yn dangos allyriadau yn ôl y math o gludiant.

I gloi, a yw Cytundeb Paris yn cynrychioli'r farn honno ein bod ni'n gwneud 'rhy ychydig, yn rhy hwyr'? Mae adroddiad arbennig IPCC 2018 (yr enw anffurfiol arno yw 'GWEITHREDWCH NAWR Y FFYLIAID' - *ACT NOW IDIOTS*) yn honni mai cynnydd byd-eang o 1.5°C yw'r trothwy uchaf un ar gyfer cael byd y gallwn ni fyw ynddo – ond mabwysiadodd Cytundeb Paris gyfyngiad uchaf allweddol o 2°C. Felly, dydy'r angen am weithredu'n radicalaidd ar bob graddfa – o'r lleol i'r byd-eang, yn cynnwys unigolion, cymunedau, busnes a llywodraethau – erioed wedi bod yn fwy argyfyngus, ac mae'n amlwg y byddai'n hunanfodlon i ni edrych ar Gytundeb Paris a'i ganmol fel 'yr ateb i bopeth'.

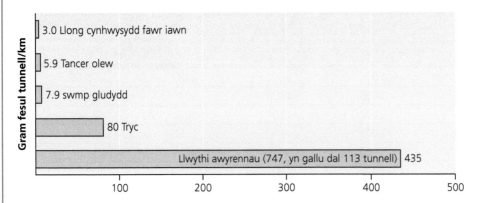

▲ **Ffigur 3.7** Cymharu allyriadau CO_2 o wahanol ddulliau o drafnidiaeth. Er bod Cytundeb Paris yn mapio ffordd o ostwng allyriadau o fewn ffiniau gwladwriaethau, pwy fydd yn cymryd y cyfrifoldeb am allyriadau sy'n cael eu cynhyrchu gan gerbydau a llongau sy'n gweithredu yn yr eiddo cyffredin byd-eang (y cefnforoedd a'r atmosffer)?

Llywodraethu'r broblem oson yn fyd-eang.

Yn wahanol i'r cynnydd anghyfartal yn y gwaith o ymdrin â newid hinsawdd, mae'r gweithredu byd-eang i ymdrin â'r broblem oson wedi cael ei ganmol fel enghraifft lwyddiannus iawn o lywodraethiant amgylcheddol. Protocol Montreal 1987 sy'n rheoli 'Sylweddau sy'n Darwagio'r Haen Oson', fel nwyon cloroflfworocarbon (CFC) (cyfansoddiadau a oedd yn cael eu defnyddio'n eang ar un cyfnod fel defnydd gyrru mewn tuniau chwistrellu ac mewn unedau oergelloedd).

- Mae pobl yn cyfeirio'n aml at y Protocol fel cytundeb amgylcheddol amlochrog delfrydol. Nid yn unig roedd y protocol wedi llwyddo i gael gwared â nwyon CFC mewn cyfnod gweddol fyr, ond llwyddodd i sicrhau cyfranogaeth gan bob gwlad yn y byd bron iawn.
- Mae'r cytundeb wedi cael ai ail negodi nifer o weithiau, wrth i wyddoniaeth y darwagiad oson ddatblygu ymhellach ac wrth i wahanol bethau ddod ar gael i gymryd lle CFC. Mae gan y cytundeb sancsiynau tynn yn rhan ohono i gosbi gwledydd sy'n ei dorri neu sy'n dewis ymadael.

Y cwestiwn pwysig yn y fan yma yw: pam wnaeth Protocol Montreal weithio mor dda?

1 Roedd y broblem (oedd yn ymwneud yn bennaf â defnyddio nwyon CFC mewn oergelloedd) yn un oedd wedi ei diffinio'n glir, ac roedd busnesau'n fodlon helpu i'w datrys.
2 Roedd hi'n hawdd mesur y twll oson, ac esboniwyd maint y peryglon yn glir (sut mae pelydrau uwchfioled yn effeithio ar ecosystemau ac iechyd pobl). Roedd llawer llai o 'raddfeydd o ansicrwydd' o'i gymharu â'r rhagolygon am newid hinsawdd; o ganlyniad, roedd llai o bobl yn honni bod y wyddoniaeth am oson yn 'newyddion ffug'!
3 Roedd hefyd arweiniad cryf gan UNEP ac roedd eu gwyddonwyr yn hanfodol bwysig yn y broses o argyhoeddi llywodraeth UDA, allyrrwr mwyaf y nwyon CFC, a hefyd Du Pont, gweithgynhyrchwr byd-eang mwyaf y nwyon CFC, i gefnogi eu cynlluniau i gael gwared ohonyn nhw. Gyda'i gilydd roedden nhw'n targedu'r gweithredwyr allweddol er mwyn i wledydd a chwmnïau eraill eu dilyn, ac yn siapio'r broses o wneud penderfyniadau.
4 Yn ffodus, roedd diwydiant yr Unol Daleithiau wedi datblygu cynhyrchion i'w defnyddio yn lle CFC yn barod yn rhan o ymdrech i gael gwared â defnyddio nwyon CFC mewn gyrwyr aerosol. Mewn geiriau eraill, roedd yr 'ateb technolegol' cywir wedi ei ddyfeisio yn barod!
5 Rhoddwyd cymorth sylweddol i wledydd oedd â niferoedd mawr o oergelloedd mewn cartrefi yn barod (fel China ar y pryd) i gael gwared ohonyn nhw'n raddol.

Llywodraethiant byd-eang ar yr awyr

Mae llywodraethiant byd-eang ar yr atmosffer fel eiddo cyffredin byd-eang ar gyfer symud pobl a nwyddau wedi dod yn bwysig iawn wrth i systemau byd-eang ddatblygu dros amser ac wrth i Cywasgiad amser-gofod ddigwydd. Felly, mae cael mynediad i'r atmosffer a'i ddefnyddio ar gyfer hedfan sifil wedi bod yn atebol i nifer o gytundebau rhyngwladol.

Cafodd y Confensiwn ar Awyrennaeth Sifil Rhyngwladol (sy'n cael ei alw'n Gonfensiwn Chicago yn aml iawn) ei lofnodi yn 1944 i sicrhau bod y safonau, rheoliadau, gweithdrefnau a threfniant y diwydiant hedfan mor gyson â phosibl yn fyd-eang. Erbyn hyn mae ganddo 191 o lofnodwyr, a mwy na 12,000 o safonau sydd wedi eu cytuno'n rhyngwladol (angenrheidiol iawn ar gyfer diogelwch awyr). Sefydlodd Confensiwn Chicago rai egwyddorion allweddol ar gyfer mynediad awyrennau i'r atmosffer.

🔑 **TERMAU ALLWEDDOL**

Cywasgiad amser-gofod
Wrth i ni greu mwy a mwy o gysylltiadau ar draws y byd, mae'n newid ein canfyddiad o amser, pellter ac unrhyw rwystrau a allai atal symudiad pobl, nwyddau, arian a gwybodaeth. Mae dyfeisiadau newydd yn golygu bod amseroedd teithio'n gostwng, ac mae gwahanol leoedd yn cysylltu â'i gilydd mewn 'gofod-amser': maen nhw'n teimlo'n agosach at ei gilydd nag yn y gorffennol. Mae'r syniad hwn yn ganolog i waith y daearyddwr David Harvey.

▲ **Ffigur 3.8** Yn 2018, ataliwyd yr holl draffig ym Maes Awyr Gatwick gan ddrôn dieithr

- Awyrofod Cenedlaethol: sofraniaeth genedlaethol neilltuedig ar y gofod awyr sydd dros diriogaeth gwlad a Pharth Economaidd Unigryw (EEZ).
- Awyrofod Rhyngwladol: mae gan bob gwlad a chwmni awyrennau fynediad cyfartal a rhad ac am ddim i awyrofod rhyngwladol dros y Moroedd Mawr.
- Rhyddid yr Awyr: mae caniatâd i gwmnïau awyrennau o un wlad hedfan dros wlad arall ar hyd y sianelau awyr cymeradwy a glanio mewn gwlad arall er mwyn cael mwy o danwydd.

Fel arfer, mae awyrennu'n achosi llai o ddadleuon o'i gymharu â'r ffyrdd eraill y mae'r atmosffer yn gweithio fel eiddo cyffredin byd-eang, ond mae wedi bod yn fwy o her i ddod i gytundeb rhyngwladol am faterion fel trethi carbon awyrennu a lefelau allyriad awyrennau. Yn ddiweddar, mae technoleg newydd wedi creu sialensiau ffres ar gyfer llywodraethiant awyrofod. Yn 2018, rhoddwyd stop ar yr holl draffig ym Maes Awyr Gatwick pan welodd rywun ddrôn dieithr (Ffigur 3.8). Mae angen cymryd camau'n fyd-eang i gytuno ar safonau cyffredin i'w cofio wrth reoli defnyddio dronau mewn gofod awyr cenedlaethol a rhyngwladol fel ei gilydd.

 # Eiddo cyffredin byd-eang Antarctica

▶ *Sut mae llywodraethiant byd-eang Antarctica wedi datblygu dros amser?*

Gyda'i gilydd, mae cyfandir Antarctica a'r rhanbarth Arctig (gweler Pennod 7) yn creu rhanbarthau pegynol y Ddaear. Mae'r cyntaf, Antarctica (Tabl 3.4), yn un o'r pedwar eiddo cyffredin byd-eang sy'n cael eu cydnabod yn rhyngwladol, fel y cawson nhw eu nodi yng Nghytundeb Antarctic 1959 (roedd hwn yn nodi bod Antarctica yn warchodfa naturiol oedd 'wedi ei neilltuo ar gyfer heddwch a gwyddoniaeth').

Mae Antarctica'n un ehangdir enfawr, a heb Gytundeb yr Antarctig ni fyddai unrhyw gyfiawnhad cyfreithiol mewn atal gwladwriaeth rhag hawlio Antarctica gyfan, neu ran ohono, fel estyniad i'w thiriogaeth sofran (ond, byddai hynny'n heriol iawn oherwydd yr amgylchedd hynod o lym yn Antarctica, fel y gwelwn yn Ffigur 3.9). Hyd yn oed os byddai pobl wedi ymgartrefu yn Antarctica,

▲ **Ffigur 3.9** Mae tir gwyllt yr Antarctig yn amgylchedd gwirioneddol eithafol. I ryw raddau, mae hyn yn helpu i esbonio pam mae wedi dod yn 'stori lwyddiant' o ran llywodraethiant byd-eang (cytunodd gwledydd y byd yn eang i'w adael heb ei ddatblygu)

Ar hyn o bryd, dim ond 0.4% o arwyneb Antarctica sy'n rhydd o eira ac iâ. Mae pegynnau'r cadwyni mynyddoedd yn uwch na'r iâ (enw'r nodweddion hyn yw nynatacau).

Mae Cefnfor y De yn wregys parhaol o fôr o amgylch Antarctica. Yn y gaeaf, mae mwy na hanner y dŵr hwn yn rhewi i ddyfnder o tua 1m. Mae'r iâ môr hwn yn cael effaith sylweddol ar gylchrediadau'r cefnforoedd a'r atmosffer.

Y pwynt uchaf yw Mount Vinson – 4897m yn uwch na lefel y môr ac yn ddigon uchel i effeithio ar gylchrediad ton Rossby yn yr atmosffer uwch.

Mae pwysau'r iâ yn arwain at ddirwasgiad isostatig enfawr, sy'n gwthio mas y tir i lawr i'r asthenosffer islaw o bron i 1km mewn rhai lleoedd.

Mae Antarctica wedi ei dosbarthu'n ddiffeithdir oer, gyda maint yr eira sy'n disgyn yn gyfatebol â dim ond 150 mm o law fesul blwyddyn. Mae hyn yn lawiad is nag sydd i'w gael mewn llawer o ddiffeithdiroedd poeth.

Yn Antarctica, mae'r eira'n adeiladu'n raddol ac mae'r iâ yn llifo drwy allwthiad o'r capiau iâ tuag at yr arfordir fel rhewlifoedd mawr iawn. Mewn llawer o leoedd, maen nhw'n ymestyn allan i'r môr fel sgafelli iâ enfawr.

◀ **Ffigur 3.10** Amodau a phrosesau ffisegol yn Antarctica. Allwch chi sefydlu cysylltiadau synoptig yma â thestunau Daearyddiaeth Safon Uwch eraill, yn cynnwys y cylchredau dŵr a charbon, tectoneg platiau ac amgylcheddau arfordirol neu rewlifol?

Ffisiograffeg	Mae tir mawr cyfandirol yr Antarctig wedi ei amgylchynu gan Gefnfor y De.
Hinsawdd	Mae'r arfordiroedd yn derbyn hyd at 600 mm o lawiad bob blwyddyn, ac mae hyn yn gostwng mor isel â 50 mm yn yr ardaloedd mewndirol. Yn yr haf, mae'r tymereddau arfordirol yn cyrraedd 5°C; yn y gaeaf mae'r tymereddau'n disgyn mor isel â −80°C yn ardaloedd mewndirol y cyfandir.
Iâ	Mae 98% o'r tir mawr wedi ei orchuddio gan y llen iâ Antarctig (14 miliwn km sgwâr), gyda sgafelli iâ mawr yn ymestyn i mewn i Gefnfor y De.
Ecoleg	Ecosystemau morol eang, ond mae'r ecoleg tiriogaethol yn gyfyngedig am mai dim ond arwynebedd bach iawn o dir sydd heb iâ arno.
Pobl	Nid yw Antarctica wedi cael poblogaeth frodorol erioed. Mae ganddi boblogaeth dros dro o tua 1000 o wyddonwyr yn y gaeaf sy'n cynyddu i rhwng 5000 a 10,000 yn yr haf. Mae niferoedd cynyddol o dwristiaid yn ymweld â thir mawr naturiol olaf Antarctica – tua 60,000 y flwyddyn ar hyn o bryd – ond y disgwyl yw y bydd y nifer yma'n cynyddu fwy fyth.
Llywodraethiant	Nid oes un gwlad benodol yn berchen ar unrhyw ran o Antarctica. Mae saith gwlad wedi hawlio tiriogaeth, ond gohiriwyd yr hawliadau hyn yn 1959 pan lofnodwyd Cytundeb yr Antarctig. Y cytundeb hwn sy'n llywio'r rhanbarth.

▲ **Tabl 3.4** Cyflwyno daearyddiaeth Antarctica

Ffynhonnell: Johansson, Callaghan a Dunn (2010) *The Rapidly Changing Arctic*, tudalen 7, Geographical Association

ni fyddai ganddyn nhw ffordd realistig o'u cynnal eu hunain. Mae Ffigur 3.10 yn rhoi trosolwg i ni o'r amodau amgylcheddol yn Antarctica a'r prosesau ffisegol sy'n gweithredu, ar raddfeydd amser amrywiol.

Cytundeb yr Antarctig

Casglodd deuddeg o bartïon o amgylch y bwrdd trafod ym mis Hydref 1959. O'r rhain, roedd gan saith ddadleuon cryf i hawlio rhan o'r cyfandir pegynnol: Yr Ariannin, Awstralia, Chile, Ffrainc, Seland Newydd, Norwy a'r DU. Roedd yr hawliadau hyn wedi eu seilio ar wahanol gyrchoedd archwilio a darganfod yn y gorffennol a'r ffaith eu bod nhw wedi adeiladu canolfannau a gwersylloedd yno ar un cyfnod. Mae Ffigur 3.11 yn dangos yr hawliadau gwreiddiol hyn am diriogaeth.

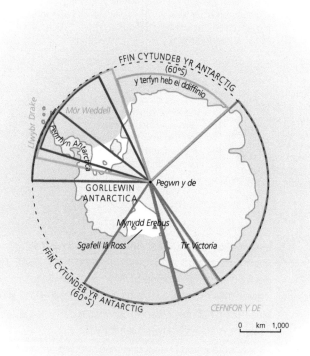

▲ **Ffigur 3.11** Hawlio tiriogaeth yn wreiddiol yn yr Antarctig

Ffynhonnell: *Geography Review* Cyfrol 30, Rhifyn 2, tud.23.

Ymunodd pum cyfranogwr pegynol arall yn y trafodaethau am y cytundeb – Gwlad Belg, Japan a De Affrica, ynghyd â dau bŵer mawr cyfnod y Rhyfel Oer, yr Undeb Sofietaidd ac UDA. Yn ddiddorol iawn, dydy'r pum gwladwriaeth wreiddiol oedd heb wneud hawliadau ddim wedi cydnabod erioed bod y saith hawliad am diriogaeth yn ddilys, ac yn Erthygl 4 y Cytundeb (gweler Tabl 3.5), mae'r hawliadau hyn wedi eu symud i un ochr. Mae sôn am y Cenhedloedd Unedig yn Erthygl 13, sy'n nodi bod 'y cytundeb i fod i ddatblygu egwyddorion sylfaenol y Cenhedloedd Unedig ymhellach'. Ond, i ryw raddau, cafodd hyn ei gynnwys er mwyn (i) atal

1 Mae gweithgareddau milwrol (e.e. ymarferion llyngesol) wedi eu gwahardd yn Antarctica, er bod caniatâd i bobl ac offer milwrol gael eu defnyddio at ddibenion ymchwil gwyddonol neu waith heddychlon arall.

2 Bydd rhyddid i gydweithio a gwneud gwaith ymchwil gwyddonol yn parhau yn Antarctica.

3 Mae rhyddid i gyfnewid gwybodaeth ar raglenni gwyddonol a data gwyddonol, ac mae hawl i gyfnewid gwyddonwyr rhwng alldeithiau a gorsafoedd pan mae hynny'n ymarferol.

4 Mae'r hawliadau presennol am sofraniaeth diriogaethol yn cael eu gosod i un ochr. Nid yw hawliadau tiriogaethol yn cael eu cydnabod, eu dadlau na'u sefydlu gan y Cytundeb. Does dim modd gwneud hawliadau tiriogaethol newydd tra bo'r Cytundeb mewn grym.

5 Mae gwaharddiad ar ffrwydradau niwclear a gwaredu gwastraff ymbelydrol yn Antarctica.

6 Mae'r Cytundeb yn berthnasol i'r holl dir a sgafelli iâ i'r de o'r lledred 60°S, ond nid i'r Cefnforoedd o fewn yr ardal.

7 Mae'n rhaid i bob gorsaf yn yr Antarctig, a phob llong ac awyren sy'n gweithredu yn Antarctica, fod yn agored i'w harchwilio gan arsylwyr dynodedig o unrhyw genedl sydd wedi llofnodi'r Cytundeb.

8 Bydd y personél sy'n gweithio yn Antarctica o dan awdurdod eu gwlad eu hunain yn unig.

9 Bydd y gwladwriaethau sydd wedi llofnodi'r cytundeb yn cwrdd yn rheolaidd i ystyried ffyrdd o ddatblygu egwyddorion ac amcanion y Cytundeb ymhellach. Dim ond gwledydd sy'n dangos gweithgarwch ymchwil gwyddonol sylweddol yn Antarctica fydd yn cael dod i'r cyfarfodydd hyn.

10 Bydd holl genhedloedd y Cytundeb yn ceisio sicrhau nad oes unrhyw un yn cymryd rhan mewn unrhyw weithgaredd yn Antarctica sy'n mynd yn erbyn egwyddorion neu ddiben y Cytundeb.

11 Bydd unrhyw ddadlau rhwng cenhedloedd y Cytundeb, os na fydd wedi ei ddatrys gan gytundeb o ryw fath, yn cael ei benderfynu gan y Llys Cyfiawnder Rhyngwladol.

12 Gallai'r Cytundeb gael ei addasu unrhyw bryd drwy gytundeb unfrydol. Ar ôl 30 mlynedd, gall unrhyw Blaid Ymgynghorol alw am gynhadledd i adolygu gweithrediad y Cytundeb. Gallai'r Cytundeb gael ei addasu mewn cynhadledd drwy benderfyniad y mwyafrif.

13 Mae'n rhaid i'r Cytundeb gael ei gadarnhau gan unrhyw genedl sy'n dymuno ymuno. Gall unrhyw aelod o'r Cenhedloedd Unedig ymuno, yn ogystal ag unrhyw wlad arall sy'n cael gwahoddiad i ymuno gan genhedloedd y Cytundeb.

14 Cafwyd cyfieithiad Saesneg, Ffrangeg, Rwsieg a Sbaeneg o'r Cytundeb, a chafodd ei lofnodi ar 1 Rhagfyr 1959 a'i gadarnhau'n derfynol yn 1961.

cyfranogaeth fwy uniongyrchol a sylweddol gan y Cenhedloedd Unedig, a (ii) er mwyn helpu i sefydlu statws eiddo cyffredin byd-eang. Mae'r Cytundeb yn pwysleisio (yn Erthyglau 1, 2, 3 a 5) mor bwysig yw Antarctica 'fel cyfandir o heddwch a gwyddoniaeth'.

▲ **Tabl 3.5** Prif bwyntiau Cytundeb yr Antarctig 1959

Mae'r system o lywodraethiant sydd wedi esblygu yn Antarctica yn unigryw, gyda'i holl weithgareddau i'r de o 60° Dehcuol wedi eu llywio gan y Cytundeb.

● Mae llofnodwyr y Cytundeb – ac mae tua 50 erbyn hyn (gweler Ffigur 3.12) – yn cyfarfod bob blwyddyn i drafod a negodi materion o ddiddordeb neu faterion sy'n achos pryder. Mae gan wyth ar hugain o Bartïon Ymgynghorol y Cytundeb Antarctig (*ATCPs: Antarctic Treaty Consultative Parties*) y pŵer i wneud penderfyniadau a pholisïau (mae hyn yn cynnwys y 12 gwreiddiol ac 16 arall). Yn union fel mae'r Cytundeb yn ei ofyn, mae pob parti wedi dangos 'diddordeb a chredadwyedd gwyddonol sylweddol, a hynny fel arfer drwy sefydlu sylfeini ymchwilio'.

● Mae'r 28 gwlad yn cynnwys India, China a Brasil a De Affrica (nodwch mai'r olaf o'r rhain yw'r unig wlad o Affrica o hyd, er bod mwy na 50 o daleithiau Affricanaidd). Mae ehangiad yr aelodaeth i gynnwys cenhedloedd cynyddol amlwg a chenhedloedd sy'n datblygu, yn cryfhau proffil byd-eang y Cytundeb, a hefyd (o ystyried cynhwysiad India a China) yn cynrychioli 80 y cant o boblogaeth y byd.

Ynghyd â'r ffaith bod aelodaeth y Cytundeb yn ehangu, mae llywodraethiant byd-eang Antarctica yn newid mewn ffyrdd eraill. Yn ôl y daearyddwr Klaus Dodds, mae rhywbeth o'r enw 'tewychu sefydliadol' wedi digwydd. Ers 1959, mae mwy na 250 o argymhellion a phedwar cytundeb rhyngwladol ar wahân wedi cael eu mabwysiadu yn rhan o'r hyn y mae pobl erbyn hyn yn ei adnabod fel System

▲ Ffigur 3.12 Baneri holl lofnodwyr y Cytundeb Antarctig

Cytundeb yr Antarctig. O ganlyniad, mae'r hyn a ddechreuodd fel cytundeb gweddol syml wedi dod yn gyfuniad dwys a chymhleth o reolau a chytundebau. Er enghraifft, erbyn hyn mae System Cytundeb yr Antarctig sy'n ehangu drwy'r amser yn cynnwys:

- Mesurau a Gytunwyd ar gyfer Cadwraeth Fflora a Ffawna Antarctig (1964) (*AMCAFF: Agreed Measures for the Conservation of Antarctic Flora and Fauna*)
- Y Confensiwn ar gyfer Cadwraeth Morloi Antarctig (1972) (*CCAS: Convention for the Conservation of Antarctic Seals*)
- Confensiwn ar Gadwraeth Adnoddau Byw Morol Antarctig (1982) (*CCAMLR: Convention on the Conservation of Antarctic Marine Living Resources*)
- Protocol ar Ddiogelu Amgylcheddol Cytundeb yr Antarctig (gweithredwyd yn 1998) (EP).

Mae'r olaf o'r rhain, y Protocol Amgylcheddol, yn bwysig am ei fod yn nodi'r egwyddorion ar gyfer diogelu'r amgylchedd ac mae hefyd yn cynnwys atodiadau sy'n ymdrin â rheoli a chael gwared ar wastraff, atal llygredd morol, amddiffyn a rheoli ardaloedd arbennig, a chadwraeth fflora a ffawna.

Cytunwyd ar y Confensiwn ar Reoli Gweithgareddau Adnoddau Mwynol yr Antarctig yn 1988 ond ni chafodd ei roi mewn grym. Cafodd ei ddisodli i raddau gan y Protocol Amgylcheddol. Ond, does dim amheuaeth mai un bygythiad yn y dyfodol ydy'r posibilrwydd o ddarganfod meintiau mawr o adnoddau mwynol ynghyd â'r dechnoleg i'w gwneud nhw'n bosibl eu defnyddio.

Asesu System Cytundeb yr Antarctig

Mae nifer o wahanol safbwyntiau gan bobl am effeithiolrwydd y system erbyn hyn, sydd bron yn anochel o ystyried y ffaith bod y cytundeb gwreiddiol bron yn 60 oed. Un mater sy'n achosi pryder yn arbennig yw'r ffordd y mae unrhyw gytundebau newydd am Antarctica yn dibynnu ar gonsenws (yn hytrach na mwyafrif) mewn pleidlais gan aelod-wladwriaethau, ac felly mae angen gwneud cytundebau'n llai llym er mwyn sicrhau bod pawb yn cytuno iddyn nhw.

🔑 **TERMAU ALLWEDDOL**

System Cytundeb yr Antarctig Cytundeb yr Antarctig gwreiddiol yn 1959, ynghyd â'r nifer mawr o gytundebau ac ychwanegiadau perthnasol sydd wedi cael eu cyflwyno ers hynny.

Yn debyg i bob math arall bron o lywodraethiant byd-eang, mae trafodaethau am gytundebau Antarctig wedi bod yn fwy a mwy amlochrog yn y cyfnodau diweddar. Yn fwy na dim, mae sefydliadau anllywodraethol mawr fel Greenpeace wedi dangos dylanwad cynyddol. Mae Greenpeace wedi cynnig creu 'Parc Byd' Antarctica i sicrhau mwy fyth o amddiffyniad i'r amgylchedd. Wrth wneud penderfyniadau, mae'n rhaid ystyried gofynion clymblaid Antarctica a Chefnfor y De hefyd (*ASOC: Antarctica and Southern Ocean Coalition*) sy'n glymblaid fyd-eang o fwy na 150 o sefydliadau anllywodraethol amgylcheddol) ac IAATO (sefydliad mawr yn cynnwys mwy na 100 o fusnesau a chwmnïau twristiaeth). Un farn yw bod presenoldeb ASOC ac IAATO mewn cyfarfodydd ymgynghorol wedi rhoi mwy fyth o gyfreithlondeb gwleidyddol i System Cytundeb yr Antarctig. Y farn arall yw bod y tewychu sefydliadol pellach hwn wedi golygu bod mwy fyth o leisiau'n cael eu clywed a'u hystyried, ac mae hyn yn gallu ei gwneud hi'n anodd cael llywodraethiant effeithiol.

Dros amser, mae'r cyfarfodydd ymgynghorol blynyddol sy'n cael eu cynnal yn rhan o System Cytundeb yr Antarctig wedi gwella o ran bod yn agored (dydyn nhw ddim yn cael eu cynnal tu ôl i 'ddrysau caeedig' bellach) ac o ran y ffordd maen nhw'n cyfnewid gwybodaeth â phartïon eraill sydd â diddordeb, yn cynnwys sefydliadau anllywodraethol a'r cyfryngau byd-eang. Ond, wrth wraidd y rhan fwyaf – os nad y cyfan – o'r pryderon heb eu hateb sy'n ymwneud â llywodraethiant Antarctica, mae'r broblem o gynnig amddiffyniad parhaus i eiddo cyffredin byd-eang sydd o dan fwy o bwysau heddiw nag erioed o'r blaen. A fydd System y Cytundeb Antarctig, yn cynnwys ei holl gyfryngau cyfreithiol cysylltiedig, yn ymdopi ag amrywiaeth a dwysedd cynyddol y gweithgarwch dynol sy'n effeithio ar Antarctica a'r cefnfor o'i hamgylch? Mae Tabl 3.6 yn dadlau dros gryfhau'r amddiffyniad o Antarctica o ystyried ei phwysigrwydd i systemau ffisegol byd-eang a'r cyfraniad y mae'n ei wneud i wyddoniaeth a heddwch byd-eang.

▼ **Tabl 3.6** Pwysigrwydd byd-eang Antarctica i'r systemau ffisegol, gwyddoniaeth a heddwch

■ Mae Antarctica yn unigryw: o'i gymharu â'r holl gyfandiroedd eraill, mae'n parhau i fod yn ei chyflwr gwreiddiol bron â bod. Am fod amgylchedd yr Antarctig wedi ei ddiogelu a'i gadw bron yn gyfan gwbl rhag effeithiau pobl, gallwn ni ddadlau mai dyma ardal naturiol fawr olaf y Ddaear.
■ Mae Antarctica yn chwarae rhan bwysig iawn yn systemau'r Ddaear. Mae'n ardal o oeri net – mae 99% o'r arwyneb wedi ei orchuddio gan iâ felly mae albedo uchel iawn yno (mae'n adlewyrchu hyd at 85% o'r ymbelydredd sy'n dod i mewn). Mae'r oeri net wedi ei gydbwyso gan drosglwyddiad gwres o'r lledredau is – gan yr (i) atmosffer (diwasgeddau cynhesach yn dod i mewn yn achlysurol), a'r (ii) cefnforoedd, drwy gylchrediad thermohalinaidd.
■ Gallai newidiadau ym maint y storfa iâ Antarctig (storfa cylchred ddŵr fyd-eang sylweddol) gael effeithiau enfawr ar y lefelau môr byd-eang. Os byddai hwn i gyd yn dadmer, byddai lefel y môr yn codi 60 metr yn fyd-eang.
■ Mae gan Antarctica ecosystemau unigryw. Dim ond yn 0.5% o Antarctica mae ecosystemau tiriogaethol gwreiddiol sydd heb eu newid, ond does gan y rhain ddim rhywogaethau estron (ymledol) hysbys. Mae ecosystemau dŵr croyw tanrewlifol i'w cael yno hefyd: Mae Llyn Vostok yn safle heb ei lygru o gwbl ac mae ymchwilwyr wedi dechrau ei ymchwilio. Yng Nghefnfor y De o'i amgylch mae tua 10% o ardaloedd cefnforol y byd; mae ei ecosystem morol yn cynnal bywyd gwyllt toreithiog sy'n cynnwys cril, pengwiniaid, morfilod a morloi.
■ Fel sail adnoddau ar gyfer gwyddoniaeth, ac amgylchedd pur a 'labordy awyr agored' ar gyfer astudio ecosystemau, atmosffer a'r hinsawdd, nid oes unrhyw beth i'w gymharu ag Antarctica.
■ Mae gan Antarctica le unigryw mewn hanes dynol, oherwydd y fforio sydd wedi digwydd yno gan gymeriadau enwog fel Shackleton, Amundsen a Scott (a ddisgrifiodd y lle fel 'uffern ar y ddaear'). Mae pobl wedi mynd i drafferthion mawr i ddiogelu Antarctica gyda system effeithiol o lywodraethiant byd-eang. O ganlyniad, mae hanes geowleidyddol Antarctica yn cynnig gobaith o hyd i bobl y bydd hi'n bosibl datrys dadleuon tiriogaethol mewn ffyrdd heddychlon a bod cydweithredu, yn hytrach na gwrthdaro, yn bosibl.

DADANSODDI A DEHONGLI

Astudiwch Ffigur 3.13, sy'n dangos gwahanol safbwyntiau am System Cytundeb yr Antarctig.

Mae System Cytundeb yr Antarctig (ATS) yn un o'r ychydig gytundebau rhyngwladol a lwyddodd yn ystod yr ugeinfed ganrif.

Ni chafwyd unrhyw wrthdaro arfog yn Antarctica ers i Gytundeb yr Antarctig gael ei lofnodi.

Mae llywodraeth drwy gonsensws yn ffordd o sicrhau'r enwadur cyffredin lleiaf ar y gyfradd arafaf o gynnydd ag sy'n bosibl.

Mae'r ATS wedi dod â nifer o wahanol genhedloedd at ei gilydd, ac mae rhai o'r rhain wedi bod yn gwrthdaro mewn rhannau eraill o'r byd. Er enghraifft, UDA a'r Undeb Sofietaidd gynt yn ystod y Rhyfel Oer, a'r DU a'r Ariannin yn ystod Rhyfel y Falklands.

Mae'r ATS wedi cadw ysbryd o gydweithredu rhyngwladol heddychlon yn Antarctica.

Yr unig reswm y mae ATS wedi llwyddo yw bod y prif genhedloedd yn y Cytundeb yn ofni beth allai ddigwydd os byddai'n methu.

Mae ATS wedi canolbwyntio dim ond ar faterion sy'n hawdd eu datrys, er enghraifft cydweithio gwyddonol, gan hefyd osgoi problemau sylfaenol fel yr honiadau tiriogaethol sy'n cystadlu â'i gilydd.

Mae'r ATS wedi cyfyngu ar y niwed amgylcheddol o fewn Antarctica.

Mae'r ATS yn "glwb i'r gwledydd cyfoethog" sy'n cael ei redeg gan grŵp dethol o wledydd datblygedig er eu budd eu hunain.

Nid yw'r ATS yn dod ag unrhyw fudd i wledydd sy'n methu talu am raglenni gwyddonol drud o fewn Antarctica.

Mae'r ATS wedi caniatáu i wyddoniaeth yr Antarctig ffynnu ac mae nifer o broblemau byd-eang fel y twll yn yr oson wedi dod i'r amlwg yno.

Mae llawer o'r gwaith gwyddonol sy'n cael ei wneud yn Antarctica yn cael ei wneud i guddio hawliadau am diriogaeth neu hawliau posibl i ecsbloetio mwynau.

Mae Antarctica yn 'dreftadaeth gyffredin i'r ddynoliaeth' a dylai'r Cenhedloedd Unedig ei llywodraethu fel 'Parc Bydol'.

▲ **Ffigur 3.13** Barnau cyferbyniol am System Cytundeb yr Antarctig (*ATS: Antarctic Treaty System*)

(a) Aseswch i ba raddau mae'r safbwyntiau yn Ffigur 3.13 yn cefnogi'r farn bod System Cytundeb yr Antarctig yn enghraifft o lywodraethiant byd-eang llwyddiannus.

CYNGOR

Trefnwch y sylwadau'n gymorth o blaid ac yn erbyn System Cytundeb yr Antarctig, ac yna ysgrifenwch baragraff byr am y ddau safbwynt. Yn olaf, pwyswch a mesurwch gydbwysedd cyffredinol y safbwyntiau a dewch i gasgliad byr i ddangos a yw System Cytundeb yr Antarctig yn cael ei phortreadu, yn gyffredinol, fel 'stori lwyddiant' llywodraethiant byd-eang.

(b) Gan ddefnyddio Ffigur 3.13, awgrymwch ffyrdd o wella System Cytundeb yr Antarctig.

CYNGOR

Mae'n rhaid i chi ateb y cwestiwn hwn drwy ddehongli'r wybodaeth yn Ffigur 3.13 yn ofalus. Lle mae gwendidau wedi eu nodi (fel y cyhuddiad bod yr ATS yn 'glwb i'r gwledydd cyfoethog'), pa weithredoedd a gwelliannau allai gael eu gwneud? Gallwch chi ddefnyddio eich gwybodaeth ehangach a'ch dealltwriaeth o lywodraethiant byd-eang, a gawsoch mewn penodau blaenorol, i'ch helpu i ddadlau eich achos. Er enghraifft, a fyddai'n bosibl gwahodd y cenhedloedd BRICS i chwarae rhan fwy, o ystyried y pryderon bod System Cytundeb yr Antarctig wedi ei dominyddu gan wledydd mwy cyfoethog?

Gwerthuso'r mater

▶ *Methiant llywodraethiant byd-eang yr atmosffer yw'r bygythiad mwyaf i'r rheolaeth gynaliadwy ar Antarctica – i ba raddau mae hyn yn wir?*

Cyd-destunau posibl ar gyfer y gwerthusiad

Ffocws y sesiwn lawn hon yw trafod i ba raddau mae camreoli un o'r eiddo cyffredin byd-eang – yr atmosffer – yn fygythiad i un arall o'r eiddo cyffredin byd-eang – Antarctica. A yw methiant ar y cyd mewn llywodraethiant byd-eang – dim digon o weithredu i atal newid hinsawdd – wedi arwain at ddechrau newid amgylcheddol di-droi'n-ôl yn Antarctica? Hefyd, a allai effeithiau adborth cadarnhaol sy'n gysylltiedig â'r gylchred garbon (Ffigur 3.14) sbarduno mwy o newid yn y system hinsawdd, ac felly achosi dyfodol anghynaliadwy i gyfandir mwyaf deheuol y ddaear? Mae'r plethwaith atmosffer–Antarctica yn broblem ddrwg sydd angen llywodraethiant byd-eang mwy effeithiol nag sydd wedi bod hyd yma, a hynny ar frys.

Fodd bynnag, nid methiant llywodraethiant byd-eang ar yr atmosffer yw'r *unig* fygythiad i gynaliadwyedd yn Antarctica.

Gallem ni hefyd ystyried:

● y bygythiadau sy'n deillio o weithgareddau masnachol yn cynnwys pysgota, hela morfilod, twristiaeth a thripiau gwyddoniaeth, sydd wedi eu cysylltu'n rhannol â globaleiddio a byd yn lleihau o ganlyniad i drafnidiaeth fodern a thechnolegau cyfathrebu

🔑 TERM ALLWEDDOL

Plethwaith Perthnasoedd cymhleth a dynamig rhwng dwy system berthnasol. Mae'n hanfodol deall cydberthnasau plethwaith os ydym i ddefnyddio a rheoli adnoddau naturiol mewn ffordd fwy cynaliadwy.

● straen sy'n cynyddu drwy'r amser ar gyfundrefn llywodraethiant Cytundeb yr Antarctig a Chonfensiwn y Cenhedloedd Unedig ar Gyfraith y Môr (*UNCLOS: United Nations Convention of the Law of the Sea*).

I wneud gwerthusiad effeithiol o fygythiadau mewn unrhyw gyd-destun mae angen rhoi rhywfaint o ystyriaeth feirniadol i'r amseriad ac i wir raddau'r sialensiau sy'n cael eu trafod. Gallai safbwyntiau pobl ynglŷn â beth yw'r 'bygythiad mwyaf' amrywio yn dibynnu a ydyn ni'n edrych ar y tymor byr, canolig neu hir.

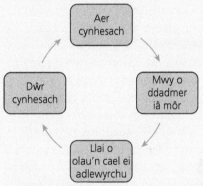

▲ **Ffigur 3.14** Dolen adborth cadarnhaol syml a allai gyflymu cyfradd ddadmer yr iâ, gan arwain yn ei dro at fwy fyth o gynhesu atmosfferig

Safbwynt 1: Daw'r bygythiad mwyaf i Antarctica os bydd y llywodraethiant byd-eang ar atmosffer y Ddaear yn methu

Mae wedi dod yn amlwg o astudiaethau diweddar gydag arolygon lloeren ac archwiliadau drôn bod llen iâ ac iâ môr yr Antarctig yn dadmer yn llawer cyflymach ac ar raddfa llawer iawn mwy nag y tybiwyd o'r blaen. Mewn adroddiad gan NASA a gyhoeddwyd ym mis Gorffennaf 2019 cadarnhawyd bod iâ môr wedi dioddef cwymp 'serth' rhwng 2014 a 2018 (roedd data lloeren yn dangos bod Antarctica wedi colli yr un maint o iâ môr mewn 4 mlynedd ag y collodd yr Arctig mewn 34 mlynedd). Daeth y newyddion hwn ar yr un pryd â'r canfyddiad bod lefelau carbon deuocsid yr atmosffer wedi cyrraedd 415 rhan ymhob miliwn, sef ei werth uchaf mewn bron i 3 miliwn o flynyddoedd. Mae CO_2 atmosfferig yn codi ar raddfa sy'n cyflymu (3 ppm y flwyddyn ar hyn o bryd, ond mae'r ffigur hwn yn codi dros amser).

Mae'r newid yn Antarctica yn digwydd ar *gyflymder* mawr:

- Cynyddodd y golled iâ yno o 40 o gigadunelli metrig bob blwyddyn yn 1980 i tua 250 o gigadunelli metrig yn 2017 – sef cynnydd o chwe gwaith. Mae rhagolygon am y dyfodol yn dangos y cydbwysedd bregus rhwng yr iâ sy'n dadmer ac yn draenio i mewn i Gefnfor y De a faint o eira sy'n disgyn dros dir mewndirol y cyfandir i gymryd ei le. Mae'n achosi pryder nad ydy astudiaethau diweddar wedi gweld patrwm tymor hir o eira'n disgyn ac yn cronni. Yn y gorffennol y gred oedd bod yr eira yma'n gwrthbwyso'r golled mewn iâ oherwydd y tymheredd cynhesach a'r dadmer. Yn hytrach, mae tystiolaeth i ddangos bod ecwilibriwm yn cael ei golli yn systemau rhewlifoedd Antarctica.
- Mewn arolwg yn 2018, gwelwyd bod cyfradd y dadmer yn cynyddu mewn 176 o leoliadau o amgylch Antarctica lle mae iâ yn draenio i mewn i'r cefnfor am nad oes iâ môr yno. Yn yr ardaloedd hyn, mae dŵr hallt 'twym' yn goresgyn ymylon y llenni iâ; mae dadmer cyflym a nerthol wedi gostwng maint y rhewlifoedd yn ddramatig ar hyd ymylon arfordirol Antarctica, fel rhewlif enfawr Thwaites. Mae hyn yn achosi pryder yn arbennig oherwydd y ffordd y maen nhw'n gweithredu fel 'stopiau cefn' rhwng y prif len iâ Antarctig a'r cefnfor. Mae astudiaeth a gafodd ei ariannu gan NASA wedi canfod bod rhewlif Thwaites yn ddigon ansefydlog erbyn hyn i ddweud bron yn bendant y bydd yn llifo i

mewn i'r môr ar ryw bwynt, gan sbarduno cynnydd byd-eang o 50 cm yn lefel y môr. (cynhaliodd NASA 500 efelychiad o wahanol sefyllfaoedd ac roedd pob un yn dangos bod y rhewlif wedi colli sefydlogrwydd.) Mae llawer o rewlifoedd mawr eraill yn yr Antarctig yn debygol o fod yr un mor ansefydlog.
- Mae'r newid wedi cyrraedd pwynt di-droi'n-ôl yn barod lle bydd dadmer y rhewlifoedd yn cyflymu ac y bydd yn amhosibl gwyrdroi'r toddi hyd yn oed os bydd y byd yn llwyddo o'r diwedd i gyrraedd allyriadau carbon sero mewn degawdau i ddod.

Mae *graddfa'r* newid yn yr Antarctig yn achosi pryder:

- Hyd yn ddiweddar, y farn wyddonol bennaf oedd bod llen iâ Dwyrain Antarctica yn weddol sefydlog. Ystyriwyd bod y mwyafrif o'r dadmer yn yr iâ yn digwydd dim ond yn llen iâ Gorllewin Antarctica (e.e. rhewlif Pine Island). Yn anffodus, mae'r astudiaethau diweddaraf wedi canfod bod rhai ardaloedd o Ddwyrain Antarctica wedi dechrau toddi'n gyflym.
- Mae ymchwil newydd yn awgrymu ei bod hi'n bosibl newid hinsawdd anthropogenig, sydd wedi digwydd oherwydd y lefelau cynyddol o nwyon tŷ gwydr yn yr atmosffer, wedi eu cyfuno â newidiadau cyfnodol yng ngeometreg orbit y Ddaear (sy'n cael eu galw'n Gylchoedd Milankovitch) a allai sbarduno cynhesu dramatig yng Nghefnfor y De a fyddai'n arwain at golli meintiau enfawr o iâ môr ar raddfa fwy fyth. Mae'n debygol iawn y bydd hyn yn arwain at enciliad mwy dramatig eto yn llen iâ cyfandirol yr Antarctig yn rhan o ddolen adborth hunan-barhaus. Ar hyn o bryd, mae'r iâ môr yn gweithio fel rhwystr rhwng y cefnfor a rhannau mawr o'r llen iâ ei hun, felly mae bron yn sicr y byddai ei golli'n gwaethygu ansefydlogrwydd y llen iâ Antarctig ac yn achosi iddo ddadmer yn llwyr.

Yn eu tro, mae newidiadau yn y gorchudd iâ oherwydd newid hinsawdd anthropogenig yn bygwth cynaliadwyedd ehangach yr eiddo cyffredin byd-eang, Antarctica. Wrth i iâ môr doddi, bydd yn llawer haws i dwristiaid gyrraedd y cyfandir cyfan, ac wrth i fwy o dir ddod i'r golwg (wrth i rewlifoedd deneuo ac encilio) bydd yn cael effaith sylweddol ar y dirwedd. Mae'r colli iâ yn lledaenu o'r arfordir i mewn i ardaloedd mewndirol y cyfandir, ac mewn rhai lleoedd mae trwch yr iâ wedi gostwng o fwy na chant o fetrau. Gallai rhai ardaloedd gael eu cytrefu gan lystyfiant yn y pen draw wrth i'r tir gael ei ddadorchuddio. Bydd hi'n haws hefyd i ddechrau chwilio am fwynau. Yn yr alltraeth, gall y newid yn nhymereddau'r cefnfor a'r ceryntau effeithio ar niferoedd y cril hefyd, sef sylfaen holl ecosystem Antarctica.

Llywodraethiant yn methu ar yr eiddo cyffredin byd-eang.

I grynhoi, os byddai pobl wedi cymryd camau yn gynharach i leihau'r newid hinsawdd (cafwyd rhybuddion arswydus gan wyddonwyr yn ôl yn yr 1970au a'r 1980au) efallai y byddai pethau wedi bod yn wahanol erbyn heddiw. Yn lle hynny, am na chymerwyd cynhesu anthropogenig o ddifrif, mae newid catastroffig a di-droi'n-ôl wedi digwydd sy'n effeithio ar systemau ffisegol Antarctica. Hyd yn oed heddiw, mae llawer o bobl yn barnu bod y llywodraethiant byd-eang ar atmosffer y Ddaear yn ymdrech sy'n methu, a'r disgrifiad gorau o'r farn hon yw: 'rhy ychydig, yn rhy hwyr'. Yn sicr, mae'n hawdd iawn canfod tystiolaeth i gefnogi'r farn hon:

- Ers 2000, mae'r byd wedi dyblu ei gapasiti egni drwy losgi glo i tua 2000 gigawatt.
- Roedd gorchymyn gweithredol yr y cyn-Arlywydd Trump yn 2017 i dynnu allan o Gytundeb Paris (tudalen 75) yn golygu na fyddai UDA bellach yn gorfod gostwng ei allyriadau carbon cyfan.
- Mae hyd yn oed llywodraeth y DU, oedd â rôl arweiniol yn fyd-eang o ran cyhoeddi *argyfwng hinsawdd* yn 2019, yn cyfaddef nad

yw wedi gwneud digon ar hyn o bryd i gyflawni ei thargedau carbon ei hun (am fod ei sylw gwleidyddol ar Brexit ers 2016, mae'r ffaith nad oes ganddi bolisïau hinsawdd newydd yn golygu bod y wlad yn cael trafferth erbyn hyn i daro ei hen darged o dorri allyriadau carbon deuocsid a nwyon tŷ gwydr eraill o 80 y cant erbyn 2050 o'i gymharu â lefel 1990).

Safbwynt 2: Mae mwy o fygythiadau uniongyrchol i Antarctica na newid hinsawdd

Ochr yn ochr â newid hinsawdd, mae'r rhanbarth Antarctig yn wynebu nifer o fygythiadau sylweddol ac uniongyrchol eraill. Ar y pwynt yma, mae'n werth nodi'r gwahaniaeth rhwng bygythiadau uniongyrchol penodol i ecosystemau'r Antarctig a'r pwysau amgylcheddol (yn cynnwys hinsawdd sy'n cynhesu) sy'n bygwth y ffawna a'r fflora yn anuniongyrchol.

Y pwysau ar adnoddau biotig ac anfiotig Antarctica

Mae ecsbloetiaeth ddynol ar Gefnforoedd y De wedi cael effaith ddramatig a negyddol ar yr ecosystemau morol.

- Y brif broblem yw pysgota masnachol yng Nghefnfor y De. Dechreuodd hyn yn yr 1960au, am y cril (i fwydo pysgod wedi ffermio a chynhyrchion biotechnoleg) a physgod mwy (fel penfras, ar gyfer marchnad ffyniannus y Dwyrain Pell). Mae pysgodfeydd Cefnfor y De yn cael eu rheoli'n gynaliadwy (Ffigur 3.15), gan ddefnyddio'r hyn maen nhw'n ei alw'n 'egwyddor ragofalus' (sy'n defnyddio modelau i sefydlu cynnyrch cynaliadwy o amrywiol rannau o'r we fwyd, gan ystyried yr effeithiau ar yr ecosystem gyfan). Er hynny, mae *pysgota lein hir* yn lladd

 TERMAU ALLWEDDOL

Argyfwng hinsawdd Mae 'argyfwng hinsawdd' yn ymadrodd sy'n cael ei ddefnyddio fwy a mwy yn lle 'newid hinsawdd' am ei fod yn dangos bod bywyd ar y Ddaear yn amlwg dan fygythiad argyfyngus oherwydd y cynnydd yn yr effaith tŷ gwydr.

Pysgota lein hir Techneg bysgota fasnachol sy'n defnyddio lein hir (mae'r brif lein hyd at 100 km o ran hyd), gyda rhes reolaidd o fachau ag abwyd arnyn nhw wedi eu cysylltu at y lein

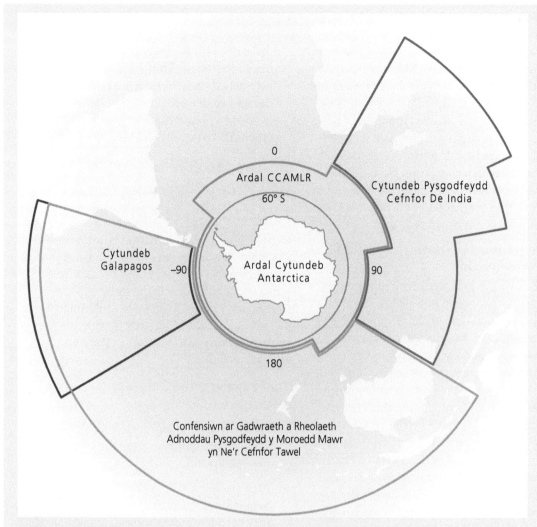

0

Ardal CCAMLR

60° S

Cytundeb Pysgodfeydd
Cefnor De India

Cytundeb
Galapagos

–90

Ardal Cytundeb
Antarctica

90

180

Confensiwn ar Gadwraeth a Rheolaeth
Adnoddau Pysgodfeydd y Moroedd Mawr
yn Ne'r Cefnfor Tawel

▲ **Ffigur 3.15** Cytundebau pysgodfeydd yn yr Antarctig a'r cefnforoedd o'i amgylch

Geography Review, Cyfrol 30, Rhifyn 2, tud.24

llawer o adar môr (e.e. albatrosiaid sydd mewn perygl) ac mae problem enfawr wrth geisio plismona ardaloedd enfawr o'r cefnforoedd i ganfod yr achosion cynyddol o bysgota anghyfreithlon, sydd heb ei reoleiddio na'i adrodd (*IUU: illegal, unregulated and unreported*) gan ddefnyddio'r dechneg ddinistriol hon.

- Am fod stociau pysgod mewn rhannau eraill o'r byd wedi methu, mae fflydoedd o bell wedi heidio i mewn i ardaloedd pysgota Cefnfor y De. Mae'r Comisiwn dros Gadwraeth Adnoddau Byw Morol yr Antarctig (*CCAMLR: Commission for the Conservation of*

Antarctic Marine Living Resources) – gweler tudalen 84 – yn darparu mecanwaith ar gyfer eu rheoli, ond mae'n eithriadol o anodd dal pysgotwyr IUU oherwydd maint enfawr y cefnfor ac am ei fod mor bell oddi wrth ganolfannau poblogaethau.

- Cafodd niferoedd enfawr o forloi eu lladd yn gynnar yn yr 1800au ynghyd â morfilod yn y blynyddoedd hyd 1964. Mae'r ddau anifail wedi eu diogelu bellach – y morloi drwy System Cytundeb yr Antarctig a'r morfilod gan y Comisiwn Morfila Rhyngwladol (*IWC – International Whaling Commission*).

Y wleidyddiaeth yn ymwneud â morfila neu hela morfilod yw un o'r materion mwyaf dadleuol sy'n effeithio ar yr ardal ar hyn o bryd am nad yw System Cytundeb yr Antarctig yn ymdrin â morfila yn uniongyrchol.

- Ers 1986, cyhoeddwyd moratoriwm (gwaharddiad) ar gyfer Cefnfor y De o dan delerau'r Confensiwn Rhyngwladol dros Reoleiddio Morfila (*ICRW – International Convention for the Regulation of Whaling*). Yn dechnegol, dim ond ar gyfer ymchwil gwyddonol y mae morfila'n cael ei ganiatáu bellach, a hynny ar raddfa gyfyngedig iawn. Yn rhan o'r bwlch cyfreithiol hwn, mae Japan wedi parhau i ladd morfilod yng Nghefnfor y De ac mae hyn wedi arwain at ddadl gydag Awstralia. Mae Awstralia wedi defnyddio ei

hawdurdod cyfreithlon i atal morfila yn ei Pharthau Economaidd Neilltuedig (EEZ – gweler tudalen 67) o amgylch ynysoedd Antarctig Awstralia. Y cwestiwn yw hyn: a ddylid rhwystro morfila yn rhan o'r protocol.

Mae UNCLOS (gweler tudalen 96) yn codi her ranbarthol gysylltiedig. Gall unrhyw wladwriaeth arfordirol gyflwyno cais am gael ymestyn ei Pharth Economaidd Unigryw 200-km arferol ei hun oherwydd maint ei sgafell gyfandirol. Felly, mewn egwyddor, gallai rhai gwledydd ymestyn eu Parthau Economaidd Neilltuedig i mewn i Ardal Cytundeb yr Antarctig. Mae hyn yn creu her geowleidyddol go iawn ar gyfer y dyfodol, sy'n cynnwys cysoni sgafelli cyfandirol estynedig tiriogaethau fel Ynysoedd Is-Antarctig Seland Newydd neu Dde Georgia y DU gyda llywodraethiant y Cytundeb Antarctig.

▲ **Ffigur 3.16** Twristiaeth yn yr Antarctig.

Effeithiau	Y rhan o'r amgylchedd sydd dan risg	Ffyrdd o leihau'r effaith
Ymyrryd ar y bywyd gwyllt	Adar yn bridio, morloi sydd wedi dod allan o'r dŵr	Gorfodi lleiafswm pellteroedd o ran mynd yn agos at y bywyd gwyllt. Addysgu ymwelwyr i ymddwyn yn gyfrifol.
Sbwriel, gwastraff, arllwysiadau tanwydd	Ecosystemau ar y tir yn cael eu niweidio Bywyd gwyllt morol, yn arbennig morloi ac adar, yn mynd ynghlwm mewn sbwriel neu'n cael eu gorchuddio â thanwydd	Sicrhau bod gweithrediad y llongau'n cydymffurfio â safonau morol rhyngwladol. Sicrhau bod llongau'n cael eu cryfhau ar gyfer yr iâ a bod ganddyn nhw offer modern i lywio drwy'r iâ. Cyfyngu ar faint y llongau twristiaeth sy'n mynd i mewn i ddyfroedd yr Antarctig.
Diraddiad amgylcheddol (e.e. sathru)	Matiau mwsogl bregus	Cyfyngu ar y niferoedd sy'n mynd ar y lan. Osgoi ardaloedd sensitif. Briffio'r twristiaid cyn iddyn nhw gyrraedd.
Tynnu arteffactau, ffosilau, esgyrn	Safleoedd hanesyddol, ffosilau	Dweud wrth dwristiaid am beidio casglu cofroddion. Briffio'r twristiaid cyn iddyn nhw gyrraedd.
Amharu ar ymchwil gwyddonol pwysig	Gorsafoedd ymchwil, safleoedd astudiaethau maes	Caniatáu dim ond rhai ymweliadau gan dwristiaid bob tymor. Briffio'r twristiaid cyn iddyn nhw gyrraedd. Tywys twristiaid o amgylch yr orsaf.

▲ **Tabl 3.7** Effaith twristiaeth ar yr amgylchedd Antarctig

Bygythiad twristiaeth

Pryder arall yw twristiaeth. Yn y trafodaethau i lunio Cytundeb yr Antarctig yn 1959, roedd twristiaeth begynnol yn rhywbeth newydd ac ni soniwyd bron ddim amdano yng nghynhadledd y cytundeb (dim ond blwyddyn yn gynharach, yn 1958, yr aeth y twristiaid alldaith cyntaf i Antarctica). Ers yr 1980au, mae'r sefyllfa wedi newid (Ffigur 3.14). Mae llongau gyda eu cyrff wedi eu cryfhau – yn cynnwys llongau torri iâ o Rwsia (yn deillio o hanes y Rhyfel Oer) – wedi dod â niferoedd cynyddol o ymwelwyr, efallai wedi eu hysbrydoli gan y ffordd mae'r cyfryngau wedi darlunio Antarctica (fel rhaglen ddogfen David Attenborough *Life in the Freezer*, neu gyfrifon mewn ffilm o ymgyrch Shackleton). Yn 2018, cyrhaeddodd bron i 60,000 o ymwelwyr ac roedd y brif ardal dwristiaeth yn haws ei chyrraedd na'r Penrhyn Antarctig. Mae'r ffaith mai dim ond am gyfnod byr ac mewn lle bach mae pobl yn gallu ymweld (mae tymor yr haf yn fyr iawn am mai dim ond am amser cyfyngedig y mae modd dod drwy'r iâ môr) yn achosi problemau capasiti cludo, ac mae rhai ardaloedd fel Ynysoedd Couervuile yn derbyn bron i 15,000 o dwristiaid y flwyddyn.

Ar hyn o bryd, mae IAATO yn cadw rheolaeth dda ar dwristiaeth, ond dim ond yn wirfoddol y mae cwmnïau'n cofrestru, ac nid oes gan IAATO awdurdod rheoleiddiol. Mewn cyfnod o ddeng mlynedd, mae llongau sydd heb eu cofrestru gyda IAATO wedi mynd i mewn i'r dyfroedd yn cario 500 o deithwyr ac, mewn rhai achosion, heb rif categori iâ. Ym mis Tachwedd 2007, suddodd y llong *Explorer* yn nyfroedd yr Antarctig ac roedd rhaid achub mwy na 150 o bobl, gyda 150,000 litr o danwydd yn llygru'r ardal hon oedd yn dal i fod yn ei chyflwr gwreiddiol, digyffwrdd cyn hynny. Mae pryderon cynyddol bod llawer o'r llongau mawr yn hedfan baner gwladwriaethau eraill sydd heb lofnodi Cytundeb yr Antarctig.

Hefyd, mae pryderon am weithgareddau ar y tir ar amrywiaeth o safleoedd (e.e. Patriot Hills) mewn gwersylloedd cychwyn, yn yr haf yn unig, i dwristiaid sydd eisiau dringo copaon ac archwilio rhannau mwy anghysbell y cyfandir. Mae ton gynyddol (er bod y niferoedd yn fach) o dwristiaid cyfoethog iawn sydd eisiau cyfuno mordeithio moethus gyda thwristiaeth anturus ar y tir, ac sydd â dymuniad diddiwedd am fynd yn agos at fywyd gwyllt, gan fygwth yr ecoleg unigryw.

Mynegwyd pryder y bydd niferoedd y twristiaid yn tyfu bob blwyddyn – mae hyd yn oed sôn am gael gwestai a theithiau awyren i osgoi her y Drake Passage, sef taith môr adnabyddus o arw sy'n para dau ddiwrnod a hanner er mwyn cyrraedd Antarctica. Mae Tabl 3.7 yn dangos ffyrdd posibl o leihau niwed.

Un mater cysylltiedig yw effaith y gwyddonwyr sy'n ymweld. Mae nifer y gorsafoedd ymchwil wedi tyfu ar y Penrhyn Antarctig lle does dim iâ ar yr arfordir, ac maen nhw'n lledaenu i ardaloedd eraill erbyn hyn. Mae canolfan wyddoniaeth newydd sy'n eiddo i India ym mryniau Lansermann, ochr yn ochr â chanolfannau eraill sy'n eiddo i China, Rwsia ac Awstralia. Gyda'r gwelliannau mewn cyfathrebu a'r gwelliannau logistaidd sy'n gysylltiedig â 'byd sy'n lleihau', mae canolfannau i'w cael ar y Gwastatir Pegynol hyd yn oed erbyn hyn. Yn y gorffennol, roedd gwastraff peryglus yn cael ei adael gerllaw'r canolfannau hyn yn aml iawn. Ond, cafodd polisïau amgylcheddol tynn eu cyflwyno ac mae gwastraff yn cael ei gludo i ffwrdd i'w ailgylchu ar longau erbyn hyn.

Dod i gasgliad â thystiolaeth

I ba raddau allwn ni ddweud mai'r newid hinsawdd yw'r bygythiad mwyaf sy'n wynebu tirweddau a systemau'r Antarctig ar hyn o bryd? Mae'n amlwg bod y penawdau newyddion sy'n sôn am yr iâ yn dadmer yn gyflymach nag erioed yn arswydus iawn. Ond, mae nifer o elfennau ansicr yn parhau o hyd am systemau ffisegol Antarctica nad ydyn ni'n eu deall yn iawn a'r ffyrdd y maen nhw, yn eu tro, yn rhyngweithio â

systemau'r cefnfor a'r hinsawdd fyd-eang. I gloi, mae hi'n werth nodi'r pwyntiau a ganlyn.

- Yn gyntaf, er bod maint yr iâ a gollwyd wedi cyflymu yn ystod y blynyddoedd diwethaf, roedd iâ môr Antarctica wedi cynyddu yn ystod y 40 mlynedd flaenorol ac wedi cyrraedd ei uchafswm uchaf ar gofnod yn 2014, cyn gostwng yn fawr. Dydyn ni ddim yn deall yn iawn beth sydd wedi achosi i'r system newid yn gyflym ac efallai fod hyn yn cynnig llygedyn o obaith y gallai'r patrymau presennol newid.

- Yn ail, mae efelychiadau gyda modelau'n dangos lefel uchel o ansicrwydd am amseriad y colli iâ yn y dyfodol. Ar ryw bwynt, rydyn ni'n disgwyl gweld newid mawr sydyn a fydd yn arwain at ddadmer sydd hyd yn oed yn fwy estynedig (a chynnydd byd-eang yn lefel y môr o ddegau lawer o fetrau – am fod gan Antarctica 50 gwaith mwy o iâ ar y tir na holl rewlifoedd mynydd y Ddaear ar y cyd). Ond, mae'r rhagolygon ynglŷn â phryd y bydd hyn yn digwydd yn amrywio o 200 i 600 mlynedd. Y rheswm dros hynny yw bod cymaint o ffactorau nad ydyn ni'n eu gwybod yn rhan o'r broses, e.e. yr amodau daearegol o dan yr iâ mwyaf trwchus (ychydig iawn a wyddom ni am y rhain). Felly, mae unrhyw gasgliad y gallwn ni ddod iddo wrth geisio ateb y cwestiwn ai newid hinsawdd yw'r bygythiad mwyaf i wynebu Antarctica ar hyn o bryd, yn dibynnu'n fawr iawn a ydyn ni'n asesu'r bygythiadau yn y tymor byr, canolig neu hirach.

- Yn olaf, mae'n amlwg bod gweithgareddau fel twristiaeth a physgota yn achosi risg clir a phresennol i dirweddau ac ecosystemau'r Antarctic ac felly efallai y gallem ni ystyried mai'r rhain yw'r 'bygythiad mwyaf' *ar hyn o bryd*. Fel rydyn ni wedi'i weld yn barod, mae'r sialensiau cynyddol hyn i reolaeth yn gysylltiedig i raddau mawr â'r ffaith bod y rhanbarth yn dod yn llai ynysig mewn amrywiaeth o wahanol gyd-destunau gwleidyddol, gwyddonol, diwylliannol, masnachol ac amgylcheddol.

Crynodeb o'r bennod

✔ Mae'r syniad o eiddo cyffredin byd-eang yn un o golofnau pwysig llywodraethiant byd-eang. Mae'r pedwar parth – yr atmosffer, cefnforoedd, Antarctica a'r gofod – yn cael eu rheoli gan ddefnyddio cytundebau a chytuniadau rhyngwladol. Ond, mae'r pwysau a'r sialensiau sy'n gysylltiedig â'u rheoli'n cynyddu ymhob un o'r pedwar parth.

✔ Mae'r atmosffer yn rhan hanfodol o system gynnal bywyd y Ddaear ac, yn ogystal, mae'n le teithio sy'n cael ei rannu gan wladwriaethau a phobl y byd i gyd. Heb effaith tŷ gwydr naturiol, ni fyddai'n bosibl byw ar y Ddaear. Ond, nid yw'r gylchred garbon bellach mewn cyflwr ecwilbriwm ac mae effaith tŷ gwydr ehangach yn bygwth amgylcheddau dynol a ffisegol fel ei gilydd.

✔ Rhybudd y Panel Rhynglywodraethol ar Newid Hinsawdd yw na allwn ni adael i'r blaned gynhesu y tu hwnt i 1.5°C. Ond mae llywodraethiant byd-eang newid hinsawdd wedi methu, hyd yn hyn, i atal cynyddiadau pellach ym maint y storfa garbon atmosfferig. Gallwn ni hyd yn oed ystyried bod Cytundeb Paris 2015 yn 'rhy ychydig, yn rhy hwyr'.

✔ Ar y llaw arall, cafodd y broblem o ddarwagiad oson yn y stratosffer ei thrin yn effeithiol yn yr 1980au gan Brotocol Montreal. Yn wahanol i newid hinsawdd, sy'n 'broblem ddrwg' glasurol, roedd darwagio oson yn fygythiad llawer llai cymhleth oedd wedi ei ddiffinio'n dda.

✔ Weithiau mae'r rheolaeth ar eiddo cyffredin byd-eang Antarctica yn cael ei ystyried yn stori lwyddiant arall o ran llywodraethiant byd-eang. Mae System y Cytundeb Antarctig, sy'n dyddio yn ôl i 1959, wedi amddiffyn y cyfandir i raddau mawr rhag datblygiad masnachol. Mae system reoli agored ac atebol wedi esblygu dros amser i ymdrin â'r rhan fwyaf o'r dulliau rheoli amgylcheddol, yn amrywio o fflora a ffawna Antarctig i adnoddau mwynol.

✔ Ond, mae Antarctica o dan fygythiad cynyddol. Er bod System Cytundeb yr Antarctig yn bodoli, mae pysgota a thwristiaeth yn weithgareddau masnachol sy'n creu ôl-troed cynyddol weledol. Yn ogystal â hynny, efallai y bydd y llywodraethiant byd-eang effeithiol ar Antarctica'n cael ei ddifetha am nad yw'r atmosffer yn cael ei reoli'n ddigon da: Mae iâ Antarctig yn dadmer ar gyflymder digynsail erbyn hyn.

Cwestiynau adolygu

1 Eglurwch ystyr y geiriau daearyddol canlynol: eiddo cyffredin byd-eang; suddfan carbon; pwynt di-droi'n-ôl; effaith tŷ gwydr ehangach.

2 Cymharwch y pedwar eiddo cyffredin byd-eang o ran eu pwysigrwydd i fywyd ar y Ddaear.

3 Amlinellwch yn fyr y ffyrdd y mae cefnforoedd y Ddaear a'r gofod yn cael eu rheoli fel eiddo cyffredin byd-eang. Esboniwch pam roedd y strategaeth rheoli ar gyfer y twll yn yr oson yn weddol hawdd ei gweithredu.

4 Amlinellwch dystiolaeth sy'n dangos bod y Ddaear yn mynd drwy gyfnod o gynhesu byd-eang sylweddol.

5 Amlinellwch sut mae llywodraethiant byd-eang Antarctica wedi datblygu ers llofnodi Cytundeb Antarctica 1959 (sydd hefyd yn cael ei alw'n 'dewychu sefydliadol').

6 Gan ddefnyddio enghreifftiau, esboniwch sut mae llywodraethiant byd-eang yr atmosffer wedi datblygu dros amser.

7 Awgrymwch resymau pam nad oes digon o weithredu byd-eang wedi'i wneud hyd yn hyn i atal rhagor o gynnydd mewn carbon atmosfferig.

8 Gan ddefnyddio enghreifftiau, esboniwch sut gallai llywodraethiant byd-eang yr atmosffer gynnwys cyfraniad gan chwaraewyr sy'n gweithredu ar wahanol gyfraddau gofodol.

9 Awgrymwch resymau pam mae llywodraethiant byd-eang Antarctica'n cael ei ystyried yn stori lwyddiant yn aml iawn.

10 Amlinellwch y prif fygythiadau lleol a byd-eang i Antarctica.

Gweithgareddau trafod

1 Trafodwch y cwestiynau a ganlyn mewn grwpiau bach neu fel gweithgaredd dosbarth cyfan.
   - Yn eich barn chi, pa agwedd o lywodraethiant byd-eang ar yr eiddo cyffredin byd-eang yw'r anoddaf i'w reoli, a pham?
   - Trafodwch ym mha drefn y byddech chi'n rhoi'r rheolaeth ar y pedwar eiddo byd-eang cyffredin yn ôl eu llwyddiant.
   - I ba raddau mae rhai gwledydd wedi cael mwy o bŵer a dylanwad dros y pedwar eiddo cyffredin byd-eang na gwledydd eraill, a pham?
   - Trafodwch i ba raddau mae technoleg wedi helpu neu rwystro rheolaeth y pedwar eiddo cyffredin byd-eang.

2 Mewn parau, dangoswch y gwahaniaeth rhwng lliniaru'r newid hinsawdd ac addasu i'r newid hinsawdd. Gwnewch asesiad o'u pwysigrwydd cymharol ar gyfer rheoli newid hinsawdd.

3 Mewn grwpiau bach, trafodwch bwysigrwydd sicrhau bod Antarctica yn parhau'n dir naturiol sydd y tu allan i awdurdodaeth unrhyw un wlad benodol. Beth yw'r dadleuon sy'n cefnogi'r penderfyniad hwn? Ar y llaw arall, pa ddadleuon posibl allech chi eu cyflwyno a fyddai'n caniatáu mwy o ddatblygiad masnachol yn Antarctica?

FFOCWS Y GWAITH MAES

Mae'r bennod hon yn canolbwyntio'n bennaf ar faterion daearyddol ar raddfa fyd-eang, ac nid yw'n addas iawn ar gyfer gwaith estynedig yn rhan o ymchwiliad annibynnol Safon Uwch. Ond, mae eiddo cyffredin byd-eang yr atmosffer yn darparu rhai cyfleoedd arbenigol ar gyfer ymchwil cynradd.

A Efallai y byddwch chi'n gallu rhoi rhaglen ymchwil at ei gilydd lle byddwch chi'n cyfweld dinasyddion, busnesau a gweithredwyr y llywodraeth yn lleol er mwyn archwilio'r camau maen nhw wedi eu cymryd i geisio gostwng eu hôl-troed carbon. Yn sail i'r astudiaeth byddech chi'n defnyddio fframwaith cysyniadol sy'n dangos sut mae llywodraethiant byd-eang yn cynnwys cyfranogaeth a gweithredu gan weithredwyr ar wahanol raddfeydd, yn y sectorau preifat a chyhoeddus fel ei gilydd.

B Ffenoleg yw'r wyddoniaeth o edrych ar y dystiolaeth o gynhesu byd-eang a sut mae'n gallu effeithio ar ffenomena naturiol fel adar yn mudo neu pryd mae coed yn blaguro neu'n colli eu dail. Mae gweithgareddau pobl, fel newid yn y dyddiad pan maen nhw'n dechrau torri'r glaswellt (toriad cyntaf y flwyddyn), hefyd yn ein helpu i asesu'r dystiolaeth o unrhyw newidiadau tymhorol tymor hir o ganlyniad i newid hinsawdd. Gallech chi wneud cyfweliadau gyda sampl wedi ei ddethol yn ofalus o drigolion hŷn yn yr ardal i glywed eu hanesion am newidiadau y maen nhw wedi sylwi arnyn nhw yn yr hinsawdd a gweithgareddau tymhorol.

C Mae cyfnodau o dywydd eithafol, fel cyfres o stormydd yn y gaeaf neu sychder yn yr haf, a'u heffaith, yn creu astudiaethau meteoroleg diddorol iawn. Gallech chi wneud gwaith ymchwil cynradd yn dogfennu tywydd eithafol yn eich ardal leol yn ystod ffrâm amser penodol. Gallech chi ychwanegu ymchwil eilaidd at hwn, e.e. data gan y Swyddfa Dywydd.

Mae'n hanfodol eich bod chi'n gwneud gwaith cynllunio gofalus bob tro i sicrhau bod data ymchwil cynradd ac eilaidd ar gael.

Deunydd darllen pellach

Bulkley, H., a Newell, P. (2010) *Governing Climate Change*, Routledge.

Davies, B. (2014) 'Antarctic Glaciers and Climate Change', *Geography Review* 4, 28–31.

Dodds, K. (2017) 'Who Owns Antarctica? Case Study of a Global Commons', *Geography Review* 2, 22–26.

Dodds, K. (2010) 'Governing Antarctica Contemporary Challenges and the Enduring Legacy of the 1959 Antarctica Treaty', *Global Policy*, Ionawr.

The Economist (2015) Special Report Climate Change, 28 Tachwedd.

Evans, J.P. (2014) *Environmental Governance*, Routledge.

Hoffman, M. (2011) *Climate Governance at the Crossroads*, OUP.

Hume, M. (2009) *Why we Disagree about Climate Change: Understanding Controversy, Inaction and Opportunity*, CUP.

IPCC Assessment Reports 2007, 2011, 2018. www.unep.org.

Kim, B.M. (2014) 'Governance of the Global Commons', KIEP World Economy Update, cyfrol 4, rhif 29, 23 Awst.

Martinsson, J. (2011) 'Global Norms: Creation, Diffusion, and Limits', https://openknowledge.worldbank.org/handle/10986/26891

Victor, D. (2011) *Global Warming Gridlock*, CUP.

Llywodraethiant byd-eang ar wrthdaro, iechyd a datblygiad

Os bydd y pryderon am wrthdaro, iechyd neu ddatblygiad mewn gwlad neu le penodol yn mynd yn ddigon difrifol, efallai y bydd angen i'r gymuned ryngwladol ymyrryd yn geowleidyddol. Gan ddefnyddio amrywiaeth o astudiaethau achos, mae'r bennod hon yn:

- archwilio achosion a chanlyniadau gwrthdaro arfog
- ymchwilio sut mae'r Cenhedloedd Unedig yn ceisio rheoleiddio'r defnydd o arfau, yn cynnwys strategaethau ar gyfer diarfogi
- gwerthuso rôl llywodraethiant byd-eang o ran darparu cymorth dyngarol a chefnogi'r broses ddatblygu mewn mannau lle mae cymunedau wedi dioddef effeithiau iechyd gwael oherwydd clefydau a thrychinebau naturiol.

CYSYNIADAU ALLWEDDOL

Gwrthdaro Mae gan y gair yma amrywiaeth o ystyron. Ar un pen i'r sbectrwm, mae tensiwn (sy'n osgoi gwrthdaro go iawn); ar y pen arall mae gwrthdaro arfog. Mae gwrthdaro'n gallu datblygu dros amser, gan olygu bod angen gwahanol fodelau o lywodraethiant ar wahanol gamau (o dwf y teimladau gelyniaethus yr holl ffordd at ddiwedd y rhyfela pan fydd cyfnod o adeiladu heddwch wedi dechrau ac mae angen ymdrin ag effeithiau'r rhyfel). Weithiau mae'n bosibl osgoi gwrthdaro os yw cymorth a buddsoddi'n cael eu defnyddio'n strategol i ddod â thwf a datblygiad.

Datblygiad Yn gyffredinol, mae datblygiad dynol yn golygu cynnydd economaidd cymdeithas ynghyd â gwella safonau byw. Yr arwydd cyntaf o lefel y datblygiad mewn gwlad yw dangosyddion economaidd o'r incwm a/neu gyfoeth cenedlaethol cyfartalog, ond mae meini prawf cymdeithasol a gwleidyddol i'w hystyried hefyd.

① Achosion a chanlyniadau gwrthdaro

▶ *Pam mae gwrthdaro arfog yn digwydd a sut mae'n effeithio ar leoedd, cymdeithasau ac amgylcheddau?*

Mae'r term 'gwrthdaro arfog' yn cael ei ddefnyddio'n aml yn lle 'rhyfel'. Er enghraifft, mae rhai ysgrifenwyr yn hoffi cyfeirio at 'ryfeloedd cyffuriau' wrth sôn am wrthdaro parhaus rhwng cartelau cyffuriau ym México a gweddill Canolbarth America. Ond, i fod yn fanwl gywir, yr unig bryd y mae rhyfel yn bodoli yw pan fydd yr amodau dilynol (neu'r rhan fwyaf ohonyn nhw) ar waith:

- Gwrthdaro arfog agored rhwng o leiaf ddau ymgyrchwr sydd wedi eu diffinio'n glir (gwladwriaethau neu grwpiau).
- Brwydro a brwydrwyr sydd wedi eu trefnu'n ganolog, er nad ydy carfanau sy'n rhyfela ddim bob amser wedi eu rheoli gan y wladwriaeth. Mae llawer o'r gwrthryfela cyfoes yn rhyfeloedd sifil sy'n cynnwys nifer o ymgyrchwyr mewn 'gwladwriaethau sydd wedi methu' lle does dim llywodraethiant effeithiol am nad oes llywodraeth sefydlog mewn grym – mannau fel Yemen (gweler tudalen 106).
- Dadlau dros bŵer gwleidyddol, tiriogaeth neu adnoddau naturiol pwysig fel dŵr neu ddiemwntau.
- Mae gwrthdrawiadau, ymosodiadau ffrwydrol achlysurol ac ymddygiad terfysgol yn rhan o ddarlun mwy a pharhaus, weithiau dros gyfnod hir o flynyddoedd neu hyd yn oed degawdau.
- Trothwy o 25 marwolaeth o leiaf mewn brwydr dros gyfnod o 12 mis.
- Cannoedd o farwolaethau o leiaf ymysg sifiliaid.

Achosion gwrthdaro dros dro

Un o nodweddion yr unfed ganrif ar hugain yw bod llai na 10 y cant o'r rhyfeloedd cyfredol neu ddiweddar yn rhai y byddem ni'n eu deall yn syml fel rhyfeloedd rhyngwladol rhwng gwladwriaethau sy'n gwrthwynebu. Mae hyn yn wahanol i gyfnod y Rhyfel Oer pan oedd y math yma o ryfeloedd rhyngwladol yn fwy cyffredin (er enghraifft y rhyfel rhwng y DU a'r Ariannin, 1982). Mae hefyd lai o ryfela dros annibyniaeth yn awr nag oedd yn y gorffennol am fod y mwyafrif o wladwriaethau wedi cael rhyddid oddi wrth eu rheolwyr trefedigaethol ddegawdau lawer yn ôl.

TERMAU ALLWEDDOL

Ymwahaniad Y weithred o wahanu rhan o wladwriaeth i greu gwlad annibynnol newydd.

Yn hytrach, yr hyn y mae'n rhaid i lywodraethiant byd-eang cyfoes geisio ei reoli yn awr yw rhyfeloedd ymwahaniad (gweler Pennod 5), lle mae arweinwyr un rhanbarth, neu un grŵp ethnig o fewn gwladwriaeth, yn ceisio torri i ffwrdd oddi wrth bŵer y mwyafrif (llwyddwyd i wneud hyn yn llwyddiannus ddiwethaf gan Dde Sudan yn 2011). Hefyd, mae rhyfeloedd sifil wedi cychwyn rhwng nifer o garfanau, yn cynnwys grwpiau terfysgol sy'n ceisio llenwi gwactod pŵer (digwyddodd hyn yn Afghanistan ac yn Yemen).

Mae brwydrau fel hyn bron bob amser yn codi allan o wrthryfeloedd heb eu datrys o'r gorffennol neu am fod ffiniau gwladwriaethau sofran wedi cael eu llunio'n amhriodol ar un adeg. Er enghraifft, yn y Dwyrain Canol – sy'n ardal ansefydlog ar hyn o bryd – roedd ffin o'r enw 'llinell Sykes-Picot' yn gwahanu'r tiroedd lle gwledydd modern Iraq a Syria erbyn hyn. Roedd y ffin hon o gymorth i lywodraethau Prydain a Ffrainc pan oedden nhw'n rhannu'r rhanbarth rhyngddyn nhw eu hunain (Ffigur 4.1). Ond, wrth wneud hynny, roedden nhw'n hollti'r tiriogaethau ethnig a chrefyddol oedd wedi eu sefydlu ers talwm. Mae hyn wedi arwain at fwy na chanrif o drafferthion ers hynny.

Y broblem ddrwg o ryfeloedd cartref modern.

Mae rhyfeloedd cartref modern wedi datblygu'n broblemau drwg ar brydiau (gweler tudalen 3) ac am eu bod nhw mor gymhleth mae'n anodd dod i unrhyw gytundeb. Un achos sy'n profi hynny yw'r gwrthdaro yn Syria a ddechreuodd yn 2011.

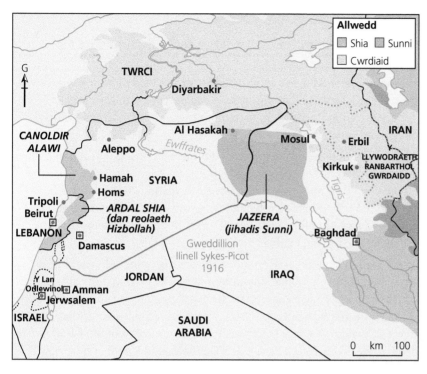

◀ **Ffigur 4.1** Y Dwyrain Canol modern a'r llinell Sykes-Picot hanesyddol (a 'holltodd' y tir yn 2016 oedd yn eiddo i Ymerodraeth Ottoman cyn hynny)

Weithiau mae rhyfeloedd cartref yn tyfu i fod yn frwydrau rhyngwladol pan fydd gwledydd cyfagos yn dechrau cael eu heffeithio. Digwyddodd hyn i Chad ac i Weriniaeth Canolbarth Affrica (CAR) pan ddechreuodd y gwrthdaro yn Sudan gerllaw gynhyrchu meintiau mawr o ffoaduriaid. Lledaenodd y gwrthdaro gyda rhai o'r bobl a gafodd eu gorfodi i fudo wrth iddyn nhw groesi ffiniau.

I'r un graddau, yn enwedig wrth i densiynau gwleidyddol godi eto rhwng UDA a Rwsia sy'n codi'n bwerus eto, mae rhyfeloedd procsi yn digwydd. Fel y gwelwch chi yn yr astudiaeth achos am y rhyfel diweddar (o 2015 ymlaen) yn Yemen (gweler tudalen 106), mae'n weddol debyg i dynnu'r haenau yn ôl mewn nionyn.

- Yr ymgyrchwyr yn Yemen yw llywodraeth swyddogol y wladwriaeth ar un ochr, a'r Houthi (grŵp o ymwahanwyr) ar yr ochr arall. Yn cefnogi'r llywodraeth mae'r glymblaid Saudi (Sunni) ac yn cefnogi'r Houthi mae Iran (Shiite), sydd hefyd yn gwrthryfela mewn rhanbarthau eraill, e.e. i gefnogi'r grwpiau Mwslimaidd Sunni a Shiite yn Syria.
- Yn eu tro, mae'r ymgyrchwyr hyn yn cael cefnogaeth gan bwerau mawr byd-eang a gwledydd pwerus eraill (trydydd 'haen y nionyn'); mae UDA a DU yn cefnogi clymblaid Saudi, ac mae Rwsia yn cefnogi Iran.

Yn y rhan fwyaf o ranbarthau'r byd, mae'r un pwerau mawr yn dangos uchelgeisiau geowleidyddol. Mae'r cymorth y maen nhw'n ei roi i wladwriaethau neu garfanau eraill yn gymorth cudd yn aml iawn, am fod pwerau mawr yn cyflenwi arfau, arian, arbenigedd technegol, hyfforddiant ac arfau bach (ond does ganddyn nhw ddim rôl uniongyrchol yn y gwrthdaro).

Yn ogystal â hynny, mae llawer o wladwriaethau erbyn hyn yn helpu lluoedd cadw heddwch y Cenhedloedd Unedig (gweler tudalen 36), fel UNAMID yn Sudan, lle daeth cymodwyr Affricanaidd o wahanol wladwriaethau yn rhan o'r gweithredoedd cadw heddwch oedd yn digwydd mewn gwladwriaethau Affricanaidd eraill.

🔑 **TERMAU ALLWEDDOL**

Rhyfel procsi Pan fydd tensiwn rhwng dwy wlad bwerus yn troi'n wrthdaro arfog rhwng eu cynghreiriaid llai pwerus. Dydy'r pwerau mawr ddim yn dod yn rhan uniongyrchol o'r gwrthdaro.

Ymyriadau geowleidyddol

Mae llywodraethiant byd-eang yn gallu gwneud nifer o ymyriadau geowleidyddol.

Mewn rhai rhyfeloedd mae'r sefyllfa'n ddryslyd am fod cyfranogaeth filwrol ryngwladol uniongyrchol yn digwydd, gyda chefnogaeth Cyngor Diogelwch y Cenhedloedd Unedig, o dan yr egwyddor 'hawl i amddiffyn' (R2P) (gweler tudalen 37). Er enghraifft, yn:

● Afghanistan – mewn cais terfynol i ddymchwel lluoedd y Taliban gyda'r gobaith o greu heddwch parhaus
● Libya – yn ystod terfysgoedd Gwanwyn Arabaidd 2011, pan oedd lluoedd NATO yn helpu'r rebeliaid, a hynny i raddau mawr i gefnogi hawliau dynol pobl Libya rhag camdriniaeth gan eu harweinydd unbenaethol, Cyrnol Gaddafi.

Ar y llaw arall, ni roddodd y Cenhedloedd Unedig gymeradwyaeth i ddefnyddio lluoedd clymblaid dan arweiniad UDA yn Iraq – gweithred roedd UDA a'r DU yn ei gyfiawnhau drwy gyfeirio at y posibilrwydd bod gan Iraq arfau distryw mawr (*WMD – weapons of mass destruction*), ac y gallai eu defnyddio. Yn anochel, mae cwestiynau'n codi ynglŷn â beth sy'n gwneud 'rhyfel cyfiawn' a pham mae'r Cenhedloedd Unedig yn cefnogi rhai ymyriadau milwrol ac nid eraill. Mae cwestiynau'n codi hefyd am gyfiawnhad yr ymyriadau, ac a yw'r poblogaethau o fewn y gwledydd lle mae'r ymyriad milwrol yn digwydd yn elwa mewn gwirionedd – neu ai'r wladwriaeth bwerus sy'n ymyrryd yw'r enillydd go iawn?

Am yr holl resymau hyn, mae llawer o ryfeloedd diwedd yr ugeinfed ganrif a dechrau'r unfed ganrif ar hugain yn eithriadol o gymhleth. Nifer o weithiau, mae gwrthdaro sy'n fewnol ar y dechrau wedi cael eu diffinio'n wrthdaro rhyngwladol yn nes ymlaen. Ychwanegwch at hynny ddigwyddiad diffiniol blynyddoedd cyntaf yr unfed ganrif ar hugain - 9/11. Yn yr ymosodiad terfysgol ar Ganolfan Masnach y Byd a'r Pentagon yn UDA ar 11 Medi 2001, cafodd dros 3000 o bobl eu lladd. Fel hyn y dechreuodd y rhyfel yn erbyn terfysgaeth a'r syniad o'r 'echel drygioni' fel mae'n cael ei alw, oedd yn canolbwyntio i ddechrau ar Iraq ac Afghanistan, ond a ddechreuodd gynnwys amrywiaeth o grwpiau terfysgaeth byd-eang wedi hynny oedd yn defnyddio grwpiau lleol (fel militia Boko Haram Nigeria). Creodd hyn i gyd agwedd fyd-eang hynod o gymhleth i'r gwrthdaro a'r tensiynau yn yr unfed ganrif ar hugain.

Does dim syndod felly bod llywodraethiant byd-eang i atal rhyfel, oedd yn cael ffocws allweddol yn Siarter y Cenhedloedd Unedig yn 1945 (gweler tudalen 32), yn wynebu her sydd bron yn amhosibl ei goresgyn. Ar ben hynny, mae'n anodd iawn weithiau i ddeall yn union beth sydd wedi achosi rhyfel, y plethwaith o achosion sydd oll yn gysylltiedig â'i gilydd. Pethau fel tlodi, camdrinaeth eithafol yn erbyn hawliau dynol a systemau gwleidyddol ansefydlog (gyda chanlyniadau amhoblogaidd mewn etholiadau cyffredinol yn sbarduno gwrthdaro).

TERMAU ALLWEDDOL

Arfau distryw mawr (*WMD: Weapons of mass destruction*) Ystyr hyn yw arfau sydd wedi eu creu i achosi dinistr eang a llawer o farwolaethau. Gallan nhw fod yn niwclear, biolegol neu gemegol.

Rhyfel yn erbyn terfysgaeth Yr ymgyrch barhaus gan UDA a'i chynghreiriaid i frwydro yn erbyn terfysgaeth ryngwladol, a ddechreuwyd gan ymosodiadau Al Qaeda ar Ganolfan Masnach y Byd yn Efrog Newydd a'r Pentagon ar 11 Medi 2001.

Canlyniadau gwrthdaro cyfoes

Mae Siarter y Cenhedloedd Unedig yn caniatáu i wladwriaethau ddefnyddio grym ar gyfer hunan-amddiffyn, ar gyfer diogelwch mewnol neu i adfer heddwch, cyfraith a threfn ar ôl rhyfel, ar yr amod bod hyn wedi ei awdurdodi gan Gyngor Diogelwch y Cenhedloedd Unedig. Ond, mae rheolau rhyngwladol tynn, o'r enw 'cyfreithiau dyngarol', sydd i fod i ddiogelu'r bobl gyffredin yn ystod y rhyfel (gwelwch y rhain yn: www.un.org).

Y broblem yw bod rheolau'n cael eu torri drwy'r amser, fel y mae unrhyw un bron o'r gwrthryfeloedd presennol yn dangos. Yn 1998, sefydlodd y Cyngor Diogelwch Gyngor a Llys Rhyngwladol (ICC - *International Council and Court*) parhaol yn Den Haag (*Hague*) i ymdrin â throseddau rhyfel, hil-laddiad a throseddau yn erbyn y ddynoliaeth. Er enghraifft, yn 2011 roedd tribiwnlysoedd yn ymdrin ag achosion proffil uchel o'r hen Yugoslavia (pan gafwyd gwrthdaro rhwng lluoedd Serbia a lluoedd Bosnia), Rwanda ac Iraq – a phob un ymhell ar ôl i'r gwrthdaro cyntaf ddod i ben. Mae ICC yn gweithio'n araf iawn ac yn wynebu rhwystrau enfawr – un o'r rheini yw'r gwaith anodd o ddod o hyd i bobl sydd dan amheuaeth.

Effeithiau uniongyrchol ac anuniongyrchol y gwrthdaro

Er bod effeithiau uniongyrchol gwrthdaro arfog yn ofnadwy (yn ôl yr amcangyfrifon, mae 300,000 o farwolaethau bob blwyddyn a miliynau o anafiadau yn y blynyddoedd gwaethaf), dyma'r effeithiau *anuniongyrchol* sydd yn aml yn cael yr effeithiau mwyaf a hiraf ar ranbarthau gwrthdaro o ran y niferoedd o bobl gyffredin sy'n cael eu heffeithio. Mae rhyfel yn rhoi 'brêc' enfawr ar ddatblygiad oherwydd mae ei holl effeithiau gyda'i gilydd mor andwyol i ffabrig cymdeithas ac i economïau lleoedd sy'n cael eu heffeithio.

Yn yr unfed ganrif ar hugain, mae'r nifer mwyaf o farwolaethau mewn un wlad wedi digwydd yng Ngweriniaeth Ddemocrataidd y Congo (DRC) lle collodd fwy na 4 miliwn o bobl eu bywydau yn y 1990au hwyr. O'r rhain, cafodd 75 y cant eu lladd gan heintiau a newyn ar ôl cael eu dadleoli o'u cartrefi. Er bod ymosodiadau taflegrau graddfa fawr, cyrchoedd awyr, a digwyddiadau a allai fod yn ymosodiadau gydag arfau cemegol yn derbyn sylw enfawr yn y cyfryngau, dydy hynny ddim yn wir am gostau anuniongyrchol y gwrthdaro ar bobl – maen nhw'n dweud ac yn ysgrifennu llai am hynny yn aml iawn. (Hefyd, mae llawer o farwolaethau'n digwydd o'r cyfuniad o ymosodiadau terfysgol lleol, grenadau ac arfau bach, ond efallai nad yw hanes y rhain yn cael eu hadrodd yn yr un ffordd ag y mae'r gweithredoedd ymosodol graddfa fawr.)

Y goblygiadau i'r broses ddatblygu

Mae gwrthryfeloedd arfog yn anafu ac yn anffurfio llawer mwy o bobl nag y maen nhw'n eu lladd. Yn Syria, mae mwy na miliwn o bobl wedi dioddef fel hyn. Os yw'r ardal lle mae'r rhyfel yn digwydd yn ardal dlawd yn barod, mae'r rhyfel yn cael effaith fawr arni am fod yr economi'n colli llawer o weithwyr a bydd llawer mwy o bobl yn mynd yn ddibynnol ar y wladwriaeth (oherwydd iechyd gwael ac anabledd). Mae cost trin anafiadau rhyfel yn ddrud iawn hefyd, ac yn rhoi straen ar ysbytai (os nad ydyn nhw wedi cael eu dinistrio) a'u staff.

Mae salwch a chlefydau'n digwydd o ganlyniad i wrthdaro hir sy'n gwneud poblogaethau'n fwy agored i heintiau wrth i lefelau hylendid a glendid ddisgyn yn is na'r isafswm safonau isaf ac wrth i'r amodau byw ddirywio. Yn aml iawn, mae gwrthdaro arfog yn cyfyngu ar y cyflenwadau o ddŵr glân am fod cyrff marw'n llygru'r cyflenwadau dŵr ac yn lledaenu clefydau fel colera (gweler tudalen 106). Mae un papur diweddar wedi dadlau bod cynifer o farwolaethau – os nad mwy – yn digwydd o ganlyniad i glefydau ac achosion di-drais eraill (fel newyn, yn enwedig os yw'r gwrthryfela'n para'n hir) ag sy'n digwydd oherwydd y rhyfela.

- Yng ngwledydd tlotaf y byd, mae colli diogeledd bwyd o ganlyniad i ryfel yn arwain at ddiffyg maeth a newyn eang.
- Mae cyfraddau heintiad HIV wedi codi mewn llawer o ardaloedd o wrthdaro yn Affrica, er nad yn y Dwyrain Canol. Y rheswm a roddir am hynny fel arfer yw bod y byddinoedd sy'n anrheithio'n defnyddio trais rhywiol fel arf. Yn Uganda a Gweriniaeth Ddemocrataidd y Congo, mae heidiau mawr o blant wedi cael eu herwgipio a'u recriwtio i fod yn filwyr ifanc. Maen nhw'n dioddef straen seicolegol a thrawma o weld a chymryd rhan yn y lladd, yn ogystal â cholli allan ar eu haddysg. Mae costau tymor hir yn gysylltiedig ag adfer plant sy'n filwyr i'w bywydau pob dydd unwaith mae'r gwrthdaro wedi dod i ben neu dawelu.

Gwrthdaro, mudo gorfodol a datblygiad

Effaith eang arall y rhyfel yw'r llifoedd o ffoaduriaid a phobl wedi eu dadleoli'n fewnol (IDPs). Yn 2010, gorfodwyd tua 40 miliwn o bobl o'u cartrefi oherwydd ofn rhyfel ac erledigaeth. Fel arfer, mae tua 50% o'r bobl hynny sy'n cael eu gorfodi i symud yn ffoi dramor fel ffoaduriaid, ac yn aml i wledydd cyfagos. Er enghraifft, mae niferoedd mawr iawn o bobl o Syria mewn gwersylloedd ffoaduriaid yn Jordan a Lebanon, sydd yn amlwg yn rhoi straen enfawr ar economïau'r gwladwriaethau hyn. Mae tua 45 y cant o boblogaeth Jordan yn ffoaduriaid o ryfeloedd cynharach yn Lebanon neu Iraq, a'r gwrthdaro mwy diweddar yn Syria. Yn Yemen, mae 30 y cant o bobl yn byw mewn ansicrwydd fel pobl sydd wedi eu dadleoli'n fewnol - dydyn nhw ddim yn cael eu cydnabod fel ffoaduriaid (am nad ydyn nhw wedi gadael eu gwlad), ond dydyn nhw ddim yn gallu dychwelyd adref chwaith i'w swyddi ac i ennill eu bywoliaeth arferol.

Mae Rhaglen Datblygu'r Cenhedloedd Unedig (*UNDP - United Nations Development Programme*) wedi cyfrifo bod un ymhob cant o bobl drwy'r byd i gyd wedi cael eu gorfodi ar ryw adeg ers 2000 i adael eu cartrefi oherwydd gwrthdaro. Roedd rhai o'r rhain yn weithwyr mudol mewn gwledydd lle'r oedd rhyfel wedi cychwyn, e.e. pobl o India yn byw yn Kuwait yn ystod rhyfel Iraq-Kuwait yn 1990. Felly, daeth y taliadau i ben oedd yn cael eu hanfon adref ganddyn nhw at eu teuluoedd yn India. Mae hyn yn dangos sut mae effeithiau daearyddol gwrthdaro'n gallu lledaenu oherwydd toriadau mewn perthnasoedd a chysylltiadau byd-eang.

 TERMAU ALLWEDDOL

Diogeledd bwyd Mae hyn yn golygu i ba raddau mae gan wlad gyflenwadau digonol a dibynadwy o fwyd fforddiadwy, o safon dderbyniol.

Pobl wedi dadleoli'n fewnol (*IDPs: Internally displaced persons*) Mae hyn yn golygu rhywun sydd wedi ei orfodi i adael ei gartref ond sy'n dal i fod o fewn ffiniau ei wlad.

Sialensiau datblygu ar ôl y gwrthdaro

Pan mae heddwch yn cyrraedd o'r diwedd, mae rhagor o sialensiau i'w hwynebu:

- Gan fod eu cartrefi wedi eu dinistrio, mae'n rhaid i lawer o bobl sydd wedi eu dadleoli'n fewnol barhau i fyw mewn gwersylloedd dros dro lle dydy'r plant ddim yn gallu ailgychwyn eu haddysg arferol. Mae cam-drin hawliau dynol yn broblem gymdeithasol eithriadol o ddifrifol sy'n gallu parhau mewn gwersylloedd hyd yn oed pan mae'r gwrthdaro wedi pasio. Mae'r diwylliant o drais a ddaw oherwydd y gwrthdaro arfog a'r nifer mawr o arfau bach yn gallu creu hinsawdd barhaus o ofn, gwrthryfela rhwng gangiau a diffyg hid ar raddfa fawr am hawliau dynol.
- Mae angen gofalu am bobl sydd wedi dioddef trawma. Gallai'r milwyr ifanc sydd wedi torri eu calonnau deimlo ar goll a'i chael hi'n anodd iawn integreiddio i'r gymdeithas unwaith eto. Dydy hi ddim yn hawdd bob amser i aduno teuluoedd a gafodd eu rhwygo gan ryfel. Efallai fod y gwrthdaro wedi niweidio'r cydraddoldeb rhwng y rhywiau hefyd, a hynny mewn ffordd barhaol, oherwydd y cynnydd mawr mewn trais rhywiol tuag at ferched. Mae'r Cenhedloedd Unedig yn amcangyfrif bod hyd at 500,000 o achosion o dreisio rhywiol wedi digwydd yn ystod yr hil-laddiad yn Rwanda yn yr 1990au cynnar a rhyfel Sudan ar Darfur yn y 2000au cynnar.
- Effaith arall sy'n parhau yw'r ffordd y mae cymdeithas yn troi yn un filwrol, lle mae llawer o bobl yn berchen ar arfau, fel y reifflau AK47 drwg-enwog (gweler Ffigur 4.2). Gallai ethos treisgar barhau yn y cyfnod ar ôl y rhyfel, gyda lefel uchel o drosedd sy'n gysylltiedig ag arfau bach.

Effaith arall y gwrthdaro arfog yw'r dirywiad parhaol yn y maint o wasanaethau cymdeithasol, iechyd ac addysg sydd ar gael. Mae milwyr rebel yn meddwl am y cyfleusterau mewn pentrefi yn yr ardaloedd o wrthdaro fel targedau dilys, ac yn mynd ati'n aml iawn i losgi a bomio pentrefi cyfan i'r llawr. Wrth i'r gweithwyr allweddol meddygol ffoi, mae'n anochel bod y wlad yn dioddef mewn llawer o ffyrdd, e.e. does dim rhaglenni imiwneiddio a maethiad i blant. O ganlyniad, gallai cyfraddau marwolaeth mamau a phlant godi.

▲ **Ffigur 4.2** Milwr sy'n blentyn ar ddyletswydd gydag AK47 yng Ngweriniaeth Ddemocrataidd y Congo.

Yn olaf, mae'n achosi effeithiau parhaus i fasnach, buddsoddi a chynhyrchu wrth i ffermydd, ffatrïoedd ac isadeiledd gael eu dinistrio – weithiau'n fwriadol. Mae hyn yn amharu ar refeniw'r llywodraeth sy'n dod o allforion a'r buddsoddiad uniongyrchol tramor (*FDI - foreign direct investment*) sydd fel arfer yn dod i mewn i'r wlad. Mae'r UNDP yn amcangyfrif mai cyfartaledd y gost i economi Affrica gyfan oherwydd y gwrthdaro arfog rhwng 2000 a 2005 oedd 15 biliwn o ddoleri UDA bob blwyddyn. Yn ystod rhyfel 1990, aeth goresgynwyr o Iraq ati i gynnau tân yn fwriadol ar safleoedd a ffynhonnau olew Kuwait gan ddinistrio'r wlad yn economaidd ac arwain hefyd at lygredd aer enfawr a niwed costus tymor hir i'r cyflenwadau dŵr daear.

Mae'r astudiaeth achos am Yemen yn y bennod hon yn dangos effeithiau datblygiadol a dyngarol dinistriol rhyfel.

ASTUDIAETH ACHOS GYFOES: YEMEN

Ers 2015, mae Yemen, y wlad dlotaf yn y byd Arabaidd, wedi bod yn dioddef rhyfel gwaedlyd rhwng y gwrthryfelwyr Houthi a chefnogwyr y llywodraeth sy'n cael ei chydnabod yn rhyngwladol fel llywodraeth Yemen.

- Er bod yr Houthi a llywodraeth Yemen wedi bod yn brwydro'n achlysurol ers 2004, roedd llawer o'r brwydro wedi ei gyfyngu yn y gorffennol i gadarnle'r Houthi yn ardal dlotaf gogledd Yemen, talaith Saada.

- Ond, ym mis Medi 2014, gwthiodd yr Houthi tua'r de ac, am gyfnod, roedd ganddyn nhw reolaeth dros brifddinas Yemen, Sanaa. Yna, aethon nhw ymlaen ymhellach fyth i'r de tuag at Aden, y prif borthladd.

- Mewn ymateb i'r symudiadau hyn aeth clymblaid o daleithiau Arabaidd ati i lansio ymgyrch filwrol i drechu'r Houthi. Arweiniodd Saudi Arabia gyfuniad o luoedd o Kuwait, Yr Emiradau Arabaidd Unedig, Bahrain ac, i raddau llai, Yr Aifft, Moroco, Jordan, Sudan a Senegal. Anfonodd Emiradau Arabaidd Unedig a nifer o wledydd eraill fyddinoedd tir i frwydro yn Yemen; cyfrannodd eraill e.e. Saudi Arabia, gymorth o'r awyr.

Y glymblaid dan arweiniad Saudi sy'n cefnogi llywodraeth Yemen ac mae'r gwrthryfelwyr Houthi ar yr ochr arall wedi eu cefnogi gan Iran. Mae UDA a Saudi Arabia wedi cyhuddo Iran o gyflenwi taflegrau balistig i'r Houthi, gan ddadlau bod y trosglwyddiadau arfau hyn yn dystiolaeth bod gan Iran nod ehangach, sef ansefydlogi'r rhanbarth er ei budd hi ei hun. Felly, mewn gwirionedd, mae rhyfel procsi yn Yemen rhwng y glymblaid dan arweiniad Saudi ar un ochr ac Iran ar yr ochr arall.

Mae gan Saudi Arabia agenda hefyd. Mae goror neu ffin hir rhwng y wlad Fwslimaidd Sunni hon ac Yemen, ac mae Saudi wedi bod yn ofni ers tro byd bod Iran, sy'n wlad Fwslimaidd Shia, yn ceisio ehangu. Mae Iran yn darparu cymorth i grwpiau arfog Mwslimaidd Shia drwy'r Dwyrain Canol cyfan, nid yn unig yn Yemen, ond hefyd yn Iraq, Syria a Lebanon. Yn wir, mae rhyfel Yemen yn un rhan o frwydr gymhleth lawer ehangach. Efallai ei bod wedi dechrau fel rhyfel cartref ond mae wedi dod yn rhan o frwydr ranbarthol fwy ers hynny.

Dyma rai ffeithiau allweddol am ryfel cymhleth Yemen:

- Erbyn Mawrth 2018 roedd o leiaf 20,000 o bobl Yemen wedi cael eu lladd gan y brwydro, a chyfanswm o fwy na 40,000 o bobl wedi eu hanafu.

- Yn 2017, amcangyfrifodd Save the Children bod o leiaf 50,000 o blant wedi colli eu rhieni.

- Roedd Uchel Gomisiwn y Cenhedloedd Unedig dros Hawliau Dynol yn amcangyfrif bod cyrchoedd awyr gan y glymblaid dan arweiniad Saudi wedi achosi dwy ran o dair o'r marwolaethau hynny ymysg y bobl gyffredin oedd wedi eu cofnodi, ac mae'r Houthi wedi cael eu cyhuddo o achosi anafiadau eang ymysg y bobl gyffredin yn ystod gwarchae 2017 ar Taiz (y ddinas fwyaf ond dwy yn Yemen).

- Mae miliynau o bobl Yemen wedi cael eu dadleoli – yn ôl yr amcangyfrifon gan OCHA, roedd mwy na 3 miliwn o bobl wedi ffoi o'u cartrefi yn ninasoedd mawr Yemen. Mae'r rhan fwyaf ohonyn nhw wedi cael eu dadleoli o fewn y wlad ac mae tua 300,000 wedi ceisio lloches mewn gwledydd eraill, yn enwedig Somalia a Djibouti.

- Yn aml iawn mae'n rhaid i bobl Yemen sydd wedi eu dadleoli o fewn y wlad ymdopi ag amodau ofnadwy. Ymysg y prif broblemau mae lloches annigonol a phrinderau bwyd eang: mae traean o boblogaeth Yemen (8 miliwn o bobl) yn parhau i fod mewn perygl o newyn ac mae dwy ran o dair heb ddigon o faeth. Mae colera wedi lledaenu o ganlyniad i hyn ac wedi effeithio ar tua miliwn o bobl.

Yng nghanol yr anhrefn mewnol sydd wedi codi o ganlyniad i hyn, mae Al Qaeda a Daesh (ISIS) wedi gallu cynyddu eu dylanwad yn y rhanbarth. Er enghraifft:

- Ers blynyddoedd lawer mae Yemen wedi bod yn gartref i un o grwpiau hollt Al Qaeda sy'n cael ei ystyried gan CIA UDA yn un o ganghennau mwyaf peryglus y sefydliad. Ymysg yr anhrefn yn Yemen, gallai'r grŵp hwn ehangu ei ddylanwad a chymryd rheolaeth dros ardaloedd sylweddol o diriogaeth yn ne Yemen. O'r fan honno lansiodd nifer o ymosodiadau ar yr Houthi sy'n anghrediniwyr yn eu barn nhw (sy'n ein hatgoffa ni eto o gymhlethdod tirwedd ethnig a chrefyddol y Dwyrain Canol).

- Cyhoeddodd Daesh bod 'talaith' wedi ei ffurfio yn Yemen ym mis Rhagfyr 2014 ac arweiniodd hyn at nifer o gyrchoedd hunanladdol ar ddau fosg yn Sanaa a ddefnyddiwyd gan Fwslimiaid Shia, gan ladd mwy na 140 o bobl.

Wrth i faint y gwrthdaro lleol a'r grwpiau arfog cystadleuol gynyddu, cafwyd adroddiad gan y Cenhedloedd Unedig yn 2018 oedd yn dweud mai 'prin y mae Yemen fel talaith yn bodoli mwyach'. Canfu'r adroddiad hefyd bod rheolaeth cyfraith yn 'dirywio'n gyflym ledled Yemen am fod pob ochr oedd yn rhan o'r gwrthdaro wedi pechu'n eang yn erbyn hawliau dynol'. Cafwyd adroddiadau yn y cyfryngau sydd wedi eu cefnogi gan y Cenhedloedd Unedig bod yr Emiradau Arabaidd Unedig (yn rhan o'r glymblaid filwrol dan arweiniad Saudi) wedi arteithio carcharorion ac wedi gorfodi blocâd gan fygwth eu llwgu er mwyn bargeinio ac fel ffordd o gael goruchafiaeth yn y rhyfel. Ar yr un pryd, roedd yr Houthi wedi dienyddio a charcharu pobl ar raddfa eang gan gryfhau'r cylch o ddial a thalu'r pwyth yn ôl a allai barhau ymhell i'r 2020au a'r 2030au.

Mae pawb sy'n rhan o'r gwrthdaro'n dal i gredu eu bod nhw'n gallu ennill yn filwrol ac nad oes angen iddyn nhw wneud unrhyw gyfaddawdau gwleidyddol. Dydy'r bobl hynny sy'n gwneud penderfyniadau gwleidyddol yn Saudi Arabia ac mewn mannau eraill ddim yn dioddef yn uniongyrchol o'u rhyfel procsi ond mae pobl gyffredin

Yemen yn dal i ddioddef. Felly beth mae llywodraethiant byd-eang wedi ei wneud? Fel mae nifer o adroddiadau ar y rhyngwyd yn ei ofyn, pam nad yw'r Cenhedloedd Unedig yn gwneud mwy? Beth mae'r gymuned fyd-eang yn ei wneud i ddod â diwedd i argyfwng dyngarol Yemen?

Llywodraethiant byd-eang ar y gwrthdaro yn Yemen

Un farn yw bod llawer o gyfranogi wedi digwydd heb fawr ddim canlyniadau cadarn.

Ers 2011, mae swyddfeydd Ysgrifennydd Cyffredinol y Cenhedloedd Unedig wedi ceisio helpu i gyrraedd ateb heddychlon. O ganlyniad i gymorth y Cenhedloedd Unedig, llofnodwyd Menter Cyngor Cydweithrediad y Gwlff (GCC: Gulf Co-operation Council), a'i Mecanwaith Gweithredu yn Riyadh (Saudi Arabia) ar 23 Tachwedd 2011. Ers hynny mae'r Cenhedloedd Unedig wedi parhau i ymwneud â holl grwpiau gwleidyddol Yemen i gefnogi gweithrediad effeithiol Menter Cyngor Cydweithrediad y Gwlff.

■ Sefydlwyd swyddfa Cennad Arbennig y Cenhedloedd Unedig i'r Yemen yn 2012; yng Nghynhadledd Deialog Cenedlaethol 2014 sefydlwyd 'cymorth ar gyfer llywodraethiant da, rôl y gyfraith a hawliau dynol ar gyfer Yemen ffederal a democrataidd newydd'. Ond, fel rydyn ni wedi ei weld yn barod, hon hefyd oedd y flwyddyn pan waethygodd y gwrthdaro'n sylweddol.

■ Mae'r Cenhedloedd Unedig wedi hwyluso nifer fawr o drafodaethau, ond mae'n amlwg nad oedd yr ymdrechion hyn yn effeithiol o ran atal y rhyfel rhag gwaethygu.

■ Mae'r Cenhedloedd Unedig wedi ailadrodd dro ar ôl tro nad oes modd datrys rhyfel Yemen yn filwrol ac mae wedi galw am ailgychwyn trafodaethau am heddwch.

Am fod y broses heddwch wedi oedi ac am fod dirywiad economaidd difrifol wedi achosi i sefydliadau a gwasanaethau sylfaenol hanfodol fethu'n gyflymach nag erioed, y farn gyffredinol am Yemen erbyn hyn yw ei

bod yn wladwriaeth sydd wedi methu, ac sydd mewn argyfwng dyngarol a datblygiadol hir.

Mae arsylwyr yn dadlau bod hanes y Cenhedloedd Unedig mewn perthynas â rhyfel cartref cymhleth Yemen wedi osgoi materion allweddol yn aml iawn. Mae rhai o'r brif bobl sy'n ei feirniadu'n dweud ei fod wedi rhoi ormod o gefnogaeth i lywodraeth y wladwriaeth a'r glymblaid sydd dan arweiniad Saudi, am fod y Cenhedloedd Unedig yn cynrychioli ac felly'n ddibynnol ar yr arian y mae'r cenedl-wladwriaethau hyn yn eu darparu (gweler tudalen 42). Nid dyma'r tro cyntaf i'r Cenhedloedd Unedig ymddwyn fel y mae wedi'i wneud yn Yemen. Mae'r bobl sy'n ei feirniadu'n dweud ei fod wedi ymddwyn yn debyg pan fethodd â diogelu'r bobl gyffredin yn ystod rhyfel cartref Sri Lanka 1983-2009, ac nad oes ganddo'r ewyllys gwleidyddol i atal gweithredoedd erchyll. Un enghraifft debyg yn y cyfnod presennol yw methiant Cyngor Diogelwch y Cenhedloedd Unedig i gymryd unrhyw gamau llwyddiannus i ddod â'r rhyfel yn Syria i ben.

Y casgliad felly yw bod y Cenhedloedd Unedig wedi methu helpu i ddod â rhyfel procsi Yemen i ben er gwaethaf yr argyfwng dyngarol distrywiol sy'n digwydd yno. Un farn yw bod cymhlethdod y nifer o haenau o densiwn a gwrthdaro yn y Dwyrain Canol wedi creu sialensiau gwleidyddol nad oes modd eu goresgyn. Yn ôl safbwynt arall, dydy aelodau allweddol o Gyngor Diogelwch y Cenhedloedd Unedig ddim eisiau digio eu cynghreiriaid a'u ffrindiau eu hunain (gydag UDA a'r DU yn cefnogi Saudi Arabia, a Rwsia'n cefnogi Iran).

Yn nes ymlaen yn y bennod hon, byddwn ni'n gwerthuso ymdrechion y Cenhedloedd Unedig i ddarparu cymorth dyngarol yn Yemen hyd yn oed os nad yw llywodraethiant byd-eang yn gallu dod â'r rhyfel ei hun i ben. A allai'r llywodraethiant byd-eang o leiaf wella rhywfaint ar yr amodau byw ofnadwy i bobl Yemen a gwladwriaethau eraill sydd wedi methu, er ei bod hi'n hynod o anodd canfod unrhyw atebion gwleidyddol?

◀ **Ffigur 4.3** Gwrthryfelwyr Houthi yn dathlu ar ôl cipio pencadlys llywodraeth Yemen, 22 Medi 2015

Llywodraethiant byd-eang ar arfau

▶ *I ba raddau mae'r Cenhedloedd Unedig wedi llwyddo i reoleiddio'r defnydd o arfau?*

Ers genedigaeth y Cenhedloedd Unedig yn 1945, mae diarfogi amlochrog a chyfyngu ar arfau wedi bod yn dargedau allweddol i'r ymdrechion llywodraethiant byd-eang dan arweiniad y Cenhedloedd Unedig sydd wedi eu hanelu at gadw heddwch a diogelwch rhyngwladol. Felly mae'r Cenhedloedd Unedig wedi rhoi'r flaenoriaeth uchaf i ostwng ac, yn y pendraw, gael gwared ag arfau niwclear (Tabl 41), dinistrio arfau cemegol a chryfhau'r gwaharddiad ar arfau biolegol. Yr enw ar y rhain i gyd yw arfau distryw mawr (WMD) oherwydd eu bygythiad difrifol i'r ddynoliaeth.

Yn wynebu'r gymuned ryngwladol hefyd mae'r nifer enfawr a bygythiol o arfau bach ac ysgafn (e.e. reifflau ymosod Kalashnikov AK47), sy'n broblem fyd-eang go iawn erbyn hyn. Yn ôl yr amcangyfrifon, mae 500 miliwn o arfau bach yn eiddo i unigolion nad ydyn nhw'n aelodau o luoedd milwrol sydd o dan arweiniad llywodraethau. Mae prisiau arfau'n isel yn aml iawn pan ddaw rhyfeloedd i ben; pan gwympodd yr Undeb Sofietaidd yn 1991 (gweler tudalen 7), rhyddhawyd niferoedd enfawr o arfau am brisiau isel mewn parth oedd yn ymestyn o'r Môr Du i Ganolbarth Asia. Mae tua 500,000 o farwolaethau'n digwydd yn fyd-eang bob blwyddyn o ganlyniad i arfau tân, ac mae 60 y cant o'r rhain yn gysylltiedig â rhyfel a therfysgaeth; mae llawer o'r gweddill yn gysylltiedig â thrais milwrol a gangiau neu droseddau trefnedig.

Ar brydiau, mae'r Cenhedloedd Unedig wedi gorfodi embargos arfau rhyngwladol. Rhwng 1996 a 2000, e.e. rhestrwyd deg gwladwriaeth Affricanaidd. Un broblem sy'n parhau yw bod allforio arfau'n weithgaredd economaidd proffidiol iawn i lawer o genhedloedd grymus, yn cynnwys y DU. Mae'r prif brynwyr yn cynnwys gwledydd yn y Dwyrain Canol cythryblus (rhyw 25 y cant o'r cyfanswm byd-eang). Mewn rhyfeloedd procsi, fel y gwrthdaro yn Yemen (tudalennau 106-7), mae'n bosibl bod rhyfelwyr lleol wedi derbyn arfau gan bwerau allanol (mae UDA a Rwsia wedi cyflenwi arfau nifer o weithiau).

Llywodraethu diarfogi

Mae gwaith y Cenhedloedd Unedig i lywodraethu diarfogi wedi bod yn gymysgedd o lwyddiannau a methiannau, er gwaethaf y ffaith bod rhan eang iawn o'i waith yn ymwneud â rheoli rhyfeloedd a cheisio heddwch (mae'r Cynulliad Cyffredinol, y Cyngor Diogelwch ac amrywiol bwyllgorau a chomisiynau i gyd i fod i chwarae eu rhan). Ond mae'r ffactorau sy'n rhwystro llywodraethiant byd-eang llwyddiannus ar ddiarfogi'n rhai enfawr. Ymysg y ffactorau hyn mae'r angen i ymdrin â'r holl bethau canlynol wrth iddyn nhw godi:

● y nifer cynyddol o frwydrau a pha mor amrywiol ydyn nhw
● datblygiadau newydd mewn technoleg arfau ac arfogi (e.e. tarianau gwrthsefyll taflegrau, taflegrau clyfar gyda chwmpas byd-eang, dronau, deallusrwydd artiffisial a seiber-arfau)

- tensiynau rhyngwladol sy'n tyfu, a'r posibilrwydd y gallai'r Rhyfel Oer ail ddechrau (gweler tudalen 4) rhwng llywodraeth UDA (sydd wedi bod yn ddirmygus iawn o lawer o'r sianelau llywodraethiant byd-eang sydd wedi eu sefydlu'n barod) a Rwsia sy'n ymosodol (o dan yr Arlywydd Putin, mae atgyfodiad Rwsia fel pŵer mawr byd-eang wedi ei gysylltu'n agos o hyd at faint a chryfder ei arsenal niwclear)
- datblygiad posibl China i fod yn bŵer mawr gyda llynges enfawr i gefnogi ei dyheadau geowleidyddol.

Fel rydyn ni wedi'i weld eisoes, mae llywodraethiant y Cenhedloedd Unedig yn gweithredu ar egwyddor o 'gonsenws' (gweler tudalen 34). Arweiniodd y cydweithredu rhyngwladol at ddatblygu nifer o gytundebau oedd yn torri tir newydd yn y blynyddoedd yn syth ar ôl y Rhyfel Oer, fel y Cytundeb Grym Niwclear (*NFT - Nuclear Force Treaty*), oedd yn sylfaen ar gyfer y cytuno amlochrog i reoli arfau, a SALT 1 a SALT 2 (sef y Cyfyngiad Strategol ar Arfau - *Strategic Arms Limitation*). Roedd y cytundebau hyn o gymorth i ostwng nifer y pennau ffrwydrol niwclear oedd yn eiddo i UDA a Rwsia (gweler Ffigur 4.4). Mae rhai o'r cytundebau hyn ar fin cael eu hail lunio erbyn hyn. Ond, ddylen ni ddim cymryd yn ganiataol y bydd hyn yn digwydd oherwydd gallem ni ddadlau bod y cytundebau dwyochrog (UDA-Rwsia) ac amlochrog mewn cyflwr gwael iawn.

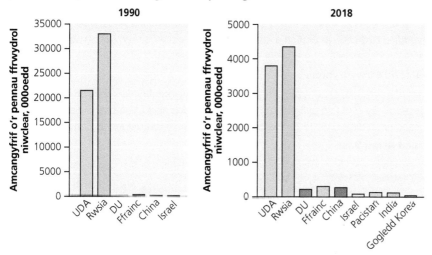

◀ **Ffigur 4.4** Rhestrau eiddo o bennau rhyfel niwclear gwledydd detholedig, 1990 a 2018

Ar hyn o bryd mae'r Cytundeb Grym Niwclear yn parhau yn ei le, ac mae'n cael ei blismona'n dda gan arolygwyr arfau'r Awdurdod Egni Atomig Rhyngwladol (*IAEA – International Atomic Energy Authority*). Ond, mae'r trafodaethau ynglŷn ag adnewyddu'n parhau i fod yn ansefydlog, ac mae hynny wedi ei waethygu'n arbennig gan ddatblygiad y taflegrau cwmpas hir gan Ogledd Korea a'r ffaith bod UDA wedi tynnu allan o gytundeb galluoedd niwclear Iran.

Hefyd, mae anghytuno parhaus rhwng y Grŵp sydd ag Arfau Niwclear (y 44 gwlad sydd â galluoedd niwclear) a'r mwyafrif llethol o'r rhai sydd heb (y Nuke-nots). Mae'n ymddangos bod y Grŵp sydd ag Arfau Niwclear yn gwrthod y cytundeb arfau niwclear newydd sydd wedi ei noddi gan y Cenhedloedd Unedig – y Cytundeb Gwahardd Niwclear, ac mae rhai o'r gwledydd sydd â gallu niwclear yn ei anwybyddu hefyd.

Yn Nhabl 4.1 mae cyfle i chi asesu rhai o'r cytundebau a'r rheoliadau diarfogi dwyochrog ac amlochrog a ddatblygwyd ers 1968. I ba raddau mae'n ymddangos eu bod nhw wedi llwyddo?

1968	**Y Cytundeb Atal Lledaenu Arfau Niwclear** (*NPT – The Treaty of Non-Proliferation of Nuclear Weapons*)
	Mae gwladwriaethau heb arfau niwclear yn cytuno i beidio prynu arfau niwclear byth ac, yn gyfenwid am hynny, mae caniatâd iddyn nhw ddefnyddio egni niwclear mewn ffyrdd heddychlon. Mae'r 'gwladwriaethau niwclear' yn addo cynnal trafodaethau ynglŷn â dod â'r ras arfau niwclear i ben a hefyd ynglŷn â diarfogi niwclear, gyda IAEA yn gweithredu fel monitor. Mae'r adolygiadau sydd wedi dilyn hyn wedi bod yn drafferthus. Hefyd, cafodd rhai parthau rhanbarthol oedd heb unrhyw arfau niwclear eu sefydlu yn 1967-93.
1972	**Y Confensiwn Arfau Biolegol a Gwenwynig**
	Roedd hwn yn rhwystro datblygiad, cynhyrchiad a phentyrru cyfryngau biolegol oedd heb unrhyw gyfiawnhad heddychlon. Ond, nid oes ganddo ddulliau o wirio hyn, a gwrthododd UDA ganiatáu cynigion i gryfhau'r monitro.
1993	**Y Confensiwn Arfau Cemegol**
	Roedd hwn yn rhwystro gwledydd rhag datblygu arfau nwy cemegol, cadw stoc ohonyn nhw a defnyddio arfau o'r math yma. Ers hynny, cyfyngedig iawn yw unrhyw dystiolaeth o ddefnyddio'r arfau hyn (e.e. ymosodiadau gan lywodraeth Iraq ar bobl Cwrdaidd yn 1988, ac yn fwy diweddar yn Syria). Mae arolygiadau dan arweiniad y Cenhedloedd Unedig wedi arwain at ddinistrio rhai storfeydd. Yn dilyn adolygiad o'r Confensiwn Arfau Cemegol, cafodd ei ddiddymu yn 2003.
1996	**Cytundeb Gwahardd Profion Cynhwysfawr**
	Gosododd hwn waharddiad byd-eang ar brofion gyda ffrwydradau niwclear o unrhyw fath ac mewn unrhyw amgylchedd.
1997	**Y Confensiwn Gwahardd Ffrwydrynnau**
	Roedd hwn yn gwahardd defnyddio, cadw stoc, cynhyrchu a throsglwyddo ffrwydrynnau yn erbyn pobl, ac yn darparu ar gyfer eu dinistrio. Y farn gyffredinol yw bod y cytundeb hwn yn un o lwyddiannau llywodraethiant byd-eang am fod mwy na 130 o wladwriaethau wedi llofnodi'r cytundeb yn fuan iawn.
1998	**Cydlynu Gweithrediad Arfau Bach**
	Rhoddwyd y mecanwaith hwn yn ei le yn dilyn ymdrech fyd-eang barhaus gan gymdeithas sifil.
Cytundebau dwyochrog (rhwng UDA a'r Undeb Sofietaidd/Rwsia)	
1972	Cytundeb Gwrth-daflegrau Balistig i gyfyngu ar y Systemau Gwrth-daflegrau Balistig – daeth y cytundeb i ben yn 2002 pan dynnodd UDA allan ohono.
1991	Rhoddodd START1 gyfyngiad o 6000 o bennau ffrwydrol i UDA a 6000 i Rwsia, gan ostwng pentwr stoc niwclear Rhyfel Oer 1991 o 30%.
1993	Roedd STARTII yn ymrwymo'r ddau barti i ostwng y nifer o bennau ffrwydrol ar daflegrau niwclear cwmpas pell i 3500 ar bob ochr erbyn 2003.
2002	Cytundeb SORT – roedd hwn yn cytuno i gyfyngu ar y lefel o bennau ffrwydrol niwclear strategol trefnedig oedd ganddyn nhw mewn grym tan 2012 i rhwng 1700 a 2200. Mae gostyngiad yr arsenal niwclear yn llwyddiant go iawn.

▲ **Tabl 4.1** Diarfogi amlochrog a chytundebau rheoleiddio arfau

Y casgliad felly yw hyn: er bod y rheolaeth ar arfau'n cael enw drwg iawn yn aml, mae wedi bod yn erfyn llywodraethiant byd-eang gwerthfawr iawn ar adegau. Rhwng y dyheadau a'r gobeithion a aeth ar chwâl neu a gafodd eu hanghofio, mae rhai llwyddiannau mawr iawn. Yn arbennig, o ganlyniad i ymgyrch fyd-eang lwyddiannus iawn gan gymdeithas sifil a sefydliadau anllywodraethol, llofnodwyd y Cytundeb Gwahardd Ffrwydron Tir yn Ottowa yn 1997. Mae mwy na 130 o wladwriaethau wedi cefnogi hwn ac mae bron i 50 o wladwriaethau wedi rhoi'r gorau'n gyfan gwbl i wneud ffrwydron tir. Rhoddwyd cymorth ariannol ac ymarferol i raglenni clirio ffrwydron tir yn Albania, Bosnia, Cambodia a mannau eraill.

O ganlyniad i gynnydd mawr mewn cefnogaeth gan weithredwyr oedd ddim yn wladwriaethau, cafodd y rhaglenni hyn eu mabwysiadu'n gyflym iawn ac yn fyd-eang. Y rheswm dros y cynnydd mewn cefnogaeth oedd gwell dealltwriaeth o'r ffaith bod pobl ddiniwed wedi colli eu bywydau'n ddiangen mewn parthau oedd gynt yn rhai milwrol. Yn anffodus, mae cafeat i'r llwyddiant hwn. Nid oedd y cytundeb yn ymdrin â phob math o ffrwydryn; hefyd, mae nifer o'r rhai sydd heb lofnodi wedi cadw pentyrau o ffrwydron sy'n niweidio pobl, e.e. India, Pacistan a nifer o aelodau o Gyngor Diogelwch y Cenhedloedd Unedig (UDA, Rwsia a China).

 # Gwerthuso'r mater

▶ *I ba raddau mae cymorth rhyngwladol yn gallu hyrwyddo datblygiad a heddwch?*

Cyd-destunau a meini prawf posibl ar gyfer y gwerthusiad

Mae rhannau cyntaf y bennod hon wedi canolbwyntio ar wrthdaro a'i oblygiadau i dwf a datblygiad economaidd. Yn arbennig, mae heddwch yn hanfodol er mwyn cael datblygiad economaidd a mwy o ffyniant. Mae buddsoddwyr yn ymwybodol iawn na fydd heddwch yn bosibl heb ddatblygiad, ac na fydd datblygiad yn bosibl heb heddwch. Un arf llywodraethiant byd-eang pwysig ar gyfer ymdrin â'r plethwaith hwn o wrthdaro a datblygiad yw cymorth rhyngwladol:

- Yn dilyn gwrthdaro, efallai y bydd angen cymorth ar frys i helpu gyda gwaith adfer ac ailadeiladu (gweler tudalennau 116-17), am resymau dyngarol a hefyd resymau datblygu yn y tymor hirach.
- I'r un graddau, mae cymorth yn cael ei ddefnyddio'n aml i hybu datblygiad economaidd. Mae economi lleol yn cael ei ysgogi drwy fuddsoddiad er mwyn hybu twf a ffyniant mewn ffyrdd a fydd yn gwneud gwrthdaro'n llai tebygol o ddigwydd yn y lle cyntaf (e.e. dros adnoddau prin, fel digwyddodd yn Darfur, Sudan).

 TERMAU ALLWEDDOL

Cymorth rhyngwladol Benthyciadau neu roddion gan wledydd tramor.

Ysgogi drwy fuddsoddiad Buddsoddi mewn gweithgaredd economaidd er mwyn cychwyn datblygiad ac osgoi rhai o'r problemau cynnar sy'n gallu codi os nad oes digon o gyfalaf.

Datblygiad o'r brig i lawr Pan mae sefydliadau mawr, fel llywodraethau neu gorfforaethau trawswladol mawr, yn gwneud y buddsoddi a'r penderfyniadau.

Datblygiad o'r gwaelod i fyny Pan mae cymunedau lleol yn gwneud y penderfyniadau ac yn rhoi ystyriaeth lawn i anghenion lleol.

Deall termau allweddol – cymorth rhyngwladol neu fuddsoddiad?

- Mae **Cymorth** yn cyfeirio at roddion neu fenthyciadau y mae'n rhaid eu had-dalu gan un wlad neu sefydliad i un arall. Diben y cymorth yw helpu i naill ai ddatblygu gwlad neu ymateb i drychineb. Gall y cymorth hwn fod yn ddwyochrog – gan lywodraeth un wlad yn uniongyrchol i un arall, neu'n amlochrog – gan gynghreiriaid nifer o wledydd neu sefydliadau i un arall. Weithiau mae'r cymorth yn cael ei roi gydag amodau, e.e. mae'n rhaid i'r arian gael ei wario ar gynhyrchion y rhoddwr ei hun, felly ychydig iawn o lais neu reolaeth sydd gan y wlad sy'n derbyn y cymorth.

Yr enw ar hyn yw cymorth clwm, er bod llai o brojectau o'r math yma'n digwydd erbyn hyn.

- Mae **buddsoddiad** yn cyfeirio at fenthyciadau sydd angen eu talu'n ôl sy'n cael eu defnyddio i ddatblygu gwlad, ond gyda disgwyliad y bydd y rhoddwr yn cael cyfran o'r elwon. Daw'r rhain fel arfer gan unigolion, cwmnïau (e.e. pan mae corfforaethau trawswladol yn buddsoddi mewn ffatri) neu lywodraethau sydd â chronfeydd buddsoddi o fewn eu gwlad.

- Mae rhai projectau'n **cyfuno** cymorth a buddsoddiad, e.e. yr argae Akosombo Dam yn Ghana ar hyd Afon Volta.

Er enghraifft, gwnaeth uwchgynhadledd G8 2005, dan arweiniad Prif Weinidog y DU Tony Blair a Changhellor y Trysorlys Gordon Brown, gyfraniad mawr i gau'r bwlch datblygiad byd-eang drwy gael gwared â dyledion oedd yn dinistrio gwledydd tlotaf y byd. Roedd y benthyciadau hyn wedi bodoli ers yr 1970au a, thros amser, roedden nhw wedi cynhyrchu cymaint o log nes y byddai'n amhosibl i'r mwyafrif gael eu talu yn eu cyfanrwydd. Roedd gan lawer o wledydd incwm isaf y byd rwymedigaethau i dalu dyledion lle'r oedd y llog yn unig yn uwch na Chynnyrch Mewnwladol Crynswth blynyddol y wlad. Yn aml iawn roedd llywodraethau'r Gorllewin yn canslo'r dyledion hyn am resymau datblygiadol. Roedd yn rhaid cytuno y byddai'r arian roedd y llywodraeth yn ei ddefnyddio gynt i ad-dalu'r ddyled yn cael ei ddefnyddio ar gyfer iechyd ac addysg, gan sicrhau gwelliannau mewn lles dynol. Yn eu tro, eu dadl nhw oedd y byddai hyn yn arwain at well datblygiad economaidd drwy boblogaeth fwy iach oedd wedi ei haddysgu'n well.

Meddwl yn feirniadol am gymorth

Mae'r syniad o gymorth rhyngwladol yn cael ei ddadlau a'i herio'n aml. A ddylai cymorth gael ei roi? Os felly, gan bwy ddylai'r cymorth gael ei roi, i bwy ac am ba resymau? Pa mor llwyddiannus yw cymorth? Sut mae ei lwyddiannau'n cymharu â methiannau cymharol mewn mannau eraill? Beth sy'n cymell y rhoddwyr cymorth? A yw

cymorth yn ddim byd mwy nag ymestyn polisïau tramor penodol, e.e. ffordd o greu cynghreiriau milwrol neu bŵer meddal (gweler tudalen 52), yn hytrach nag ymateb dilys i angen dyngarol?

Bydd y ddadl hon yn edrych i weld a yw cymorth yn ffordd addas o hyrwyddo datblygiad a thwf, gan atal neu ddatrys gwrthdaro ac angyfiawnder ar yr un pryd. Byddwn ni'n ystyried gwahanol ardaloedd o'r byd: mae'n ymddangos y byddai rhai ardaloedd yn ymateb mewn ffordd gadarnhaol iawn i gymorth, ond mae ardaloedd eraill yn gwneud i ni amau a yw cymorth yn ffordd briodol o helpu gwledydd i ddatblygu, neu o greu cysylltiadau agosach rhwng gwledydd.

- Mae llawer o brojectau cymorth yn y byd sy'n datblygu'n cael eu hariannu gan wledydd Gorllewinol. Y rheswm dros helpu bod y buddion yn mynd yn uniongyrchol i'r bobl dlotaf. Ond, ar lefelau cenedlaethol a lleol, mae'r problemau sy'n bodoli oherwydd gwahaniaethau mewn cyfoeth yn aml yn parhau heb eu datrys hyd yn oed ar ôl ymyriad y Gorllewin.

- Mae penderfyniadau ynglŷn â sut a ble i dargedu projectau datblygu'n cael eu gwneud fel arfer gan lywodraethau neu sefydliadau mawr – proses sy'n cael ei alw'n ddatblygiad o'r brig i lawr. Mae cwestiynau'n codi ynglŷn â phwy sy'n elwa o ddatblygiadau fel hyn.

Argyfwng Ebola 2014–15

Cyfanswm yr achosion: 27,741

Marwolaethau: 11,284 – digwyddodd 99.9 y cant o'r rhain yn Guinea, Sierra Leone a Liberia. Cafwyd achosion eraill yn Nigeria (8), Mali (6) ac UDA (1).

Y gyfradd marwolaethau gyfan: 41 y cant o achosion

Nifer y marwolaethau fesul gwlad:

- Liberia 4808
- Sierra Leone 3949
- Guinea 2512

Symptomau a phrognosis:

- Mae Ebola yn firws, tebyg i ffliw, ond yn llawer mwy difrifol.

- Mae'n lledaenu drwy gysylltiad uniongyrchol, yn cynnwys drwy disian, ac mae'n achosi perygl i weithwyr iechyd yn ogystal â chleifion.

- Mae'r symptomau'n cychwyn hyd at 21 diwrnod ar ôl yr heintiad, gan ddechrau gyda thwymyn, cur pen a phoen yn y cyhyrau a'r cymalau; yna mae dolur rhydd a chwydu'n datblygu, ac yn dilyn hynny mae'r arennau a'r iau yn dechrau methu, ac mae gwaedu mewnol yn digwydd yn y corff.

- Drwy gael triniaeth gynnar mae llai o siawns y bydd y claf yn marw, ac mae brechlynnau newydd wedi bod yn effeithiol o ran rheoli'r haint.

Ar ochr arall y geiniog mae *datblygiad o'r gwaelod i fyny*, sy'n cael ei siapio ar lefel gymunedol, ac sy'n cael ei weithredu'n aml iawn gan sefydliadau anllywodraethol (gweler tudalen 14), fel Oxfam, sy'n gweithio gyda phobl leol i ateb eu hanghenion datblygu tymor hir neu argyfyngau tymor byr. Mae'r rhan fwyaf o sefydliadau anllywodraethol yn ceisio cadw eu hunain yn ddi-duedd, er bod rhai wedi eu seilio ar egwyddorion crefyddol penodol, e.e. Cymorth Cristnogol. Ond, maen nhw'n gwneud gwaith polisi llywodraethau yn aml iawn (yn rhan o'r 'jig-so' llywodraethiant – gweler tudalen 11) gydag amcanion neu bolisïau penodol yn eu meddwl. Felly, i ddenu'r arian y maen nhw ei angen, mae elusennau yn aml iawn yn cydymffurfio ag amcanion a pholisïau neoryddfrydol llywodraethau canolog, sy'n gallu gwrthdaro â'r gwerthoedd a'r nodau a nodwyd ganddyn nhw yn wreiddiol.

Safbwynt 1: Mae cymorth yn cynnig buddion datblygu i'r gwledydd sy'n ei dderbyn

I ryw raddau, mae'r achosion o Ebola yng Ngorllewin Affrica yn 2014, a hefyd y camau gweithredu byd-eang i reoli HIV, yn cefnogi'r farn bod cymorth rhyngwladol yn gallu cyflawni ei nodau dyngarol a datblygiadol swyddogol.

Rôl y cymorth argyfwng yn ystod achosion Ebola 2014–15

Ym mis Mawrth 2014, cadarnhawyd bod achosion o Ebola yn Guinea, Sierra Leone a Liberia (gweler Ffigur 4.5). Ymddangosodd straen marwol o'r clefyd a hwn oedd yr achos mwyaf difrifol a welwyd erioed bryd hynny.

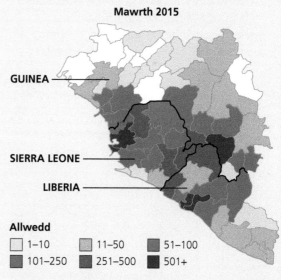

Mawrth 2015

GUINEA

SIERRA LEONE

LIBERIA

Allwedd

- 1–10
- 11–50
- 51–100
- 101–250
- 251–500
- 501+

▲ **Ffigur 4.5** Map yn dangos y marwolaethau o Ebola yng Ngorllewin Affrica rhwng Mawrth 2014 ac Awst 2015

Mae tlodi'n helpu Ebola i ffynnu. Mae Guinea, Sierra Leone a Liberia ymysg gwledydd tlotaf y byd, ac nid yw cyfran uchel o'u poblogaethau'n gallu gwrthsefyll clefydau am fod eu diet a'u hamodau byw mor wael. Yn aml iawn maen nhw'n methu fforddio'r driniaeth feddygol ac mae'r driniaeth yn dod yn rhy hwyr. Daeth nifer o weithredwyr mawr mewn llywodraethiant byd-eang i roi cynnig ar bontio'r bwlch hwn mewn gofal iechyd. Cododd Oxfam arian i geisio brwydro'r clefyd ar y cyd â'r Groes Goch ac elusen o Ffrainc o'r enw Médecins Sans Frontières. Llwyddodd yr ymgyrch godi arian i godi mwy na £28 miliwn yn fuan iawn i drin yr ardaloedd a effeithiwyd.

Roedd gwaith Oxfam yn cynnwys:

- helpu i wneud 3.2 miliwn o bobl yn llai agored i gael eu llethu gan Ebola drwy ddarparu dŵr, glanweithdra ac offer glanhau
- darparu cymorth ariannol i 15,000 o deuluoedd a effeithiwyd
- adeiladu cyfleusterau meddygol a chanolfannau iechyd a phrynu'r cyfarpar iddyn nhw, yn ogystal â thanciau a phibellau ar gyfer dŵr diogel.
- gweithio â'r gymuned i godi ymwybyddiaeth o Ebola, addysgu pobl am driniaethau, gwneud claddedigaethau diogel (darparu citiau oedd yn cynnwys masgiau, oferôls,

esgidiau, menig a bagiau corff), ac adeiladu gorsafoedd golchi dwylo cymunedol.

- hyfforddi athrawon a myfyrwyr ynghylch hylendid da er mwyn gwella iechyd y gymuned a lleihau'r perygl y byddai'r clefyd yn lledaenu.

Y rôl sydd gan gymorth tymor hir mewn rheoli HIV

Yn yr 1980au cynnar, ymddangosodd haint newydd oedd yn edrych fel petai'n achosi marwolaeth mewn dynion ifanc oedd yn iach cyn ei ddal, a hynny yn San Francisco ac mewn lleoliadau allweddol yn Affrica is-Sahara fel Uganda a Gweriniaeth Ddemocrataidd y Congo. Yn 1983, cafodd ei enwi'n Firws Diffyg Imiwnolegol Dynol (*HIV: Human Immuno-deficiency Virus*), ac roedd fel petai'n ymosod ar system imiwnedd y corff ei hun, gan wneud y bobl oedd wedi dal yr haint yn agored i heintiau oportiwnistaidd oedd, ar y cam hwnnw, yn arwain at farwolaeth fel arfer. Gwelwyd bod y mwyafrif o achosion wedi lledaenu drwy gysylltiad dynol, yn arbennig weithgaredd rhywiol. Beth allai fod yn fwy bygythiol i'r hil ddynol na lledaeniad heintus drwy'r weithred atgenhedlu ei hun?

Yn yr 1980au, roedd dal HIV yn golygu marwolaeth. Roedd llywodraethau'n ei chael hi'n anodd ymdrin â hyn ac, am rai blynyddoedd, cafwyd dadlau mawr ai bai'r bobl eu hunain oedd y clefyd hwn (roedd rhai

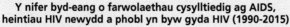

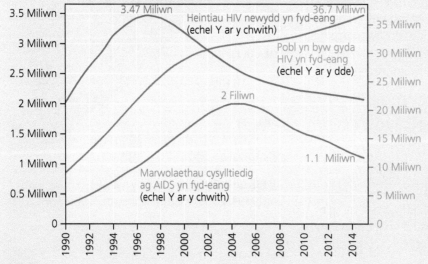

◀ **Ffigur 4.6** Y nifer byd-eang o achosion o heintiadau HIV newydd (llinell goch), marwolaethau sy'n gysylltiedig ag AIDS (llinell las), a nifer y bobl sy'n byw gyda HIV (llinell werdd)

pobl yn credu mai ymddwyn mewn ffordd lawn risg oedd yn achosi'r clefyd). Roedd ofnau y byddai'r gost o drin pobl oedd wedi eu heintio â'r firws hwn yn mynd yn anfforddiadwy os byddai'r niferoedd oedd yn ei ddal yn cynyddu. Yn y cyfamser, gallai cwmnïau cyffuriau weld y buddion ariannol mewn ymchwilio, profi a chynhyrchu cyffuriau i drin HIV, ond roedd y triniaethau cyffuriau cynnar yn eithriadol o ddrud. Er bod modd trin cleifion HIV o America, Ewrop ac Awstralia, roedd gwledydd incwm canolig ac isel yn cael problem fawr o ran ei fforddio.

Y fenter PEPFAR

Roedd Cynllun Argyfwng yr Arlywydd ar gyfer Cymorth AIDS (*PEPFAR: The President's Emergency Plan for AIDS Relief*) yn fenter a gychwynwyd gan Arlywydd UDA, ar y pryd, George W. Bush i frwydro'r pandemig HIV/AIDS byd-eang yn 2004. Yn y pen draw, trodd y gyllideb ddechreuol o 15 biliwn $UDA yn 18.8 biliwn dros bum mlynedd, ac wedyn cafodd ei ymestyn am bum mlynedd arall gyda chyllid pellach o 48 biliwn $UDA. Defnyddiwyd mwy na 50 y cant o'r gyllideb ar driniaeth HIV/AIDS, yn arbennig grŵp o gyffuriau i dawelu'r firws sy'n cael eu galw'n gyffuriau gwrth-retrofeirysol (*ARV: anti-retrovirals*). Mewn gwledydd lle rhoddwyd cymorth, gweithiodd yn effeithiol i ostwng nifer y marwolaethau o achosion yn ymwneud ag AIDS.

Roedd y cymorth wedi ei ganolbwyntio i ddechrau ar 15 gwlad ar draws Affrica, y Caribî a Viet Nam, a rhoddwyd symiau llai o arian cymorth i wledydd eraill fel India. Roedd y driniaeth â chyffuriau'n cyfrif am gyfran fawr o'r gost, ond roedd mentrau addysg yn bwysig hefyd. Gweithiodd y rhaglen drwy sefydliadau anllywodraethol yn UDA; dim ond cyfran fach aeth yn uniongyrchol i lywodraethau cenedlaethol. Erbyn 2019, roedd nifer y gwledydd oedd ag arian PEPFAR wedi cynyddu i 50.

Yn 2017, cyhoeddwyd strategaeth newydd oedd yn blaenoriaethu 13 o'r 50 o wledydd oedd â'r cyfraddau uchaf o achosion HIV, lle gwelwyd bod yr epidemig o dan reolaeth – hynny yw, gwledydd lle'r oedd nifer y marwolaethau o gyflyrau'n

ymwneud ag AIDS yn uwch na heintiau HIV newydd. O dan gynigion cyllideb newydd a gyflwynwyd gan y cyn-Arlywydd Trump i dorri'r gyllideb gymorth yn sylweddol, gostyngodd yr arian blynyddol a wariwyd o dan PEPFAR o 17%. Er bod y rhaglenni a ariannwyd gan PEPFAR wedi ehangu yn Botswana, Côte d'Ivoire, Haiti, Kenya, Lesotho, Malawi, Namibia, Rwanda, Swaziland, Tanzania, Uganda, Zambia a Zimbabwe, cafwyd toriadau mewn gwledydd eraill.

Fodd bynnag, mae'n anodd peidio edmygu effeithiolrwydd y data yn Ffigur 4.4. Er bod nifer y bobl sy'n byw gyda HIV drwy'r byd i gyd wedi bod yn codi'n raddol, mae nifer yr heintiadau newydd wedi gostwng yn raddol hefyd (gan ddangos pwysigrwydd rhaglenni addysg) ac mae nifer y marwolaethau o achosion yn ymwneud ag AIDS wedi gostwng yn llym.

Safbwynt 2: Mae angen gwneud rhagor i sicrhau bod cymorth yn effeithiol

Yn dilyn daeargryn Haiti yn 2010, cyfrannodd llywodraethau drwy'r byd i gyd at yr ymgyrch i helpu – yn cynnwys llywodraethau gwledydd tlawd iawn. Roedd y cymorth yn cynnwys cyflenwadau, gweithwyr cymorth a chyfraniadau ariannol ar gyfer projectau cymorth penodol. Er enghraifft, darparodd llywodraeth y DU £20 miliwn i ddechrau i ddarparu 64 o bobl i weithio yn y gwasanaethau chwilio ac achub, ac un o longau'r Llynges Frenhinol gyda chriw i ddod â deunydd lloches, bwyd, dŵr ac offer. Llwyddodd y Pwyllgor Argyfwng Trychinebau (*DEC: Disasters Emergency Committee* – sy'n cynnwys 13 o elusennau Prydeinig sy'n ymateb i drychinebau) i godi mwy na £100 miliwn drwy roddion a gafwyd gan y cyhoedd yn y DU. Cafodd y gwaith cymorth ei wneud gan sefydliadau anllywodraethol – elusennau ac asiantaethau cymorth yn bennaf – ac roedd gan lawer ohonyn nhw raglenni'n rhedeg yn Haiti yn barod yn chwilio am atebion tymor hirach i dlodi.

Llwyddodd Oxfam i gyrraedd 300,000 o bobl o fewn tri mis i'r daeargryn. Gyda'r Groes Goch a'r Cenhedloedd Unedig, aethon nhw ati i:

- ddarparu tai (dymchwel 500 o gartrefi oedd wedi eu difrodi'n ddifrifol) a darparu llochesi i 160,000 o deuluoedd
- ehangu heddlu cenedlaethol Haiti ac ailadeiladu llysoedd barn (i ymateb i fygythiadau o ladrata)
- frechu 3 miliwn o blant yn erbyn haint
- greu swyddi yn rhan o'r broses ailadeiladu.

Ond, erbyn 2019, roedd barn arall wedi dod i'r amlwg am waith Oxfam a gwaith sefydliadau anllywodraethol eraill yn Haiti. Roedd adroddiad gan Gomisiwn Elusennol y DU yn beirniadu Oxfam yn llym am y ffordd roedd wedi ymateb i gyhuddiadau o gamweithredu rhywiol difrifol gan ei staff yn Haiti ar ôl 2010. Daeth tystiolaeth i'r amlwg o sgandalau rhyw, lle'r oedd o leiaf saith o weithwyr Oxfam wedi defnyddio puteiniaid yn Haiti. Roedd adroddiad Oxfam ei hun yn dangos

bod pedwar o ddynion wedi cael eu diswyddo a bod tri arall wedi llwyddo i ymddiswyddo cyn i'w hymchwiliad ddod i ben. Wrth dalu puteiniaid, roedden nhw wedi cymryd mantais o'r anobaith economaidd a achoswyd i lawer o bobl o ganlyniad i'r daeargryn. Am eu bod nhw'n weithwyr cymorth, roedden nhw'n gyfrifol am helpu'r bobl oedd yn y sefyllfaoedd mwyaf bregus wedi i'r daeargryn eu gadael heb unrhyw beth. Yn lle hynny, cawsent eu cyhuddo o ecsbloetio'r bobl hyn.

Nid yn unig hynny, ond yn 2017 dywedodd y Cenhedloedd Unedig bod 2.5 miliwn o bobl Haiti yn dal i fod angen cymorth. Er bod cannoedd o filiynau o ddoleri UDA wedi cael eu codi i helpu, roedd arafwch yr ailadeiladu ar ôl y daeargryn wedi achosi i bobl leol golli hyder yn y sefydliadau dyngarol yn Haiti fwy a mwy. Er enghraifft,

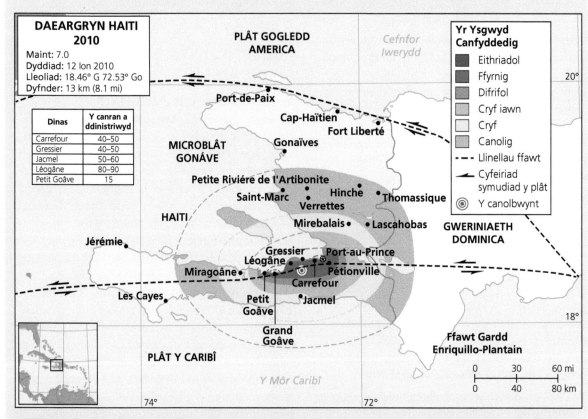

▲ **Ffigur 4.7** Map yn dangos maint y daeargryn yn Haiti yn 2010. Mae sefydlu cysylltiadau synoptig rhwng pynciau'n rhan bwysig o Ddaearyddiaeth Safon Uwch. Yma, mae *prosesau tectonig* wedi effeithio'n niweidiol ar *ddatblygiad dynol*; yn eu tro, mae'r rhain yn cryfhau'r angen am *lywodraethiant byd-eang* da ar yr effeithiau dinistriol

cafodd y Groes Goch ei gyhuddo o adeiladu dim ond chwe chartref er ei fod wedi codi hanner biliwn o ddoleri. Yn ôl yr honiadau, nid oedd digon o onestrwydd agored ynglŷn â sut cafodd yr arian ei wario. Erbyn 2019, roedd rhai ardaloedd mewn cyflwr tebyg iawn i'w cyflwr yn ystod y cyfnod ar ôl y daeargryn, gyda niferoedd mawr o bobl heb gartrefi parhaol. Y feirniadaeth fwyaf oedd nad oedd digon o ymdrech wedi'i wneud i ganolbwyntio ar gymorth datblygu *tymor hir*.

Felly, mae'r adferiad yn Haiti wedi bod yn araf. Yn 2019, roedd 50,000 o bobl yn dal i fyw mewn gwersylloedd dros dro a adeiladwyd yn y cyfnod ar ôl y daeargryn. Mae pobl sy'n beirniadu'r gwaith yn dweud na wariwyd digon ar adeiladu tai parhaol, a bod diweithdra wedi rhwystro pobl rhag adeiladu tai yn lle'r rhai a ddinistriwyd. Un o'r problemau mwyaf yw'r ffaith bod 59 y cant o boblogaeth Haiti yn byw o dan y llinell dlodi, sef 2.41 o ddoleri UDA y diwrnod. Yn ôl yr amcangyfrifon, roedd cyfanswm o 2.5 miliwn o bobl Haiti yn dal i fod angen cymorth, saith mlynedd wedi i'r daeargryn daro. Ond, dim ond 3 y cant o'r 1.5 miliwn o bobl a ddadleolwyd yn wreiddiol gan y daeargryn oedd yn dal i fod yn ddigartref saith mlynedd yn ddiweddarach, ac o leiaf mae hyn yn un mesuriad o lwyddiant.

Un feirniadaeth sylfaenol sy'n cael ei gwneud am lawer o sefydliadau anllywodraethol yw bod adnoddau wedi bod ar gael iddyn nhw – o roddion ac o waith wedi'i ariannu gan lywodraethau – ond ychydig iawn o atebolrwydd y maen nhw wedi ei ddangos yn aml iawn i'r bobl o fewn y wlad lle maen nhw'n gweithio. Cafwyd tensiynau yn Haiti rhwng y bobl hynny sy'n teimlo y dylai arian gael ei wario ar ddarparu cymorth argyfwng i ateb anghenion argyfyngus (fel bwyd, dŵr a lloches) a'r bobl hynny sy'n teimlo y byddai'n well gwario arian ar fuddsoddiad tymor hirach mewn ysgolion, ysbytai a thai – pethau sy'n angenrheidiol os yw'r wlad i ddatblygu'n economaidd. Yn ddadleuol efallai, mae'r penderfyniadau ynglŷn â sut i wario'r arian yn cael eu gwneud yn aml iawn gan y sefydliadau anllywodraethol a'r llywodraethau sydd wedi eu hariannu nhw, yn hytrach na llywodraeth Haiti ei hun neu ei chymunedau lleol.

Safbwynt 3: Mae gan roddwyr cymorth fwy o ddiddordeb mewn buddion gwleidyddol na thargedau datblygiad.

Weithiau mae cymorth yn gallu bod o fudd i'r wladwriaeth sy'n rhoddi yn hytrach na'r derbyniwr. Mae awgrymiadau yn yr enghraifft am Haiti uchod bod y gwledydd sy'n rhoi arian yn gweithredu er eu budd eu hunain mewn gwirionedd wrth wneud penderfyniadau ynglŷn â sut, ble neu pam dylen nhw wario arian cymorth. Enghraifft arall yw ymddygiad China yn Affrica is-Sahara lle mae gwaith i geisio gwella isadeiledd y gwledydd unigol (fel rheilffordd Tazara sy'n cysylltu 'llain gopr' Tanzania a Zambia), sydd wedi ei ddylanwadu fwy gan ddiddordeb masnachol China nag unrhyw awydd dyngarol i wella'r rhanbarth y mae'r rheilffordd yn pasio drwyddo. Yn nodweddiadol, mae'r math hwnnw o gymorth yn tueddu i ganolbwyntio fwy ar ganolfannau diwydiannol nag ardaloedd mwy anghysbell lle mae'r cymunedau gwledig mwyaf tlawd sydd angen y cymorth mwyaf yn byw.

Mae ail ddadl hefyd – sef y dylai'r cymorth yn y rhanbarthau lle gallai rhyfel neu wrthdaro ddigwydd, ganolbwyntio ar osgoi a gostwng gwrthdaro (yn hytrach na chanolbwyntio ar anghenion uniongyrchol y cymunedau sydd wedi eu dadleoli). Felly mae cymorth i ddatblygu'n dod yn estyniad i bolisi tramor y llywodraeth. Hefyd, mae'r cymorth i wledydd tlawd i'w gael weithiau ar ffurf 'cymorth democratiaeth' – hynny yw, dod â phrosesau democrataidd i wledydd lle does dim democratiaeth o gwbl neu lle mae'n anodd iawn ei weithredu. Yn y sefyllfaoedd hyn unwaith eto, mae'r cymorth yn dod yn estyniad i bolisi tramor y wlad sy'n rhoddi. Felly, mae tensiwn sylfaenol rhwng ystyried cymorth fel ffordd o wella lles dynol ac ystyried cymorth fel ffordd o ariannu a gweithredu polisi tramor y wlad sy'n rhoddi.

Er enghraifft, mae Ffigur 4.6 yn dangos maint y gwledydd yn gyfatebol â maint yr arian cymorth roedden nhw wedi'i dderbyn gan UDA yn 2017. Mewn rhai achosion, rhoddwyd y cymorth hwn er mwyn datblygu cynghreiriau milwrol. Yn ystod y cyfnod 2012-17, derbyniodd Jordan 750 miliwn o $UDA. Roedd ei safle geostrategol yn y gwrthdaro rhwng UDA a Syria a hefyd Iran yn golygu ei fod yn ganolfan bwysig ar gyfer cael milwyr UDA mewn rhanbarth oedd mor llawn o wrthdaro. Er mwyn derbyn cymorth milwrol yn y gweithredoedd yn erbyn Daesh (ISIS) yn Syria ac Iraq, cytunodd Jordan i gymryd rhan mewn cyrchoedd awyr a chaniataodd i luoedd UDA ddefnyddio ei ganolfannau milwrol.

Yn ystod gweinyddiaeth Bush (2001-09), roedd hyrwyddo democratiaeth gan UDA yn dod law yn llaw â newid mewn cyfundrefn, yn enwedig yn ystod rhyfel Iraq a ddechreuodd yn 2003. Roedd y goresgyn, arteithio, marwolaeth a a'r dinistr a achoswyd wedi gadael blas chwerw. O ganlyniad i'r profiad hwnnw, byddai llai o bobl yn cefnogi 'cymorth democratiaeth' yn y dyfodol. Roedd llawer o bobl yn ystyried bod y syniad o bŵer mawr, oedd y mwyaf yn y byd, yn gorfodi ei syniadau a'i werthoedd ei hun ar genedl-wladwriaethau eraill yn beth dinistriol, drud a niweidiol, ac yn rhywbeth oedd wedi ei seilio ar ddogma neoryddfrydol (gweler tudalen 43).

Cymorth economaidd a datblygiad UDA, fesul gwlad

(Cais Cyllidol 2017, Adran Wladol ac USAID)

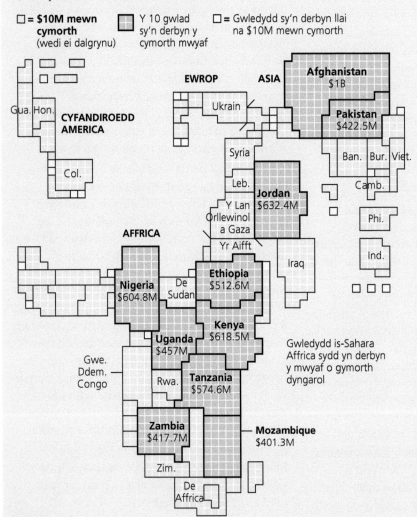

◀ Ffigur 4.8 Cartogram yn dangos gwledydd yn ôl maint y cyllid cymorth a gawson nhw gan UDA yn 2017

Felly, roedd gweinyddiaeth Obama (2009-17) yn ochelgar iawn ynglŷn â chymorth democratiaeth. A ddylai democratiaeth gael ei hyrwyddo a'i feithrin dramor? Y profiad yn Afghanistan – fel y profiad yn Iraq – oedd nad oedd yn syniad da i un wlad orfodi ei gwerthoedd a'i systemau ar wlad arall lai pwerus. Newidiodd pethau am ychydig yn ystod y Gwanwyn Arabaidd yn 2011 pan gododd y gwledydd yng Ngogledd Affrica, Libya a'r Aifft, ymysg eraill, yn erbyn unbeniaid a cheisio dull arall a mwy democrataidd o lywodraethu (gweler tudalen 8). Cafodd y gwrthryfeloedd hyn eu cefnogi gan UDA a'r rhan fwyaf o wladwriaethau G20 y byd. Ond yn y pen draw, o ganlyniad i'r aflonyddwch a ddilynodd, anfonodd UDA a'r DU (ymysg eraill) jetiau rhyfel i mewn i Libya, gan ei gadael wedi ansefydlogi'n llwyr. Mae hyn yn dangos mor anodd yw hi i orfodi unrhyw fath o lywodraethiant ar bobl o wlad arall.

Dod i gasgliad â thystiolaeth

Ar ôl adolygu'r dystiolaeth, i ba raddau allwn ni ystyried bod cymorth rhyngwladol yn ffordd lwyddiannus o feithrin datblygiad, heddwch a chydweithrediad rhyngwladol? Mae'r dadleuon o blaid hyn yn amlwg o dan rai amgylchiadau. O ystyried yr sialensiau a wynebodd y gwledydd hynny lle cafwyd Ebola yn 2014, byddai'n anodd i ni farnu bod hyn wedi methu. Daeth timau o staff meddygol, staff cymorth a phobl oedd â phrofiad technegol at ei gilydd i weithio i ddod â diwedd i achosion o glefyd a fyddai wedi gallu bod yn beryglus iawn. Mae Ebola yn fwy tebygol o ffynnu lle mae tlodi'n ei wneud yn anoddach i reoli effeithiau'r clefyd.

Mae'r un peth yn wir am HIV. Dechreuodd HIV fel epidemig yn gynnar yn yr 1980au ac ymledodd yn gyflym ar draws y byd gan gyrraedd statws pandemig (h.y. haint sydd wedi effeithio ar bob gwlad yn y byd) erbyn yr 1990au cynnar. Gwledydd Affrica is-Sahara ddioddefodd waethaf o'i drosglwyddiad cyflym. Ond, yn y diwedd, llwyddwyd i arafu ei ledaeniad cyflym drwy lywodraethiant byd-eang:

- Aeth y cwmnïau cyffuriau ati i ddatblygu cyffuriau atal firysau a fyddai'n ei rwystro rhag lledaenu ac, ar yr un pryd, yn atal y firws rhag ymledu drwy'r corff dynol. Roedd eu buddsoddiad mewn triniaethau posibl yn golygu y byddai unrhyw gyffuriau'n ddrud, ac yn heriol i awdurdodau iechyd y gwledydd cyfoethog, heb sôn am wledydd tlotaf y byd, eu prynu.
- Cafodd y llywodraethau eu perswadio gan sefydliadau cymdeithas sifil i ddefnyddio arian cymorth i ddarparu cyffuriau newydd y cwmnïau i'r bobl yng ngwledydd tlotaf y byd oedd wedi eu heffeithio fwyaf gan HIV.

Ar sail yr enghreifftiau hyn o lywodraethiant byd-eang clefydau, mae'n ymddangos bod y dadleuon o blaid cymorth yn gryf. Ond, mae'r enghraifft yn Haiti'n dangos bod problemau'n codi wrth ddarparu cymorth hefyd. Ymysg y problemau, mae enghraifft Haiti'n dangos dwy brif sialens. Yn gyntaf, ymddygiad y bobl sy'n dod â'r cymorth wrth weithio mewn gwlad arall. Yn ail, atebolrwydd y bobl hynny sy'n gorfodi model penodol o gymorth. A ddylen nhw ddod â'u syniadau eu hunain am y math o gymorth neu fuddsoddiad sydd eu hangen fwyaf, neu a ddylai'r bobl leol yn Haiti neu rywle arall benderfynu ar y materion hyn drostyn nhw eu hunain?

Mae'r her derfynol yn ymwneud â'r math o gymorth a chymhelliant y bobl hynny sy'n darparu cymorth. Mae'r enghreifftiau o 'gymorth democratiaeth' yn dangos bod rhesymau gwleidyddol penodol yn gallu gyrru cymorth i gyfeiriadau sydd yn llawer mwy buddiol i'r rhoddwr na'r derbynyddion. P'un a yw'r enghreifftiau'n dod o fuddsoddiad China yn Affrica is-Sahara, neu o ddefnydd y tir gan UDA at ddibenion milwrol yn Jordan, efallai nad yw llywodraethau bob amser yn ystyried beth sydd orau i'r bobl y maen nhw'n darparu cymorth iddyn nhw.

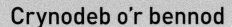

Crynodeb o'r bennod

✓ Mae nifer o resymau pam mae gwrthdaro arfog yn datblygu. Mewn blynyddoedd diweddar, mae'r enghreifftiau gwaethaf wedi codi weithiau *o fewn* y gwladwriaethau (gwrthryfela a rhyfeloedd sifil) yn hytrach na rhyngddyn nhw. Mae llawer llai o ryfeloedd am annibyniaeth erbyn hyn nag oedd yn y gorffennol.

✓ Mae'r effeithiau cymdeithasol, economaidd a gwleidyddol yn sylweddol pan fydd gwrthdaro arfog yn digwydd. Weithiau mae effeithiau anuniongyrchol y rhyfel, fel dadleoli a chlefydau, yn achosi mwy o farwolaethau ac anafiadau na'r gwrthdaro ei hun. Gall yr effeithiau hyn gyfuno i rwystro'r broses ddatblygu, gan greu her anodd iawn i lywodraethiant byd-eang (mae hyn yn amlwg yn Yemen a Syria). Yn eu tro, mae cyrhaeddiad y ffoaduriaid yn gallu effeithio'n negyddol ar economïau a chymdeithasau gwledydd cyfagos.

✓ Er mwyn i lywodraethiant byd-eang lwyddo ymhlith y plethwaith yma o wrthdaro a datblygiad, nid yn unig y mae'n rhaid gwella canlyniadau'r rhyfel a'r gwrthdaro ond mae'n rhaid atal y gwrthdaro rhag digwydd yn y lle cyntaf. Mae'r Cenhedloedd Unedig yn bwriadu gwneud hynny drwy ddefnyddio amrywiaeth o strategaethau ar gyfer diarfogi.

✓ Un o rolau'r sefydliadau sy'n cymryd rhan mewn llywodraethiant byd-eang yw darparu cymorth dyngarol i bobl a ffoaduriaid sydd wedi eu dadleoli'n fewnol yn ystod ac yn syth ar ôl gwrthdaro arfog, trychinebau naturiol neu achosion o glefyd.

✓ Mae gan wahanol bobl farn wahanol ynglŷn â pha mor werthfawr yw'r cymorth gan y gymuned fyd-eang mewn cyd-destunau dyngarol a chyd-destunau datblygu tymor hirach. Mae buddion y cymorth yn gallu bod yn enfawr, yn enwedig pan mae rhesymau dyngarol a chymhellion penodol dros roi'r cymorth yma. Ond, mae hefyd yn gallu creu problemau a sialensiau newydd pan fydd llywodraethau a sefydliadau allanol yn gorfodi eu gwerthoedd gwleidyddol eu hunain ar y mannau hynny lle mae'r angen mwyaf am gymorth.

Cwestiynau adolygu

1 Eglurwch ystyr y termau daearyddol canlynol: rhyfel procsi; ffoadur; person wedi'i ddadleoli'n fewnol (*IDP: internally displaced person*).

2 Gan ddefnyddio enghreifftiau, amlinellwch y gwahaniaeth rhwng effeithiau uniongyrchol ac anuniongyrchol gwrthdaro.

3 Gan ddefnyddio enghreifftiau, esboniwch sut mae gwrthdaro mewn sawl rhan o'r Dwyrain Canol yn gallu cael ei olrhain yn ôl yn hanesyddol at hollti'r Ymerodraeth Ottoman.

4 Gan ddefnyddio enghreifftiau, amlinellwch un o lwyddiannau ac un o fethiannau llywodraethiant diarfogi.

5 Amlinellwch y prif bethau sy'n rhwystro gwaharddiad byd-eang llwyr ar arfau distryw mawr.

6 Esboniwch y gwahaniaeth rhwng cymorth a buddsoddiad.

7 Esboniwch pam mae llawer o bobl yn ystyried bod y cymorth sydd wedi cael ei roi tuag at brojectau sy'n ymwneud ag iechyd (fel ebola a HIV) yn 'llwyddiant'.

8 Awgrymwch pam mae pobl yn ystyried gwaith Oxfam yn (a) llwyddiannus yn ystod yr achosion o Ebola yn 2014, ac yn (a) ddadleuol yn Haiti.

9 Esboniwch sut mae'r gwladwriaethau sy'n rhoi'r cymorth yn gallu elwa o roi cymorth i wledydd eraill.

Gweithgareddau trafod

1. Gan weithio mewn parau, tynnwch lun dau gylch mawr sy'n gorgyffwrdd ar daflen A3 fel diagram Venn. Mewn un cylch, rhowch effeithiau cymdeithasol gwrthdaro. Yn y llall, rhowch yr effeithiau economaidd. Pa feysydd allai orgyffwrdd? Sut allai effeithiau economaidd y gwrthdaro arwain at waethygu amodau cymdeithasol a vice-versa? Yn arbennig, meddyliwch am ddarparu gwasanaethau pwysig fel addysg ac iechyd.

2. Mewn grwpiau, trafodwch i ba raddau mae'n iawn i un wladwriaeth gael ymyrryd ym materion gwladwriaeth arall. A ddylai'r penderfyniadau a'r gweithredoedd y mae llywodraethau gwladwriaethau sofran yn eu gwneud gael eu parchu bob amser gan weddill y gymuned ryngwladol? Defnyddiwch enghreifftiau i gefnogi eich dadl.

3. 'Mae cyfyngu ar arfau'n mynd i fethu bob tro, p'un a yw'r cyfyngu'n wirfoddol neu wedi ei orfodi gan sefydliadau llywodraethiant byd-eang fel y Cenhedloedd Unedig.' Mewn parau neu grwpiau, trafodwch i ba raddau rydych chi'n cytuno â'r datganiad hwn.

4. 'Mae cymorth rhyngwladol yn ymwneud llawn cymaint â gwella grym a dylanwad byd-eang y wlad sy'n rhoi cymorth ag y mae â helpu cenhedloedd sy'n derbyn y cymorth.' Mewn parau neu grwpiau, trafodwch i ba raddau rydych chi'n cytuno â'r datganiad hwn.

5. A ddylai sefydliadau anllywodraethol fel Oxfam gael eu hatal rhag gweithio mewn gwledydd fel Haiti os nad ydyn nhw'n gallu cynnal safonau moesol uchel? Gan weithio mewn parau, ymchwiliwch y problemau ymhellach, e.e. gan ddefnyddio'r ddolen: www.theguardian.com/global-development/2019/jun/11/oxfam-abuse-claims-haiti-charity-commission-report.

Deunydd darllen pellach

Digby, B. a Warn, S. (2012) *Contemporary Conflicts and Challenges*, Geographical Association. Sheffield.

Smith, D. (2003) *An Atlas of War and Peace, (The Earthscan Atlas)*, Routledge.

Weiss, T.G. a Wilkinson, R. (gol.) (2013) *International Organisation and Global Governance*, Routledge.

The Economist (2012) 'Climate of Change: The Arab Spring' 13 Gorffennaf.

The Economist (2016) 'The Arab World' Special Report' 14 Mai.

The Economist (2018) 'The Gulf Special Report' 23 Mehefin.

The Economist (2018) 'The Future of War Special Report' 27 Ionawr.

The Economist (2018) 'A Farewell to Arms Control: Briefing Global Security' 15 Mai.

Cenedlaetholdeb, ymwahaniaeth ac ymreolaeth

Mewn byd sy'n globaleiddio fwy a mwy ac yn creu rhyng-gysylltiadau cynyddol, mae'n annisgwyl gweld arwyddion o gynnydd mewn teimladau cenedlaetholgar. Fwy a mwy hefyd, mae llawer o bobloedd sydd eisiau bod yn genhedloedd ar wahân yn ceisio gwahanu oddi wrth eu cysylltiadau gwleidyddol neu diriogaethau traddodiadol. Gan ddefnyddio amrywiaeth o enghreifftiau ac astudiaethau achos, mae'r bennod hon yn:

- archwilio'r syniad o genedlaetholdeb
- archwilio gwreiddiau a thwf cenedlaetholdeb yn yr Alban
- ymchwilio Catalonia fel enghraifft gyfoes o ymwahaniaeth
- asesu'r dadleuon o blaid ac yn erbyn ffurfio talaith Kurdistan newydd ac ar wahân.

CYSYNIADAU ALLWEDDOL

Cenedlaetholdeb Ideoleg wleidyddol, gymdeithasol ac economaidd sydd wedi ei seilio ar hyrwyddo buddiannau un genedl benodol dros un arall. Ei nod yn aml iawn yw cael a chadw rheolaeth sofraniaeth cenedl dros ei thiriogaeth.

Ymwahaniaeth Gwahanu neu gefnogi'r syniad o wahanu grŵp penodol o bobl oddi wrth grŵp mwy, ar sail ethnigrwydd, crefydd neu rywedd.

Ethnigrwydd Aelodau grŵp ethnig sy'n rhannu yr un synnwyr o hunaniaeth, am fod ganddyn nhw yr un llinach ddiwylliannol neu achyddol, neu maen nhw'n rhannu yr un defodau neu nodweddion diwylliannol, e.e. yr un iaith.

Ymreolaeth Gallwn ni ddiffinio ymreolaeth fel hunan-annibyniaeth, y gallu i weithredu mewn ffordd sy'n annibynnol ar bobl eraill a gwneud penderfyniadau drosom ni ein hunain.

Cenedl-wladwriaeth Gwladwriaeth sofran — yn y rhan fwyaf ohonyn nhw mae gan y bobl sy'n byw yno yr un synnwyr o genedligrwydd â'i gilydd neu nodweddion diwylliannol cyffredin, fel iaith a chrefydd.

Hunaniaeth mewn cenedl-wladwriaethau

▶ *Sut mae hunaniaeth yn cael ei greu a'i ddatblygu mewn cenedl-wladwriaethau?*

Deall cenedlaetholdeb

Cenedlaetholdeb yw un o'r termau mwyaf dadleuol mewn astudiaethau daearyddol neu geowleidyddol. Ar lefel y person unigol, mae'n gallu golygu bod yr unigolyn yn gallu uniaethu â'i wlad neu ei genedl ei hun a chefnogi ei buddiannau. Ar yr ochr negyddol, mae'n gallu eithrio neu achosi anfantais i fuddiannau tiriogaethau neu gymdeithasau eraill sydd ddim yn cael eu hystyried yn rhan o genedl.

Ond, i ddeall cenedlaetholdeb yn well, mae'n bwysig i ddaearyddwyr ystyried beth sy'n gyrru'r broses o greu a datblygu hunaniaeth mewn cenedl-wladwriaethau.

- Mae ethnigrwydd yn ymwneud â hunaniaeth. Ar un llaw efallai ei fod yn disgrifio grŵp sydd â chredoau, profiadau a diwylliant tebyg. Ond, o'i gymryd i'r pen eithaf, mae hefyd yn gallu annog dymuniad i ymwahanu, yn enwedig pan mae grwpiau lleiafrifol yn dod i'r amlwg sy'n credu nad ydy'r mwyafrif o'r boblogaeth yn darparu'r hyn sydd ei angen neu sydd o fudd iddyn nhw.
- Gallai ymwahaniaeth (gwahanu un grŵp ethnig oddi wrth un arall) arwain at ddymuniad am ymreolaeth – hynny yw, yr awydd i wneud penderfyniadau drosoch chi'ch hun. Mae'r cais am ymwahaniaeth yn gallu arwain yn y pen draw at rannu ardal o dir (neu ei wahanu'n ddaearyddol) sy'n perthyn i un grŵp penodol o bobl.

Damcaniaeth ethnigrwydd

Mae ethnigrwydd yn elfen angenrheidiol o ffurfiant grŵp cenedlaethol. Wrth wraidd pob hawliad a gwrthdaro am ymwahaniaeth genedlaethol mae syniadau sy'n ymwneud ag ethnigrwydd. Dyma enghreifftiau o hyn: Plaid Genedlaethol yr Alban (SNP) yn yr Alban, mudiad sofraniaeth Quebec (gweler Ffigur 5.1), y gwrthdaro yn Iwerddon a Gogledd Iwerddon, a'r gwrthdaro yn Sbaen sy'n ymwneud â hawlio ymwahaniad i Gatalonia.

Yn ôl Max Weber, mae grŵp ethnig yn 'grŵp dynol sy'n credu'n oddrychol eu bod nhw i gyd o'r un llinach oherwydd elfennau corfforol tebyg, neu arferion tebyg, neu oherwydd atgofion am drefedigaethiad a mudo'. Mae pwyslais Max Weber ar y ffaith bod y gred yn oddrychol; bod ffurfio cymuned yn llwyddiannus yn gorfod digwydd ym *meddylfryd* y bobl. Does dim rhaid cael perthynas sydd wedi ei seilio ar waed neu dras gyffredin; yr hyn sy'n bwysig go iawn yw bod pobl yn *gweld* ei gilydd a'u cymuned fel rhan o grŵp. Ym meddwl Weber, yn y meddwl mae ethnigrwydd.

Mae hyn yn cyferbynu â damcaniaethau sy'n ystyried ethnigrwydd fel rhywbeth mwy

▲ **Ffigur 5.1** Ymgyrchu yn refferendwm Quebec 1995 – yr ail refferendwm i ofyn i bleidleiswyr yno a ddylai Quebec ymwahanu oddi wrth Ganada. Quebec yw'r unig weriniaeth yng Nghanada sydd â phoblogaeth sy'n siarad Ffrangeg yn bennaf ac sydd â Ffrangeg yn iaith swyddogol

sefydlog. Mae rhai pobl sy'n honni eu bod nhw'n aelodau o grŵp ethnig yn seilio eu syniad ar linach gyffredin lle maen nhw'n hanu o un unigolyn penodol neu o grŵp penodol o bobl. Mae'r teimlad yma'n debygol o ddatblygu'n gryf mewn sefyllfaoedd lle mae pobl wedi cael eu gormesu, gan greu atgof o ddioddef ynghyd sydd, yn raddol, yn creu teimlad o hunaniaeth gyffredin. Gall y bobl hynny sydd wedi dioddef, neu sy'n nabod pobl sydd wedi dioddef, weld yr amgylchiadau hyn yn eu meddyliau, ac felly deimlo empathi â nhw a synnwyr o rywbeth cyffredin rhyngddyn nhw.

Mae Weber yn pwysleisio nad ydy aelodaeth ethnig yr un fath â grŵp, dim ond hwyluso grŵp i ffurfio y mae. Mae opsiwn gan grwpiau ethnig, a lleiafrifoedd ethnig o fewn gwladwriaeth, naill ai i sicrhau hawliau lleiafrifol – hynny ydy, ceisio hawliau i berfformio defodau a seremonïau penodol, yr hawl i ryngweithio â'r sector cyhoeddus yn eu hiaith eu hunain, a gosod eu cwricwla eu hunain mewn ysgolion neu osod eu cyfreithiau eu hunain ar faterion penodol. Ar y llaw arall, mae'n bosibl iddyn nhw wneud penderfyniad ymwahaniaethol mwy eithafol i dorri i ffwrdd a ffurfio eu cenedl-wladwriaeth eu hunain. Dyna'r cysylltiad felly gydag ymwahaniaeth a chenedlaetholdeb.

Y ddamcaniaeth am genedlaetholdeb

I ddeall cenedlaetholdeb yn llawn, mae'n bwysig ein bod ni'n deall y gwahaniaeth rhwng tri chysyniad:

1 y genedl
2 y wladwriaeth
3 cenedlaetholdeb

Mae anghytundeb ymysg academyddion ynglŷn â sut mae pobl yn deall y rhain, a sut dylen nhw gael eu deall, ond mae'r academyddion yn cytuno'n fras ar yr amlinellau isod.

1 Y genedl

Cysyniad y genedl yw cymuned ddiwylliannol, y gallwn ni ddweud bod ganddi bum prif ddimensiwn: seicolegol, diwylliannol, hanesyddol, tiriogaethol a gwleidyddol.

- Mae'r dimensiwn *seicolegol* yn golygu bod unrhyw genedl sydd wedi ffurfio wedi ei chreu am fod pobl amrywiol yn argyhoeddedig eu bod nhw wedi ffurfio cenedl; un enghraifft o hyn yw'r cysylltiad cryf sy'n cael ei ffurfio drwy fyw yn yr Alban, neu 'deimlo' yn Albanwyr. Mae'n rhaid i'r syniad o genedl fodoli ym meddyliau pobl; os nad ydyn nhw'n argyhoeddedig eu bod nhw wedi ffurfio un, yna nid yw'n bodoli.
- Dimensiwn *diwylliannol*. Mae'n rhaid i bobl ddeall ei gilydd yn nhermau rhannu yr un diwylliant, e.e. drwy iaith gyffredin (fel yn Ffigur 5.2), yr un arferion neu ffyrdd o fyw. Mae hanes cenedl yn bwysig iawn; mae'r naratif hanesyddol yn dweud wrth bobl bod y genedl yno cyn iddyn nhw gael eu geni, ei bod yn bodoli yn awr ac y bydd yn parhau i fodoli ar ôl iddyn nhw farw. Mae'n rhoi synnwyr o *barhad* i bobl. Y dimensiwn hanesyddol hwn yw'r peth sy'n caniatáu i'r syniad o genedl ac i bwysigrwydd y genedl fod yn fwy na bywyd unrhyw unigolyn. Dyna'r rheswm pam mae pobl yn dweud y

◀ **Ffigur 5.2** Yr arwydd ffordd ar y ffin rhwng yr Alban a Lloegr ar yr A1. Mae'r faner a'r newid iaith yn hyrwyddo teimlad o hunaniaeth yr Alban y funud y mae gyrwyr yn croesi'r ffin o Loegr

bydden nhw'n marw dros eu gwlad – fyddai pobl ddim yn gwneud datganiad o'r fath os byddai gan eu cenedl 'ddyddiad darfod'. Efallai fod y bobl sy'n credu mewn cenedligrwydd yn credu eu bod, drwy roi eu bywydau mewn cyfnodau o ryfel, yn gwneud hynny er budd eu disgynyddion.

- Dimesiwn *tiriogaethol*. Yn y mwyafrif o genhedloedd, mae'r boblogaeth wedi ei chynnwys o fewn ei ffiniau; ond mae rhai cenhedloedd i'w cael sydd heb ffiniau neu 'famwlad', a'r cwbl ydyn nhw yw poblogaethau yma ac acw, neu diaspora – hynny yw, does ganddyn nhw ddim tiriogaeth benodol. Mae tiriogaeth yn bwysig oherwydd efallai mai dyma le cafwyd y brwydrau i gadw'r genedl yn fyw, lle roedd y bobl a fu farw mewn cyfnod o ryfel wedi eu claddu ac, efallai am fod y bobl yn adnabod y tiroedd o fewn y ffiniau hynny fel tiroedd sanctaidd. Weithiau, am fod ffiniau gwleidyddol yn newid dros amser, gallai rhan o dir neu diriogaeth sanctaidd un genedl fynd i ddwylo cenedl arall, a gall hynny arwain at densiwn neu wrthdaro. Mae hyn yn wir am bobl Serbia oedd yn hawlio tir yn Montenegro gerllaw, sy'n cynnwys llawer o fynachlogydd crefyddol Serbiaidd pwysig. Enghraifft arall yw'r nifer mawr o bobloedd gynfrodorol yn Awstralia a welodd ymsefydlwyr Ewropeaidd a phobl oedd yn dod yno i gloddio yn cymryd eu tir oddi arnyn nhw.
- Dimesiwn *gwleidyddol* . Mae hyn yn golygu bod pobl yn gwneud penderfyniadau am eu dyfodol gwleidyddol, ac eisiau bod yn rhydd i wneud y penderfyniadau hynny; yr enw ar hyn yw ymreolaeth. Dyma sail sofraniaeth (gweler tudalen 10) – y syniad bod cenedl yn rhydd i wneud ei chyfreithiau ei hun, Dydy hyn ddim yr un fath ag annibyniaeth, ond yn hytrach mae'n golygu bod poblogaeth eisiau penderfynu pethau drosti ei hun i raddau mawr. Mae llawer o wledydd yn fersiynau cymhleth o'r dimensiwn hwn, am eu bod nhw'n cynnwys nifer o wladwriaethau ffederal ymreolaethol lle mae'r llywodraeth ganolog wedi dirprwyo llawer iawn o ymreolaeth iddyn nhw. Er enghraifft, mae gan daleithiau ffederal yn Awstralia systemau addysg amrywiol gyda gwahanol gymwysterau, yn dibynnu ym mha dalaith mae'r myfyrwyr yn derbyn eu haddysg. Yn yr un modd, mae rhai cenhedloedd yn cael eu cydnabod fel rhan o endid mwy (fel cenhedloedd yr Alban a Lloegr, sy'n rhan o wladwriaeth sofran y DU). Mae rhai gwladwriaethau'n cynnwys

🔑 **TERMAU ALLWEDDOL**

Diaspora Cenedl o bobl ar wasgar heb diriogaeth neu ffiniau, llywodraethiant neu weinyddiaeth y mae'n bosibl eu diffinio. Gallai pobl ar wasgar gynnwys y poblogaethau sy'n byw i ffwrdd o'u cenedl gartref mewn gwlad dramor, e.e. Americanwyr Gwyddelig.

cenhedloedd sydd heb gael eu cydnabod yn ffurfiol fel cenhedloedd, e.e. Catalonia (sy'n cael ei diffinio fel cenedl gan y mwyafrif o'i phobl ei hun ond nid gan lywodraeth Sbaen) a Tibet (sydd wedi amddiffyn ei hawl i gael ei chydnabod fel cenedl yn wyneb rheolaeth gan China.).

2 Y wladwriaeth

Yn ôl Max Weber, mae'r wladwriaeth yn 'gymuned ddynol sy'n hawlio monopoli yn llwyddiannus ar ddefnyddio grym yn gyfreithlon o fewn tiriogaeth benodol'. Y tu hwnt i hynny, mae'r diffiniad yn ehangach – e.e., mae'r wladwriaeth yn gweithredu fel sefydliad, gweinyddwr ac fel isadeiledd sydd â grym a dylanwad enfawr dros ei dinasyddion. Mae 'gwladwriaeth' a 'chenedl' yn gweithio'n wahanol. Dyma un enghraifft: mae llywodraeth y DU yn gweinyddu gwledydd y Deyrnas Unedig, e.e. drwy drethiant neu amddiffyniad. Dyna waith y wladwriaeth. Ond mae'r syniad o genedl yn dod yn gynyddol bwysig, felly mae bod yn 'Albanwr/Albanes' neu'n 'Gymro/Cymraes' yn bwysig fel hunaniaeth genedlaethol o fewn y Deyrnas Unedig. Am y rheswm hwn, mae cenedl yn gweithredu fel ideoleg; y wladwriaeth sy'n gweithredu fel gweinyddiaeth. Yn y ffordd yma, mae parhad diwylliannol yn cael ei ganiatáu e.e. drwy addysg a'r cwricwlwm) ac yn cael ei amddiffyn gan y wladwriaeth. Mae ideoleg cenedligrwydd yn dilysu pŵer y wladwriaeth, ac mae pŵer y wladwriaeth yn dilysu hunaniaeth â chenedligrwydd.

3 Cenedlaetholdeb

Gallwn ni ddiffinio cenedlaetholdeb mewn dwy ffordd; fel ideoleg wleidyddol, ond hefyd fel y teimlad neu'r sentiment o berthyn i genedl. Mae gan genedlaetholdeb ddwy ochr, un yn ysgafnach, a'r llall yn fwy tywyll.

- Mae ei ochr ysgafnach yn gysylltiedig ag ymdrech pobl o genedligrwydd penodol i allu datblygu eu diwylliant a goroesi, ac mae'n ymwneud â mynegiant mwy diniwed o fod yn wahanol ac unigryw.
- Mae ei ochr dywyllach yn ymwneud â thrais, pureiddio ethnig, hiliaeth a senoffobia. Mae hyn wedi ei seilio ar genedlaetholdeb fel cred sy'n eithrio 'eraill', ac efallai fod ganddo ryw elfen o deimlo bod ei ethnigrwydd neu ei hil yn well nag eraill hyd yn oed. Yr hyn sy'n gwneud cenedlaetholdeb yn bwerus yw aralleiddio – strategaeth a ddefnyddiwyd gan Front Nationale Marine Le Pen yn etholiadau Ffrainc (gweler Ffigur 5.3).

Mae'n amlwg bod y syniad o genedlaetholdeb yn gallu bod yn hynod o bwerus a thrydanol. Mae tair ffactor yn gwneud cenedlaetholdeb yn syniad pwerus – pa mor addasadwy ydyw fel cysyniad, ei natur eang a'r ffaith ei fod yn gallu hunanbarhau.

1. *Mae'n addasadwy.* Mae'n bosibl addasu cenedlaetholdeb i weddu i wahanol ideolegau gwleidyddol. Meddyliwch amdano fel ymbarél eang o wahanol ideolegau – mae cenedlaetholdeb yr Alban, e.e. yn dod â phobl sydd â chredoau gwleidyddol adain chwith ac adain dde at ei gilydd. Mae'n debygol y bydd sosialwyr yr Alban yn rhannu platfform gwleidyddol gyda phobl sydd ag ideolegau neoryddfrydol, adain dde. Felly, mae cenedlaetholdeb yn gallu bod yn seiffr, yn cysylltu a chreu

◀ **Ffigur 5.3** Rhywbeth i atgoffa pobl am genedlaetholdeb yn yr etholiadau yn Ffrainc – hysbyseb am blaid wleidyddol Ffrynt Cenedlaethol Ffrainc ym mis Medi 2015

bond rhwng grwpiau sydd â safbwyntiau gwahanol iawn fel arall. Yn yr un ffordd, mae cenedlaetholdeb yn gallu torri drwy ffiniau cymdeithasol a dosbarthiadau cymdeithasol, a'r ffiniau rhwng y rhywiau hefyd. Bob bore, mae pob plentyn yn UDA, waeth beth yw ei hil, statws cyfoeth, dosbarth, lliw croen, credoau, rhywedd, gwreiddiau daearyddol neu lefel deallusrwydd, yn talu llw o deyrngarwch i faner America ac yn sefyll o'i blaen fel symbol o hunaniaeth genedlaethol Americanaidd.

2   *Ei natur hunan-barhaus*. Ar ddiwedd y Rhyfel Byd Cyntaf yn 1918, defnyddiodd Arlywydd UDA, Woodrow Wilson, ddatganiad o egwyddorion dros heddwch oedd i fod i gael ei ddefnyddio ar gyfer trafodaethau i ddod â'r rhyfel i ben. Yr enw ar y rhain erbyn hyn yw'r '14 pwynt', ac un o'r rhain yw'r egwyddor o hunanbenderfyniaeth cenedlaethol – hynny yw, hawl cenhedloedd i benderfynu eu dyfodol gwleidyddol eu hunain. Erbyn hyn, mae'n syniad sy'n cael ei gefnogi'n eang ac yn un o'r prif syniadau sy'n sail i waith sefydliadau anllywodraethol fel y Cenhedloedd Unedig (gweler tudalen 32). Heddiw ac yn y gorffennol mae grwpiau di-ri wedi mynd ati i geisio cael hawliau ychwanegol   e.e. grwpiau sy'n ceisio cael annibyniaeth oddi wrth reolaeth drefedigaethol. Mae'r egwyddor yn hawdd ei chyfiawnhau ac yn ennill cefnogaeth wleidyddol yn rhwydd.

3   *Mae'n hunan-barhaus.*. Unwaith mae wedi ei sefydlu, mae mudiad cenedlaetholgar yn cynhyrchu ei fomentwm ei hun fel arfer. Ers ei ffurfio fel mudiad gwleidyddol yn yr 1970au, mae cenedlaetholdeb yr Alban wedi dod yn rym gwleidyddol mawr yn weddol hawdd. Cafodd ei bwerau cyntaf pan gawson nhw eu datganoli iddo gan lywodraeth ganolog y DU yn San Steffan, ac yna datblygodd ei senedd ei hun (gweler Ffigur 5.4), ac yn olaf penderfynodd gynnal ymgyrch gyflawn i wahanu oddi wrth weddill y DU (gan gadw ei aelodaeth yn yr Undeb Ewropeaidd – gweler tudalen 132). Unwaith mae'r momentwm wedi datblygu tu ôl i'r teimladau cenedlaetholgar, os yw corff cenedlaethol sydd â hunaniaeth ddiwylliannol benodol eisiau parhau (e.e. cenedlaetholdeb yr Alban) does dim llawer o ddewis ganddo heblaw brwydro am gael ymwahanu.

TERMAU ALLWEDDOL

Datganoli Pan mae sefydliad yn derbyn pwerau oedd wedi eu cymryd ganddyn nhw yn y gorffennol gan awdurdod uwch, e.e. senedd yr Alban yn derbyn pwerau oedd wedi eu cadw cyn hynny gan senedd y DU

► **Ffigur 5.4** Adeilad senedd yr Alban yn Holyrood, yng Nghaeredin. Dechreuodd y gwaith adeiladu yn 1999 yn dilyn refferendwm oedd yn cynnig eu hadeilad senedd eu hunain i bobl yr Alban

Weithiau, mae newidiadau a digwyddiadau a fyddai – ar yr wyneb – yn edrych yn debygol o atal cenedlaetholdeb, yn hytrach yn ei gefnogi i ddod i'r amlwg a thyfu. Ers 1980, mae'r byd wedi gweld globaleiddio cyflym, sydd wedi creu sialensiau economaidd a diwylliannol difrifol i hunaniaeth genedlaethol. Un rhan o'r broses honno oedd cynyddu'r rhyddid i symud o gwmpas o fewn yr Undeb Ewropeaidd, gan olygu bod dinasoedd mawr Ewrop, fel Llundain a Paris, wedi dod yn 'ganolfannau' i fewnfudwyr. Ochr yn ochr â thwf y poblogaethau amlddiwylliannol yn y dinasoedd hyn mae mudiadau cenedlatholgar wedi dod i'r amlwg ar draws gwledydd Ewrop.

Gwreiddiau cenedlaetholdeb

O le daw cenedlaetholdeb? Roedd Ernest Gellner (1925–95) yn athronydd Prydeinig-Tsiec a oedd yn ysgrifennu am wreiddiau cenedlaetholdeb a'r genedl-wladwriaeth. Yn ôl ei syniadau ef, roedd gan genedlaetholdeb wreiddiau mewn cymdeithasau oedd yn dod i'r amlwg wrth iddyn nhw drawsnewid o'r amaethyddol i'r diwydiannol.

- Roedd cymdeithasau cyn-ddiwylliannol (h.y. amaethyddol, gwledig, canoloesol) wedi eu rhannu'n ddaearyddol heb gysylltiad, neu fawr ddim cysylltiad, rhwng gwahanol leoedd. Roedd gwreiddiau daearyddol pobl yn golygu bod ganddyn nhw bethau yn gyffredin gyda phobl o wahanol ddosbarthiadau cymdeithasol neu gyfoeth o fewn eu hardal eu hunain. Byddai teulu o ffermwyr gwerinol yn fwy tebygol o deimlo bond cyffredin â'r sgweier lleol na rhywun oedd yn byw ymhellach i ffwrdd.
- Doedd cymdeithasau mewn pentrefi oedd o dan reolaeth y boneddigion ddim yn gorfod teithio na newid, a doedd dim angen unrhyw beth tu hwnt i'w hiaith neu eu hunaniaeth nhw eu hunain.

Roedd gwaith Gellner yn gweld bod cymdeithasau diwydiannol yn wahanol iawn i'r rhai oedd wedi bodoli gynt. Roedd yn credu bod cymdeithasau diwydiannol yn arwain at ddiwylliant cyffredin ymysg pobl.

- Mae angen i gymdeithasau diwydiannol gael rhaniad llafur. Roedd Gellner yn dadlau bod rhesymeg i'r cymdeithasau hyn; maen nhw'n

◀ **Ffigur 5.5** Llun o'r awyr o dai teras cefn wrth gefn yn Leeds, yn dyddio o'r cyfnod Fictoraidd. I lawer o bobl, tai fel hyn oedd cartrefi arferol teuluoedd dosbarth gweithiol oedd yn symud i ddinasoedd fel Leeds i gael gwaith

ymdrechu'n gyson i gynhyrchu mwy felly mae'n rhaid iddyn nhw drefnu'r cynhyrchiad a'r cyflenwad o lafur mewn ffordd sy'n caniatáu iddyn nhw allu gweithgynhyrchu mwy a gwneud mwy o elw. Dydyn nhw ddim wedi eu clymu i le neu i ddiwylliant, nac i gymunedau – y cwbl maen nhw'n ei wneud yw ymdrechu i gynhyrchu.

- Felly, mae'n rhaid i feddyliau gorau cymdeithas ddiwylliannol weithio mewn swyddi sy'n fwy creadigol neu sy'n gofyn mwy yn ddeallusol. O ganlyniad, mae'n rhaid i gymdeithas ddod yn fwy symudol yn ddaearyddol ac yn gymdeithasol, a datblygu ffyrdd o adael i ddoniau pobl lewyrchu a symud i leoedd newydd lle mae eu hangen nhw.

- Mae rhwydweithiau teithio a chyfathrebu'n newid strwythur cymdeithasau diwydiannol. Yn wahanol i strwythur ffiwdal y cymdeithasau cyn-ddiwydiannol, lle roedd pobl yn cadw eu tir yn gyfnewid am fod yn ffyddlon i'w harglwydd, roedd pobl yn fwy tebygol o gael eu hystyried ar sail eu dosbarth, ac roedd eu statws yn dibynnu ar eu dosbarth cymdeithasol hefyd. Yn weithwyr cyflogedig i berchnogion ffatri diwydiannol, roedden nhw'n fwy tebygol o deimlo ffyddlondeb tuag at weithwyr eraill mewn dinasoedd eraill nag oedden nhw i'r perchnogion ffatri yn eu hardal eu hunain, yn enwedig am eu bod nhw'n byw mewn cymunedau mor ddwys (gweler Ffigur 5.5). Mae drama J.B. Priestley *An Inspector Calls* yn dangos yn glir cyn lleied o deimlad oedd gan berchnogion ffatrïoedd tuag at eu gweithwyr oedd yn byw yn yr un ddinas.

Yn ôl athroniaeth Gellner, er mwyn i hyn weithio mae angen i bawb allu derbyn cyfarwyddiadau ynglŷn â sut mae pethau'n gweithio, eu darllen nhw a'u gweithredu nhw. Felly, er mwyn i gymdeithas ddiwydiannol fod yn effeithlon, mae'n rhaid i bobl allu darllen ac ysgrifennu a rhannu yr un addysg. Yn Ffrainc, er enghraifft, un elfen bwysig o'r diwydianeiddio oedd bod pawb yn gallu siarad Ffrangeg, fel bod pobl fyddai efallai'n gweithio gyda'i gilydd neu'n cwrdd yn gwybod am yr un pethau sylfaenol.

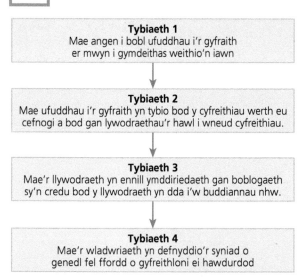

Tybiaeth 1
Mae angen i bobl ufuddhau i'r gyfraith er mwyn i gymdeithas weithio'n iawn

Tybiaeth 2
Mae ufuddhau i'r gyfraith yn tybio bod y cyfreithiau werth eu cefnogi a bod gan lywodraethau'r hawl i wneud cyfreithiau.

Tybiaeth 3
Mae'r llywodraeth yn ennill ymddiriedaeth gan boblogaeth sy'n credu bod y llywodraeth yn dda i'w buddiannau nhw.

Tybiaeth 4
Mae'r wladwriaeth yn defnyddio'r syniad o genedl fel ffordd o gyfreithloni ei hawdurdod

▲ **Ffigur 5.6** Pedair tybiaeth sy'n dangos sut mae cenedlaetholdeb yn gwella rôl y wladwriaeth

Yn y senario hwn y mae cenedlaetholdeb yn tyfu. Mae cenedlaetholdeb yn ffordd o ddiogelu iaith cenedl, ac yn ddiweddarach, o gynnig safon o addysg i bawb. Mae'n dilyn felly, er mwyn cael iaith a diwylliant penodol, y wladwriaeth yw'r unig sefydliad sy'n gallu creu a goruchwylio system addysg gyffredin. Felly, mae'n creu system o addysg, yn ei hamddiffyn (drwy ddatblygu cymwysterau sy'n cyfiawnhau'r amser y mae plant yn ei dreulio yn yr ysgol), ac yn lledaenu addysg ddiwylliannol sydd wedi ei seilio ar iaith. Heb amddiffyniad o'r fath gan y wladwriaeth, gallai diwylliant ddiflannu.

Dydy hynny ddim yn golygu bod y wladwriaeth fodern yn gweithio yn unswydd er mwyn lledaenu addysg. Ond, mae yn galluogi i ddiwylliant uno cymdeithas at ei gilydd, ac felly mae'n cadw'r gymdeithas yn sefydlog yn gymdeithasol ac yn economaidd. Drwy wneud hynny, mae pobl yn datblygu teimlad o berthyn i'w cenedl – drwy'r llenyddiaeth maen nhw wedi ei ddarllen a'i ddysgu, drwy allu cyfri arian a gwybod faint maen nhw'n ennill neu'n ei wario, i ddeall sut mae eu trethi'n cael eu gwario ac ar beth neu bwy. Mae'r wladwriaeth yn dod yn rhywbeth sy'n diogelu hunaniaeth genedlaethol. Yn yr ystyr hwnnw, mae cenedlaetholdeb yn tyfu ac yn gwneud grym y wladwriaeth yn gryfach, fel y gwelwn ni yn Ffigur 5.6.

Fel yma, mae'r genedl yn ennill hunaniaeth sy'n cyfiawnhau cael llywodraeth, ac sy'n caniatáu i gymdeithas sifil, gydlynus gael ei chreu. Ar un llaw mae'r wladwriaeth yn diogelu ac yn siapio ei hunaniaeth genedlaethol, ac ar y llaw arall mae'n defnyddio ei chred yn ei hunaniaeth a'i diwylliant hanesyddol i roi grym iddi. Mewn geiriau eraill, mae'r genedl a'r wladwriaeth yn cynnal ei gilydd.

Sut mae cenedlaetholdeb yn ymateb i globaleiddio

Yn y byd cyfoes, mae'r newid economaidd a chymdeithasol a ddaeth gyda globaleiddio wedi bod yn enfawr. Er bod globaleiddio yn ymwneud ar un llaw â byd sy'n lleihau wrth i bobl, teithiau awyr a masnach symud yn amlach ac yn gyflymach, mae'n dibynnu ar y llaw arall ar lywodraethau gwladwriaethau i basio polisïau sy'n caniatáu masnach rydd a symudiad pobl a chyfalaf, fel bod y pethau hyn yn gallu digwydd. Felly, mae wedi gwneud cenhedloedd a chenedlaetholdeb yn ffordd hanfodol o reoli'r newidiadau hyn.

Ond, mae dadleuon cryf dros gredu bod globaleiddio wedi arwain mewn gwirionedd at deimlad cryfach o hunaniaeth genedlaethol. Mae hynny'n edrych fel ocsimoron – bod globaleiddio mwy wedi helpu i gynyddu hunaniaeth genedlaethol – neu'r awydd amdano. Ar yr wyneb, mae globaleiddio wedi dod â newidiadau enfawr i fyd gwaith (e.e. drwy'r syfliad byd-eang mewn gweithgynhyrchu), ac mae mudo wedi helpu i greu

---

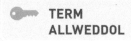

TERM ALLWEDDOL

Ocsimoron Ffigur ymadrodd lle mae cysylltiad yn bodoli rhwng datganiadau sy'n ymddangos ar y dechrau fel petaen nhw'n gwrthddweud ei gilydd.

cymdeithasau amlddiwylliannol mwy amrywiol. Yna daw cenedlaetholdeb – gan sicrhau cydlyniad cymdeithasol, trefn ac ystyr mewn byd sydd fel arall yn aflonydd ac yn ddieithr. Ar eu gorau, mae traddodiadau cenedlaethol, fel arferion, cerddoriaeth neu lenyddiaeth, yn gallu helpu unigolion i deimlo eu bod yn perthyn yn ddiwylliannol, bod parhad hanesyddol a thynged ddiwylliannol mewn byd sy'n newid drwy'r amser.

Anfantais cenedlaetholdeb

Mae'n ymddangos bod teimlad o berthyn yn rhoi teimlad sefydlog i bobl mewn cyfnod o newid byd-eang mawr. Ond, mae ochrau negyddol i hyn.

- Efallai y bydd mwyafrif y boblogaeth eisiau eithrio aelodau lleiafrifol o'r boblogaeth, drwy drais, pureiddio ethnig, hiliaeth neu senoffobia. Mae hyn yn gallu bod yn agored ac amlwg, fel Almaen Hitler, pan oedd pobl oedd yn Iddewig, hoyw neu'n anabl yn cael eu heithrio a'u 'haralleiddio' fel pobl wahanol, ac mewn llawer o achosion roedden nhw'n cael eu darlunio fel bygythiad i'r 'gymuned genedlaethol'. Mae senoffobia wedi bod yn rheswm hefyd am y polisïau pureiddio ethnig a gafwyd mewn gwledydd yn Nwyrain Ewrop fel Kosovo yn ystod yr 1990au (gweler Ffigur 5.7).

- Yn aml iawn gall llywodraethau, sy'n chwilio am gymeradwyaeth, annog eu pobl i 'aralleiddio' pobl o dramor, e.e. drwy eu hatal rhag defnyddio gwasanaethau'r llywodraeth. Drwy wneud hyn, mae meddwl cenedlaetholgar yn hyrwyddo ac yn annog pobl y wlad i roi'r bai ar gam ar fychod dihangol (scapegoats), drwy ystyried efallai mai nhw gychwynnodd y problemau economaidd-gymdeithasol diweddar. Er enghraifft, mae cymunedau a dderbyniodd niferoedd uchel o fewnfudwyr o'r Undeb Ewropeaidd ar ôl 2007 wedi gweld pwysau mawr ar eu gwasanaethau iechyd ac addysg yn aml iawn. Yna, maen nhw'n rhoi'r bai ar y mewnfudwyr eu hunain am yr ysgolion gorlawn a'r oedi hir wrth aros am ofal iechyd, yn hytrach na beio llywodraethau lleol a'r llywodraeth genedlaethol am beidio rhagweld cynnydd yn y mewnfudwyr a darparu ar eu cyfer. Mae tystiolaeth yn dangos bod mudwyr fel arfer yn cyfrannu llawer mwy i'r economi nag y

◀ **Ffigur 5.7** Ffoaduriaid o Kosovo yn cyrraedd ar ôl cael eu cludo gan fyddin yr Iseldiroedd i wersylloedd ffoaduriaid yn 1999. Yn aml iawn mae'r gwrthdaro yn Kosovo yn cael ei ystyried yn wrthdaro 'pureiddio ethnig', a fwriadwyd i yrru pobl Albaniaidd Kosofaidd (Kosovar Albanians) allan o Kosovo, a'u hatal rhag dychwelyd

maen nhw'n ei gymryd, ond mae llawer o bobl yn credu bod llywodraethau'n hapus iawn i gymryd mwy o refeniw o drethi ar un llaw a beio mewnfudwyr am y pwysau gormodol ar wasanaethau ar y llaw arall.

Ar ben hynny, mae ideoleg genedlaetholgar yn gallu bod yn ffordd weithredol o roi cyfeiriad a phwrpas i gymdeithas. Rhan o'r rheswm pam mae ton newydd o genedlaetholdeb wedi dod yn nodwedd mor gryf o wleidyddiaeth y byd cyfoes yw bod ganddo'r gallu i symud cymdeithas tuag at dargedau sy'n gwrthgyferbynu ei gilydd yn llwyr. Mae llywodraethau'n gallu cynnig cefnogaeth i fasnach fyd-eang a rôl corfforaethau trawswladol i sicrhau twf economaidd ar un llaw, gan hyrwyddo hunaniaethau sy'n rhannu yr un diwylliant ac ethnigrwydd mewn fframwaith cenedlaetholgar ar y llaw arall. Mae dywediad y cyn-Arlywydd Trump *'America First'* yn enghraifft o hyn – mae fel petai'n taro tant gyda theimladau cenedlaetholgar, ond mae hefyd yn gostwng trethi corfforaethol a phersonol mewn ffyrdd sy'n rhoi'r budd mwyaf i'r bobl gyfoethog a mwyaf global o blith dinasyddion America.

Cenedlaetholdeb yn yr Alban

▶ *Beth mae'n ei olygu i fod yn Albanwyr?*

Pan gafwyd Deddfau Uno yn 1707, daethant â theyrnasoedd annibynnol yr Alban a Lloegr at ei gilydd a'u cyfuno i greu'r hyn oedd yn cael ei alw wedi hynny yn Brydain Fawr. Mewn ffyrdd pwysig maen nhw'n parhau'n wledydd ar wahân; e.e. mae'r gweithdrefnau ar gyfer prynu tai yn yr Alban yn wahanol iawn i'r rhai yng Nghymru a Lloegr, ac mae hyn yn adlewyrchiad o system gyfreithiol wahanol yr Alban. Mae addysg a phrifysgolion yr Alban wedi bod yn wahanol erioed. Yn ddiweddar, cafodd nifer o gyfrifoldebau a hawliau i wneud cyfreithiau eu datganoli (gweler tudalen 127) i senedd newydd yr Alban yng Nghaeredin. Mae hyn wedi cryfhau'r gwahaniaethau rhwng yr Alban a gweddill y DU, er enghraifft mewn gofal iechyd neu gyda ffioedd myfyrwyr prifysgol.

Ond mae cenedlaetholdeb yr Alban yn cynnwys cymaint mwy na gwneud cyfreithiau a sefydliadau. Mae cenedlaetholdeb yr Alban wedi ei seilio ar yr egwyddor bod Albanwyr gyda'i gilydd yn ffurfio cenedl gydlynol a bod ganddyn nhw eu hunaniaeth genedlaethol unigryw, ar wahân. Mae Elliot Green, Athro Cysylltiol mewn Astudiaethau Datblygu yn LSE, wedi dadlau bod cenedlaetholdeb yn yr Alban yn sylfaenol wahanol i'r ffordd mae pobl fel arfer yn meddwl am genedlaetholdeb. Yn ôl Green, mae cenedlaetholdeb wedi ei gysylltu fel arfer ag ideolegau adain dde, lle mae aelodau cenedl yn eu hystyried eu hunain yn well na phobl sydd ddim yn aelodau o'r genedl. Mae ideoleg fel hyn yn dod yn niweidiol pan mae dinasyddion cenedl, hynny ydy, ei chenedligrwydd, yn cael eu diffinio gan eu hethnigrwydd. Cyfeiriodd at y math hwn o genedlaetholdeb fel 'cenedlaetholdeb ethnig'.

I'r gwrthwyneb, soniodd hefyd am 'genedlaetholdeb dinesig', ac roedd yn dadlau bod hyn yn caniatáu i unrhyw un uniaethu â'r genedl a'i gwerthoedd dinesig, beth bynnag yw eu hethnigrwydd. Roedd yn dadlau mai'r cwbl oedd angen ei wneud oedd derbyn gwerthoedd dinesig cymuned neu gymdeithas a byddai hynny'n caniatáu i chi fod yn aelod ohoni. Nid yw cenedlaetholdeb dinesig yn cael ei dderbyn yn gyffredinol fel math dominyddol o genedlaetholdeb. E.e. doedd Plaid Genedlaethol Prydain (*BNP: British National Party*) yn y DU a'r Ffrynt Cenedlaethol yn Ffrainc ddim yn arddel syniadau cenedlaetholdeb dinesig – roedden nhw'n dewis cenedlaetholdeb ethnig. Yn y ffordd yma, ar ei eithaf, ni fyddai rhai aelodau hiliol o'r BNP byth yn derbyn bod pobl dduon yn gallu bod yn wirioneddol Brydeinig, beth bynnag sydd ar eu pasbort. Mae llwyddiant y pleidiau gwleidyddol hyn yn amrywio, ond mae'r ffaith bod ganddyn nhw bolisïau sy'n gwrthwynebu mewnfudo, a bod pleidiau gwleidyddol mwy prif ffrwd wedi mabwysiadu polisïau o'r fath, yn dangos bod cenedlaetholdeb ethnig yn parhau i fodoli ym meddylfryd Gorllewin Ewrop.

Y ffordd orau o ddisgrifio cenedlaetholdeb yr Alban yw fel cenedlaetholdeb dinesig yn hytrach na chenedlaetholdeb ethnig, oherwydd mae Albanwyr wedi eu diffinio'n syml fel y bobl sy'n byw yn y wlad, waeth beth yw eu diwylliant neu eu hethnigrwydd. I ddangos hyn, cyfeiriodd Green at y gefnogaeth y mae SNP yn ei chael gan y lleiafrifoedd ethnig, fel Albanwyr o linach Asiaidd sy'n dangos mwy o gefnogaeth i annibyniaeth yr Alban yn y polau piniwn na gweddill poblogaeth yr Alban. Mae grwpiau fel 'Africans for an Independent Scotland' ac 'English Scots for Yes' (i annibyniaeth) yn dystiolaeth bellach bod cenedlaetholdeb yr Alban yn wahanol i'r cenedlaetholdeb ethnig mwy arferol (sy'n neilltuo pobl eraill). Felly, mae aelodaeth cenedl yr Alban wedi ei ddiffinio gan gysylltiad gwirfoddol pobl â'r Alban a'u cyfranogaeth yn ei bywyd dinesig. Mae Green yn cymharu hyn gydag agweddau pobl yn y ddadl am ymwahaniaeth Catalonia (gweler tudalen 137), lle mae'n dyfynnu cyn-Arlywydd senedd Catalonia sy'n cwyno y bydd 'Catalonia yn diflannu os yw'r llifoedd mudo presennol yn parhau'.

Plaid Genedlaethol yr Alban (*SNP: Scottish Nationalist Party*)

Cafodd yr SNP ei sefydlu yn 1934. Roedd ei ffocws ar ddenu'r bobl hynny oedd eisiau i'r mudiad oedd yn cynrychioli cenedlaetholdeb yn yr Alban gael ei uno. Yn ei blynyddoedd cynnar, doedd yr SNP ddim yn cefnogi annibyniaeth lawn i'r Alban, yn hytrach roedd yn ceisio pwerau ar gyfer cael Cynulliad yr Alban wedi ei ddatganoli o fewn y DU. Erbyn canol yr 1960au, roedd yn cystadlu mewn is-etholiadau yn weddol lwyddiannus, ac yn 1967 cafodd ei Aelod Seneddol cyntaf, sef Winnie Ewing, a enillodd etholaeth Hamilton. Yn 1974, blwyddyn pan gafwyd dau etholiad cyffredinol, enillodd yr SNP 7 aelod seneddol yn yr etholiad cyntaf ac 11 yn yr ail etholiad, gan sicrhau 30 y cant o'r bleidlais yn yr Alban. Y ffactor arwyddocaol y tu ôl i'r ymchwydd gwleidyddol hwn mewn cefnogaeth oedd canfod olew Môr y Gogledd oddi ar arfordir yr Alban (roedd yr SNP yn dadlau ei fod yn 'Olew yr Alban' mewn gwirionedd yn hytrach nag 'Olew Prydeinig'). Ond, dim ond am gyfnod byr y parhaodd yr ymchwydd hwn mewn poblogrwydd; collodd SNP seddi yn ystod yr 1980au a'r 1990au.

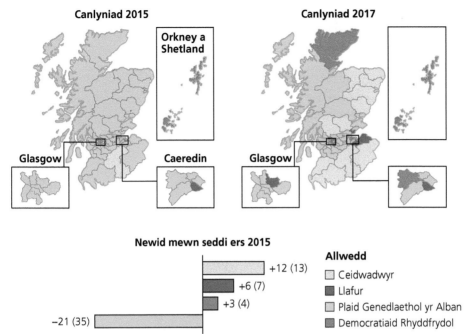

Canlyniad 2015

Orkney a Shetland

Glasgow

Caeredin

Canlyniad 2017

Glasgow

Newid mewn seddi ers 2015

+12 (13)

+6 (7)

+3 (4)

−21 (35)

Allwedd

☐ Ceidwadwyr

■ Llafur

☐ Plaid Genedlaethol yr Alban

■ Democratiaid Rhyddfrydol

▲ **Ffigur 5.8** Cymharu maint cynrychiolaeth SNP a llywodraeth y DU yn etholiadau cyffredinol 2015 a 2017. Mae seddi Albanaidd wedi mynd a dod yn y blynyddoedd diwethaf, gyda llawer o newidiadau. 2015 oedd y canlyniad gorau erioed i'r SNP. Ond, llwyddodd arweinydd Ceidwadol poblogaidd newydd, Ruth Davidson, i ennill nifer o seddi yn ôl i'r Ceidwadwyr yn 2017 (ymddiswyddodd yn ddiweddarach yn 2019)

Enillodd SNP seddi eto ar ôl refferendwm 1997 ar ddatganoliad yr Alban, a ddarparwyd gan lywodraeth Lafur Tony Blair oedd newydd ei ethol, a chreodd hyn senedd newydd yr Alban. Hyd yn oed wedyn, arweiniodd yr etholiadau cyntaf i'r senedd at fwy o seddi i bleidiau Llafur a Cheidwadol y DU nag i'r SNP. Dim ond yn 2007 y cafodd SNP ei llwyddiant mawr, pan enillodd 47 o seddi a dod yn blaid fwyaf yr etholiadau i senedd yr Alban. Dilynwyd hyn gan fuddugoliaeth ysgubol yn etholiad 2011 gyda 69 o'r 129 o seddi. Daeth SNP yn fwy amlwg fyth fel plaid pan enillodd fwyafrif ysgubol o'r 59 sedd oedd ar gael i'r Alban yn senedd y DU yn 2015 (gweler Ffigur 5.8).

Agweddau cenedlaetholwyr yn yr Alban

Felly, beth mae'n golygu i 'fod' neu i 'deimlo' yn Albanaidd? A sut mae sentiment cenedlatholgar yn gwahaniaethu ar draws y DU? Roedd arolwg y BBC am hunaniaeth genedlaethol yn y DU, a gafodd ei wneud gan y cwmni ymchwilio barn YouGov yn 2018, yn dangos bod hunaniaeth genedlaethol yn yr Alban yn wahanol i hunaniaeth genedlaethol yn Lloegr, ac mae'r un peth yn wir am ystyr 'cenedlatholdeb'. Un peth a welwyd yn yr arolwg oedd bod pobl yr Alban yn fwy tebygol o'u galw eu hunain yn 'Albanwyr' nag oedd pobl yn Lloegr o'u galw eu hunain yn 'Saeson'. Does dim corff tebyg yn Lloegr sy'n cymharu â theimladau cenedlatholgar naill ai'r SNP neu'r blaid gyfatebol yma yng Nghymru (Plaid Cymru). Am nad oes plaid genedlatholgar fawr Seisnig, y peth agosaf y gallai YouGov ei ganfod fel ffactor cyfatebol yn Lloegr oedd bod 16 y cant o'r bobl a arolygwyd yn Lloegr yn dweud eu bod yn teimlo fwy fel 'Saeson' na 'Phrydeinwyr'.

Yn yr arolwg, cafodd 1025 o bobl eu cyfweld o wahanol wledydd y DU. Roedd y cyferbyniadau canlynol yn arwyddocaol:

- *Teimladau am fod yn 'Brydeinig'.* Er bod 82 y cant o bobl a arolygwyd yn Lloegr wedi dweud eu bod yn teimlo 'lefel gref o fod yn Brydeinig', roedd y ffigur yn llawer is yn yr Alban (59 y cant), ond yng Nghymru roedd yn 79 y cant. Yn wleidyddol, roedd gan y bobl oedd yn cefnogi'r SNP hunaniaeth Albanaidd gryf. O'r bobl hynny a bleidleisiodd i'r SNP yn etholiad cyffredinol 2017, dywedodd 79 y cant eu bod nhw'n 'teimlo lefel gref o fod yn Albanaidd', ond dim ond 9 y cant ddywedodd eu bod yn teimlo 'lefel gref o fod yn Brydeinig'.
- *Teimladau am 'fod yn Ewropeaidd'.* I'r gwrthwyneb, roedd cefnogwyr SNP yn llawer mwy parod i ddweud eu bod yn teimlo 'lefel gref' o fod yn Ewropeaidd – 44 y cant o gefnogwyr SNP o'i gymharu â dim ond 8 y cant o'r bobl oedd yn eu gweld eu hunain yn 'genedlaetholwyr Seisnig'. Pleidleisiodd y mwyafrif o gefnogwyr SNP i barhau yn yr Undeb Ewropeaidd yn refferendwm 2016 ar aelodaeth y DU yn yr Undeb Ewropeaidd, ond pleidleisiodd y mwyafrif o'r 'cenedlaetholwyr Seisnig' i adael.
- *Teimladau am hunaniaeth.* Roedd mwy nag 80 y cant yn teimlo 'lefel gref o fod yn Albanaidd' ac roedd 61 y cant yn teimlo 'lefel gryf iawn o fod yn Albanaidd'. I'r gwrthwyneb, dim ond 54 y cant o'r bobl yn Lloegr oedd yn teimlo 'lefel gref iawn' o fod yn Saeson, a dim ond 41 y cant o bobl yng Nghymru oedd yn honni eu bod yn teimlo 'lefel gref iawn' o fod yn Gymry. Roedd 'teimlo'n Albanaidd' yn rhywbeth roedd y mwyafrif o bobl yr Alban yn ei deimlo, ac yn ystyried hyn yn nodwedd o gryfder, ac roedd llawer ohonyn nhw'n teimlo bod 'teimlo'n Brydeinig' yn achosi ymraniad.
- *Teimladau am y dyfodol.* Roedd pobl yr Alban yn teimlo yn 'fwy optimistaidd am y dyfodol' na phobl yn y DU gyfan. Roedd saith deg y cant o'r bobl hynny oedd yn eu hystyried eu hunain yn 'genedlaetholwyr

% o ymatebwyr (ac eithrio'r rheini a atebodd 'ddim yn gwybod')

☐ Yn gwneud rhywun yn Albanaidd ☐ Ddim yn gwneud rhywun yn Albanaidd

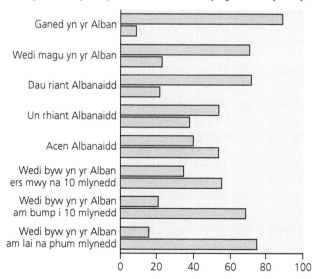

◀ **Ffigur 5.9**
Ffactorau sydd wedi cyfrannu at wneud rhywun yn 'Albanaidd' yn ôl yr atebion yn arolwg YouGov 2018. Mae'r data yn ganrannau o'r cyfanswm o 1025 o bobl a gyfwelwyd ar gyfer yr arolwg

Seisnig' yn credu bod Lloegr wedi bod yn well yn y gorffennol, a dim ond 13 y cant ohonyn nhw oedd yn credu bod 'ei blynyddoedd gorau yn y dyfodol'. I'r gwrthwyneb, dim ond 16 y cant o gefnogwyr SNP oedd yn meddwl bod yr Alban 'yn well yn y gorffennol', ac roedd 64 y cant yn teimlo bod blynyddoedd gorau'r Alban o'i blaen.

● *Teimladau am amrywiaeth.* Roedd pedwar deg saith y cant yn credu bod byw yr yr Alban am fwy na deng mlynedd yn gwneud rhywun yn 'Albanaidd' (gweler Ffigur 5.9). Mae hynny bron ddwywaith cymaint â'r canran o ymatebwyr o Loegr oedd yn credu bod byw yn Lloegr am fwy na deng mlynedd yn gwneud pobl yn Saeson (25 y cant). Hefyd, rhoddodd yr ymatebwyr oedd yn eu gweld eu hunain yn gefnogwyr SNP atebion cadarnhaol am y syniad o fyw mewn cymdeithas sy'n amrywiol o ran diwylliannau; roedden nhw'n dangos bod y ffactor hon yn ychwanegu'n gryf at eu teimlad o berthyn i'r fan lle roedden nhw'n byw, o'i gymharu â dim ond 22 y cant o ymatebwyr oedd yn eu hystyried eu hunain yn 'genedlaetholwyr Seisnig'.

Roedd un ffactor yn clymu'r bobl oedd yn eu hystyried eu hunain yn gefnogwyr SNP a'r bobl oedd yn 'genedlaetholwyr Seisnig'. Roedden nhw i gyd yn credu bod eu gwlad nhw'n well na'r mwyafrif o wledydd eraill. A ben hynny, roedd 60 y cant o'r bobl oedd yn eu hystyried eu hunain yn gefnogwyr SNP a mwy na 65 y cant o 'genedlaetholwyr Seisnig' wedi mynegi'r farn honno.

 # Deall 'ymwahaniaeth'

▶ *Sut mae'r galwadau am ymwahanu cenedl yn datblygu?*

Beth yw 'ymwahaniaeth'?

Ymwahaniaeth yw'r dymuniad i un grŵp fodoli ar wahân i grŵp arall er mwyn cael ymreolaeth. Yn wleidyddol, mae ymwahaniaeth fel arfer yn cyfeirio at awydd grŵp i dorri i ffwrdd neu fod ar wahân i'r wladwriaeth lle maen nhw'n byw ar hyn o bryd.

Sut mae'r galwadau am ymwahanu'n datblygu? Mewn hanes diweddar, mae mudiadau ymwahanu wedi ffurfio am wahanol resymau. Mae rhai eisiau ymwahanu oherwydd eu hunaniaeth ethnig neu ddiwylliannol, ac mae eraill yn dewis hunaniaeth grefyddol neu fuddioldeb gwleidyddol. O'r rhain, mae'r sentiment ymwahaniaethol mwyaf cyffredin wedi ei wreiddio'n bennaf mewn honiadau sydd wedi eu seilio ar ethnigrwydd.

I ddeall ymwahaniaeth fel ffenomenon, mae angen i ni ganfod ac ystyried y ffactorau hynny sy'n cadw, neu'n clymu, pobl at ei gilydd. Unwaith y byddwn ni wedi canfod hynny, mae'n dod yn haws deall ymwahaniaeth drwy ei gysylltu â'r damcaniaethau am genedlaetholdeb sydd wedi eu trafod uchod. Mae deall teimladau cenedlaetholgar yn ein helpu ni i ganfod sut mae galwadau am ymwahanu'n codi, a'r rhesymau pam mae ymwahaniaethwyr yn chwilio am fodel ar gyfer math gwahanol o fodolaeth ar y cyd.

ASTUDIAETH ACHOS GYFOES: BETH SY'N DIGWYDD YNG NGHATALONIA?

Bob blwyddyn, mae twristiaid yn heidio i draethau Costa Brava a Costa Dorada yn Sbaen (gweler Ffigur 5.10). Mae'r traethau hyn yn rhan o arfordir Catalonia, sy'n rhanbarth o fewn Sbaen a welwch yn Ffigur 5.11. Mae twristiaeth yn bwysig i'r ardal yn economaidd, ac mae hynny'n wir hefyd am ddiwydiannau Barcelona sydd i'w cael yn y rhanbarth Catalanaidd. Ond mewn blynyddoedd diweddar, mae Catalonia wedi bod mewn cynnwrf gwleidyddol. Diben yr astudiaeth achos hon yw archwilio pam mae'r cynnwrf hwn yn bodoli.

◀ **Ffigur 5.10** Y traeth a'r promenâd yn Platja de S'Abanell, Blanes ar y Costa Brava, yng Nghatalonia – lle gwyliau i lawer o bobl ond mae'n ardal lle mae tensiynau ymwahaniaeth yn gorwedd o dan yr wyneb

Mae'r broblem yn ymwneud â hunaniaeth pobl Catalan fel dinasyddion Sbaenaidd. Mae Catalonia yn dalaith o Sbaen, sy'n cyfateb yn fras i wlad neu ardal fetropolitan yn y DU. Mae'n un o ranbarthau mwyaf cyfoethog Sbaen, ac mae'n cynnwys llawer o ddiwydiant gweithgynhyrchu'r wlad. Mae ei hanes sylweddol, ynghyd â'i iaith ei hun, yn ei wneud yn lle gyda meddwl annibynnol ac nid yw bob amser yn derbyn y polisïau sy'n cael eu creu gan lywodraeth ganolog Sbaen ym Madrid. Mae'r mwyafrif o bobl Catalan wedi eu hystyried eu hunain ers tro byd yn genedl wahanol i weddill Sbaen, **gwladwriaeth unedol**, (yn debyg iawn i'r ffordd mae Plaid Genedlaethol yr Alban yn gweld ei pherthynas â'r DU). Beth yw sail yr agweddau ymwahaniaethol yng Nghatalonia?

Sut datblygodd y broblem

Ym mis Chwefror 2019, aeth 12 o arweinwyr gwleidyddol Catalanaidd ar dreial ym Madrid. Roedden nhw'n wynebu cyhuddiadau oedd yn cynnwys gwrthryfela a **chynnwrf** yn erbyn llywodraeth Sbaen. Cododd y cyhuddiadau a'r arestiadau am eu bod wedi ceisio cyhoeddi annibyniaeth i Gatalonia ac wedi methu. Pan gawson nhw eu heuogfarnu ym misoedd olaf 2019, roedd eu cosbau'n amrywio o 9 i 13 o flynyddoedd yr un yn y carchar.

Roedd y cyhuddiadau a'r arestiadau'n dilyn blynyddoedd o ymgyrchu am ymwahanu Catalonia oddi wrth weddill Sbaen. Yn 2017, roedd Catalonia wedi cynnal refferendwm ar annibyniaeth, a gefnogwyd gan fwyafrif

▲ **Ffigur 5.11** Map yn dangos lleoliad Catalonia yn Sbaen

llethol o'r Catalaniaid. Yn hyderus â'u llwyddiant, aethant ati wythnosau'n ddiweddarach i gyhoeddi annibyniaeth Catalonia oddi wrth Sbaen.

I'r bobl hynny oedd o blaid annibyniaeth, roedd y mater hwn yn ymwneud â hawl i hunanbenderfyniad (gweler tudalen 32), ac roedden nhw'n dadlau bod democratiaeth fel egwyddor yn golygu bod ganddyn nhw'r hawl i ddefnyddio canlyniad y refferendwm. Doedd llywodraeth Sbaen ddim yn cytuno – roedden nhw'n dadlau bod y refferendwm yn anghyfreithlon am nad oedd y llywodraeth genedlaethol wedi cytuno i'w gynnal. Roedden nhw'n credu bod gan Gatalonia rywfaint o ymreolaeth fel cymuned, ond nid annibyniaeth lawn. Pan gyflwynwyd y cyhoeddiad hwn am annibyniaeth, cyhoeddodd llywodraeth Sbaen

bod refferendwm Catalonia'n anghyfreithlon, a gorfododd reolaeth uniongyrchol, gan ddiddymu

unrhyw ymreolaeth flaenorol oedd gan Gatalonia ac arestio'r bobl hynny oedd yn parhau â'r gwrthryfela.

Nid y galwadau hyn am dalaith ar wahân i Gatalonia yw'r tro cyntaf i lywodraeth Sbaen wynebu mudiadau ymwahaniaethol fel hyn. Hyd nes y daethon nhw i gytundeb heddychlon yn 2018, roedd ymwahaniaethwyr o Wlad y Basque yng ngogledd Sbaen wedi ymgyrchu am ranbarth ar wahân i'r bobl Basque, a chyrraedd y pwynt o ddefnyddio trais a llofruddiaeth hyd yn oed. Mae cyfansoddiad Sbaen yn cyfeirio at 'undeb annatod y genedl Sbaenaidd'. I sicrhau hynny, mae'r cyfansoddiad Sbaenaidd yn rhoi rhywfaint o ymreolaeth i wahanol daleithiau Sbaen, gan sicrhau eu bod nhw'n gallu gwneud penderfyniadau am refeniw trethiant lleol a sut mae'n cael ei wario. Ond i lawer o Gatalaniaid, dydy hynny ddim yn ddigon, ac mae'r galwadau am fwy o ymreolaeth ac annibyniaeth wedi tyfu mewn cyfnodau diweddar.

 TERMAU ALLWEDDOL

Gwladwriaeth unedol Gwladwriaeth lle mae'r llywodraeth ganolog yn sofran. Felly, gallai ei llywodraeth sefydlu neu ail ddiffinio rhanbarthau gwleidyddol fel cymunedau ymreolaethol Sbaen, yn ogystal â pholisïau cenedlaethol (e.e. am gyllid neu amddiffyn). Mae'r term yn berthnasol i'r mwyafrif llethol o genhedloedd y byd.

Cynnwrf Gweithred o wrthryfela yn erbyn awdurdod y dalaith neu'r llywodraeth.

DADANSODDI A DEHONGLI: A DDYLAI CATALONIA DDOD YN GENEDL AR WAHÂN?

◀ **Ffigur 5.12** Cymunedau ymreolaethol (neu ranbarthau) o Sbaen

Safle	Cymuned ymreolaethol	Cynnyrch Mewnwladol Crynswth mewn biliynau € (2016)
1	Catalonia	211.9
2	Madrid	210.8
3	Andalucia	148.5
4	Valencia	105.1
5	Gwlad y Basque	68.9
6	Galicia	58
7	Castile a León	55.4
8	Ynysoedd Dedwydd	42.6
9	Castilla–La Mancha	37.8
10	Aragon	34.7
11	Murcia	28.5
12	Ynysoedd Baleares	28.5
13	Asturias	21.7
14	Navarre	19
15	Extremadura	17.7
16	Cantabria	12.5
17	La Rioja	8
18	Ceuta	1.6
19	Melilla	1.5

◀ **Tabl 5.1** Cynnyrch Mewnwladol Crynswth pob un o'r cymunedau ymreolaethol Sbaenaidd (gweler Ffigur 5.12 i weld y lleoliad)

Astudiwch Ffigur 5.12 a Thabl 5.1

(a) I ba raddau mae Ffigur 5.12 a Thabl 5.1 yn cefnogi barn y gallai Catalonia wahanu'n hawdd oddi wrth weddill Sbaen?

CYNGOR

Mae Ffigur 5.12 yn dangos nad yw Catalonia yn rhan o ranbarth 'craidd' daearyddol Sbaen o amgylch y brifddinas, Madrid. Gallai gael ei hystyried yn rhan o 'ymylon' Sbaen, i ffwrdd oddi wrth y brifddinas, ac efallai fod hyn yn effeithio ar y graddau y mae Catalaniaid yn debygol o gefnogi penderfyniadau gan lywodraeth ganolog Sbaen. Ar y llaw arall, mae Catalonia yn llawer agosach at Madrid nag yw'r Alban i Lundain, er enghraifft. Mae'n rhesymol disgwyl i genedlaetholwyr yr Alban deimlo'r pellter daearyddol rhwng Llundain a'r Alban, ond byddech chi'n disgwyl i bobl Catalonia gael cysylltiadau cryfach â Madrid. Ar yr wyneb, does dim rheswm daearyddol pam dylai Catalonia deimlo llai o gysylltiad â Madrid nag unrhyw dalaith ymylol arall.

Ar ôl ystyried Ffigur 5.12, mae Tabl 5.1 nawr yn rhoi cipolwg llawer cryfach ar y rhesymau posibl pam y byddai Catalonia eisiau bod yn annibynnol yn hytrach nag yn rhan o Sbaen. Mewn egwyddor, gallai ei Chynnyrch Mewnwladol Crynswth awgrymu gwlad a fyddai'n gallu ei chynnal ei hun, ond does gennym ni ddim gwybodaeth am ei masnach wrth gwrs. Byddai'n werth cyfeirio at y ffaith y gallan ni gyfrifo Cynnyrch Mewnwladol Crynswth Catalonia fesul y pen os byddai gennym wybodaeth am ei phoblogaeth, ac y gallai hyn ei rhoi hi mewn safle gwahanol a newid unrhyw farn am ffyniant economaidd Catalonia fel cenedl ar wahân. Ond, mae'n ymddangos yn rhesymol i ddisgwyl y byddai'r Catalaniaid yn teimlo y dylen nhw ofyn am gyfran fwy o'r cyfoeth sy'n cael ei gynhyrchu o fewn y dalaith, yn debyg i ddisgwyliad Cenedlaetholwyr yr Alban y byddai'r Alban yn cael cyfran fwy o gyfoeth olew Môr y Gogledd yn yr 1970au (gweler uchod).

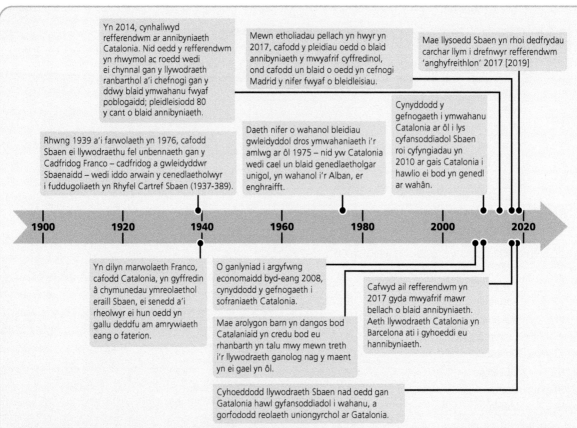

Yn 2014, cynhaliwyd refferendwm ar annibyniaeth Catalonia. Nid oedd y refferendwm yn rhwymol ac roedd wedi ei chynnal gan y llywodraeth ranbarthol a'i chefnogi gan y ddwy blaid ymwahanu fwyaf poblogaidd; pleidleisiodd 80 y cant o blaid annibyniaeth.

Mewn etholiadau pellach yn hwyr yn 2017, cafodd y pleidiau oedd o blaid annibyniaeth y mwyafrif cyffredinol, ond cafodd un blaid o oedd yn cefnogi Madrid y nifer fwyaf o bleidleisiau.

Mae llysoedd Sbaen yn rhoi dedfrydau carchar llym i drefnwyr refferendwm 'anghyfreithlon' 2017 [2019]

Cynyddodd y gefnogaeth i ymwahanu Catalonia ar ôl i lys cyfansoddiadol Sbaen roi cyfyngiadau yn 2010 ar gais Catalonia i hawlio ei bod yn genedl ar wahân.

Rhwng 1939 a'i farwolaeth yn 1976, cafodd Sbaen ei llywodraethu fel unbennaeth gan y Cadfridog Franco – cadfridog a gwleidyddwr Sbaenaidd – wedi iddo arwain y cenedlaetholwyr i fuddugoliaeth yn Rhyfel Cartref Sbaen (1937-389).

Daeth nifer o wahanol bleidiau gwleidyddol dros ymwahaniaeth i'r amlwg ar ôl 1975 – nid yw Catalonia wedi cael un blaid genedlatholgar unigol, yn wahanol i'r Alban, er enghraifft.

1900   1920   1940   1960   1980   2000   2020

Yn dilyn marwolaeth Franco, cafodd Catalonia, yn gyffredin â chymunedau ymreolaethol eraill Sbaen, ei senedd a'i rheolwyr ei hun oedd yn gallu deddfu am amrywiaeth eang o faterion.

O ganlyniad i argyfwng economaidd byd-eang 2008, cynyddodd y gefnogaeth i sofraniaeth Catalonia.

Cafwyd ail refferendwm yn 2017 gyda mwyafrif mawr bellach o blaid annibyniaeth. Aeth llywodraeth Catalonia yn Barcelona ati i gyhoeddi eu hannibyniaeth.

Mae arolygon barn yn dangos bod Catalaniaid yn credu bod eu rhanbarth yn talu mwy mewn treth i'r llywodraeth ganolog nag y maent yn ei gael yn ôl.

Cyhoeddodd llywodraeth Sbaen nad oedd gan Gatalonia hawl gyfansoddiadol i wahanu, a gorfododd reolaeth uniongyrchol ar Gatalonia.

▲ **Ffigur 5.13** Llinell amser cais Catalonia am annibyniaeth

(b) Gan ddefnyddio Ffigur 5.13 a'ch gwybodaeth eich hun, awgrymwch ddadleuon posibl o blaid ac yn erbyn annibyniaeth lawn i Catalonia.

CYNGOR

Mae achos o blaid annibyniaeth yma. Mae gan Gatalonia nifer o sefydliadau gwladwriaeth yn barod am fod Sbaen wedi dirprwyo llawer o swyddogaethau iddi hi, ac i'r holl gymunedau ymreolaethol yn Sbaen. Mae isadeiledd gwleidyddol o lawer o wahanol bleidiau cenedlatholgar yn bodoli'n barod, felly does dim perygl y byddai Catalonia'n wladwriaeth un blaid os byddai'n dod yn annibynnol. Mae ganddi ddwy ddadl sy'n gryf – un, bod mwyafrif mawr y boblogaeth yn amlwg o blaid annibyniaeth, a dau, mae'r wlad yn credu nad yw'n cael ei chyfran deg o'r cyfoeth (drwy dalu trethi i Madrid).

Fodd bynnag, mae problemau. Os bydd cenhedloedd mwy fel Sbaen angen darparu lluoedd amddiffyn mewn cyfnodau o densiwn gwleidyddol, efallai na fyddai gwladwriaeth fach fel Catalonia'n gallu ei fforddio. Yn ogystal, mae nifer o bleidiau annibyniaeth i'w cael yng Nghatalonia ac efallai fod hynny'n arwydd eu bod nhw'n cael trafferth cytuno ar weledigaeth am y math o Gatalonia annibynnol maen nhw eisiau ei weld.

(c) Gan ddefnyddio'r holl wybodaeth yma, aseswch y farn bod yr achos o blaid annibyniaeth i Catalan yn un cryf.

CYNGOR

Ystyriwch yr holl dystiolaeth yma, ynghyd ag unrhyw ymchwil annibynnol yr hoffech ei gynnwys er mwyn cryfhau eich dadl. Ond cofiwch roi ateb pendant un ffordd neu'r llall!

Gwerthuso'r mater

▶ Sut allwn ni asesu'r dadleuon o blaid ac yn erbyn ffurfio talaith Kurdistan ar wahân?

Nodi meini prawf posibl a thystiolaeth bosibl ar gyfer yr asesiad

Ffocws y ddadl yn y bennod hon yw asesu a ddylai Kurdistan – sydd ar hyn o bryd yn ardal eang sy'n cynnwys rhannau o Dwrci, Iran, Iraq, Syria ac Armenia – ddod yn dalaith annibynnol ar wahân ar gyfer y bobl Gwrdaidd. Beth yw cryfderau'r dadleuon o blaid ac yn erbyn ymwahaniad Cwrdaidd? Sut ddylai'r penderfyniad gael ei wneud, a gan bwy? Beth yw'r tebygolrwydd y bydd talaith annibynnol Kurdistan yn cael ei ffurfio yn y dyfodol agos?

Cyn penderfynu, mae'n bwysig i ni ystyried natur ymwahanu a'i wreiddiau. Mae'r ddadl yn hynod o gymhleth. Ar un llaw, dydy hon ddim yn debyg i'r dadleuon o blaid neu yn erbyn ymwahaniad yr Alban oddi wrth weddill y Deyrnas Unedig. Mae tiriogaeth yr Alban yn bodoli, wedi ei ddiffinio'n barod o dan yr enw Yr Alban, a dydy SNP erioed wedi bwriadu trafod cael mwy o dir wrth ddadlau dros gael annibyniaeth i'r Alban. Mae Kurdistan yn wahanol iawn. Yr hanfod cyntaf wrth ddod i ddeall y ddadl am Kurdistan yw archwilio nodweddion y boblogaeth Gwrdaidd a pham mae ymwahanu'n apelio atyn nhw.

I'n helpu ni i wneud penderfyniad, mae'n bwysig ein bod ni'n sefydlu cysyniadau daearyddol perthnasol a fydd yn helpu i asesu a beirniadu'r mater hwn. Er enghraifft:

- Sut allai Kurdistan annibynnol effeithio ar geowleidyddiaeth y Dwyrain Canol? Mae hynny'n dibynnu ar sefyllfa geowleidyddol pob un o'r pum gwlad a fyddai'n cael eu heffeithio gan ymwahaniad Kurdistan. Beth allai'r gwledydd hyn ei golli neu ei ennill os bydd cenedl ar wahân yn cael ei chreu?
- Sut allai sefydlogrwydd geowleidyddol rhanbarth y Dwyrain Canol gael ei effeithio

gan unrhyw benderfyniad i *beidio* rhoi ei ymreolaeth neu hunanbenderfyniad i Kurdistan? A fydd hyn yn achosi mwy o newid cymdeithasol neu wleidyddol, sy'n codi o brotestiadau er enghraifft? A fydd y pum gwlad sydd â thiriogaeth sy'n cynnwys tir Cwrdaidd ar hyn o bryd yn gorfod defnyddio grym i chwalu'r protestiadau?

Y cefndir i'r ddadl – pwy yw'r Cwrdiaid?

Y Cwrdiaid yw poblogaeth fwyaf y byd sydd heb ei thalaith ei hun, hynny yw pobl ar wasgar neu diaspora. Mae Kendal Nezan, Arlywydd Sefydliad Cwrdaidd Paris, yn disgrifio'r Cwrdiaid fel pobl sy'n: 'perthyn i gangen Iran o'r teulu mawr o hiliau Indo-Ewropeaidd'. Iddo ef, felly, maen nhw'n grŵp ethnig Iranaidd o Orllewin Asia. Yn ôl yr amcangyfrifon, roedd tua 35 miliwn o Gwrdiaid i'w cael drwy'r byd i gyd yn 2019.

Mae'r mwyafrif o'r Cwrdiaid yn byw mewn rhanbarth sydd wedi sefydlu ers tro byd o'r enw Kurdistan, fel y gwelwch yn Ffigur 5.15. Er bod y rhanbarth hwn yn bodoli, does dim *talaith* Gwrdaidd swyddogol. Mae'r clymau rhwng y bobl Gwrdaidd felly wedi eu seilio ar yr un ethnigrwydd ac iaith. Mae'r amcangyfrifon am boblogaethau Cwrdaidd yn amrywio, oherwydd eu natur wasgaredig, ond mae ychydig mwy na thraean o'r Cwrdiaid i gyd yn byw yn Nhwrci. Yn draddodiadol, nid yw unrhyw un o'r pedair gwlad lle mae mwyafrif y Cwrdiaid yn byw yn cydnabod bod y bobl Gwrdaidd yn bodoli hyd yn oed, er bod Cwrdiaid yn cael eu cyfri mewn cyfrifiadau erbyn hyn.

Felly, mae'r ffigurau am niferoedd y boblogaeth Gwrdaidd yn amcangyfrifon. Mae'r niferoedd canlynol yn asesiadau o faint y poblogaethau Cwrdaidd yn 2017:

- Bron i 16 y cant o boblogaeth Twrci (allan o boblogaeth o 73 miliwn)

▲ **Ffigur 5.14** Protestiadau gan Gwrdiaid Almaenaidd yn Koln, yn 2018. Protestiodd ugain mil o Gwrdiaid yn erbyn yr ymosodiad gan Dwrci yng ngogledd Syria

- 17 y cant o boblogaeth Iraq (allan o 38 miliwn)
- 9 y cant o boblogaeth Syria (allan o 18 miliwn)
- 9 y cant o boblogaeth Iran (allan o 81 miliwn)
- 1.28 y cant o boblogaeth Armenia (allan o 2.9 miliwn)

Mae nifer bach i'w gael yn Azerbaijan hefyd. Heblaw am Iran ac Azerbaijan, y Cwrdiaid yw'r grŵp ethnig mwyaf ond un ymhob un o'r gwledydd hyn. Yn ogystal â'r amcangyfrifon hyn, mae'r bobl wasgaredig Gwrdaidd yn cynnwys tua 50,000 yn y DU a 0.75 miliwn yn yr Almaen erbyn hyn – mae llawer ohonyn nhw wedi cadw eu hunaniaeth Gwrdaidd, fel mae Ffigur 5.15 yn ei ddangos.

Yn debyg i nifer o grwpiau lleiafrifol, mae rhagfarn yn effeithio ar hawliau, safon byw a chyfleoedd bywyd y Cwrdiaid. Gan ddefnyddio tystiolaeth o Iran yn 2012, adroddodd y Cenhedloedd Unedig y canlynol:

- Roedd y Cwrdiaid yn Iran yn wynebu anawsterau wrth geisio arfer eu hawliau i ddefnyddio eu hieithoedd eu hunain. Roedd pob un o ysgolion y wladwriaeth yn Iran yn addysgu eu disgyblion yn yr iaith Berseg ac, am fod darpariaeth y cyfleusterau addysg Cwrdaidd mor wael, nid oedd gan y Cwrdiaid y cymwysterau i gael lle ym mhrifysgolion gwladwriaeth Iran. Roedd gwaharddiad ar addysgu Cwrdeg mewn ysgolion.
- Roedd Iran wedi gwahardd cylchgronau a chyhoeddiadau Cwrdaidd gan honni mai'r rheswm dros hynny oedd diogeledd y wladwriaeth. Roedd y bobl oedd yn rhan o fudiadau diwylliannol wedi cael eu carcharu neu eu dienyddio.
- Nid oedd caniatâd i rieni Cwrdaidd roi enwau penodol i'w plant, ac ni fyddai tystysgrifau genedigaeth yn cael eu rhoi heblaw bod y teulu'n cytuno i ddefnyddio enw Iranaidd wedi ei awdurdodi.

Y cefndir hanesyddol

Nid yw Kurdistan erioed wedi cael ei chydnabod fel cenedl yn yr un ffordd â, dywedwch, Iran neu Afghanistan. Mae'r tir sydd wedi ei ddangos fel Kurdistan yn Ffigur 5.15 wedi bodoli fel nifer o deyrnasoedd a llwythi bach yn hanesyddol sydd – dros y canrifoedd – wedi bod yn gwrthdaro neu'n brwydro â'i gilydd yn aml, gyda chyfnodau o heddwch rhwng y rhyfela. Pan ddaeth y Rhyfel Byd Cyntaf i ben yn 1918, cafodd yr Ymerodraeth Ottoman ei rhannu'n ddarnau. Er bod pobl Cwrdaidd wedi dadlau dros greu gwladwriaeth ar wahân, ni chafodd hynny ei wireddu'n llawn. Roedd Cytundeb Sèvres yn 1920 yn dangos gwladwriaeth Gwrdaidd a fyddai'n cynnwys ardaloedd mawr o'r Kurdistan Ottoman a hefyd yn gwarantu hunanbenderfyniad – hynny yw, sofraniaeth – i'r Cwrdiaid.

Ond, roedd Prydain a Ffrainc yn gweld y diriogaeth yn wahanol. Roedden nhw – ac eraill – yn ei gweld fel tir strategol bwysig, porth rhwng Ewrop, Canol Asia a'r Dwyrain Canol. Roedd ganddyn nhw fwy o ddiddordeb hefyd oherwydd darganfyddiadau cynnar o olew a nwy naturiol yno, ac roedden nhw eisiau trefedigaethu a buddsoddi yn y rhanbarth. Er gwaethaf y ffaith bod UDA wedi hyrwyddo hunanbenderfyniad, aeth Prydain a Ffrainc ati yn hytrach i rannu'r hen Kurdistan Ottoman rhwng Twrci, Syria ac Iraq yng Nghytundeb Lausanne yn 1923. Cafodd Kurdistan ei hun ei hollti a chafodd y gymdeithas Gwrdaidd ei rhannu rhwng y gwledydd a ddewiswyd gan Brydain a Ffrainc.

Yn y sefyllfa hon roedd yn rhaid i'r Cwrdiaid gydymffurfio â ffyrdd o fyw mwyafrif y boblogaeth – o ran eu hiaith, diwylliant a thraddodiadau. Am fod y tair gwladwriaeth berthnasol yn gwneud popeth yn eu hieithoedd

swyddogol eu hunain (Twrceg, Arabeg neu Farsi) arweiniodd hyn at fwy o alw am i'r Cwrdiaid a lleiafrifoedd eraill uniaethu â'r cenhedloedd newydd ar draul eu hunaniaeth eu hunain. Roedd y driniaeth a gafodd y Cwrdiaid yn amrywio; rhoddwyd statws ymreolaethol i'r Cwrdiaid yn Iraq mewn rhan o'r Kurdistan o fewn Iraq.

Ond, yn ystod rhyfel Iran-Iraq yn yr 1980au roedd llai o barodrwydd i roi ymreolaeth i'r Cwrdiaid. Yn 1998, ymosododd Saddam Hussein gyda nwy gwenwynig ar Halapja, Kurdistan, gan ladd 5000 o Gwrdiaid, yn ôl yr amcangyfrifon. Rhannodd 'Llywodraeth Ranbarthol Kurdistan' – neu 'Kurdistan Iraq' – oddi wrth reolaeth Ba'ath Iraq mewn gwrthdaro yn 1991 ac yn ddiweddarach cafodd ei hamddiffyn gan 'barth dim hedfan' y Cynghreiriaid. Rhoddwyd 'hafan ddiogel' i'r Cwrdiaid ar ôl Rhyfel cyntaf y Gwlff.

Un o'r prif broblemau yw bod mwy o rwystrau i annibyniaeth Gwrdaidd na gormes y llywodraethau cenedlaetholgar yn unig. Mae'r Cwrdiaid eu hunain yn anghytuno am eu hamcanion gwleidyddol.

- Mae rhai yn seilio eu hamcanion gwleidyddol ar strwythurau llwythau hynafol, mae eraill yn cefnogi agenda Islamaidd ac mae gan eraill ideoleg adain chwith.

- Mae rhai cenedlaetholwyr Cwrdaidd eisiau creu cenedl-wladwriaeth annibynnol Kurdistan ar draws y pum gwlad (h.y. drwy 'gipio tir' gan y pump), a'r cwbl y mae grwpiau eraill eisiau ei wneud yw brwydro dros fwy o ymreolaeth o fewn y ffiniau geowleidyddol presennol (fel Catalonia yn Sbaen er enghraifft).

Asesu'r achos o blaid cael Kurdistan ar wahân

Mae tair agwedd o Kurdistan yn bwysig – ei statws geo-ddiwylliannol fel rhanbarth, ei ddiffiniad daearyddol a'i arwyddocâd geowleidyddol. Rydyn ni am ystyried y rhain yn eu tro.

1 Kurdistan fel rhanbarth geo-diwyliannol

Am nad oes cenedl-wladwriaeth hyd yn hyn sy'n cael ei hadnabod fel Kurdistan, mae'r enw'n cyfeirio yn hytrach at ranbarth geo-ddiwylliannol lle mae pobl Gwrdaidd yn ffurfio uchafswm y boblogaeth, lle mae diwylliant,

TERM ALLWEDDOL

Geo-ddiwyliannol Term sy'n deillio o ddaearyddiaeth ddiwylliannol, cangen o ddaearyddiaeth ddynol. Roedd daearyddiaeth ddiwylliannol yn ymateb – ac yn opsiwn arall – i'r damcaniaethau oedd yn defnyddio penderfyniad amgylcheddol fel ffordd o esbonio'r byd. Mae penderfyniad amgylcheddol yn credu bod pobl yn cael eu dylanwadu neu hyd yn oed eu rheoli gan yr amgylchedd lle maen nhw'n byw, ond mae gan ddaearyddiaeth ddiwylliannol ddiddordeb mewn tirwedd a'i helfennau diwylliannol. Mae daearyddwyr diwylliannol yn ystyried diwylliannau fel rhai sy'n datblygu mewn ymateb i'w tirweddau lleol, ond maen nhw hefyd yn cyfeirio at eu rôl o ran siapio'r tirweddau hynny hefyd.

iaith a hunaniaeth genedlaethol Cwrdaidd wedi eu seilio heddiw ac yn hanesyddol. Mae'n cynnwys tiriogaeth gydgyffyrddol ar draws pum gwlad yn hytrach nag un genedl-wladwriaeth, fel y gwelwch chi yn Ffigur 5.15, gan gynnwys tiriogaeth yn:

- ne ddwyrain Twrci (gogledd Kurdistan yn Ffigur 5.15)
- gogledd Iraq (de Kurdistan)
- gogledd orllewin Iran (dwyrain Kurdistan)
- rhanbarth gogleddol Syria (gorllewin Kurdistan).

Mae hefyd yn ymestyn i rannau o Armenia.

Ymysg y gwledydd hyn, mae tiriogaeth talaith 'de facto' yn barod yng Ngogledd Iraq, sy'n rhanbarth ffederal o Iraq, ond nid oes unrhyw genedl-wladwriaeth neu diriogaeth wedi ei diffinio sy'n gallu hawlio ymreolaeth neu sofraniaeth i'r Cwrdiaid yn gyfan gwbl.

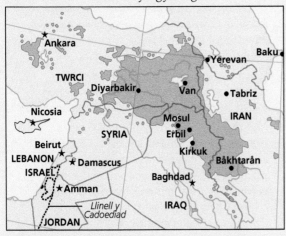

▲ **Ffigur 5.15** Maint y tiroedd lle mae'r Cwrdiaid yn byw, a fyddai'n sail ar gyfer Kurdistan ar wahân os byddai hyn yn cael ei gyflawni ryw ddydd

2 Kurdistan fel rhanbarth wedi ei ddiffinio'n ddaearyddol

Fel y gwelwch chi yn Ffigur 5.15, mae Kurdistan yn mesur tua 596,000 km², gan olygu ei bod tua 2.4 o weithiau'n fwy na'r DU, neu 10 y cant yn fwy na Ffrainc.

- Mae ei thirwedd yn dir uchel gan fwyaf, gyda mynyddoedd yn cyrraedd uchder o tua 5500 m yn Nhwrci, ac yn mynd yn is i'r de ac i'r de-ddwyrain i mewn i Iran ac Iraq.

- Mae'r hinsawdd yno'n nodweddiadol o'r cyfandir, sy'n amrywio rhwng ardaloedd o lawiad blynyddol uchel (hyd at 2000 mm) yn ardaloedd mynyddig Canolbarth Kurdistan, ac yn gostwng tuag at y tir is lle mae cyfanswm blynyddol o 500 mm yn beth cyffredin. Mae'r mwyafrif o'r glawiad yn disgyn fel eira yn ystod y gaeaf.

- Mae'r tymereddau yno'n nodweddiadol o hinsawdd y cyfandir, gydag eithafion yn y gaeaf ac yn yr haf. Mae tymheredd y gaeaf yn aml yn disgyn i −10°C, ac mae'r tymheredd yn yr haf yn gallu mynd mor boeth â chanol y 40au. Mae hyn yn golygu bod ardaloedd o lawiad isel yn hynod o brin o ddŵr yn aml iawn; mae rhai ardaloedd yn edrych yn lletgras.

3 Kurdistan fel rhanbarth geowleidyddol

Yn 2017, pleidleisiodd rhanbarth ymreolaethol Kurdistan Iraq o blaid annibyniaeth oddi wrth Iraq gyda mwyafrif mawr. Doedd y refferendwm ddim yn rhwymol, ond roedd yn arwydd o newid sylweddol o ran symud tuag at genedl annibynnol, ymreolaethol ar wahân. Aeth y newyddiadurwr Ari Rudolph, o'r papur newydd *Times of Israel*, ati i grynhoi'r pwyntiau o blaid Kurdistan annibynnol fel hyn:

- Ers Rhyfel Cyntaf y Gwlff yn 1991, mae Kurdistan Iraq wedi cael rhywfaint o ymreolaeth o fewn Iraq, ac mae hyn wedi ei ysgrifennu i mewn i gyfansoddiad 2005 Iraq.

- Yn debyg i genhedloedd eraill, mae hawl gan y Cwrdiaid i hunanbenderfyniaeth o dan Siarter y Cenhedloedd Unedig (Erthygl 1). Mae gan y Cwrdiaid synnwyr clir o hunaniaeth genedlaethol ac, mewn llawer o ffyrdd, maen nhw'n wladwriaeth, gyda'u byddin eu hunain (ei henw yw Pershmega) a strategaeth olew annibynnol yn un o gronfeydd olew gorau'r genedl yn rhanbarth y Dwyrain Canol.

- Mae wedi cael rheolaeth yn barod gan Iraq dros diriogaethau dadleuol. Er nad oes gan Kurdistan Iraq bolisi tramor neu amddiffyn ar wahân i rai Iraq, mae ganddi faint sylweddol o annibyniaeth lywodraethol.

Yn ôl yr amcangyfrifon, mae mil neu fwy o fudiadau ymwahanu drwy'r byd i gyd. Dydy rhoi annibyniaeth i bob un ohonyn nhw, neu hyd yn oed eu hanner nhw, ddim yn ymarferol bosibl. Ond, dyma rai o'r meini prawf ar gyfer sofraniaeth mewn cyfraith ryngwladol (nodwyd yn Erthygl 1 Confensiwn Montevideo ar Hawliau a Dyletswyddau Gwladwriaethau):

- poblogaeth barhaol
- tiriogaeth wedi'i diffinio
- llywodraeth yn bodoli
- y gallu i greu cysylltiadau â gwladwriaethau eraill.

Mae Rudolph yn honni bod y meini prawf hyn, heb sôn am eraill, yn gwneud y Cwrdiaid yn gymwys o dan y confensiwn hwn.

Daw rheswm olaf Rudolph o'r ansefydlogi a ddigwyddodd yn Iraq yn dilyn goresgyniad UDA a'r Cynghreiriaid yn 2003. Mae'n dadlau bod Iraq wedi dod mor ansefydlog yn wleidyddol ers hynny oherwydd:

- nad yw'n rheoli ardaloedd mawr o'i diriogaeth ei hun
- mae ei awdurdod yn gyfyngedig yn yr ardaloedd nad yw'n eu rheoli
- chwalodd pan gafodd ei wynebu ag ISIS yn y cyfnod rhwng 2010–14, er bod rhywfaint o'r tir hwnnw wedi ei ddychwelyd erbyn hyn
- mae'n un o'r 'gwladwriaethau mwyaf bregus yn y byd' yn ôl Rudolph ac mae'n mynd yn waeth
- cafodd ei restru fel y degfed wlad fwyaf lygredig (*corrupt*) ar y Ddaear yn 2016.

Gan ddefnyddio'r rhesymau hyn, mae Rudolph yn dadlau bod gan Kurdistan achos cryf i gael ei gwahanu oddi wrth Iraq ac y byddai hynny'n gwneud y rhanbarth yn fwy sefydlog hyd yn oed, oherwydd byddai gan y Cwrdiaid eu hunain reswm enfawr i sicrhau bod Kurdistan yn llwyddo.

Yn olaf, mae Rudolph yn dadlau bod mudiadau ymwahanu Cwrdaidd cryf yn bodoli'n barod ymhob un o'r pum gwlad lle mae poblogaethau Cwrdaidd sylweddol.

- Yn Syria, mae'r rhanbarth Cwrdaidd, Rojava, yn ymreolaethol yn barod, ac mae ar fin sefydlu ei senedd ei hun.

- Yn Nhwrci, mae Plaid Gweithwyr Kurdistan (*PKK: Kurdistan Worker's Party*) – sef plaid y mae Llywodraeth America a'r Undeb Ewropeaidd yn ei ystyried yn grŵp terfysgol – wedi brwydro dros annibyniaeth am flynyddoedd lawer.
- Mae mudiadau ymwahanu Cwrdaidd yn bodoli yn Iran, fel y Mudiad Bywyd Rhydd Cwrdaidd.

Asesu'r achos yn erbyn cael Kurdistan ar wahân

Er bod y Cwrdiaid wedi eu sefydlu ers tro byd yn rhanbarth y Dwyrain Canol, dydyn nhw erioed wedi cael tiriogaeth eu gwladwriaeth eu hunain. Er bod gwladwriaeth newydd Kurdistan wedi ei chynllunio yn rhan o'r cytundeb yn dilyn y Rhyfel Byd Cyntaf am diriogaethau'r cyn Ymerodraeth Ottoman, llwyddodd cenedlaetholwyr o Dwrci i berswadio'r Prydeinwyr i'w cefnogi nhw i gadw rhan o'r ymherodraeth hon, gan gyfeirio at y ffaith bod cronfeydd olew sylweddol yno. Am nad oedd ganddyn nhw eu lle tiriogaethol eu hunain, daeth y Cwrdiaid yn boblogaethau lleiafrifol yn yr holl wledydd lle roedden nhw'n byw. Mae'r agwedd hon yn dal i fodoli heddiw; mae'r holl boblogaethau a llywodraethau mewn gwledydd lle mae'r Cwrdiaid yn byw yn gwrthwynebu'r syniad o ffurfio gwladwriaeth Gwrdaidd ar wahân.

Am eu bod nhw yn y lleiafrif ymhob gwlad lle maen nhw'n byw, mae'r Cwrdiaid yn ei chael yn anodd dadlau achos gwleidyddol dros sefydlu cenedl-wladwriaeth Gwrdaidd ar wahân. Fel grwpiau lleiafrifol, dydyn nhw ddim yn cael yr un hawliau'n aml iawn â'r boblogaeth sydd yn y mwyafrif – hawliau fel addysg lawn neu dderbyn eu haddysg yn eu hiaith eu hunain. Mae'r Cwrdiaid yn aml yn dioddef rhagfarn yn eu herbyn; mewn un idiom Arabaidd, mae unrhyw un sydd mewn dillad gwael 'wedi ei wisgo fel Cwrd'. Un o'r rhesymau y mudodd nifer mor uchel o Gwrdiaid i'r Almaen oedd er mwyn dianc yr erledigaeth roedden nhw'n ei dioddef yn Nhwrci. Roedd cyfuniad o aflonyddwch gwleidyddol, gwahaniaethu, erledigaeth a rhyfeloedd yn Iraq, Syria ac Iran wedi eu harwain nhw i geisio gwell ffordd o fyw a gwell cyfleoedd mewn bywyd yn Ewrop.

Dyma'r dadleuon yn erbyn creu gwladwriaeth Gwrdaidd ar wahân – yn y gorffennol, ac yn awr i raddau mawr hefyd:

- Gallai Kurdistan newydd amharu ar ddiogelwch cenedlaethol a'r cydbwysedd pŵer. Gyda'r aflonyddwch diweddar yn Iraq (yn dilyn goresgyniad UDA), Syria, Iran ac – yn gynyddol – Twrci, dydy llawer o'r gweithredwyr rhyngwladol, a'r gwledydd eu hunain, ddim eisiau gweld rhagor o amhariad geowleidyddol.
- Os byddai un wlad yn cefnogi Kurdistan annibynnol (e.e. Iraq), gallai annog Cwrdiaid mewn lleoedd eraill i geisio yr un peth. Byddai cenedl Gwrdaidd ymreolaethol neu annibynnol yn ansefydlogi'r holl wledydd hynny sydd â lleiafrifoedd Cwrdaidd drwy'r rhanbarth cyfan.
- Mae'r pedair gwlad berthnasol yn pryderu am golli tiriogaeth drwy ddyrannu a gwahanu tir i ffurfio gwlad arall a allai ddod yn elyn, yn enwedig o wybod y gallai dyddodion olew gwerthfawr gael eu canfod yno.

Mae polisi UDA hefyd yn gwrthod yn swyddogol unrhyw bolisïau a allai arwain at greu Kurdistan annibynnol. Mae'n ystyried y cysylltiadau yn y rhanbarth Dwyrain Canol yn ddigon anodd fel y maen nhw.

- Ar un llaw, mae'n teimlo bod gwladwriaeth Iraq yn dal i ddod allan o ryfel degawd cyntaf yr unfed ganrif ar hugain ac yn ystyried y gallai'r problemau Cwrdaidd ei ansefydlogi er mai'r ardal Gwrdaidd yw rhanbarth mwyaf sefydlog y wlad yn wleidyddol.
- Mae UDA hefyd yn credu bod sefydlogrwydd Twrci yn hanfodol, fel porth diwylliannol a gwleidyddol rhwng Ewrop a gwladwriaethau'r Dwyrain Canol – Iran, Iraq a Syria. Y polisi gan UDA yw gwrthsefyll unrhyw ansefydlogi neu raniad tir yn Nhwrci a fyddai'n digwydd drwy ymwahanu tiriogaeth Gwrdaidd.

Ym marn UDA gallai pob un o'r ffactorau hyn greu ansefydlogrwydd a fyddai o fantais i Iran. Ers amser maith mae UDA wedi ystyried mai Iran yw'r bygythiad mwyaf i sefydlogrwydd rhanbarth y Dwyrain Canol, ac mae wedi gorfod dysgu gwersi anodd wedi iddo annog chwalfa'r

hierarchau pŵer yng Ngogledd Affrica, a arweiniodd at y ansefydlogi a gafodd ei greu gan y 'Gwanwyn Arabaidd' ar ôl 2010.

Dod i gasgliad â thystiolaeth

Mae'n weddol amlwg bod y broblem Gwrdaidd yn broblem geo-ddiwylliannol a geowleidyddol i raddau mawr. Does dim byd unigryw i ddiffinio Kurdistan yn Ffigur 5.15 – does dim afonydd neu fynyddoedd mawr i weithredu fel ffiniau sy'n awgrymu tiriogaeth ar wahân. Mewn gwirionedd, mae'r gwrthwyneb yn wir – does ganddi ddim ffin neu nodwedd ffisegol amlwg, a dim ond mewn termau dynol y mae modd ei diffinio.

Diben yr adran hon yw rhoi cyfle i'r darllenydd allu ffurfio barn gytbwys am ddyfodol Kurdistan. A ddylai hi fod yn genedl ar wahân yn ei hawl ei hun, gyda'i llywodraethiant ei hun a sedd yn y Cenhedloedd Unedig, er enghraifft? Neu a ddylai Kurdistan barhau yn syniad – delfryd efallai – ym meddyliau'r Cwrdiaid hynny, p'un a ydyn nhw'n byw yn Iran, neu Iraq neu'r Almaen, o ystyried yr holl resymau sydd gan bobl mewn gwrthwynebiad i'r syniad?

Mae cryfder y dadleuon o blaid Kurdistan annibynnol wedi eu seilio ar hunaniaeth ddiwylliannol a delfrydau, a hanes. Mae hanes yn dangos bod modd i ni olrhain y dadleuon yn erbyn cenedl annibynnol yn ôl i'r 1920au, ac mai gwladwriaethau Ewropeaidd fel Prydain a Ffrainc, ynghyd â Thwrci, wnaeth y penderfyniad i beidio mabwysiadu'r cynnig am Kurdistan annibynnol. Yn yr un modd, mae'r cyfnod presennol yn dangos nad ydyn nhw ddim agosach at y posibilrwydd o gael gwladwriaeth annibynnol, am fod y chwaraewyr byd-eang fel UDA yn ofni y gallai Iran ennill os byddai rhagor o ansefydlogrwydd geowleidyddol yn datblygu yn y rhanbarth. Mae'r ansefydlogrwydd diweddar yn Iraq, Syria ac Iran yn profi na fyddai rhagor o ansefydlogrwydd yn y rhanbarth yn dod â chanlyniadau da mae'n debyg. Yn bragmataidd, felly, mae'r achos yn erbyn Kurdistan annibynnol yn gallu cael ei hystyried; ond does dim amheuaeth bod cryfder eu cred yn eu diwylliant, eu hanes a'r 35 miliwn o bobl ar wasgar yn golygu nad ydy'r galw am Kurdistan annibynnol yn mynd i ddiflannu.

Crynodeb o'r bennod

✔ Nid peth newydd o bell ffordd yw'r cynnydd mewn cenedlaetholdeb yn y byd Gorllewinol. Mae'n ideoleg wleidyddol, gymdeithasol ac economaidd sydd wedi ei seilio ar hyrwyddo buddiannau un wladwriaeth arbennig dros un arall. Ei nod yn aml iawn yw cipio a chadw rheolaeth ar sofraniaeth cenedl dros ei thiriogaeth.

✔ Mae cysylltiad agos rhwng cenedlaetholdeb a chysyniadau ethnigrwydd (neu grwpiau diwylliannol) ac ymwahaniaeth (y dymuniad gan bobl leiafrifol i gael ymreolaeth) ac mae gan hyn i gyd agweddau cadarnhaol a negyddol.

✔ I ddeall cenedlaetholdeb yn llawn, mae'n bwysig deall y gwahaniaeth rhwng y termau cenedl (cymuned ddiwylliannol), gwladwriaeth (sefydliad a gweinyddwr) a chenedlaetholdeb (ideoleg wleidyddol a'r sentiment o berthyn i genedl).

✔ Mae cenedlaetholdeb yn arwain at gael gwladwriaeth gryfach o fewn cymdeithasau diwydiannol; mae'n bwydo'r syniad o wladwriaeth, ac yn cynyddu ei bŵer drwy swyddogaethau fel darparu addysg.

✔ Mae cysylltiad agos rhwng y rhannau hynny o'r byd sy'n ceisio ymwahanu oherwydd eu teimladau cenedlatholgar. Gallai'r rhain gynnwys cysylltiadau cenedlaetholdeb dinesig, fel y clymau sy'n uno cenedlaetholwyr yr Alban a Chymru yn y DU.

✔ Mae'r Catalaniaid yn Sbaen hefyd wedi eu cysylltu gan deimladau cenedlatholgar, sy'n deillio'n rhannol o ffactorau diwylliannol (e.e. yr un hanes ac iaith), ond mae'r rhain wedi eu dwysáu am fod llywodraeth ganolog Sbaen wedi dirprwyo pwerau iddi ac mai hi yw talaith gyfoethocaf Sbaen.

✔ Mae'r dadleuon o blaid ac yn erbyn ffurfio gwlad sy'n gartref i'r Cwrdiaid yn rymus; er eu bod nhw'n deillio o ffactorau hanesyddol a diwylliannol, maen nhw hefyd wedi eu pennu i raddau helaeth gan gysylltiadau rhyngwladol a'r ymwneud rhwng pwerau mawr y byd a'u dylanwad dros yr hyn sy'n digwydd yn rhanbarth y Dwyrain Canol.

Cwestiynau adolygu

1 Diffiniwch y termau a ganlyn: cenedlaetholdeb; ethnigrwydd; ymwahaniaeth; ymreolaeth. Esboniwch pam mae pob un yn berthnasol i astudiaeth o ddaearyddiaeth byd cyfoes.

2 Gan ddefnyddio enghreifftiau, esboniwch y ffyrdd cadarnhaol y gallai cenedlaetholdeb effeithio ar synnwyr hunaniaeth pobl a'u teimlad o berthyn i le.

3 Cymharwch y rhesymau pam mae (a) y Catalaniaid a (b) Chenedlaetholwyr yr Alban wedi datblygu mudiadau ymwahanu ac yn ceisio annibyniaeth oddi wrth y gwladwriaethau y maen nhw'n rhan ohonyn nhw ar hyn o bryd.

4 O ystyried y dystiolaeth sy'n cael ei darparu yn y bennod hon, esboniwch pa mor llwyddiannus fyddai ceisiadau pellach gan y Catalaniaid i sicrhau annibyniaeth yn eich barn chi.

5 Esboniwch sut mae cymdeithasau diwydiannol wedi tueddu i arwain at ddatblygiad gwladwriaeth gryfach.

6 Gan ddefnyddio tudalennau 134–6, cyferbyniwch sylwadau pobl am fod yn 'Albanwyr' gyda'r rheini am fod yn 'Saeson'. Awgrymwch resymau pam mae gan yr Albanwyr synnwyr cryfach o hunaniaeth o'i gymharu â'r Saeson.

7 Gan roi enghreifftiau, esboniwch y pum dimensiwn o genedlaetholdeb yr Alban – (a) seicolegol, (b) diwylliannol, (c) tiriogaethol, (ch) hanesyddol a (d) gwleidyddol.

8 Esboniwch sut mae'r don newydd o genedlaetholdeb a'r cryfhau cenedlaetholdeb yn gysylltiedig o bosib â'r cyflymu mewn globaleiddio.

Gweithgareddau trafod

1   Gan weithio mewn grwpiau bach, dewiswch un wlad lle mae cenedlaetholdeb yn chwarae rhan yng ngwleidyddiaeth a datblygiad y wlad honno. Ymchwiliwch ffynonellau newyddion ar-lein, fel Newyddion y BBC, papur newydd o'r 'wasg boblogaidd', ail bapur newydd o'r 'wasg safonol' a fforymau newyddion ar-lein neu wefannau fel yr Huffington Post. Cyflwynwch rhwng chwech a deg sleid i ddangos beth sy'n digwydd i weddill eich dosbarth neu grŵp. Yn y sleid olaf, neu yn y ddwy sleid olaf, beirniadwch a ydych chi'n ystyried cenedlaetholdeb yn fuddiol neu'n niweidiol i'r wlad honno'n gyffredinol.

2   Mewn parau, dyluniwch fap meddwl i ddangos y canlyniadau posibl wrth i frwdfrydedd gynyddu am ymwahanu cenedl yr Alban (ei thorri i ffwrdd o'r Deyrnas Unedig). Yn eich barn chi, i ba raddau fyddai 'ymwahaniad' yr Alban yn (a) fuddiol i'r Alban, ac yn (b) niweidiol i weddill y DU?

3   A yw cenedlaetholdeb yn dod â mwy o fuddion neu fwy o broblemau? Mewn parau, paratowch ddatganiad i ddangos ei fuddion a'i broblemau, ac ymchwiliwch enghreifftiau i gefnogi'r datganiad hwn. Dewch i gasgliad drwy benderfynu a yw nifer y buddion yn fwy na nifer y problemau ai peidio.

4   Fel dosbarth, trafodwch y datganiad hwn: 'Dim ond problemau a ddaw gyda chenedlaetholdeb – mae dyfodol y byd yn gorwedd mewn globaleiddio.'

Deunydd darllen pellach

Chulov, M. (2016) 'Iraqi Kurdistan President: Time Has Come to Redraw Middle East Boundaries', *The Guardian*, 22 Ionawr, www.theguardian.com/world/2016/jan/22/kurdish-independence-closer-than-ever-says-massoud-barzani

Chulov, M. (2017) 'More than 92% of Voters in Iraqi Kurdistan Back Independence', *The Guardian* 27 Medi, www.theguardian.com/world/2017/sep/27/over-92-of-iraqs-kurds-vote-for-independence

Digby, B. a Warn, S. (2012) 'Contemporary Conflicts and Challenges', *Geographical Association*.

Green, E. (2014) 'Scottish Nationalism Stands Apart from Other Secessionist Movements for Being Civic in Origin, Rather than Ethnic' ar https://blogs.lse.ac.uk/politicsandpolicy/scottish-nationalism-stands-apart-from-other-secessionist-movements-for-being-civic-in-origin-rather-than-ethnic/

Hall, J.A. a Jarvie, I.C. (1995) *The Social Philosophy of Ernest Gellner*, Rodopi.

Nezan, K. (dim dyddiad) 'A Brief Survey of the History of the Kurds' at www.institutkurde.org/en/institute/who_are_the_kurds.php

Llywodraethiant byd-eang a hawliau dynol

Mae hawliau dynol yn ddelfryd i ymdrechu amdani a, phan fydd angen, i frwydro amdani. Ond, mae'n syniad dadleuol am nad oes cytundeb byd-eang ynglyn â beth yw hawliau dynol fel hawliau *absoliwt* (h.y. yn ddi-ddadl a diamheuol). Mae'r bennod hon:

- yn ymchwilio sut mae diogelu hawliau dynol drwy'r byd i gyd wedi datblygu dros amser
- yn archwilio sut a pham mae diogelu hawliau dynol yn amrywio'n fyd-eang heddiw
- yn archwilio problemau hawliau dynol sy'n effeithio ar ferched, a sut mae tanbrisio hawliau merched yn effeithio ar y prosesau datblygu
- yn gwerthuso i ba raddau y mae hawliau LGBTQ+ yn debygol o gael eu derbyn yn llawn yn fyd-eang.

CYSYNIADAU ALLWEDDOL

Hawliau dynol Y syniad bod gan bob unigolyn – lle bynnag y maen nhw'n byw a beth bynnag yw eu cenedligrwydd neu ddiwylliant – hawliau penodol a diffiniadwy yn syml am eu bod nhw'n rhan o'r ddynoliaeth. Mae'r diffiniad yma'n un moesol ac mae wedi ei seilio ar feirniadaethau delfrydol am bobl – h.y. eu bod nhw'n dda yn hytrach na drwg, a bod yr hawliau hyn yn berthnasol i bob aelod o'r ddynoliaeth.

Cydraddoldeb Y cyflwr o fod yn gyfartal, yn enwedig o ran statws, hawliau neu gyfleoedd. Mae'n derm sy'n cael ei dderbyn yn eang, ac mae Comisiwn Cydraddoldeb a Hawliau Dynol y DU yn ei ddiffinio ymhellach drwy ddweud ei fod yn 'ymwneud â sicrhau bod cyfle cyfartal gan bob unigolyn i wneud y gorau o'u bywydau a'u talentau'. Mae'r Comisiwn yn credu 'na ddylai unrhyw un gael llai o gyfleoedd mewn bywyd oherwydd y ffordd y cawson nhw eu geni, o le maen nhw'n dod, yr hyn y maen nhw ei gredu, neu am fod ganddyn nhw anabledd'. Mae hefyd eisiau amddiffyn nodweddion penodol grwpiau arbennig o bobl ar sail hil, anabledd, rhyw a chyfeiriadedd rhywiol, a brwydro yn erbyn gwahaniaethu, sy'n rhywbeth y gallwn ni ei ystyried fel y gwrthwyneb i gydraddoldeb.

① Esboniwch ystyr 'hawliau dynol'?

▶ *Sut a pham mae llywodraethiant cenedlaethol a byd-eang ar hawliau dynol wedi newid a datblygu dros amser?*

Yn ôl Louis Henkin, Athro Emeritws ym Mhrifysgol Columbia a Chadeirydd Canolfan y Brifysgol ar gyfer Astudio Hawliau Dynol, mae e'n disgrifio hawliau dynol fel 'ideoleg ein cyfnod ni'. Mae'r syniad bod gan bawb – waeth lle maen nhw'n byw a beth yw eu cenedligrwydd neu eu diwylliant – hawliau penodol y gallwn eu diffinio a hynny'n syml am eu bod nhw'n fodau dynol, yn syniad sy'n cael ei gydnabod yn eang. Yn gyffredinol, mae cytundeb eang ynglŷn â beth yw ystyr hawliau dynol a beth mae'r rhain yn ei gynnwys, fel yr hawl i fywyd, rhyddid a diogelwch personol (e.e. rhyddid rhag artaith), rhyddid lleferydd a chrefydd, a chydraddoldeb yn llygaid y gyfraith.

Mae gwleidyddion yn siarad yn eang am hawliau dynol (gweler isod), maen nhw'n cael sylw mewn papurau newydd ac maen nhw'n rhan o drafodaethau cymdeithasol ymysg ffrindiau a theuluoedd. Yn fwy difrifol, maen nhw'n cael eu defnyddio'n eang i herio egwyddorion mewn llysoedd drwy'r byd i gyd. Dydyn nhw ddim bob amser yn cael eu parchu na'u derbyn yn eang. Ond, beth ydyn nhw? Pwy sy'n siarad o blaid hawliau dynol, a phwy oedd y cyntaf i ffurfio'r syniad o 'hawliau dynol'?

Gwleidyddion a Hawliau Dynol

Mae pob un ohonon ni'n gwybod yr hanes am y Ddeddf Hawliau Dynol… am y mewnfudwr anghyfreithlon sy'n methu cael ei allgludo o'r wlad oherwydd – ac mae hyn yn hollol wir – bod ganddo gath anwes.

Theresa May (Prif Weinidog y DU, 2016–2019)

Mae gwleidyddion yn aml yn gwneud hwyl am ben hawliau dynol. Roedd yr araith hon – a wnaed yn un o gynadleddau blynyddol y Blaid Geidwadol – yn canolbwyntio ar yr angen i reoli mewnfudo, a'r esgusion y gallai mudwyr anghyfreithlon eu defnyddio er mwyn cael aros yn y DU. Roedd Theresa May yn honni bod y dyn perthnasol wedi defnyddio ei hawl i fywyd teuluol fel rheswm i beidio cael ei allgludo o'r DU, a bod y bywyd teuluol hwn yn cynnwys ei gath. Yn debyg i lawer o bobl eraill, roedd hi'n portreadu hawliau dynol fel opsiwn meddal sy'n cael ei ddefnyddio gan bobl o dramor sy'n ceisio cael mynediad i'r DU. Derbyniodd gymeradwyaeth gan y cynrychiolwyr yn y gynhadledd.

Ond, ffug oedd y stori. Dywedodd y Swyddfa Farnwrol yn y Llysoedd Cyfiawnder Brenhinol nad oedd yr hanes yn berthnasol o gwbl i'r farn gyfreithiol oedd wedi caniatáu i'r dyn aros. Doedd hynny ddim yn ddigon i atal y stori rhag mynd yn firol ar-lein ac mewn papurau newydd

▲ **Ffigur 6.1** Theresa May, yn ei rôl fel Ysgrifennydd Cartref, yn siarad yng nghynhadledd flynyddol y Blaid Geidwadol yn 2010

mwy poblyddol, ac felly cyrhaeddodd gynulleidfa oedd yn amheus yn barod am hawliau dynol am eu bod wedi darllen straeon tebyg yn y cyfryngau poblogaidd.

Mae'r mwyafrif o gymdeithasau, ar ryw adeg, wedi bod â systemau cyfiawnder sydd wedi eu tanategu gan hawliau ac egwyddorion, er mwyn ceisio amddiffyn pobl rhag niwed neu wella eu lles. Mae'r Ganolfan Adnoddau Hawliau Dynol ym Mhrifysgol Minnesota, UDA, yn nodi bod cymdeithasau mor amrywiol â'r Inca, Aztec a'r Americanwyr Brodorol

Iroquois ymysg y rheini sydd wedi defnyddio codau ymddygiad a chyfiawnder. Mae tystiolaeth i'w chael o gyfansoddiadau ymysg y cymdeithasau hyn yn fuan yn eu hanes. Ymysg y ffynonellau ysgrifenedig, mae'n cyfeirio at 'Vedas yr Hindwiaid, Cod Hammurabi Babylonia, y Beibl, y Quran, a Dywediadau Confucius ... (fel)... pump o'r ffynonellau ysgrifenedig hynaf sy'n ymdrin â chwestiynau am ddyletswyddau, hawliau a chyfrifoldebau pobl'. Nid yw'r holl hawliau neu egwyddorion yn ysgrifenedig – mae hanes cynfrodorol Awstralia yn hanes llafar gan fwyaf ac yn cael ei basio rhwng y cenedlaethau ar lafar, ond mae codau tyn yn sail iddo.

Ers 1945, mae'r Cenhedloedd Unedig wedi diffinio hawliau dynol fel hyn:

> Hawliau dynol yw'r hawliau sy'n gynhenid i'r holl ddynoliaeth, waeth beth yw eu hil, rhyw, cenedligrwydd, ethnigrwydd, iaith, crefydd neu statws arall. Mae hawliau dynol yn cynnwys yr hawl i fywyd a rhyddid, rhyddid rhag caethwasiaeth ac artaith, rhyddid i roi barn a mynegi, yr hawl i weithio a chael addysg, a llawer mwy. Gall bawb hawlio'r hawliau hyn heb unrhyw wahaniaethu.

Mae Diwrnod Hawliau Dynol y Byd yn digwydd bob blwyddyn ar Ragfyr y 10fed i gofio am y diwrnod yn 1948 pan fabwysiadodd Gynulliad Cyffredinol y Cenhedloedd Unedig y Datganiad Cyffredinol o Hawliau Dynol. Mae hwn yn dathlu hawliau pawb, a'r hawliau amrywiol iawn sydd gan bobl. Ond beth yw cefndir yr hawliau hyn, a pha mor bell mae hawliau dynol yn ymestyn yn ddaearyddol?

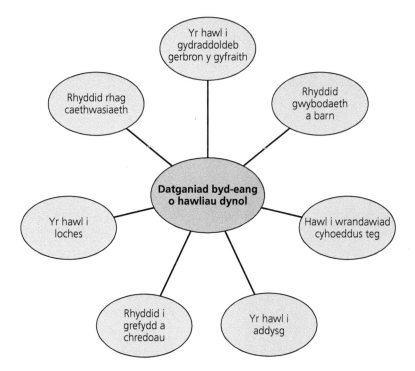

▲ **Ffigur 6.2** Detholiad o hawliau unigol o'r 'Datganiad Cyffredinol o Hawliau Dynol', 1948

DADANSODDI A DEHONGLI: SUT MAE HAWLIAU DYNOL YN AMRYWIO'N FYD-EANG

Mae Ffigur 6.3 yn dangos sgorau dosbarthiad byd-eang gwahanol wledydd ar y 'Mynegai Risg Hawliau Dynol', a fesurwyd yn hanner olaf 2016. Verisk Maplecroft sy'n cynhyrchu'r mynegai, sef cwmni rheoli risgiau wedi eu seilio yng Nghaerfaddon, ac mae corfforaethau trawswladol a busnesau'n defnyddio'r mynegai i asesu risg. Mae pob gwlad yn cael ei hasesu ar raddfa risgiau o 0 (eithriadol) i 10 (dim risg). Mae eu mynegai a'r map dosbarthiad a welwch yn Ffigur 6.3 yn asesiad eang o risgiau i hawliau dynol o amrywiol fathau. Mae Ffigur 6.4 yn crynhoi sgôr y pum gwlad orau a gwaethaf.

Mae hawliau dynol yn cael eu cyflwyno'n aml iawn fel hawliau byd-eang a hawliau sy'n perthyn i bawb, ond mewn gwirionedd mae'r wybodaeth yn Ffigurau 6.3 a 6.4 yn dangos nad yw hynny'n wir o gwbl. Mae'r ymadrodd 'democratiaeth ryddfrydol y Gorllewin' yn cael ei ddefnyddio'n aml i ddisgrifio'r clwstwr o wledydd sydd wedi brwydro a sefydlu hanes cadarn o weithredu hawliau dynol ar draws eu poblogaethau. Ond, hyd yn oed yma, mae cynnydd llywodraethau poblyddol adain dde yn dangos na allwn ni byth gymryd yr hawliau hyn yn ganiataol, ac maen nhw'n cael eu herio drwy'r amser.

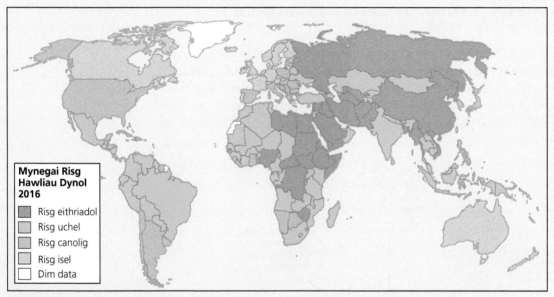

Mynegai Risg Hawliau Dynol 2016

- Risg eithriadol
- Risg uchel
- Risg canolig
- Risg isel
- Dim data

▲ **Ffigur 6.3** Y Mynegai Risg Hawliau Dynol, a gynhyrchwyd gan Verisk Maplecroft. Mae'r raddfa'n sgorio grwpiau o wledydd o risg eithriadol o uchel i risg isel

Y pum gwlad sy'n perfformio waethaf

Safle rhestrol	Gwlad	Rhanbarth	Sgôr	Categori
1	Gogledd Korea	Asia	0.61	Eithafol
2	Somalia	Affrica	0.68	Eithafol
3	Syria	MENA	0.69	Eithafol
4	De Sudan	Affrica	0.82	Eithafol
5	Sudan	Affrica	0.90	Eithafol

Y pum gwlad sy'n perfformio orau

Safle	Gwlad	Rhanbarth	Sgôr	Categori
198	Denmarc	Ewrasia	9.49	Isel
197	Y Ffindir	Ewrasia	9.26	Isel
196	Luxembourg	Ewrasia	9.13	Isel
195	Norwy	Ewrasia	9.11	Isel
194	San Marino	Ewrasia	8.95	Isel

▲ **Ffigur 6.4** Y pum gwlad waethaf (sgôr isel) a gorau (sgôr uchel) yn ôl y Mynegai Risgiau Hawliau Dynol a gynhyrchwyd gan Verisk Maplecroft

(a) Awgrymwch pam mae'r term 'risg' yn cael ei ddefnyddio yng nghyd-destun hawliau dynol yn Ffigur 6.3.

CYNGOR

Does dim rhaid i hwn fod yn ateb hir – dim ond yn un syml sy'n cydnabod, gydag enghreifftiau, y rhesymau pam mae hawliau dynol mewn perygl, ac ym mha ffyrdd a gan bwy. Gallech chi nodi enghreifftiau o'r gorffennol, fel yr ymosodiad eithafol ar hawliau dynol a rhyddid mewn cyfnodau o ryfel yn yr 1940au (e.e. yr Ail Ryfel Byd), neu'r 1990au (e.e. Rwanda), neu efallai y gallech chi ganolbwyntio ar y pwerau sy'n cael eu defnyddio gan lywodraethau i atal pobl rhag ennill rhyddid estynedig (e.e. polisi llywodraeth China i hidlo pob safle allanol ar y rhyngrwyd).

(b) Gan ddefnyddio Ffigur 6.3, cymharwch ddosbarthiad gwledydd sydd â (i) risgiau eithriadol, a (ii) risgiau isel i hawliau dynol.

CYNGOR

I wneud cymhariaeth lwyddiannus, mae'n rhaid i chi wneud dau beth. Yn gyntaf, mae angen i chi ddisgrifio dosbarthiad pob categori'n gywir a gofalus. Ni fydd yr ateb 'Mae llawer ohonyn nhw yn Affrica' yn ddigon ar y lefel hon; dylech chi allu adnabod a disgrifio bandiau neu glystyrau o wledydd yn gywir, a defnyddio enwau lle bynnag y gallwch chi. Defnyddiwch atlas i'ch helpu i roi hwb i'ch gwybodaeth ddaearyddol os oes angen. Yn ail, mae angen i chi allu gwneud cymariaethau rhwng y dosbarthiadau – gan ddefnyddio termau fel 'yn wahanol i', 'ond mae' neu 'ar y llaw arall'. Mae hon yn dasg ddisgrifiadol – does dim angen rhoi rhesymau.

(c) Awgrymwch resymau pam mae gan wledydd gyda risgiau eithriadol ac uchel hanes mor wan o ran hawliau dynol.

CYNGOR

Mae arholwyr yn aml yn defnyddio'r gair gorchymyn 'awgrymwch' mewn arholiadau pan fyddan nhw eisiau gwybod beth yw eich rhesymeg yn hytrach na beth yw eich gwybodaeth. Ystyriwch beth yw'r rhesymau *posibl* a allai esbonio eu hanes gwael o ran hawliau dynol. Os byddai'n well gennych, gallech chi ymchwilio un wlad neu efallai ddwy er mwyn dechrau cael syniadau – e.e. Saudi Arabia, Sudan neu China. Ystyriwch agweddau fel hawliau'r rhywiau, yn cynnwys hawliau merched i bleidleisio neu i gael hawliau gyrfaol cyfartal, hawliau pobl hoyw, hawliau i bleidleisio, yr hawl i fod yn berchen ar dir neu i deithio'n rhydd.

(ch) Esboniwch pam mae rhai pobl yn credu mai dim ond i wledydd democrataidd rhyddfrydol y Gorllewin y mae hawliau dynol yn berthnasol mewn gwirionedd.

CYNGOR

Dylech chi gychwyn ateb drwy wneud astudiaeth drwyadl o Ffigurau 6.3 a 6.4. Wrth ddosbarthu gwledydd a fyddech chi'n gwneud dosbarthiad syml sy'n rhoi'r democratiaethau Gorllewinol fel yr unig wledydd lle mae hawliau dynol yn cael eu cynnal yn gryf? Sut neu pam mae'r gwledydd sydd â'r sgorau uchaf yn Ffigur 6.4 wedi dod i'r amlwg? Gallech chi ymchwilio i un neu ddwy o'r rhain i ganfod beth yw'r rhesymau tebygol bod ganddyn nhw hanes mor gryf o ran hawliau dynol, a pham mae'r rhain yn cael eu hystyried yn wledydd 'heb fawr o risg' – e.e. gwledydd Sgandinafia. Gallech chi ymestyn yr ymchwiliad hwn drwy ymchwilio i pam mae gwledydd fel Gogledd Korea, De Sudan neu Somalia yn gwneud mor wael. Ydy'r rhain yn wledydd sy'n wirioneddol wrthod hawliau dynol? Neu, ydy hawliau dynol wedi methu cael troedle cryf yno? Os yw hynny'n wir, beth fyddai'r rhesymau am hynny? Ceisiwch ysgrifennu tua 500 o eiriau, wedi eu rhannu rhwng eich esboniad chi ac unrhyw enghreifftiau rydych chi wedi ymchwilio iddyn nhw ac y gallwch eu defnyddio fel tystiolaeth yn eich esboniad.

Y cefndir i hawliau dynol

Yn y Deyrnas Unedig, y farn gyffredinol yw bod drafftio'r Magna Carta yn 1215 yn enghraifft gynnar o siarter hawliau a roddodd i bobl, am y tro cyntaf, amddiffyniad rhag carchariad anghyfreithlon a hawl i gyfiawnder. Bryd hynny, roedd brenhinoedd yn rheoli drwy rym milwrol (e.e. buddugoliaeth y Normaniaid ym Mrwydr Hastings yn 1066) a thrwy gred mewn 'grym dwyfol' –hynny yw, nhw oedd dewis reolwyr Duw a gallan nhw felly arfer grym dros bawb arall.

Roedd y cysylltiad rhwng yr Eglwys a'r brenin yn cryfhau'r gred hon. Fel cymdeithas amaethyddol, roedd y mwyafrif o bobl yn gwneud eu bywoliaeth o dir oedd yn eiddo i leiafrif bychan o foneddigion oedd yn cefnogi'r brenin neu'r frenhines. Roedd y bobl oedd yn ffyddlon i'r brenin neu'r frenhines yn derbyn teitl a thir i ddiolch iddyn nhw am eu teyrngarwch, ac am eu parodrwydd i godi byddin pan fyddai angen. Roedd pobl yn cyflawni eu dyletswyddau llafur a milwrol ac felly'n cael defnyddio'r tir a thyfu bwyd. Daeth y Magna Carta â chytundeb i amddiffyn pobl mewn meysydd penodol o'u bywydau, yn ogystal ag atal grym y brenin neu'r frenhines rhag mynd allan o reolaeth.

Chwyldro ac Oes yr Ymoleuo

Ym mlynyddoedd olaf yr ail ganrif ar bymtheg a'r ddeunawfed ganrif, daeth newidiadau sylfaenol i rym y brenhinoedd o'i gymharu â'r rhyddid oedd i'w gael mewn llawer o ardaloedd y byd Gorllewinol. Y ddadl oedd yn sail i Ryfel Cartref Lloegr (1642-51) oedd a ddylai'r senedd neu'r brenin benderfynu sut dylai Lloegr gael ei llywio. Yn 1689, pasiwyd Mesur Iawnderau Lloegr oedd yn rhoi hawliau sifil sylfaenol i bobl Loegr, wedi eu gwarantu gan Ddeddf Seneddol. Yn hytrach nag amddiffyn hawliau unigolion, roedd yn generig ei natur ac roedd yn:

- gwarantu hawliau penodol dinasyddion Lloegr rhag grym y Goron
- sefydlu'r senedd fel y corff oedd yn gwneud cyfreithiau, gan roi sofraniaeth gyflawn iddi a sicrhau ei bod yn goruchafu dros holl sefydliadau eraill y llywodraeth
- gostwng nifer o bwerau'r brenin a'r Eglwys Gatholig, gan dynnu grym absoliwt y brenin, a dileu ei statws 'dwyfol' digwestiwn.

Daeth rhagor o ddatblygiadau sylweddol i 'hawliau' yn y ddeunawfed ganrif yn ystod cyfnod o'r enw yr Ymoleuo. Roedd hwn yn fudiad athronyddol ledled Ewrop (ac yn ddiweddarach yng Ngogledd America) oedd yn cynnwys newid syniadau am gymdeithas, a sut gallai cymdeithas a phobl weithredu. Roedd yn herio syniadau traddodiadol fel hawl ddwyfol y brenin, ac yn lle hynny roedd yn cyflwyno rhesymeg fel sail i gymdeithas a'r ffordd y mae'r gymdeithas yn meddwl. Roedd yn rhoi'r pwysigrwydd i unigolion yn fwy na sefydliadau, ac yn dweud bod angen cwestiynu athronyddiaeth a syniadau a'u trin gyda sgeptigaeth. Roedd yr Ymoleuo'n herio safbwyntiau crefyddol traddodiadol a'r canlyniad oedd bod sefydliadau'n cael pŵer. Yn Lloegr, roedd hyn yn golygu'r senedd, neu'r gyfraith; nid oedd yn gwneud rhyw lawer i warantu rhyddid unigolion.

Ond, ym mlynyddoedd olaf y ddeunawfed ganrif gwelwyd canlyniadau llym y newid hwn mewn syniadau, pan gafwyd y Chwyldro Americanaidd a'r Chwyldro Ffrengig. Doedd pobl ddim yn barod i dderbyn rheolaeth drefedigaethol neu ddwyfol yn ddigwestiwn bellach. Roedd y cyfiawnhad am y ddau chwyldro wedi ei seilio ar egwyddorion rhyddid a rheswm, ac amddiffyniad rhag camddefnyddio grym.

- Fel trefedigaeth oedd yn cael ei rheoli gan Brydain, dechreuodd America fynegi anniddigrwydd eang tua diwedd y ddeunawfed ganrif, gan fynnu eu bod nhw'n cael eu hawliau a'u grym eu hunain, i ffwrdd oddi wrth eu rheolwyr Prydeinig. Arweiniodd hyn at y Chwyldro Americanaidd, ac o ganlyniad i hwn daeth UDA yn bŵer annibynnol. Modelwyd Mesur Iawnderau UDA ar Fesur Iawnderau Lloegr. Daeth Cyfansoddiad America i rym yn 1789, ac roedd hwn wedi ei lunio i amddiffyn rhyddid a chyfiawnder unigolion, a chyfyngu ar rym y llywodraeth dros unigolion.
- Arweiniodd y chwyldro yn Ffrainc yn 1789 at ddiwedd y frenhiniaeth. Cafwyd gwrthryfel yn Ffrainc o ganlyniad i argyfwng economaidd mawr yn y wlad a phrinder bwyd. Cafodd y brenin a'r frenhines, Louis a Marie Antoinette, eu carcharu yn 1792 a chwalwyd y frenhiniaeth yn hwyrach y flwyddyn honno. Ym mis Ionawr 1793, cafwyd Louis yn euog o frad a chafodd ei ddedfrydu i farwolaeth. Law yn llaw â diwedd y frenhiniaeth cafodd cyfansoddiad ei greu oedd yn nodi'r hawliau i bobl Ffrainc.

Hawliau dynol ym mlynyddoedd cynnar yr ugeinfed ganrif

Dydy'r byd i gyd ddim wedi cymeradwyo hawliau dynol, a dydy hawliau a enillwyd yn ystod un cyfnod o hanes ddim o anghenraid wedi trosglwyddo i gyfnod arall. Cyn belled ag y mae llywodraethiant cyfoes yn y cwestiwn, daeth y cyfnod anoddaf i hawliau dynol yn hanner cyntaf yr ugeinfed ganrif. Roedd dau ryfel byd, yr Holocost a'r terfysg o dan Stalin yn yr Undeb Sofietaidd yn yr 1930au wedi lladd tua 75 miliwn o bobl erbyn 1945.

Mae'r Holocost yn arbennig yn parhau'n un o'r prif enghreifftiau o fynd yn erbyn hawliau pobl, a difa hawliau pobl hyd yn oed. Nid dyma oedd yr unig enghraifft o bobl yn dioddef colli eu hawliau, fel mae'r driniaeth a gafodd carcharorion rhyfel yn Japan yn dangos. Ond, pan ddaeth heddwch roedd y galw am fyd gwell yn amlwg iawn gan bobl mewn llawer o wledydd, yn ogystal â'u harweinwyr. Dechreuodd y bobl hynny oedd yn hyrwyddo hawliau dynol bryderu am gyd-hawliau a hawliau cymdeithasol pobl ar draws y byd, a chrewyd sefydliadau byd-eang i ddiogelu eu hawliau. Dros amser, dechreuodd hawliau dynol fel ideoleg gynnwys hawliau pobl i addysg, rhyddid i lefaru, cyflogaeth, gofal iechyd a lles cyhoeddus.

▲ **Ffigur 6.5** Seremoni yn Sgwâr Lubianka yn Moscow, a gynhaliwyd yn 2017 i gofio am ddioddefwyr y derfysgaeth wleidyddol yn yr oes Gymunedol, yn arbennig o dan Stalin rhwng 1937 a 38. Yn Moscow yn unig, cafodd 30,000 o bobl eu llofruddio

Ar ôl 1945: o ideoleg i lywodraethiant byd-eang

Cafodd yr hawliau dynol fel rydyn ni'n eu nabod nhw heddiw, a'r ddogfennaeth sy'n eu disgrifio nhw, eu dyfeisio'n ffurfiol yn y cyfnod yn dilyn yr Ail Ryfel Byd. Dechreuodd y Cenhedloedd Unedig bwyso a symud ymlaen â hawliau dynol er mwyn diogelu pobloedd y byd rhag trychinebau'r rhyfel, fel na fyddai'r erchyllterau hyn byth yn digwydd eto (gweler isod).

Wedi i'r Rhyfel Byd Cyntaf ddod i ben yn 1918, cafodd Cynghrair y Cenhedloedd ei sefydlu fel menter Americanaidd er mwyn ceisio sicrhau heddwch byd-eang yn y dyfodol. Erbyn 1920 roedd ganddi 48 o aelodau. Ond, nid oedd y Gynghrair yn ddigon effeithiol i herio ehangiaeth Japan ymerodrol ac Almaen Hitler yn yr 1930au. Daeth yn gynyddol amlwg y byddai'r Gynghrair yn colli ei phwysigrwydd wrth iddi ddod yn anochel erbyn 1939 bod yr Ail Ryfel Byd yn mynd i ddechrau.

Ond, parhaodd y nod o gael system fyd-eang o lywodraethiant yn freuddwyd fyw. Cyflwynodd Arlywydd UDA, Roosevelt y term 'Cenhedloedd Unedig' (CU) yn 1942 yn ystod yr Ail Ryfel Byd, pan gytunodd 26 o genhedloedd i weithio fel cynghreiriaid yn erbyn llywodraethau ffasgaidd yr Almaen, yr Eidal a Japan. Cytunwyd ar nodau, strwythur a rolau'r Cenhedloedd Unedig gan UDA, y DU, yr Undeb Sofietaidd a China yn 1944 a daeth y Cenhedloedd Unedig yn sefydliad rhyngwladol oedd â phrif ddiben o gadw heddwch a diogelwch byd-eang ar ôl 1945, gyda 50 o aelodau.

▲ **Ffigur 6.6** Datganiad Cyffredinol am Hawliau Dynol y Cenhedloedd Unedig, 1948

Y Datganiad Cyffredinol o Hawliau Dynol (*UDHR: The Universal Declaration of Human Rights*)

Un o gyflawniadau cynharaf y Cenhedloedd Unedig oedd sefydlu Comisiwn ar Hawliau Dynol. Briff y Comisiwn oedd sefydlu Mesur Iawnderau rhyngwladol, y byddai'r holl genedl-wladwriaethau'n ei lofnodi. Y canlyniad oedd y Datganiad Cyffredinol o Hawliau Dynol (*UDHR: The Universal Declaration of Human Rights*), a llofnodwyd hwn yn 1948 gan 48 o wledydd oedd yn aelodau. Ei sail oedd siarter o hawliau cyffredinol a fyddai'n berthnasol i bob person yn y byd, gweler Ffigur 6.6 i weld y ddogfen wreiddiol a gyhoeddwyd. Maen nhw'n diffinio natur eang 'hawliau dynol' ac maen nhw'n gwneud datganiadau clir am y ffordd y gallai'r hawliau hyn gael eu diogelu gan y gyfraith ymhob gwlad.

Doedd erthyglau'r Datganiad Cyffredinol ddim yn rhwymo cenedl-wladwriaethau'n gyfreithiol. Ond maen nhw wedi dod yn un o gonglfeini hawliau dynol modern ac maen nhw'n gweithio fel cytundeb moesol a normadol rhwng aelod-wladwriaethau am yr hyn yw hawliau pobl. Pasiodd bron i ddau ddegawd cyn cytuno ar unrhyw rwymedigaeth oedd yn bosibl ei gorfodi'n gyfreithiol, ac roedd y rhwymedigaeth hon ar ffurf dau Gyfamod. Cytunwyd ar y ddau Gyfamod yn 1966 a daethon nhw i rym yn 1976 gan ddisodli'r Datganiad Cyffredinol. Yn wahanol i'r Datganiad Cyffredinol o Hawliau Dynol, mae'r cyfamodau hyn yn rhwymol yn gyfreithiol, ac mae ganddyn nhw statws cytundebau y mae aelod-wladwriaethau'r Cenhedloedd Unedig yn cytuno iddyn nhw. Dyma oedd y ddau Gyfamod:

- y Cyfamod Rhyngwladol ar Hawliau Economaidd, Cymdeithasol a Diwylliannol (e.e. cyflogaeth, addysg a gofal iechyd)
- y Cyfamod Rhyngwladol ar Hawliau Sifil a Gwleidyddol (e.e. rhyddid lleferydd a democratiaeth).

Fodd bynnag, mae'r erthyglau wedi bod yn ganllawiau defnyddiol i aelod-wladwriaethau'r Cenhedloedd Unedig, nid yn unig am eu bod nhw'n gosod y ddelfryd, ond hefyd am eu bod nhw'n ffordd o gyfiawnhau ymyrryd ym materion talaith arall drwy ddulliau milwrol neu economaidd. Ugain mlynedd ar ôl eu cyhoeddi, rhoddodd y Gynhadledd Ryngwladol ar Hawliau Dynol wybod i'r holl aelod-wladwriaethau bod ganddyn nhw 'rwymedigaeth i aelodau'r gymuned ryngwladol' oedd yn berthnasol i bawb.

Eithriadau i'r rheol

Fodd bynnag, ni lofnodwyd y Datganiad gan bob gwlad yn 1948, a doedd y gwledydd hynny a lofnododd ddim bob amser yn gallu gweithredu yn ysbryd y cytundeb.

- Ymysg y gwledydd oedd heb lofnodi oedd yr Undeb Sofietaidd a De Affrica. Roedd llywodraeth yr Undeb Sofietaidd o dan Stalin yn credu bod y Datganiad wedi methu codi llais yn erbyn ffasgiaeth neu Natsïaeth; roedd llywodraeth De Affrica wedi sefydlu polisi o ddatblygu ymwahaniaeth o'r enw apartheid, ac mae pob agwedd o hwn, bron iawn, yn mynd yn erbyn y Datganiad.
- Roedd gwledydd eraill oedd â chyfreithiau crefyddol tyn (fel Saudi Arabia) yn condemnio Erthygl 18 o'r UDHR, sy'n nodi bod gan 'Bawb yr hawl i ryddid meddwl, cydwybod a chrefydd; mae'r hawl hwn yn cynnwys rhyddid i newid crefydd neu gred', neu'r rhan honno o Erthygl 16 sy'n nodi bod gan 'Ddyn a merch o oedran llawn ... yr hawl i briodi a bod ... hawl ganddynt i hawliau cyfartal.'
- Yn yr un modd, llofnododd Awstralia y Datganiad yn 1948, ac eto nid oedd yn caniatáu hawliau ei phoblogaeth gynfrodorol i gael addysg; dim ond yn 1971 yr aeth ati i gyfri'r bobl gynfrodorol am y tro cyntaf yn rhan o'r cyfrifiad cenedlaethol. Ym mis Mai 2017, dywedodd Sol Bellear, ymgyrchydd dros hawliau cynfrodorion Awstralia, mewn erthygl i bapur newydd *Guardian* y DU 'doedden ni ddim yn cael ein cyfri yn y cyfrifiad cyn [y gyfraith yn] 1967 ... roedd cŵn a chathod a moch a defaid yn cael eu cyfri yn Awstralia cyn y bobl gynfrodorol' (Paul Daley, *Guardian*, 18 Mai 2017).

② Amrywiadau gofodol mewn hawliau dynol

I ba raddau mae amrywiadau gofodol yn bodoli yn y ffordd y mae hawliau dynol yn cael eu gwerthfawrogi a'u diogelu yn y byd heddiw?

Mae gwahaniaethau sylweddol rhwng gwledydd, yn eu diffiniadau o hawliau dynol ac yn y ffordd maen nhw'n diogelu hawliau dynol. Rhan o'r rheswm dros y gwahaniaeth hwn yw nad ydy hawliau dynol yn sefydlog neu'n absoliwt; maen nhw'n hylifol ac yn newid gyda chymdeithas wrth iddi ymateb i ddigwyddiadau. Yn aml iawn, mae deddfwriaeth hawliau dynol yn ymatebol yn hytrach na rhagweithiol – hynny ydy, mae'n ymateb i agweddau newidiol mewn cymdeithas yn hytrach na mynd ati i hyrwyddo newid. Yn y DU, cafodd priodas hoyw ei gwneud yn gyfreithlon mewn ymateb i newid barn mewn cymdeithas; nid oedd y ddeddfwriaeth yn ceisio newid barn pobl. Yn hanesyddol, mae pobl wedi gorfod brwydro am newidiadau fel y bleidlais gyffredinol i ferched, yn hytrach na bod y newid yn cael ei gynnig fel hawl.

Rhaid cofio nad ydy hawliau dynol yn ateb i bob anghyfiawnder. Er bod pobl yn gyffredinol yn derbyn llawer o egwyddorion hawliau dynol a chyfreithiau sy'n diogelu pawb, mae achosion eang iawn o fynd yn erbyn hawliau dynol, o fewn gwledydd ac yn fyd-eang. Mewn rhai achosion, mae camdriniaeth yn digwydd a allai fod yn fwy cysylltiedig ag ymddygiad pobl ganrifoedd yn ôl nag yn y presennol, fel parhad y gosb eithaf yn China neu UDA. Does dim cytundeb cyffredinol gan bawb a ddylai hawliau dynol gynnwys yr hawl i safon weddus o fyw, neu addysg, neu loches. Mae llawer o sialensiau, ac mae llawer rhan o'r byd lle mae pobl yn dal i frwydro am hawliau fel hyn.

DADANSODDI A DEHONGLI

Mae Ffigur 6.7 yn dangos achosion o fynd yn erbyn hawliau dynol rhwng 1980 a 2010, yn ôl adroddiad yn y *New York Times*. Mae hon yn ffynhonnell ddiddorol oherwydd mae'n rhaid i ni drin y data'n amheugar a gofalus, er ei fod yn dod o un o brifysgolion blaenllaw'r byd.

Cafodd y data hwn ei gasglu gan ddefnyddio dadansoddiad testun wedi'i awtomeiddio o sylw'r cyfryngau i hawliau dynol mewn un papur newydd. Cafodd y data ei gasglu gan gorff o'r enw DLab, sy'n gweithio ym Mhrifysgol California yn Berkeley. Mae DLab yn sefydliad o fewn y brifysgol, sy'n helpu ymchwilwyr yno drwy ddatblygu a defnyddio dulliau ymchwil wrth gasglu data ar draws y gwyddorau cymdeithasol. Roedd ganddyn nhw raglen dadansoddi codau (sy'n sganio ac yn canfod testun dynodedig, fel y mae wedi ei lunio gan ymchwiliwr) a defnyddiwyd hon i samplu miloedd o erthyglau yn y *New York Times* rhwng 1980 a 2010 oedd wedi adrodd am dorri hawliau dynol mewn gwledydd tramor. Cyfrifodd y meddalwedd data yr erthyglau a gyhoeddwyd, a'u dosbarthu yn ôl eu cynnwys a'r rhanbarth daearyddol roedden nhw'n adrodd amdano ac oedd yn berthnasol i'r erthyglau.

Mae gwahaniaethau sylweddol hefyd yn y mathau o droseddau yn erbyn hawliau dynol. Mae Ffigur 6.7 yn dangos sut roedd adroddiadau yn y *New York Times* yn amrywio yn ôl rhanbarth daearyddol y byd.

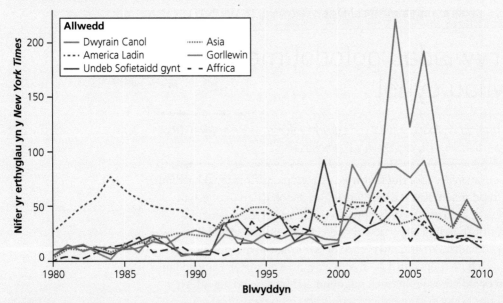

▲ **Ffigur 6.7** Achosion o dorri hawliau dynol yr adroddwyd amdanyn nhw mewn erthyglau a ymddangosodd yn y *New York Times*

(a) Gan ddefnyddio eich gwybodaeth eich hun, awgrymwch resymau dros y tueddiadau a'r patrymau o dorri hawliau dynol a welwch yn Ffigur 6.7.

CYNGOR

Mae'r cynnydd mewn torri hawliau dynol yn y Dwyrain Canol yn cyfateb â'r nifer o erthyglau newyddion am y rhanbarth ers digwyddiad terfysgol 9/11. Wedi i Arlywydd UDA ar y pryd, George W. Bush, ganfod 'acsis o ddrygioni', oedd yn cynnwys nifer o wledydd y Dwyrain Canol, daeth erthyglau am y rhanbarth hwnnw'n fwy amlwg yn y cyfryngau. Felly, dydy hi ddim yn syndod bod cynnydd yn y nifer o erthyglau mewn papur newydd blaenllaw yn UDA, yn enwedig am fod y cynnydd mewn torri hawliau yn y Dwyrain Canol yn cyfateb yn fras â chynnydd mewn torri hawliau yn 'y Gorllewin'. O'u hystyried â'i gilydd, roedd y cyfnod ar ôl 9/11 yn siŵr o ganolbwyntio ar natur hawliau dynol yn y Dwyrain Canol, yn enwedig yn y goresgyniad dilynol ar Iraq gan luoedd UDA a'r Cynghreiriaid yn 2003, lle nodwyd mai un o'r rhesymau swyddogol am y cyrch oedd atal achosion o dorri hawliau dynol yn Iraq. Yn cyfateb â hyn cafwyd adroddiadau tebyg am y Gorllewin yn torri hawliau dynol. Roedd yr adroddiadau hyn yn honni bod unigolion o Iraq oedd dan amheuaeth, yn cael eu harteithio wrth gael eu holi ar ôl cael eu dal.

America Ladin	MENA	Yr hen Floc Sofietaidd
Gwrthdaro a therfysg 73	Rhyfel a gwrthdaro 130	Troseddau rhyfel 362
Cysylltiadau rhyngwladol 69	Troseddau rhyfel 130	Cysylltiadau rhyngwladol 48
Lluoedd arfog 55	Crefydd 91	Rhyfel a gwrthdaro 41
Terfysgaeth 50	Terfysgaeth 89	Crefydd 28
Byddinoedd 29	Taliban 77	Terfysgaeth 27
Estraddodiad 29	Sefydliadau'r Cenhedloedd Unedig 61	Hil-laddiad 17
Rhyfel a gwrthdaro 26	Ymchwiliadau 47	Sefydliadau'r Cenhedloedd Unedig 16
Ymchwiliadau 24	Hil-laddiad 41	Lluoedd arfog 15
Crefydd 23	Hamas 36	Ffoaduriaid 15
Artaith 21	Mwslimiaid ac Islam 36	Ymchwiliadau 14

▲ **Tabl 6.1** Yr amrywiadau yn y troseddau yr adroddwyd amdanyn nhw yn erbyn hawliau dynol, yn ôl adroddiad yn y *New York Times* rhwng 1980 a 2010, fesul rhanbarth daearyddol byd-eang. Yn y tabl, mae MENA yn cyfeirio at y 'Dwyrain Canol a Gogledd Affrica', ac mae'r hen Floc Sofietaidd yn cyfeirio at y gwledydd oedd yn aelodau o'r Undeb Sofietaidd hyd ei chwalu yn 1991.

(b) Dadansoddwch yr amrywiadau rhanbarthol mewn troseddau yn erbyn hawliau dynol yr adroddwyd amdanyn nhw yn Nhabl 6.1.

CYNGOR

Yn Nhabl 6.1, mae rhai patrymau diddorol yn dod i'r amlwg. Mae adroddiadau am hawliau dynol yn America Ladin yn canolbwyntio fwy ar wrthdaro a therfysg, byddinoedd, estraddodiad ac artaith. Ar y llaw arall, mae'r adroddiadau am ranbarth y Dwyrain Canol a Gogledd Affrica (MENA), yn canolbwyntio fwy ar y Taliban, Hamas ac Islam. Mae adroddiadau sy'n ymwneud â'r hen Floc Sofietaidd (yr Undeb Sofietaidd cyn 1991) yn ymwneud â ffoaduriaid. Mae ffocws ar derfysgaeth o'r tri rhanbarth, ac mae'r adroddiad yn awgrymu bod perthynas i'w weld rhwng terfysgaeth a hawliau dynol.

Aseswch werth pob un o'r ffynonellau ar gyfer Ffigur 6.7 a Thabl 6.1.

CYNGOR

i Mae Tabl 6.1 yn dangos adroddiadau am dorri hawliau dynol mewn un papur newydd yn UDA, yn hytrach nag mewn nifer o bapurau newydd, ac yn hytrach na bod o wahanol wledydd. Felly, mae'n rhaid ystyried dylanwad dewisiadau unigol (personol a gwleidyddol) golygyddion a newyddiadurwyr y *New York Times*. Dydy sefydliadau'r cyfryngau ddim yn rhydd o ragfarn.

ii Mae Tabl 6.1 yn dangos beth sy'n cael ei adrodd mewn gwirionedd. Mae'r nifer o erthyglau'n adlewyrchu'r hyn mae golygyddion yn meddwl fyddai o ddiddordeb i'r darllenwyr. Mae'r ffocws ar hawliau dynol yn y newyddion yn newid, wrth i ddiddordeb y cyhoedd ostwng mewn rhai meysydd a chynyddu mewn eraill.

iii Yn dilyn digwyddiad terfysgol 9/11, soniodd Arlywydd UDA, ar y pryd, George W. Bush, am 'acsis o ddrygioni' oedd yn cynnwys nifer o wledydd yn y Dwyrain Canol. Yn dilyn hyn, gwelwyd cynnydd yn y nifer o erthyglau newyddion am y rhanbarth hwnnw. Mae'n amlwg y byddai papur newydd o UDA yn canolbwyntio ar ddigwyddiadau sy'n effeithio ar UDA. Cafwyd ffocws tebyg i hyn gan sefydliadau newyddion Americanaidd eraill, a gan ffynonellau Prydeinig ac Ewropeaidd (e.e. y BBC). Ond, mae angen gwirio pob ffynhonnell i chwilio am ragfarnau am fod rhai o berchnogion y cyfryngau (e.e. y News Corporation) yn dangos tuedd gref i ddefnyddio ffynonellau adain dde sy'n cefnogi America, fel y gwelwyd gan Fox News, sydd hefyd yn eiddo i News Corporation.

---

③ Hawliau dynol, rhywedd a datblygiad

▶ *Ym mha ffyrdd y mae hawliau merched yn cael eu tanbrisio a pha effeithiau allai hyn ei gael ar brosesau datblygu?*

Pam mae hawliau dynol mor bwysig? Mae consensws byd-eang mawr wedi tyfu mai dim ond cymdeithasau sy'n cydnabod ac yn hybu hawliau fydd yn gallu datblygu'n economaidd, yn gymdeithasol ac yn wleidyddol byth. Mae hyn ar ei amlycaf wrth ymchwilio'r cysylltiadau rhwng rôl merched yn y broses ddatblygu a'r hawliau y mae merched yn eu cael fel dinasyddion y gwledydd lle maen nhw'n byw. Os nad yw merched yn chwarae rhan lawn a chyfartal mewn cymdeithas, dydy'r datblygiad economaidd, cymdeithasol a gwleidyddol ddim yn debygol o symud yn ei flaen.

Dyma sut esboniwyd hyn gan Fforwm Economaidd y Byd yn 2015:

> Yr elfen bwysicaf i benderfynu pa mor gystadleuol yw gwlad yw dawn ei phobl – sgiliau a chynhyrchiant ei gweithlu … Felly, mae sicrhau bod hanner y gronfa dalent sydd ar gael yn y byd yn datblygu'n iach ac yn cael ei ddefnyddio'n briodol yn cael effaith enfawr ar ba mor gystadleuol y gall gwlad fod neu pa mor effeithlon yw cwmni. Mae'n amlwg hefyd bod dadl ar sail gwerthoedd dros gael cydraddoldeb rhwng y rhywiau: mae merched yn cyfrif am hanner poblogaeth y byd ac yn haeddu mynediad cyfartal i iechyd, addysg, cyfranogaeth economaidd a photensial i ennill bywolaeth, a phŵer i wneud penderfyniadau gwleidyddol. Felly, mae cydraddoldeb rhwng y

rhywiau'n sylfaenol bwysig ar gyfer y ffordd y mae cymdeithasau'n ffynnu, ac a ydyn nhw am ffynnu o gwbl.

Ffynhonnell: http://reports.weforum.org/global-gender-gap-report-2015/the-case-for-gender-equality/?doing_wp_cron=1551453966.7737419605255126953125

Gallwn ni ddiffinio datblygiad fel y broses raddol o gynyddu a gwella rhyddid economaidd, cymdeithasol a gwleidyddol i'r bobl i gyd. Yn 2012, nododd yr Adroddiad ar Ddatblygiad y Byd bod cydraddoldeb rhwng y rhywiau'n un o'r amcanion craidd ar gyfer datblygu, ac ysgrifennodd hyn: 'yn union fel y mae datblygiad yn golygu llai o dlodi incwm neu well cyfle i gael cyfiawnder, dylai hefyd olygu llai o fylchau mewn llesiant rhwng dynion a merched' (Adroddiad ar Ddatblygiad y Byd 2012).

Ond, dydy merched bron byth yn cael hawliau sy'n gyfartal â rhai dynion. Ymhob cymdeithas, mae merched yn gwneud yn waeth na dynion yn y dangosyddion pwysicaf o ddatblygiad cymdeithasol, economaidd a gwleidyddol. Dim ond mewn disgwyliad oes y mae merched yn gwneud yn well na dynion yn gyson. Roedd yr un Adroddiad ar Ddatblygiad y Byd yn honni bod:

▲ **Ffigur 6.8** Merch yn coginio yn Kashmir. Mae dynion yn Kashmir yn ennill cyflogau uwch, yn fwy tebygol o fod yn berchen ar dir, ac yn llai tebygol o gymryd rhan mewn gwaith tŷ yn y cartref fel hyn

- pethau wedi newid er gwell, ond nid i'r merched i gyd ac nid ymhob agwedd o gydraddoldeb rhwng y rhywiau
- mae cynnydd wedi bod yn araf ac yn gyfyngedig i rai merched yng ngwledydd mwyaf tlawd y byd, yn enwedig i'r merched hynny sy'n dlawd iawn eu hunain
- y merched sydd wedi dioddef fwyaf yw'r rhai sy'n wynebu mathau eraill o eithrio oerwydd eu cast, anabledd, lleoliad, ethnigrwydd, neu gyfeiriadedd rhywiol
- mae cynnydd mewn nifer o agweddau cydraddoldeb rhwng y rhywiau wedi eu hateb gan ddiffyg cynnydd mewn eraill.

Mae'r bwlch rhwng merched a dynion yn gwella ar y cyfan, ond mae'n amrywio. Yn 2018, cyhoeddwyd adroddiad am y bwlch byd-eang rhwng y rhywiau gan Fforwm Economaidd y Byd (sef sefydliad nid-er-elw sy'n archwilio'r cysylltiadau rhwng buddiannau sector preifat a chyhoeddus). Mae Ffigur 6.9 yn dangos y deg uchaf a'r deg isaf o 149 o wledydd yn yr adroddiad sydd â'r bwlch mwyaf a lleiaf rhwng y rhywiau – hynny ydy, cydbwysedd y dangosyddion cenedlaethol ac economaidd lle mae merched mewn sefyllfa waeth na dynion. Roedd y tair gwlad gyda'r bylchau lleiaf rhwng y rhywiau i gyd yn Sgandinafia. Roedd chwech o'r deg gwlad oedd â'r bylchau mwyaf o'r Dwyrain Canol.

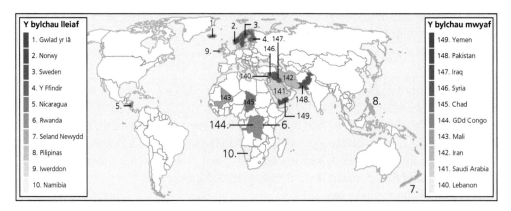

Y bylchau lleiaf		Y bylchau mwyaf
1. Gwlad yr Iâ		149. Yemen
2. Norwy		148. Pakistan
3. Sweden		147. Iraq
4. Y Ffindir		146. Syria
5. Nicaragua		145. Chad
6. Rwanda		144. GDd Congo
7. Seland Newydd		143. Mali
8. Pilipinas		142. Iran
9. Iwerddon		141. Saudi Arabia
10. Namibia		140. Lebanon

▲ **Ffigur 6.9** Map yn dangos y deg gwlad gyda'r bylchau lleiaf a mwyaf rhwng y rhywiau wedi eu mesur gan Fforwm Economaidd y Byd yn 2018

Nododd yr adroddiad mai rôl merched mewn gwledydd sy'n datblygu oedd yr 'un ffactor pwysicaf' i sicrhau a chynnal newid cymdeithasol yn y tymor hir, am y rhesymau a ganlyn:

- Mae merched yn ffermwyr ac yn ddarparwyr bwyd; maen nhw'n cyfrannu at allbwn ffermydd, cynhaliaeth yr amgylchedd a diogeledd bwyd).
- Maen nhw'n cyfri am 40 y cant o weithlu'r byd, heb gynnwys y gwaith anffurfiol sy'n cael ei wneud yn y cartref, ar y tir neu yn y farchnad werthu.
- Maen nhw'n fasnachwyr a phobl fusnes hanfodol.
- Mae merched fel arfer yn ben ar eu cartrefi, yn enwedig mewn cymunedau lle mae'r dynion i ffwrdd am gyfnodau hir yn gweithio, ac eto mae ganddyn nhw rôl lawn amser fel gofalwyr i blant, yr henoed neu berthnasau sy'n sâl.
- Maen nhw'n famau ac yn weithwyr cymorth.
- Mae llawer ohonyn nhw'n bobl flaenllaw yn y cymunedau lle maen nhw'n byw, gan weithredu fel arweinwyr ac ymgyrchwyr dros newid.

Felly, mae datblygiad yn effeithio'n wahanol ar ddynion a merched, ac yn aml iawn mae'n cael mwy o effeithiau negyddol ar ferched. Mae'r adrannau nesaf yn edrych ar bum agwedd o ddatblygiad a hawliau merched, ac yn dangos sut mae'r syniad o hawliau dynol yn hanfodol i ddatblygiad economaidd, cymdeithasol a gwleidyddol llwyddiannus. Dyma'r pum agwedd:

1. faint o hawl sydd gan ferched i gyflog cyfartal
2. i ba raddau y mae merched yn ddinasyddion israddol, yn cynnwys yr hawl i bleidleisio a hawliau rhywiol
3. faint o hawl cyfartal sydd gan ferched i addysg
4. hawl merch i ddewis partner priodas
5. hawl merch i benderfynu beth i'w wneud â'i chorff ei hun (e.e. anffurfio organau cenhedlu menywod (FGM).

1 Merched a'r hawl i gyflog cyfartal

Yn 2016, cyhoeddodd papur newydd y *Guardian* ddadansoddiad o adroddiad Banc y Byd oedd â'r teitl 'Women, Business and the Law'. Roedd yr adroddiad hwn yn nodi mai'r gwledydd yn y byd lle'r oedd gan ferched statws cyfartal â dynion yn y gwaith oedd Gwlad Belg, Denmarc, Ffrainc, Latvia, Luxembourg a Sweden. Roedd Banc y Byd, oedd yn olrhain newidiadau cyfreithiol yn ystod y degawd blaenorol, yn gweld mai'r rhain oedd yr *unig* wledydd yn y byd i gynnwys cydraddoldeb rhwng y rhywiau yn eu cyfreithiau oedd yn effeithio ar waith. Ddeng mlynedd yn gynharach, ni allai unrhyw un wlad honni hyn.

Roedd yr adroddiad yn mesur gwahaniaethu ar sail rhyw mewn 187 o wledydd, gan ddefnyddio wyth dangosydd sy'n dylanwadu ar y penderfyniadau economaidd y mae merched yn eu gwneud yn ystod eu bywydau gwaith – e.e. rhyddid i symud neu gael pensiwn – ac roedd yn edrych ar faint o rwystrau oedd yn bodoli naill ai i'w cyflogaeth neu i'w gallu i fod yn entrepreneur. Cafodd pob gwlad ei sgorio a'i rhoi yn ei safle rhestrol, gyda sgôr o 100 yn dynodi'r mwyaf cyfartal, a chafodd y canlyniadau eu cymharu â'r sefyllfa ddeng mlynedd ynghynt yn 2006.

- Yn fyd-eang, roedd y sgorau cyfartalog wedi codi o 70 i 75.
- Ymysg y 39 o wledydd a sgoriodd dros 90, roedd 26 yn rhai incwm uchel.
- De Asia oedd wedi gwella fwyaf, gan godi i gyfartaledd o 58.36 o 50 yn 2006.
- Cynyddodd Affrica is-Sahara o gyfartaledd o 64.04 i 69.63.
- Gwledydd MENA wnaeth y cynnydd lleiaf, sef cynnydd cyfartalog o 2.86, i gyrraedd 47.37.

Fodd bynnag, hyd yn oed yn y gwledydd hynny gyda'r sgorau uchaf, doedd merched ddim yn ennill cyflog cyfartal o hyd – y cwbl oedd wedi digwydd oedd bod y rhwystrau cyfreithiol wedi eu dileu fel bod posibilrwydd iddyn nhw ennill cyflog cyfartal. Mae'r un peth yn wir yn fyd-eang. Ar gyfartaledd, mae data'r Cenhedloedd Unedig yn dangos bod merched drwy'r byd i gyd yn ennill 20 y cant yn llai na dynion, er bod hyn yn amrywio'n sylweddol. Yn 2012, ar y wefan ddatblygu Wyddelig *Development Education*, ysgrifennodd Ciara Regan erthygl am yr amrywiol ffyrdd roedd merched yn fwy tebygol o wynebu tlodi na dynion. Roedd hi'n honni bod merched yn cyfrif am 60 y cant o bobl dlotaf y byd, er gwaethaf y gwelliannau dros y blynyddoedd diwethaf. Roedd eu tlodi'n deillio o rai o'r ffactorau hyn, neu o bob un:

- **Anllythrennedd**. Er bod dwy ran o dair o'r gwledydd i gyd yn cofrestru bechgyn a merched yn gyfartal mewn ysgolion cynradd, mae dwy ran o dair o boblogaeth anllythrennog y byd yn ferched. Mae niferoedd sylweddol o wledydd sy'n datblygu (yn enwedig y mwyaf tlawd) sydd ddim yn addysgu merched i'r un graddau â bechgyn.
- **Cyflogau isel**. Mae merched yn gwneud dwy ran o dair o'r gwaith sy'n cael ei wneud yn fyd-eang, gan gynnwys cynhyrchu hanner y bwyd yn y byd, ac eto maen nhw'n ennill dim ond 10 y cant o'r incwm ac yn berchen ar ddim ond 1 y cant o'r eiddo. Maen nhw'n fwy tebygol o weithio fel llafurwyr heb dir na dynion. Ac eto, drwy gynhyrchu hanner bwyd y byd, mae eu cyfraniad yn hynod o arwyddocaol.
- **Ecsbloetiaeth**. Mae 800,000 o bobl yn cael eu masnachu'n fyd-eang bob blwyddyn, ac mae 80 y cant o'r rhain yn fenywod neu'n ferched ifanc; mae'r mwyafrif yn cael eu masnachu ar gyfer ecsbloetiaeth rywiol.
- **Gwaith domestig**. Merched sy'n gwneud y mwyafrif llethol o'r tasgau domestig yn y cartref. Un dangosydd ar gyfer hynny yw bod merched yn Ne Affrica, ar y cyd, yn cerdded yr un pellter â thrip i'r lleuad ac yn ôl 16 gwaith y diwrnod i ddod â dŵr i'w cartrefi. Nid ystadegau syml yw'r rhain; mae menywod neu ferched ifanc sy'n cario dŵr yn fwy tebygol hefyd o chwilio am goed tân ar gyfer coginio, a threulio eu hamser mewn gwaith domestig a fyddai fel arall yn cael ei dreulio mewn addysg neu ar yrfa.

Mae gwir angen pwysleisio mor uchel yw gwerth economaidd merched a'u gwaith – yn fyd-eang neu yn lleol. Roedd un darn o ymchwil (Borges, 2007) yn dangos bod merched, ar lefel gymunedol, yn ail fuddsoddi bron i 90 y cant o'u hincwm yn ôl i mewn i'w teuluoedd a'u cymunedau, o'i gymharu â dynion oedd yn ail fuddsoddi rhwng 30 y cant a 40 y cant o'u hincymau. Mae merched hefyd yn hanfodol i ostwng lefelau tlodi. Mae Banc y Byd wedi dadlau yn ei adroddiadau y byddai gadael i ferched allu cael gafael ar gredyd (e.e. benthyciadau ar gyfer gwrtaith), a rhentu neu brynu tir yn rhwydd, yn golygu y gallai'r cynhyrchiad amaethyddol gynyddu o gymaint â phumed ran yn Affrica is-Sahara.

2 Merched fel dinasyddion gwleidyddol "israddol"

Yn sylfaenol i hawliau merched yn y gwaith neu yn y cartref yw faint y mae eu cysylltiad â gwleidyddiaeth yn gyfartal â chysylltiad dynion. Os nad yw merched yn cael eu cynrychioli yn ddigonol, neu o gwbl, mewn llywodraethiant, sut mae cydraddoldeb yn bosibl? Sut allai penderfyniadau gael eu gwneud am y ffordd y dylai adnoddau gael eu rhannu rhwng cymunedau ac unigolion, os mai'r dynion yn unig sy'n dominyddu'r broses o wneud y penderfyniadau? I ba raddau mae'n bosibl gwneud y penderfyniadau a allai effeithio ar ddynion a merched yn wahanol (e.e. yn nhermau gwario ar ddarparu dŵr diogel) gan sicrhau bod gwariant fel hyn yn dod â'r buddion mwyaf?

Dim ond 19 y cant o seneddwyr y byd sy'n ferched (Tabl 6.2). Nid oes unrhyw wlad yn y byd erioed wedi bod mewn sefyllfa lle mae merched yn cael pleidleisio a dynion ddim yn cael pleidleisio, ac nid oes unrhyw wlad yn y byd wedi bod mewn sefyllfa lle mae deddfau'n cael eu pasio i ganiatáu i ferched bleidleisio *cyn* deddf o'r fath i ddynion. Dim ond mewn nifer weddol fach o achosion yn Ffigur 6.10, fel yr Undeb Sofietaidd yn 1917 neu genhedloedd sydd newydd gael eu hannibyniaeth yn Affrica is-Sahara, y mae hawl i bleidleisio wedi eu hestyn i ferched ar yr un pryd ag y mae i ddynion. Ym

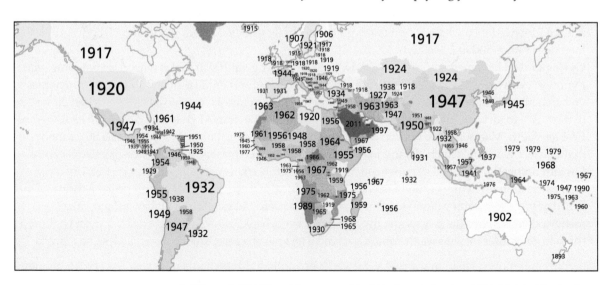

▲ **Ffigur 6.10** Y flwyddyn pan roddodd bob gwlad yr hawl i bleidleisio i ferched

mhob achos bron iawn, mae merched wedi gorfod brwydro ac ymgyrchu i berswadio'r dynion y dylen nhw gael yr hawl i bleidleisio. Mae Ffigur 6.10 yn dangos y flwyddyn pan roddodd gwahanol wledydd o'r byd yr hawl i ferched gael pleidleisio.

Hyd yn oed ar lefel llywodraethiant byd-eang, nid yw'r Cenhedloedd Unedig ei hun wedi llwyddo i sicrhau cydraddoldeb rhwng y rhywiau, heblaw ymysg ei staff sydd ar y ddwy raddfa gyflog isaf. Mae Ffigur 6.11 yn dangos faint o ferched oedd ar staff y Cenhedloedd Unedig rhwng 2005 a 2015. Yn y tabl, mae P1 i P5 yn raddfeydd cyflogaeth proffesiynol (5 yw'r staff sy'n fwyaf profiadol ac ar y cyflogau uchaf); D1 a D2 yw'r bobl broffesiynol sy'n cael eu talu ar raddfa uwch ac UG yw'r lefel uchaf o bawb. Y newid mewn cynrychiolaeth (%) a welwch yn y tabl yw canran y newid rhwng 2005 a 2015. Mae newid yn digwydd, ond os bydd y raddfa y mae pethau'n gwella'n parhau ar yr un cyflymder ag y mae nawr, bydd yn cymryd dau ddegawd arall – i gydraddoldeb gyrraedd graddfa P5 yn y tabl, a bron i hanner canrif cyn i gydraddoldeb gyrraedd y graddfeydd UG uchaf lle mae'r cyflogau gorau.

Mae cynnydd yn digwydd yn fyd-eang hefyd, felly mae nifer y merched fel canran o'r holl aelodau seneddol mewn deddfwrfeydd gwladwriaethau drwy'r byd i gyd wedi codi. Ond eto, mae dipyn o ffordd i fynd – yn 2018, dim ond tair gwlad oedd â mwy o ferched yn gynrychiolwyr yn y senedd na dynion (gweler Tabl 6.2): Rwanda â 61.3 y cant, Cuba â 53.2 y cant a Bolivia â 53.1 y cant. Wedi dweud hynny, cafwyd cynnydd sylweddol mewn gwledydd gyda 30 y cant neu fwy; mewn 49 o seneddau unigol neu is, roedd 30 y cant neu fwy o'r aelodau'n ferched – 21 o wledydd yn Ewrop, 13 yn Affrica is-Sahara, 11 yn America Ladin a'r Caribî, 2 yn y Môr Tawel ac 1 yr un yn y gwladwriaethau Arabaidd ac Asia. Roedd mwy na hanner y rhain wedi defnyddio math o gwotâu yn y gorffennol i gynyddu cyfranogaeth wleidyddol merched; e.e. mae hyn yn gofyn gosod nifer penodol o seddi yn y senedd y gall merched yn unig wneud cais amdanyn nhw, gan warantu felly mai merch fydd yn cael ei hethol.

Cynrychioliad o Ferched: Y tueddiadau yn y cyfnod 31 Rhagfyr 2005–31 Rhagfyr 2015																		
Gradd Cyflog	P–1		P–2		P–3		P–4		P–5		D–1		D–2		UG		Cyfanswm	
Blwyddyn	2005	2015	2005	2015	2005	2015	2005	2015	2005	2015	2005	2015	2005	2015	2005	2015	2005	2015
Cynrychiolaeth o ferched (% o gyfanswm staff y Cenhedloedd Unedig)	57.8	60.9	55.4	57.5	43.2	45.5	34.3	41.8	28.7	36.1	25.4	33.5	23.3	30.5	21.5	27.3	37.2	42.8
Newid yn y Gynrychiolaeth o ferched (pwyntiau %)	3.1		2.1		2.3		7.5		7.3		8.1		7.2		5.8		5.6	

▲ **Ffigur 6.11** Cynrychiolaeth merched rhwng 2005 a 2015 ymysg staff y Cenhedloedd Unedig. Mae pob rhes yn dangos y canran o ferched ymhob graddfa gyflog. Lefel P-1 yw'r raddfa gyflog isaf, ac UG yw'r raddfa gyflog uchaf sydd â lefel uchel o gyfrifoldeb

Safle rhestrol	Gwlad	1990	2018
1	Rwanda	17.1	61.3
2	Cuba	33.9	53.2
3	Bolivia	9.2	53.1
4	México	12	48.2
6	Namibia	6.9	46.2
7	Sweden	38.4	46.1
8	Nicaragua	14.8	45.7
9	Costa Rica	10.5	45.6
10	De Affrica	2.8	42.3
11	Y Ffindir	31.5	42
38	Y DU	6.3	32.2
	Cyfartaledd byd-eang	11.7 (1997)	23.97

▲ **Tabl 6.2** Y gyfran o seddi oedd gan ferched mewn seneddau cenedlaethol (%) yn 2018 o'i gymharu â 1990

Ffynhonnell: https://data.worldbank.org/indicator/SG.GEN.PARL.ZS?year_high_desc=true

Mae tystiolaeth sy'n dangos bod arweiniad gan ferched mewn prosesau gwneud penderfyniadau gwleidyddol yn gwella llywodraethiant.

- Mewn llawer o wledydd, mae cael merched mewn swyddi gwleidyddol lefel uwch yn arwain llywodraethau i roi mwy o ffocws ar faterion yn ymwneud â chydraddoldeb rhwng y rhywiau, fel cael gwared â thrais ar sail rhywedd, cyflwyno polisïau sy'n cynnwys absenoldeb rhiant a gofal plant fel elfennau safonol, diogelu hawl merched i gael pensiynau, yn ogystal â chyfreithiau cydraddoldeb rhwng y rhywiau a diwygiad etholiadol.
- Mae cyd-destun ehangach hefyd; gwelodd y Cenhedloedd Unedig bod cael merched yn aelodau mewn llywodraethau lleol yn India wedi arwain at 62 y cant yn fwy o brojectau dŵr yfed mewn ardaloedd lle roedd merched yn arwain y cynghorau na'r rheini lle'r oedd y cynghorau wedi eu harwain gan ddynion. Yn yr un modd, yn Norwy, mae presenoldeb merched mewn cynghorau lleol wedi arwain at gynnydd mewn adnoddau gofal plant gan y llywodraeth.

Er hynny, mae ffordd bell i fynd o hyd. Yn ôl Merched y Cenhedloedd Unedig (*United Nations Entity for Gender Equality and the Empowerment of Women* neu *UN Women* yn fyr) dim ond 18.3 y cant o weinidogion y llywodraeth yn fyd-eang oedd yn ferched yn 2017, ac roedden nhw'ntueddu i beidio cael y swyddi lefel uchaf oedd yn ymwneud, e.e. â goruchwylio'r economi neu gysylltiadau tramor. Y meysydd o gyfrifoldeb y mae gweinidogion sy'n ferched yn tueddu i weithio ynddyn nhw yn fwyaf cyffredin yw meysydd amgylcheddol, adnoddau naturiol ac egni, neu faterion cymdeithasol, fel addysg neu faterion teuluol.

ASTUDIAETH ACHOS GYFOES: GWELLA ADDYSG MERCHED YN UGANDA

Poblogaeth Uganda (42.9 miliwn yn 2017, sef cynnydd o fwy na 32 y cant o'r 32.4 miliwn oedd yno yn 2009) yw'r boblogaeth sy'n tyfu gyflymaf yn y byd yn ôl Adran Boblogaeth y Cenhedloedd Unedig yn 2019. Dyma oedd yn sefyllfa yn 2017:

- Y gyfradd genedigaethau yw 42.9 fesul 1000, sef y pedwerydd uchaf yn y byd. Mae wyth deg saith y cant o'r boblogaeth yn wledig, ac mae teuluoedd gwledig yn fwy na'r teuluoedd mewn dinasoedd.

- Y gyfradd marwolaethau yw 10.2 fesul 1000, sy'n agos at gyfradd o 9.4 y DU. Mae'r cyfraddau marwolaethau wedi gostwng ers 2000 oherwydd rhaglenni brechu byd-eang yn erbyn heintiau sy'n lladd, triniaeth i'r salwch sy'n lladd y nifer uchaf o blant (dolur rhydd) a gwell triniaeth i malaria. Dydy'r cyfraddau genedigaethau ddim wedi newid yn gyflym i gyfateb i'r gostyngiad hwn.

- Er bod cyfradd marwolaethau plant Uganda wedi syrthio'n gyflym erbyn 2018 i 54 y cant fesul 1000 genedigaeth fyw (o 63.7 yn 2010), mae'n parhau i fod yn yr 20% gwaethaf yn y byd. Yn yr un modd, mae cyfraddau marwolaethau mamau yn 343 fesul 100,000 o enedigaethau byw, sy'n ostyngiad o 25 y cant ers 2011 ond sy'n parhau i fod yn yr 15% uchaf yn y byd. Ychydig iawn o weithwyr iechyd sy'n bresennol yn ystod genedigaethau yn Uganda, ac maen nhw'n digwydd gartref gan fwyaf.

- Yn 2018 roedd disgwyliad oes adeg geni yn 56.3 mlynedd, sef un o'r isaf yn y byd. Gostyngwyd y disgwyliad oes gan HIV/AIDS, ar yr union bryd pan oedd wedi dechrau gwella. Er hynny, llywodraeth Uganda oedd y gyntaf yn Affrica i sicrhau cymorth rhyngwladol i ddatblygu rhaglenni addysg am HIV/ AIDS. Yn fuan yn yr 1990au, roedd 20 y cant o boblogaeth Uganda yn HIV-positif; yn 2018, roedd yn 5.9 y cant.

Mae'r cyfraddau cofrestru merched mewn addysg uwchradd yn is nag ydyw i fechgyn. Mae'n rhaid i fyfyrwyr gael graddau penodol mewn pedwar arholiad wrth adael yr ysgol gynradd er mwyn cael addysg yn rhad ac am ddim. Cyn y cynllun, dim ond hanner ymadawyr ysgolion cynradd oedd yn mynd i ysgol uwchradd. Mae'r ffigur hwnnw wedi cyrraedd tua 70% erbyn hyn, ond ychydig iawn o ferched sy'n mynd i ysgol uwchradd ar ôl troi'n 13 oed o hyd. Mae merched yn priodi mor ifanc ag 13 neu 14 oed mewn cymunedau gwledig, ac yn cael eu plentyn cyntaf yn fuan wedyn – sy'n cyfrif am gyfradd ffrwythlondeb uchel Uganda o 6.7. Mae teuluoedd yn ystyried eu merched yn asedau ariannol oherwydd, pan maen nhw'n priodi, maen nhw'n dod â gwaddol i'r teulu.

Un peth sy'n hanfodol i wella hawliau merched i gael addysg yw cyflenwad dŵr. Dim ond 15 y cant o boblogaeth Uganda sydd â chyflenwad dŵr ar gael iddyn nhw drwy dap, er gwaethaf y gwelliannau. Yn 2016, adroddodd WaterLex (sy'n sefydliad anllywodraethol) bod y cartref cyfartalog mewn trefi 200 metr o bellter o'r brif ffynhonnell ddŵr – ac mae'r ffigur hwnnw'n cynyddu i 800 metr mewn ardaloedd gwledig. Fel arfer, y merched sy'n gyfrifol am nôl dŵr (gweler Ffigur 6.12), ac mae'n un o'r ffactorau mwyaf arwyddocaol sy'n atal merched rhag mynd i'r ysgol.

◄ **Ffigur 6.12** Nôl dŵr – sy'n cael ei ystyried fel arfer yn waith i'r merched ifanc yng nghefn gwlad Uganda

3 Merched a'r hawl i addysg

O'r 72 miliwn o blant drwy'r byd i gyd oedd ddim yn yr ysgol yn 2018, roedd 57 y cant yn ferched – er gwaethaf y ffaith bod addysgu merched yn cael yr effaith fel arfer o ostwng cyfraddau marwolaethau'r wlad, gostwng cyfraddau ffrwythlondeb a dod â gwelliant cyffredinol i'r rhagolygon iechyd ac addysg (data Banc y Byd). Wrth aros yn yr ysgol, mae merched addysgedig yn debygol o ddewis gyrfa, gweithio cyn ac yn ystod priodas, dewis eu partner priodas eu hunain a chael plant yn hwyrach yn eu bywydau. Yn Uganda, mae'r cyfraddau ffrwythlondeb ar eu hisaf ymysg merched proffesiynol sydd wedi cael addysg; yn yr un modd, mae'r cyfraddau marwolaethau plant ymysg y merched sydd wedi cael eu haddysgu hyd lefel uwchradd a thu hwnt bron mor isel â rhai'r DU.

Mae presenoldeb merched yn yr ysgol yn amrywio'n fawr ac mae nifer o resymau economaidd, cymdeithasol ac amgylcheddol am hynny.

- **Yn amgylcheddol**, roedd ymchwil gan UNESCO yn Kenya yn dangos bod sychder yn effeithio ar bresenoldeb plant yn yr ysgol a bod merched yn fwy tebygol o gael eu tynnu allan o'r ysgol na bechgyn. Ymysg y rhesymau am hyn oedd y pwysau ar ferched i wneud mwy o ymdrech ar y tir i geisio gwella cynhyrchiant.
- **Yn economaidd** ac yn **gymdeithasol**, mae sychder a phrinder bwyd yn arwain at gyfraddau uwch o briodasau cynnar ymysg merched. Mae pobl yn cyfeirio at y rhain fel 'priodasau newyn' am fod merched yn denu gwaddol wrth briodi ac felly mae teuluoedd yn eu cyfnewid nhw fel nwyddau.
- Mae'n amlwg bod **ffactorau personol** a **theuluol** yn bwysig hefyd, yn enwedig mewn teuluoedd mwy lle mae'r merched hŷn yn gwneud gwaith hanfodol yn aml iawn yn magu eu brodyr a'u chwiorydd wrth i'w rhieni weithio. Mae cymdeithasau traddodiadol yn llawer mwy tebygol o gadw merched na bechgyn gartref i wneud y rolau hyn.

Iechyd ac addysg merched

Roedd Adroddiad Monitro Byd-eang Addysg i Bawb UNESCO, a gyhoeddwyd yn 2011, yn canolbwyntio ar y berthynas rhwng addysg ac iechyd merched a phlant. Casgliad yr adroddiad oedd y byddai'n bosibl arbed bywydau 1.8 miliwn o blant yn Affrica is-Sahara bob blwyddyn os byddai mamau wedi cael addysg uwchradd. Sut mae addysg yn gallu cael effaith fel hyn? Nododd yr adroddiad ddwy effaith fawr:

- **Iechyd merched**. Y farn ers amser maith yw mai addysg i ferched ifanc yw'r ffactor pwysicaf o ran gostwng marwolaethau cynamserol, mewn mamau ac yn eu babanod. Mae merched sydd wedi cael addysg yn cynllunio ac yn ceisio opsiynau geni mwy diogel (e.e. yn yr ysbyty), maen nhw'n llai tebygol o roi genedigaeth yn ystod eu harddegau ac felly maen nhw'n tueddu i gael teuluoedd mwy iach a llai o faint. Mae addysgu merched yn cael effaith fawr ar gyfraddau marwolaethau plant a mamau. Amcangyfrifodd UNESCO y byddai cofrestru 10 y cant yn fwy o ferched mewn ysgolion uwchradd mewn Gwledydd Incwm Isel yn arbed bywydau

350,000 o blant bob blwyddyn, a byddai hefyd yn gostwng marwolaethau mamau o 15,000. Ar sail ystadegol pur, daeth UNESCO i'r casgliad fod pob blwyddyn ychwanegol o ysgol i ferched yn gostwng cyfraddau ffrwythlondeb o 10 y cant.

- **Hyder personol ac ymddygiad rhywiol.** Mae addysgu merched yn rhoi mwy o hyder personol iddyn nhw ynghyd â'r gallu i wneud penderfyniadau am eu hymddygiad rhywiol eu hunain, yn annibynnol ar ddynion. Unwaith eto, mae dadansoddiad ystadegol gan UNESCO wedi dangos bod y cyfraddau heintiad â HIV ac AIDS wedi eu haneru ymysg merched sydd wedi cwblhau eu haddysg gynradd hyd 11 oed o'i gymharu â'r merched sydd heb. Mae UNESCO ac UNAIDS yn amcangyfrif bod 7 miliwn o achosion o HIV drwy'r byd i gyd yn cael eu hatal bob blwyddyn mewn gwledydd lle mae'r plant i gyd yn derbyn addysg gynradd.

Gwelodd UNESCO hefyd bod effeithiau ar yr economi, ac y gallai cost buddsoddi mwy mewn addysg i ferched roi hwb i allbwn amaethyddol Affrica is-Sahara o gymaint â 25 y cant. Maen nhw'n seilio'r amcangyfrifon ar ddata sy'n dangos bod potensial incwm merched yn cynyddu o 15 y cant am bob blwyddyn ychwanegol maen nhw'n ei threulio yn cael addysg ysgol gynradd. Mae cynyddu'r nifer o ferched sy'n cael addysg uwchradd o gyn lleied ag 1 y cant hyd yn oed yn gallu cynyddu'r twf economaidd blynyddol fesul y pen o 0.3%.

4 Yr hawl i ddewis partner priodas

Mae'r hawl i ddewis partner priodas yn rhywbeth y mae'r mwyafrif o bobl mewn gwledydd Gorllewinol yn ei gymryd yn ganiatol. Mae'r syniad y gallai priodas rhywun fod yn benderfyniad gan rywun arall, yn hytrach na ganddyn nhw eu hunain, yn syniad dieithr iawn i lawer o bobl, ac yn rhywbeth sy'n perthyn i oes wahanol.

Mae priodasau sydd wedi eu trefnu yn gallu cael effaith fawr ar fywydau merched o amgylch y byd. Mae llawer o ferched yn cael eu gorfodi i briodi'n ifanc iawn a hynny heb iddyn nhw gael dewis eu partner. Heblaw am yr hawl i ddewis, mae'n anodd i ferched sy'n cael eu rhoi mewn priodasau gorfodol fynd mynd i mewn i addysg wedyn, maen nhw'n fwy tebygol o ddioddef camdriniaeth, ac mae ganddyn nhw siawns uchel iawn o roi genedigaeth i blant p'un a ydyn nhw eisiau gwneud hynny ai peidio.

Mae tri math o briodas lle gallai pobl eraill wneud y penderfyniad am y partner priodas.

- Mae **priodas wedi'i threfnu** yn digwydd pan fydd y briodferch a'r priodfab yn cael eu dewis fel rhai addas, gan aelodau hŷn o'u teuluoedd yn aml iawn e.e. rhieni. Mae hanesion am y priodasau hyn yn dangos bod y ddau bartner yn gwybod am y peth yn aml iawn, er mai'r rhieni sy'n gwneud y dewis. Mewn rhai diwylliannau, mae'n dod yn gynyddol gyffredin i bobl ddefnyddio trefnydd priodas proffesiynol. Mae priodasau wedi eu trefnu yn y DU yn digwydd amlaf ymysg teuluoedd o fudwyr o Dde Asia ac yn ymwneud â'r genhedlaeth gyntaf neu'r ail genhedlaeth o blant. Ar ôl y cenedlaethau hynny, mae mwy o ryddid yn datblygu o fewn y teulu i gydnabod normau'r wlad lle mae'r teulu wedi ymgartrefu ac mae hyn yn tueddu i leihau'r tebygolrwydd y bydd priodasau'n cael eu trefnu.

- Mae **priodasau gorfodol** yn dal i ddigwydd mewn rhai diwylliannau a gwledydd. Mae'r rhain yn wahanol i briodasau wedi eu trefnu am nad yw'r naill ochr na'r llall yn cydsynio i'r briodas, a gallai'r briodas ddigwydd yn erbyn eu dymuniadau hyd yn oed. Weithiau mae teuluoedd sy'n cynnal priodasau gorfodol, ac sydd efallai hyd yn oed yn cuddio'r ffaith oddi wrth eu merched eu bod nhw'n bwriadu gorfodi priodas arnyn nhw, yn cyfiawnhau eu hawl i benderfynu ar bartner i'w plant drwy ddweud y gallai'r briodas warantu statws y teulu (drwy atal y posibilrwydd y gallai rhywun o wahanol gefndir neu grefydd eu priodi) ac y gallai eu rhoi mewn gwell sefyllfa ariannol (drwy briodi i mewn i deulu mwy cyfoethog na'u teulu nhw). Ond, mae'r Cenhedloedd Unedig yn ystyried priodasau gorfodol yn rhywbeth sy'n diddymu hawliau dynol rhywun ac felly mae'n eu condemnio nhw.

- Un o is-gategorïau priodas orfodol yw **priodas plant**, sydd hefyd yn cael ei chondemnio gan y Cenhedloedd Unedig. Mae UNICEF yn diffinio priodas plant fel 'priodas merch neu fachgen cyn iddyn nhw droi'n 18 oed ac mae hyn yn cyfeirio at briodasau ffurfiol ac uniadau anffurfiol lle mae plant o dan 18 oed yn byw gyda phartner fel petaen nhw'n briod.' Mae'n cynnwys holl nodweddion y briodas orfodol uchod, ond mae'n cyfeirio'n arbennig at bobl ifanc. Mae'n effeithio ar y ddau ryw, ond mae'n effeithio'n fwy cyffredin ar ferched, yn arbennig yn Ne Asia. Mewn 54 o wledydd, mae caniatâd cyfreithiol i ferched briodi rhwng un a thair blynedd yn iau na bechgyn.

Mae priodas plant yn effeithio fwy ar ferched. Cafwyd adroddiad yn 2013 o'r enw 'Children's Chances' gan Ganolfan Dadansoddi Polisïau'r Byd (sefydliad nid-er-elw i ymchwilio i bolisïau sydd wedi ei seilio yn UCLA yn UDA) ac roedd hwn yn dangos bod merched yn cael eu heffeithio lawer mwy gan briodas plant na bechgyn. Dyma ddywedodd yr adroddiad:

- Roedd y gymhareb o ferched priod i fechgyn priod yn 15–19 oed ar ei uchaf lle'r oedd priodi cynnar yn beth cyffredin. Yn Mali, gwelwyd bod y gymhareb yn 72:1, sy'n ffigur anhygoel. Mae'n ymddangos bod y sefyllfa'n gwella, fodd bynnag. Yn 2015, soniodd UNICEF bod 50% o ferched yn Mali yn briod erbyn cyrraedd 18 oed, o'i gymharu â 3% o fechgyn.
- Roedd datblygiad economaidd yn effeithio ar gyfleoedd merched. Yn Indonesia, y gymhareb o ferched priod i fechgyn priod yn 2013 oedd 7.5:1. Mae'r broses o fudo o'r wlad i'r ddinas a chynnydd mewn trefoli wedi arwain yn aml iawn at chwalu'r normau traddodiadol – er bod rhai pobl yn gweld hynny fel peth gwael, mae hyn mewn gwirionedd yn gwella rhagolygon bywyd merched. O 2018 ymlaen, dim ond 11% o ferched yn Indonesia oedd wedi priodi erbyn eu bod nhw'n 18 oed.
- Ond, roedd adroddiad 2013 yn dangos hefyd bod priodas gynnar yn arwyddocaol mewn gwledydd lle roedd yn llai amlwg, fel UDA lle'r oedd y gymhareb yn 8:1.

Mae Tabl 6.3 yn crynhoi prif ganfyddiadau ymchwil UNICEF i briodasau plant drwy'r byd i gyd, fel ydoedd ym mis Mawrth 2019.

Yn Affrica is-Sahara
• Niger (76%)
• Chad (67%) a Gweriniaeth Ganolog Affrica (68%)
• Guinea (51%)
Yn Ne Asia
• Bangladesh (59%)
• India (27%)
Yn y Caribî
• Cuba (26%)
• Gweriniaeth Dominica (36%)

▲ **Tabl 6.3** Gwledydd lle mae'r canran uchaf o ferched wedi priodi erbyn eu bod nhw'n 18 oed

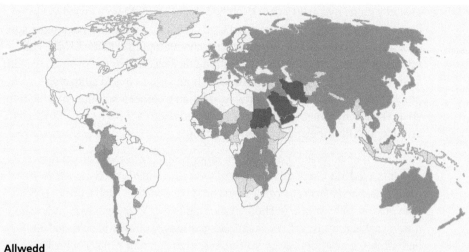

Allwedd
- ▪ Gall merched briodi yn 13 oed
- ▪ Gall merched briodi yn 13 oed gyda chaniatâd rhieni neu o dan gyfraith defod/crefyddol
- ☐ Dim ond gyda chymeradwyaeth llys neu oherwydd beichiogrwydd y mae caniatâd i briodas yn 13 oed
- ▪ Ni chaniateir priodas yn 13 oed
- ☐ Dim data

⇒ Mae **1** ymhob **5** o ferched yn y byd yn priodi cyn iddyn nhw droi'n 18 oed
⇒ Mae priodas plant yn eu rhwystro'n uniongyrchol rhag cyflawni o leiaf chwech o'r Nodau Datblygiad Cynaliadwy.
⇒ Mae priodas plant yn troseddu yn erbyn hawliau merched i gael addysg, iechyd a chyfleoedd. Mae'n rhoi merched dan risg o drais drwy gydol eu bywydau, ac yn eu dal mewn cylch o dlodi.
⇒ Yr hyn sy'n gyrru priodas plant yw anghydraddoldeb rhyw, tlodi, traddodiadau ac ansicrwydd.
⇒ Yn aml iawn, pan mae merch yn priodi, mae disgwyl iddi roi'r gorau i fynd i'r ysgol.
⇒ Mae mwy na **60%** o ferched heb addysg yn priodi cyn iddyn nhw droi'n 18 oed.
⇒ Cymhlethdodau mewn beichiogrwydd ac wrth esgor ar blant yw'r prif achos marwolaeth mewn merched 15-19 oed yn fyd-eang.
⇒ Mae merched sy'n priodi cyn 15 oed **50%** fwy tebygol o wynebu trais corfforol neu rywiol gan bartner.

▲ **Ffigur 6.13** Gwybodaeth gan Ganolfan Dadansoddi Polisïau WORLD am briodasau plant.

5 Yr hawl i benderfynu – y broblem o lurguniad organau rhywiol merched (FGM)

Roedd adroddiad a gyhoeddwyd gan UNICEF yn 2014 yn dathlu'r ffaith bod y canran o ferched y byd oedd wedi dioddef llurguniad organau rhywiol (*FGM: female gential mutilation*), wedi gostwng o un rhan o dair ers canol yr 1980. *The Economist*, oedd yn rhoi sylwadau am yr adroddiad hwn, diffiniwyd FGM ar ei waethaf fel '… torri'r clitoris a'r labia i ffwrdd a gwnïo'r fagina ynghau bron yn gyfan gwbl'. Os edrychwn ni ar amcangyfrifon UNICEF, roedden nhw'n dweud y gallai hyd at 90 y cant o ferched ddioddef FGM yn y gwledydd hynny lle mae'n ddefod newid byd traddodiadol. Mae FGM yn achosi poen eithriadol ac, hyd yn oed pan mae'n cael ei wneud mewn amgylchedd meddygol, gall achosi haint, anffrwythlondeb ac weithiau farwolaeth drwy sepsis neu waedlif. Does dim manteision iechyd i'r driniaeth hon; yn wir, mae'n gallu creu problemau tymor hirach yn cynnwys heintiau troethol a heintiau yn y bledren, yn ogystal â chymhlethdodau wrth roi genedigaeth a mwy o risg o farwolaeth yn y plentyn ifanc neu'r babi newydd-anedig.

Fodd bynnag, fel mae Ffigur 6.14 yn dangos, mae'r arfer yn parhau mewn llawer o wledydd Gogledd Affrica a'r Dwyrain Canol (gwledydd *MENA: Middle East and North Africa*). Mewn rhai gwledydd, fel Mali a Burkina Faso, mae mwy na 40 y cant o ferched yn dioddef FGM. Yn y gwledydd hynny lle mae'n cael ei arfer fwyaf, mae'n anodd gostwng y niferoedd sy'n cael eu heffeithio – mae'r boblogaeth yn tyfu'n gyflymach nag y mae'r achosion o FGM yn gostwng. Yn 2014, amcangyfrifodd UNICEF y byddai nifer y dioddefwyr wedi cynyddu o hanner miliwn i 4.1 miliwn erbyn 2035.

Mae FGM yn digwydd fwyaf yng ngwledydd gogledd a chanolbarth Affrica lle mae priodas plant ar ei mwyaf cyffredin. O gyfuno FGM gyda phriodas plant, mae bron yn anochel y bydd dyfodol tebygol y merched sy'n priodi fel

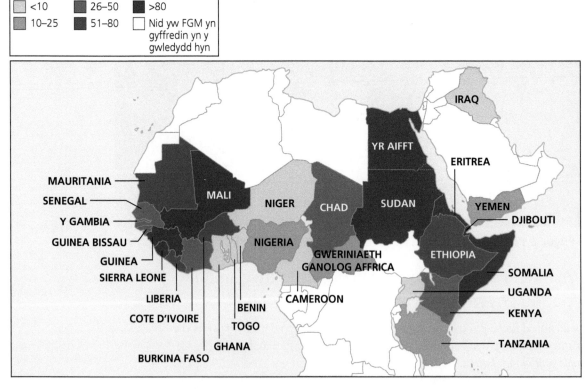

▲ **Ffigur 6.14** Amlygrwydd llurgunio organau rhywiol merched (*FGM: female gential mutilation*) yn Affrica a'r Dwyrain Canol

plant yn dlawd ac yn ynysig iawn yn gymdeithasol. Disgwyliadau ac anghydraddoldeb rhwng y rhywiau sy'n sail i FGM a phriodas plant. Yn aml iawn mae dynion yn gwneud penderfyniadau er mwyn gallu rheoli rhywioldeb merched; mae unrhyw fanteision sy'n cael eu creu drwy gynnig addysg i fwy o ferched yn cael eu colli wrth i'r merched gael eu dal mewn bywydau lle does ganddyn nhw fawr ddim o reolaeth.

Ond, mae priodasau plant yn llawer mwy cyffredin na FGM, a ddylen ni ddim cysylltu'r ddau â'i gilydd yn awtomatig.

- Roedd UNICEF yn amcangyfrif yn 2014 bod 700 miliwn o ferched wedi priodi fel plant a bod 200 miliwn o ferched wedi dioddef FGM.
- Roedden nhw hefyd yn dweud bod priodas plant yn ffenomenon byd-eang, ond bod FGM yn digwydd yn bennaf mewn gwledydd MENA.
- Wedi dweud hynny, mae cysylltiad rhwng priodas plant ac FGM. Mewn rhai cymunedau, mae merched yn dioddef FGM am fod pobl yn credu bod hyn yn eu paratoi nhw ar gyfer priodi fel plant hŷn a bod merched heb gael FGM yn gwneud gwragedd anaddas.
- Mae rhai cymunedau'n gwrthod FGM ond yn caniatáu ac yn annog priodasau plant.

Pam mae FGM yn parhau? Mae ganddo gefnogwyr:

- Mae rhai rhieni'n credu bod priodas plant ac FGM yn atal merched rhag cael rhyw cyn priodi ac y gallan nhw, drwy drefnu'r briodas, greu dyfodol mwy diogel yn ariannol i'w merched.
- Nid yw FGM na phriodas plant yn cael eu cefnogi'n ffurfiol gan grefyddau, ond mae rhai cymunedau'n ystyried bod FGM yn ffordd o gadarnhau eu hunaniaeth grefyddol, ac mae rhai arweinwyr crefyddol yn cefnogi'r farn hon.

Fodd bynnag, mae'r elusen Girls Not Brides yn ystyried bod FGM a phriodas plant yn torri hawliau merched, ac un o'r rhesymau mwyaf am hynny yw eu bod nhw'n bygwth canlyniadau allai fod yn erchyll i'w hiechyd, eu haddysg a'u diogelwch. Mae'r elusen yn honni bod y ddau yn debygol o achosi i ferched fyw bywyd o drais a phroblemau iechyd.

Mae llawer o wledydd wedi pasio cyfreithiau mewn blynyddoedd diweddar yn erbyn FGM a phriodas plant. Ond, mae'r broblem yn parhau yn aml iawn mewn cymunedau traddodiadol – yn enwedig os ydyn nhw'n wledig. Yn y cymunedau hyn, yr unig ffordd y mae'r ddau beth yn debygol o newid yw os bydd y rhieni'n cael eu haddysgu am y niwed y mae'r ddau'n ei achosi. Ar lefel y llywodraeth, mae llawer o wledydd yn cynnig cymorth tramor ar yr amod bod y cyfraddau a'r achosion o FGM yn gostwng. Mae hyn yn rhoi hwb i'r llywodraethau nid yn unig i basio cyfreithiau, ond hefyd i sicrhau bod cyfreithiau o'r fath yn erbyn FGM yn cael eu gorfodi. Mewn gwledydd o'r fath, mae'r heddlu ac ymgyrchwyr dros ferched wedi sefydlu llinellau ffôn a thai diogel i ddioddefwyr neu ferched mewn perygl. Er hynny, mae anawsterau'n parhau o hyd o ran sicrhau bod y ddau arfer yn cael eu gostwng ar draws y boblogaeth gyfan.

Yn hanesyddol nid oes gan Saudi Arabia arfer dda o ran cydraddoldeb rhwng y rhywiau, a hawliau a chynrychiolaeth wleidyddol merched. Nid oes democratiaeth; mae hyd yn oed yr etholiadau lleol yn brin, ac nid yw etholiadau gwladol yn bodoli. Cynhaliwyd etholiadau dinesig yn 2005 a chawsant eu hamserlennu eto ar gyfer 2009; cafwyd oedi o ddwy flynedd cyn iddyn nhw gael eu cynnal o'r diwedd yn 2011. Yn hanesyddol, dydy merched ddim wedi cael pleidleisio na sefyll am swydd wleidyddol, ond maen nhw wedi cael yr hawl i bleidleisio o'r diwedd ers 2015.

Mae'r math hwn o reolaeth ddemocrataidd wedi achosi i lywodraeth Saudi gael enw drwg am ormes wleidyddol. Mae teulu brenhinol Saudi yn rheoli'n ymreolaethol, gydag olyniaeth rhwng un brenin a'r nesaf wedi ei lunio i basio o un o feibion y brenin cyntaf i'r llall. Mae'r brenin yn penodi cabinet y llywodraeth ac aelodau'r teulu brenhinol yw mwyafrif yr aelodau. Ers 2006, mae brenhinoedd Saudi yn cael eu hethol gan bwyllgor o dywysogion Saudi.

Mae record Saudi Arabia o ran cydraddoldeb rhwng y rhywiau ymysg y gwaethaf yn y byd. Mae adroddiadau blynyddol Fforwm Economaidd y Byd wedi adrodd am y 'bwlch rhwng y rhywiau' ers 2006. Mae'r adroddiadau'n rhoi sylwadau am anghydraddoldeb rhwng y rhywiau yn fyd-eang ac yn rhoi gwledydd yn eu trefn ar sail pedwar maen prawf allweddol – iechyd, addysg, economi a gwleidyddiaeth. Yn ei adroddiad yn 2017, daeth Saudi Arabia yn rhif 138 allan o 144 o wledydd a aseswyd.

Mae Saudi Arabia yn dilyn math llym o gyfraith sharia o'r enw Wahhabiaeth, sy'n defnyddio egwyddorion crefyddol sy'n rhan o Islam. Mae gwahanol gymunedau Mwslimaidd yn dehongli hwn mewn ffyrdd gwahanol, ond mae Saudi Arabia yn dilyn math arbennig o lym o gyfraith sharia.

Dyma rai o'r cyfyngiadau y mae hwn yn eu rhoi ar ferched:

- Rhaid cael dyn yn gwmni i'w gwarchod (gŵr neu berthynas y ferch fel arfer) os ydyn nhw'n cerdded tu allan heb eu gorchuddio.

- Peidio gwisgo dillad neu golur a allai 'dynnu sylw at harddwch'.

- Cyfyngiad ar faint o ryngweithio sy'n cael ei ganiatáu gyda dynion sydd ddim yn perthyn iddyn nhw.

- Dim agor cyfrif banc neu wneud busnes swyddogol heb ganiatâd gan eu gwarcheidwad dynol.

- Dim cystadlu'n agored mewn chwaraeon; dim ond yn 2013 yr agorwyd y ganolfan chwaraeon gyntaf yn arbennig i ferched, oedd yn cynnig cyfle i gadw'n heini, gwneud karate, yoga a cholli pwysau yn ogystal â gweithgareddau arbennig i blant. Mae caniatâd i ferched Saudi Arabia wneud chwaraeon mewn ysgolion annibynnol lle mae'r disgyblion yn talu ffi, ond mae chwaraeon i ferched wedi ei wahardd yn ysgolion y wladwriaeth.

- Hyd 2018 nid oedd caniatâd i ferched fynd i mewn i stadiymau chwaraeon, hyd yn oed i wylio. Datblygwyd seddi ar wahân i ferched, ond yn golygu bod merched yn cael mynd i mewn, yn Stadiwm y Brenin Fahd, King Abdullah Sports City a Stadiwm y Tywysog Mohamed bin Fahd.

Rhoddwyd llawer o sylw i benderfyniad a gafwyd yn 2018 i godi'r gwaharddiad ar ferched rhag gyrru yn Saudi Arabia, yn dilyn ymgyrch a gychwynnodd yn yr 1990au Rhan arwyddocaol o sicrhau'r rhyddid newydd yma oedd y gwrthryfeloedd cymdeithasol mewn llawer o'r byd Arabaidd (sef y 'Gwanwyn Arabaidd'), ynghyd â'r defnydd cynyddol o'r cyfryngau cymdeithasol. Ond, er bod hyn yn arwyddocaol, mae'r bobl hynny sydd â diddordeb mewn hawliau'r rhywiau'n ystyried hyn yn ddim byd mwy na sioe i ddistewi pobl, gan fod anghydraddoldeb sylweddol yn bodoli o hyd o ran addysg a hawliau priodi merched a'u rhyddid i fwynhau gyrfa.

▶ **Ffigur 6.15** Llinell amser yn dangos newidiadau yn natblygiad statws a chynrychiolaeth wleidyddol merched yn Saudi Arabia

2013 Gall merched reidio beiciau a beiciau modur (mewn man hamdden yn unig)

2009 Y tro cyntaf i ferch fod yn weinidog llywodraethol

2018 Caniatâd i ferched yrru a mynd i ddigwyddiadau chwaraeon

2001 Gall merched gael I.D. personol

1955 Yr ysgol gyntaf i ferched

1970 Y brifysgol gyntaf i ferched

2005 Gwahardd priodas orfodol (ar bapur, ond yn dal i ddigwydd)

2012 Athletwyr Olympaidd benywaidd cyntaf Saudi

2015 Gall merched bleidleisio a sefyll mewn etholiad

1950 1960 1970 1980 1990 2000 2010 2020

Gwerthuso'r mater

▶ *I ba raddau mae'r gymuned fyd-eang yn symud tuag at dderbyn hawliau LHDTC+: Lesbiaidd, Hoyw, Deurywiol, Trawsrywiol a Chwiar/Cwestiynu (LGBTQ+: Lesbian, Gay, Bisexual, Trangender, Queer/ Questioning) yn llawn?*

Cyd-destunau a meini prawf posibl ar gyfer y gwerthuso

Mae'r ddadl hon yn ein hysgogi ni i feddwl am wahanol gyd-destunau hawliau dynol ac i ba raddau y mae'r consensws yn tyfu bod hawliau LGBTQ+ yn cael eu derbyn yn gynyddol ac yn ehangach yn yr unfed ganrif ar hugain.

Hawliau i wahanol gymunedau LGBTQ+

Mae'r gwerthusiad yn fwy cymhleth oherwydd amrywiaeth y gymuned LGBTQ+. Byrfodd am bobl lesbiaidd, hoyw, deurywiol a thrawsrywiol yw LGBTQ+. Mae elusen LGBTQ+ y DU, Stonewall, yn defnyddio'r diffiniadau nesaf i ddiffinio pedwar term:

- **Lesbiaidd** – yn cyfeirio at ferch sydd â chyfeiriadedd emosiynol, rhamantus a/neu rywiol tuag at ferched.
- **Hoyw** – yn cyfeirio at ddyn sydd â chyfeiriadedd emosiynol, rhamantus a/neu rywiol tuag at ddynion. Mae'n cael ei ddefnyddio hefyd fel term generig ar gyfer rhywioldeb lesbiaidd a hoyw; mae rhai merched yn eu diffinio eu hunain fel rhywun hoyw yn hytrach na lesbiaidd.
- **Deurywiol** – term cyffredinol sy'n cael ei ddefnyddio i ddisgrifio cyfeiriadedd emosiynol, rhamantus a/neu rywiol tuag at fwy nag un rhyw.
- **Trawsrywiol** – term cyffredinol i ddisgrifio pobl nad yw eu rhywedd yr un fath â, neu dydyn nhw ddim yn gyffforddus â, y rhyw a neilltuwyd iddyn nhw adeg eu geni.

Fel y byddwn yn gweld, er bod cynnydd mawr wedi digwydd tuag at gael cydraddoldeb i'r cymunedau hoyw a lesbiaidd, mae rhannau niferus o'r byd lle dydy hynny ddim yn wir.

Diogelu hawliau dynol ar wahanol raddfeydd

Mae gan wahanol wledydd gyfreithiau gwahanol. Er enghraifft, y wlad gyntaf i wneud priodas gyfunrywiol yn gyfreithlon oedd yr Iseldiroedd yn 2001. I'r gwrthwyneb, hyd yn oed yn 2019, cyflwynodd Brunei y gosb eithaf am odineb (*adultery*) ac hefyd am ryw rhwng dynion, a gallai'r ddau beth gael eu cosbi drwy labyddio (*stoning*) hyd farwolaeth. Yn dilyn condemniad rhyngwladol – a gwrthodiad pobl i ddefnyddio busnesau oedd yn berchen i Swltan Brunei, fel Gwesty'r Dorchester yn Llundain – newidiodd y Swltan ei feddwl. Cyn hynny, roedd cyfunrywioldeb wedi bod yn anghyfreithlon yn y wladwriaeth honno a gallai gael ei gosbi gan garchariad o hyd at ddeng mlynedd.

Ond, gallwn ni astudio hawliau dynol ar wahanol raddau gofodol, ac yng nghyd-destun gwahanol leoedd lleol. Er enghraifft, tan 2015 roedd gan wahanol daleithiau o UDA eu cyfreithiau eu hunain ar gyfer priodasau cyfunrywiol. Yn 2015, diddymodd Goruchaf Lys UDA unrhyw waharddiad gan daleithiau ar briodas gyfunrywiol, a'i gwneud yn gyfreithlon ymhob un o 50 talaith yr Undeb. Ond, dydy hynny ddim yn golygu ei bod yn dderbyniol i'r un graddau ym mhob man. Mae agweddau a normau mewn ardaloedd dinesig ac ardaloedd gwledig yn amrywio o fewn gwahanol daleithiau, felly cyn 2015 roedd wyth o daleithiau'r Unol Daleithiau wedi gwahardd priodasau cyfunrywiol, ac roedd rhwystrau cyfreithiol mewn tair talaith arall. Y rheswm dros hyn yn rhannol oedd y pwysau gan grwpiau Cristnogol efengylaidd adain dde. Gallwn ni weld yr un drwgdeimlad am berthnasau cyfunrywiol mewn llawer o'r gwledydd yn Affrica is-Sahara lle mae'r Eglwys Anglicanaidd Affricanaidd wedi dangos beirniadaeth gref yn eu herbyn nhw.

Felly, er bod llywodraeth genedlaethol gwlad yn hyrwyddo hawliau cyfartal, dydy hi ddim yn wir bob amser bod gwahanol gymunedau o fewn y gwledydd hynny'n barod i'w cefnogi nhw.

Meddwl yn feirniadol beth yw ystyr 'derbyniad llawn'

Mae daearyddwyr yn astudio hawliau LGBTQ+ mewn ffordd debyg iawn i'r ffordd y maen nhw'n astudio hawliau merched – hynny yw, mae'r hawliau hyn yn amrywio mewn gofod ac amser, ac yn effeithio ar y ffordd y mae pobl yn cael eu trin yn wahanol. Yn debyg i hawliau merched, gall y gwahaniaethau hyn gael agweddau cymdeithasol, economaidd a gwleidyddol. Mae nifer o safbwyntiau'n cael eu mynegi yma y gallwn ni eu dadansoddi a'u gwerthuso.

Safbwynt 1: Mae'r gymuned fyd-eang yn symud tuag at dderbyniad

Yn fuan yn 2016, ysgrifennwyd erthygl gan Graeme Reid (cyfarwyddwr hawliau LGBTQ+ yn *Human Rights Watch*) ar gyfer Fforwm Economaidd y Byd dan y teitl *'Equality to brutality: global trends in LGBTQ+ rights'*. Adolygodd y pethau oedd wedi digwydd yn 2015, a nododd y digwyddiadau cadarnhaol canlynol o'r flwyddyn honno:

- Roedd yr Ysgrifennydd Cyffredinol Ban Ki-Moon wedi siarad ym mhencadlys y Cenhedloedd Unedig o blaid cael mwy o ddiogelwch i bobl LGBTQ+ drwy'r byd i gyd.
- Roedd deuddeg o asiantaethau'r Cenhedloedd Unedig wedi cyhoeddi datganiad ar y cyd am wrthwynebu trais a gwahaniaethu yn erbyn pobl LGBTQ+ a phobl ryngrywiol – y cyntaf o'i fath.
- Roedd México ac Iwerddon wedi ei wneud yn gyfreithlon i gyplau cyfunrywiol briodi.

- Roedd Mozambique wedi dad-droseddoli cyfunrywioldeb.
- Roedd Goruchaf Lys UDA wedi penderfynu o blaid caniatáu priodasau cyfunrywiol.
- Roedd Malta, Iwerddon a Colombia wedi sefydlu prosesau cyfreithiol i roi cydnabyddiaeth i bobl drawsryweddol o driniaethau meddygol.
- Roedd Colombia wedi darparu datganiad i Gyngor Hawliau Dynol y Cenhedloedd Unedig ar ran 72 o wledydd, gan ymrwymo i ddod â diwedd i drais a gwahaniaethu sydd wedi ei seilio ar gyfeiriadedd rhywiol a hunaniaeth rhywedd.
- Roedd datblygiadau cyfreithiol yn India a Gwlad Thai wedi addo mwy o ddiogelwch i bobl drawsryweddol.
- Roedd grwpiau LGBTQ+ yn Kenya a Tunisia wedi cael caniatâd i gofrestru a gweithredu.
- Roedd Malawi wedi gwrthod arestiadau am ymddygiad cyfunrywiol rhwng pobl oedd yn cydsynio.
- Roedd Nepal wedi pasio cyfraith yn diogelu lleiafrifoedd rhywiol a rhyweddol.

Globaleiddio a lledaeniad rhyddfrydiaeth fodern

Un o'r dadleuon a ddefnyddiwyd i hybu prosesau globaleiddio yw bod y rhyddid economaidd sy'n dod law yn llaw â'r globaleiddio'n gallu annog twf agweddau rhyddfrydol mwy modern. Y farn yw bod rhyddfrydiaeth economaidd yn caniatáu elfennau damcaniaethol o ryddid i'r unigolyn – i fuddsoddi, i weithio i bwy y dymunwch chi (gan gynnwys yr hawl i fudo os dewiswch), i brynu nwyddau lle dymunwch chi ac i wneud yr hyn a ddymunwch â'ch arian. Mae'r ddamcaniaeth honno hefyd yn awgrymu y dylai syniadau am symud unrhyw fuddsoddiadau, syniadau neu bobl yn rhydd rhwng gwahanol wledydd arwain at y syniad cyfochrog sy'n dweud y dylai pobl fod yn rhydd i fabwysiadu agweddau cymdeithasol ac elfennau newydd o ryddid personol. Gallai hynny gynnwys elfennau o ryddid fel llai o sensoriaeth (neu ddim sensoriaeth o gwbl hyd yn oed) a mwy o ddemocratiaeth a rhyddid rhywiol, fel yr hawl i gael perthynas a phriodi rhywun o'ch dewis chi (neu beidio priodi o gwbl).

Mae rhyddid fel hyn yn herio syniadau confensiynol, yn arbennig ymysg crefyddau sy'n cael dylanwad mawr mewn cymdeithasau traddodiadol ar agweddau a normau cymdeithasol pobl. Er enghraifft, mae'r Eglwys Gatholig, fel llawer o sefydliadau crefyddol eraill, wedi mabwysiadu safbwyntiau ceidwadol am bethau cymdeithasol yn draddodiadol, gan annog ymgadw'n ddibriod, dim rhyw y tu allan i briodas, gwahardd erthyliadau, peidio defnyddio dulliau atal cenhedlu a chondemnio perthnasoedd cyfunrywiol.

Yr her sy'n dod law yn llaw â chymdeithasau rhyddfrydol modern yw bod pobl yn ystyried mai rhyddid yr unigolyn yw'r peth daionus i bawb – hynny ydy, mae'r hyn sy'n dda i'r unigolyn yn dda i gymdeithas. Dydy'r syniadau hyn ddim bob amser yn cyd-fynd â chredoau crefyddol ceidwadol am gymdeithas, ac un o'r rhesymau mwyaf am hynny yw bod unigolyddiaeth yn creu her uniongyrchol i awdurdod arweinwyr crefyddol. Dydyn nhw ddim yn cael eu derbyn yn llawn chwaith gan bobl sy'n cefnogi rhyddfrydiaeth economaidd – syniad sy'n

gwrthwynebu rheoleiddiad gan y llywodraeth – am fod rhyddfrydiaeth fodern yn annog syniadau o les a chyfrifoldeb tuag at bobl eraill, h.y. bod dyletswydd ar bobl i gefnogi aelodau gwannach o gymdeithas.

Ond, gan fwyaf, mae rhyddfrydiaeth fodern yn arwain at ddymuniad am fwy o ryddid i symud, y dylai pobl fod yn rhydd i benderfynu beth yw eu credoau gwleidyddol eu hunain, neu i wylio a gwrando ar bwy bynnag maen nhw'n ddewis drwy'r cyfryngau, i gwrdd a chymysgu â phwy bynnag y dymunant ac i ddewis partner. Felly, er gwaethaf y gweithredoedd arwyddocaol gan lywodraethau awdurdodaidd yn Saudi Arabia, China neu Rwsia, mae polisïau rhyddfrydol modern wedi cael eu mabwysiadu'n eang mewn llawer o'r byd cyfalafol Gorllewinol. Yn Iwerddon – gwlad sy'n draddodiadol Gatholig – cytunwyd i ganiatáu priodasau cyfunrywiol yn 2015 yn dilyn refferendwm, a chwalwyd y gwaharddiadau ar erthylu yn 2018. Mae'r symudiad hwn tuag at fwy o hawliau LGBTQ+ yn gallu bod yn araf, fel y gwelwn ni yn yr enghraifft o'r DU yn Ffigur 6.16,

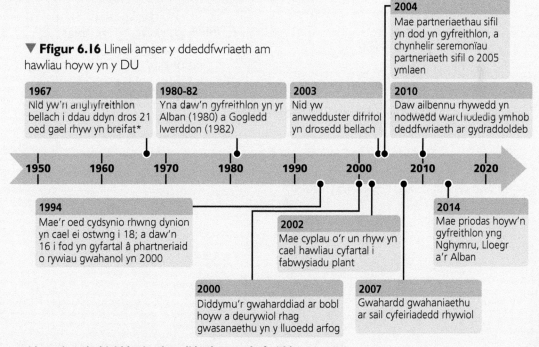

▼ **Ffigur 6.16** Llinell amser y ddeddfwriaeth am hawliau hoyw yn y DU

2004
Mae partneriaethau sifil yn dod yn gyfreithlon, a chynhelir seremonïau partneriaeth sifil o 2005 ymlaen

1967
Nid yw'n anghyfreithlon bellach i ddau ddyn dros 21 oed gael rhyw yn breifat*

1980-82
Yna daw'n gyfreithlon yn yr Alban (1980) a Gogledd Iwerddon (1982)

2003
Nid yw anwedduster difrifol yn drosedd bellach

2010
Daw ailbennu rhywedd yn nodwedd warchodedig ymhob deddfwriaeth ar gydraddoldeb

1950   1960   1970   1980   1990   2000   2010   2020

1994
Mae'r oed cydsynio rhwng dynion yn cael ei ostwng i 18; a daw'n 16 i fod yn gyfartal â phartneriaid o rywiau gwahanol yn 2000

2002
Mae cyplau o'r un rhyw yn cael hawliau cyfartal i fabwysiadu plant

2014
Mae priodas hoyw'n gyfreithlon yng Nghymru, Lloegr a'r Alban

2000
Diddymu'r gwaharddiad ar bobl hoyw a deurywiol rhag gwasanaethu yn y lluoedd arfog

2007
Gwahardd gwahaniaethu ar sail cyfeiriadedd rhywiol

*Nid yw rhyw lesbiaidd erioed wedi bod yn anghyfreithlon yn y DU

ond does dim amheuaeth bod newid mawr wedi digwydd mewn agweddau ac mewn deddfwriaeth sy'n adlewyrchu newid yn agweddau'r cyhoedd.

Safbwynt 2: Mae angen gwneud llawer iawn mwy i gefnogi hawliau LGBTQ+

Un farn gyferbyniol yw nad oes digon o gynnydd wedi digwydd yn fyd-eang. Er enghraifft, mae ymchwil Graeme Reid wedi dangos lluniau hefyd oedd wedi eu postio ar y cyfryngau cymdeithasol yn dangos dynion a gyhuddwyd o gyfunrywioldeb yn cael eu taflu oddi ar adeiladau uchel, eu llabyddio i farwolaeth neu eu saethu gan grwpiau eithafol, yn cynnwys y Wladwriaeth Islamaidd (*Islamic State*) yn Iraq, Syria a Libya. Mae hefyd wedi dogfennu enghreifftiau o artaith, carchariad a

gwahaniaethu yn erbyn pobl LGBTQ+ mewn gofal iechyd, addysg, cyflogaeth a thai.

Dyma rai o'r problemau mewn gwladwriaethau penodol:

- cosbau sydd wedi eu cynnig yn Kyrgyzstan, Kazakhstan a Belarus i sefydliadau neu unigolion sy'n hyrwyddo gwybodaeth gadarnhaol am faterion neu bobl LGBTQ+
- rheoliad yn Malaysia yn erbyn unrhyw 'ddyn sy'n honni bod yn ferch'
- cyfreithiau sharia newydd yn Indonesia sy'n mynnu bod unrhyw ymddygiad cyfunrywiol yn cael ei gosbi drwy chwipio cyhoeddus, carchariad neu'r gosb eithaf
- cyfreithiau tebyg yn Brunei sy'n rhoi'r gosb eithaf am ymddygiad cyfunrywiol (a ddaeth i rym yn 2019)

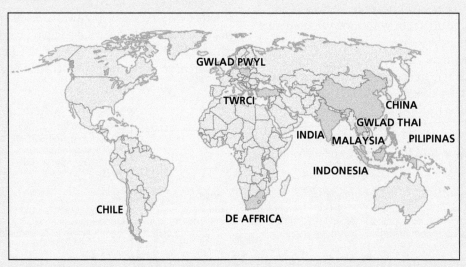

▲ **Ffigur 6.17** Yr economïau marchnad cynyddol amlwg sy'n tyfu gyflymaf, wedi ei seilio ar ymchwil gan Oxford Economics yn 2019

- carchariad dynion hoyw a merched trawsrywiol yn Yr Aifft a Moroco
- cyfreithiau gwrth-LGBTQ+ newydd yn Nigeria
- brwydr yn erbyn pobl LGBTQ+ yn Gambia
- gwrthod cyfraith sy'n atal gwahaniaethu ar sail hunaniaeth rhywedd a chyfeiriadedd rhywiol yn Houston, UDA
- Slovenia yn gwyrdroi penderfyniad gan ei senedd i ganiatáu priodasau cyfunrywiol
- cefnogaeth i wladwriaethau sy'n gwrthod hawliau i ryddid unigol am fod hyn yn cynnal y 'gwerthoedd traddodiadol' yn Rwsia a gwledydd MENA eraill
- Rwsia yn atal ceisiadau yn y Cenhedloedd Unedig gan Dde Affrica, Brasil ac Uruguay i gydnabod diffiniad ehangach o 'deulu'.

Agweddau sy'n amrywio mewn economïau cynyddol amlwg

Mae'r syniad bod rhyddfrydiaeth fodern yn mynd law yn llaw â datblygiad economaidd yn cael ei herio gan safbwyntiau hawliau dynol amrywiol y llywodraethau mewn economïau cynyddol

amlwg, fel y gwelwch chi yn Ffigurau 6.18 a 6.19. Felly, i ba raddau mae'r hypothesis yn wir fod economïau cynyddol amlwg – sydd wedi mabwysiadu syniadau rhyddfrydiaeth economaidd a globaleiddio gan fwyaf – yn cefnogi polisïau rhyddfrydiaeth fodern hefyd?

- Mae Ffigur 6.17 yn dangos y marchnadoedd cynyddol amlwg oedd yn tyfu gyflymaf yn 2019.
- Mae Ffigur 6.18 yn dangos hawliau yn ymwneud â chyfunrywioldeb.
- Mae Ffigur 6.19 yn dangos maint yr hawliau LGBTQ+ yn fyd-eang mewn cysylltiad â chyplau LGBTQ+ sy'n mabwysiadu plant.

Felly, i ba raddau mae'r marchnadoedd cynyddol amlwg sy'n tyfu gyflymaf yn derbyn perthnasoedd cyfunrywiol? I ddadansoddi hyn yn llawn, mae'n rhaid canfod y deg gwlad yma yn Ffigur 6.17 a Ffigur 6.18 a'u cymharu nhw. Er enghraifft, dim ond mewn tair o'r gwledydd y mae rhyw cyfunrywiol yn gyfreithlon ac y mae priodas gyfunrywiol yn cael ei chydnabod – Brasil, Yr Ariannin a De Affrica. Mewn dwy wlad arall, mae rhyw fath o gydnabyddiaeth ond naill ai does dim statws cyfreithiol (Viet Nam)

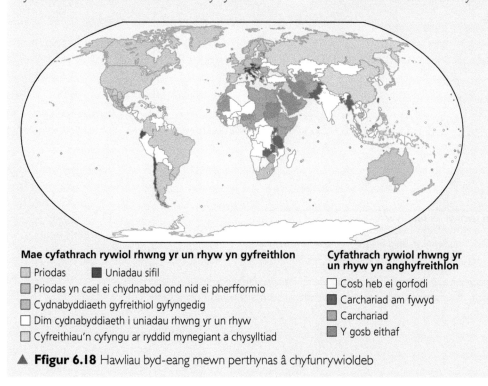

Mae cyfathrach rywiol rhwng yr un rhyw yn gyfreithlon
- ☐ Priodas ■ Uniadau sifil
- ☐ Priodas yn cael ei chydnabod ond nid ei pherfformio
- ☐ Cydnabyddiaeth gyfreithiol gyfyngedig
- ☐ Dim cydnabyddiaeth i uniadau rhwng yr un rhyw
- ☐ Cyfreithiau'n cyfyngu ar ryddid mynegiant a chysylltiad

Cyfathrach rywiol rhwng yr un rhyw yn anghyfreithlon
- ☐ Cosb heb ei gorfodi
- ■ Carchariad am fywyd
- ☐ Carchariad
- ■ Y gosb eithaf

▲ **Ffigur 6.18** Hawliau byd-eang mewn perthynas â chyfunrywioldeb

neu dydy'r seremoni briodas ddim yn cael ei pherfformio (México), yna mewn gwledydd eraill fel Rwsia mae cyfyngiadau ar ryddid mynegiant a chymdeithasiad. Yn Indonesia, Twrci, China ac India does dim cydnabyddiaeth – yn ôl Ffigur 6.18.

Fodd bynnag, mae'n syniad da i wneud yr ymchwil diweddaraf ar y pwnc hwn eich hun oherwydd, yn 2018, aeth Goruchaf Lys India ati i ddad-droseddoli cyfunrywioldeb, ac mae'n bosibl y bydd yn rhoi rhywfaint o gydnabyddiaeth i briodasau cyfunrywiol yn y dyfodol.

Yn aml iawn, mae'n bosibl gweld mwy o dueddiadau sy'n achosi pryder, sy'n dangos bod priodasau cyfunrywiol – er eu bod yn gyfreithlon – yn dod heb amrywiaeth ehangach o hawliau i gefnogi LGBTQ+. Mae Ffigur 6.18 yn dangos faint o dderbyniad sydd i'r hawl i gyplau

LGBTQ+ fabwysiadu plant. Mae hwn yn faes penodol iawn o hawliau LGBTQ+, ond mae'n cael ei ddefnyddio gan rai academyddion ac elusennau sy'n gweithio gyda hawliau LGBTQ+ i fesur i ba raddau mae hawliau LGBTQ+ wedi datblygu. Eu damcaniaeth nhw yw bod caniatáu i unigolion hoyw neu gyplau hoyw fabwysiadu plentyn yn sicrhad cadarn bod y gymdeithas yn cydnabod gwerth perthnasoedd cyfunrywiol i'r un graddau â pherthnasoedd rhwng pobl o'r ddau ryw. Mae dadansoddiad o'r deg gwlad yn dangos patrymau tebyg o ran pa mor bell maen nhw wedi derbyn bod cyplau cyfunrywiol yn cael mabwysiadu. Mewn pedair gwlad (Brasil, Yr Ariannin, De Affrica a México), mae mabwysiadu'n gyfreithlon; mewn tair arall mae'n cael ei ganiatáu i gyplau priod (yn rhyfedd iawn, lle does dim opsiwn i briodi fel cwpwl cyfunrywiol!).

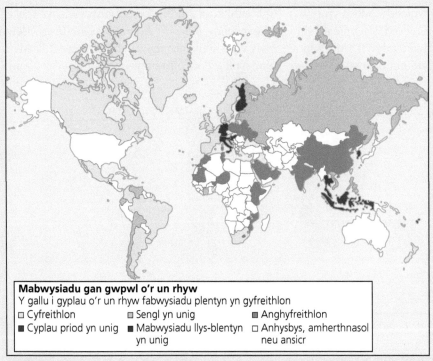

Mabwysiadu gan gwpwl o'r un rhyw
Y gallu i gyplau o'r un rhyw fabwysiadu plentyn yn gyfreithlon

☐ Cyfreithlon   ▨ Sengl yn unig   ▦ Anghyfreithlon

■ Cyplau priod yn unig   ■ Mabwysiadu llys-blentyn yn unig   ☐ Anhysbys, amherthnasol neu ansicr

▲ **Ffigur 6.19** Maint yr hawliau LGBTQ+ mewn perthynas â mabwysiadu plant gan gyplau LGBTQ+

Safbwynt 3: Mae 'derbyniad llawn' yn cynnwys amrywiaeth gymhleth o faterion

I ba raddau mae'n briodol i siarad am hawliau cyfartal ymysg pobl LGBTQ+ ar draws yr Undeb Ewropeaidd? Mae dadansoddiad o Ffigur 6.19 yn dangos faint o amrywiaeth sydd rhwng gwahanol aelod-wladwriaethau'r Undeb Ewropeaidd o ran y ffordd y maen nhw'n ystyried hawliau LGBTQ+. I helpu â hyn mae'n syniad i ddadansoddi'r hawliau penodol yn Ffigur 6.19 y mae pob un, neu'r mwyafrif o aelod-wladwriaethau'r Undeb Ewropeaidd wedi eu cytuno i'w rhoi. Mae patrwm clir i'w weld os edrychwch chi ar y dyddiadau pan ddaeth y gwledydd yn aelodau o'r Undeb Ewropeaidd; mae maint yr hawliau LGBTQ+ yn y chwe aelod-wladwriaeth wreiddiol (Ffrainc, yr Almaen, yr Iseldiroedd, Gwlad Belg, Luxembourg a'r Eidal) yn cymharu'n wahanol iawn â'r gwledydd a ymunodd â'r Undeb Ewropeaidd yn fwy diweddar. Er enghraifft, ymhob un o'r chwe aelod gwreiddiol mae priodasau cyfunrywiol yn gyfreithlon neu wedi eu cynnig i'w cyfreithloni, ond maen nhw wedi eu gwahardd mewn aelod-wladwriaethau mwy diweddar fel Hwngari, Lithwania, Latvia, Gwlad Pwyl, Slovakia, Bwlgaria a Croatia.

Dod i gasgliad â thystiolaeth

I ba raddau mae'n debygol, neu hyd yn oed yn bosibl, y bydd hawliau LGBTQ+ yn cael eu derbyn yn fyd-eang? Mae'r bennod hon wedi dangos bod newidiadau mawr yn gallu digwydd mewn cyfnod byr o amser, e.e. fel y gwelwyd â chydraddoldeb rhwng y rhywiau. Felly, nodwch ac adolygwch y gwledydd hynny lle mae hawliau LGBTQ+ yn cael eu derbyn, gan ddefnyddio amrywiaeth o ffigurau sy'n cael eu defnyddio yn yr adran hon o'r llyfr, a cheisiwch dynnu ffactorau

cyffredin allan sydd wedi arwain at dderbyniad eang. Dylech sicrhau bod y gwaith yn waith diweddar drwy ymchwilio i wledydd sydd o ddiddordeb i chi, oherwydd mae hwn yn fater sy'n newid yn weddol gyflym mewn rhannau lawer o'r byd.

Yna, dylech ddadansoddi'r gwledydd hynny lle mae rhywfaint o dderbyniad yn debygol – neu sydd wedi dechrau derbyn y pethau hyn efallai – a datblygu eich dealltwriaeth o'r ffactorau sydd wedi arwain at newid, yn cynnwys rhai o'r cwestiynau hyn:

- A oes dylanwadau rhyddfrydol modern yn y wlad sydd wedi hyrwyddo hawliau LGBTQ+? Ceisiwch ystyried i ba raddau mae datblygiadau pellach yn debygol yn eich barn chi.
- Beth yw'r grymoedd o fewn y wlad sy'n hyrwyddo hawliau LGBTQ+, a beth yw'r grymoedd sy'n eu gwrthwynebu nhw? A yw'r rhain yn rymoedd ceidwadaeth gymdeithasol, fel crefydd neu ddosbarthiadau gwleidyddol?
- Yn olaf, dadansoddwch y gwledydd hynny lle mae hawliau LGBTQ+ yn hynod o annhebygol o ddatblygu ymhellach yn y dyfodol agos. Beth yw'r grymoedd sy'n gwrthwynebu hawliau LGBTQ+? Pa mor symudol yw'r rhain?

Ond, cofiwch fod llywodraethau penodol yn gallu symud materion ymlaen yn gyflym. Mae cynnydd diweddar mewn cefnogaeth yn Iwerddon yn dangos,

er nad oes unrhyw dystiolaeth glir o fethiant mewn grymoedd traddodiadol yn y wlad, bod gan Iwerddon boblogaeth gynyddol ifanc sydd wedi byw a gweithio mewn gwledydd eraill, ac sy'n isel iawn eu barn am yr agweddau mwy ceidwadol pan maen nhw'n dychwelyd adref. Mae hyn yn esbonio'r don sydyn o gefnogaeth tuag at ddemocratiaeth ryddfrydol yn Iwerddon yn ystod y pleidleisiau o blaid priodasau cyfunrywiol ac o gyfreithloni erthyliadau. Ar y llaw arall, mae grymoedd ceidwadaeth gymdeithasol yr un mor debygol o ddod yn ôl i'r amlwg, fel y gwelwch yn y cais gan Brunei – er ei fod wedi methu – i droi'r cloc rhyddfrydol yn ôl.

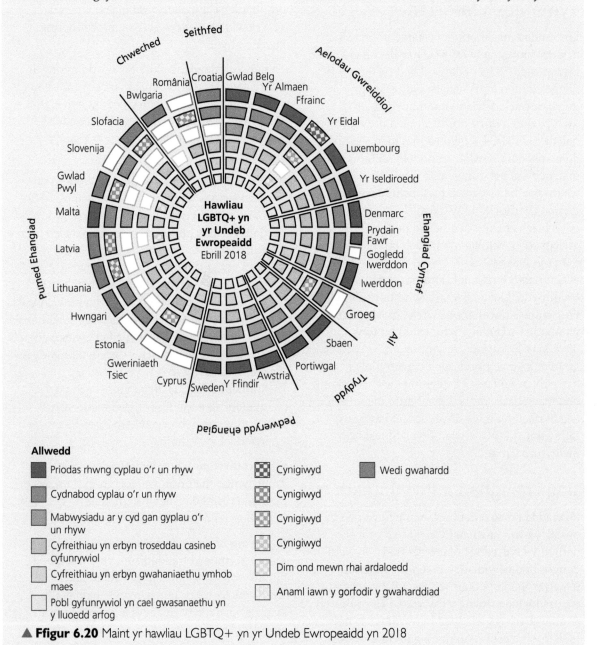

Allwedd

- Priodas rhwng cyplau o'r un rhyw
- Cydnabod cyplau o'r un rhyw
- Mabwysiadu ar y cyd gan gyplau o'r un rhyw
- Cyfreithiau yn erbyn troseddau casineb cyfunrywiol
- Cyfreithiau yn erbyn gwahaniaethu ymhob maes
- Pobl gyfunrywiol yn cael gwasanaethu yn y lluoedd arfog

- Cynigiwyd
- Cynigiwyd
- Cynigiwyd
- Cynigiwyd
- Dim ond mewn rhai ardaloedd
- Anaml iawn y gorfodir y gwaharddiad

- Wedi gwahardd

▲ **Ffigur 6.20** Maint yr hawliau LGBTQ+ yn yr Undeb Ewropeaidd yn 2018

Crynodeb o'r bennod

1. Mae hawliau dynol yn cael eu disgrifio gan y Cenhedloedd Unedig fel 'hawliau sy'n gynhenid i bawb yn y ddynoliaeth, waeth beth yw eu hil, rhyw, cenedligrwydd, ethnigrwydd, iaith, crefydd neu unrhyw statws arall. Mae hawliau dynol yn cynnwys yr hawl i fywyd a rhyddid, rhyddid rhag caethwasiaeth ac artaith, rhyddid barn a mynegiant, yr hawl i gael gwaith ac addysg, a llawer mwy. Mae hawl gan bawb gael yr hawliau hynny, heb wahaniaethu.'

2. Mae hawliau dynol yn derm sy'n cael ei dderbyn yn eang ond y mae hefyd ddadlau mawr amdano. Yn hytrach na chael eu disgrifio fel hawliau absoliwt, y ffordd orau o'u hystyried nhw yw fel hawliau cymharol, am eu bod nhw'n amrywio mewn cyfnodau o ryfel a heddwch, neu yn ystod cyfnodau o dlodi o'i gymharu ag adegau o ffyniant.

3. Er bod gwreiddiau hanesyddol hawliau dynol yn ymestyn yn ôl drwy gannoedd o flynyddoedd o hanes, dim ond yn weddol ddiweddar y maen nhw wedi cael eu derbyn yn fyd-eang. Mae hyn yn deillio o bryder am les a chydraddoldeb dynol, yn enwedig ar ôl yr Ail Ryfel Byd pan gafwyd y camdriniaethau gwaethaf yn erbyn hawliau dynol (e.e. yr Holocost). Ymysg llwyddiannau cynnar y Cenhedloedd Unedig newydd roedd y Datganiad Cyffredinol o Hawliau Dynol.

4. Er bod y sefyllfa o ran hawliau'n gwella drwy'r amser i lawer o bobl, mae achosion eang o dorri hawliau dynol o fewn a rhwng gwledydd. Mae camdriniaeth yn erbyn hawliau dynol yn digwydd ac mae'n anodd newid y sefyllfa, e.e. y ffaith bod China ac UDA yn dal i ddienyddio pobl. Mae angen dadansoddi adroddiadau yn y cyfryngau am achosion o dorri hawliau dynol drwy edrych ar eu ffynonellau, sut maen nhw wedi eu dehongli, a gogwydd gwleidyddol y ffynonellau cyfryngol a defnyddiwyd.

5. O fewn bron pob gwlad yn y byd, mae gan ferched lai o hawliau na dynion. Mae'r bwlch mewn hawliau mesuradwy rhwng merched a dynion yn gwella ar y cyfan, ond mae'n amrywio. Er bod cynnydd wedi digwydd dros y blynyddoedd diwethaf, mae merched yn cyfrif am 60 y cant o bobl dlotaf y byd. Mae eu tlodi'n deillio o ffactorau fel anllythrennedd, cyflogau isel, pŵer a chamdriniaeth sydd wedi ei gyfeirio at ferched gan ddynion, a'u rolau fel gofalu am y cartref neu fel gweision domestig.

6. Mae merched yn wynebu rhwystrau enfawr i ddatblygiad personol ac economaidd mewn rhai rhannau o'r byd oherwydd normau traddodiadol fel priodas plant ac FGM. Er mwyn gweld cynnydd, mae angen cynnig mwy o ffocws i ferched ar eu hiechyd a'u haddysg, ac mewn arweinyddiaeth wleidyddol. Mae tystiolaeth gref i ddangos bod cael merched yn arweinwyr mewn prosesau gwneud penderfyniadau'n gwella llywodraethiant.

7. Mae daearyddwyr yn astudio hawliau LGBTQ+ mewn ffordd ddigon tebyg i hawliau merched – h.y. yn edrych ar eu hamrywiaeth mewn gofod ac amser, a'r effaith ar y ffordd y gallai pobl LGBTQ+ gael eu trin yn wahanol. Fel hawliau merched, efallai fod gan yr amrywiadau hyn ddimensiynau cymdeithasol, economaidd a gwleidyddol, ac yn y frwydr am hawliau LGBTQ+ mae pobl yn wynebu nifer o rwystrau; mae cyfran lawer mwy o'r byd sy'n gwrthod derbyn hawliau LGBTQ+ na'r gyfran sydd yn eu derbyn.

Cwestiynau adolygu

1 Diffiniwch y termau a ganlyn: hawliau dynol; cydraddoldeb; torri hawliau; datblygiad; y bwlch cyflog rhwng y rhywiau; llurguniad organau rhywiol merched.

2 Amlinellwch enghreifftiau lle gallai gwahanol ffynonellau gwybodaeth gynnig gwahanol ddehongliadau o faterion sy'n ymwneud â hawliau dynol. Gallech chi ymchwilio carfannau pwyso, fel Liberty ac Amnesty, i nodi un mater lle mae ganddyn nhw un safbwynt, ac mae ffynonellau cyfryngau prif ffrwd yn cynnig safbwynt arall, sy'n wahanol.

3 Gan ddefnyddio enghreifftiau, eglurwch pam mae cyfleoedd datblygu i ferched ifanc a menywod yn gallu cael cymaint o effaith ar lefel datblygiad economaidd gwlad.

4 Gan ddefnyddio enghreifftiau o ddwy wlad neu fwy, amlinellwch sut mae agweddau tuag at gydraddoldeb rhwng y rhywiau wedi newid dros amser.

5 Gan ddefnyddio enghreifftiau, amlinellwch amrywiadau byd-eang yn y lefel o gyfranogaeth gan ferched ym mywyd gwleidyddol gwahanol wledydd.

6 Awgrymwch resymau pam mae rhai gwledydd yn parhau i gam-drin eu dinasyddion ac yn gwrthod hawliau dynol iddyn nhw, ond ar yr un pryd maen nhw'n cyhoeddi bod cefnogi hawliau dynol yn ddelfryd sydd ganddyn nhw.

7 Esboniwch pam mae pobl yn dadlau dros y safbwynt a ganlyn am briodas plant: 'Lle'r gymdeithas unigol yw hi i benderfynu a ddylai priodas plant neu briodas orfodol gael bodoli; nid yw'n fusnes i wledydd eraill os yw'r arferion hyn yn parhau mewn rhai rhannau o'r byd.'

8 Gan ddefnyddio enghreifftiau, esboniwch i ba raddau y gallai hyrwyddo hawliau LGBTQ+ o bosib (a) wella, neu (b) niweidio enw da gwlad ym marn gwledydd eraill.

Gweithgareddau trafod

1 Mewn parau, gwnewch restr o hawliau dynol rydych chi'n eu hystyried yn hanfodol i unrhyw drafodaeth am hawliau pobl, lle bynnag y maen nhw yn y byd. Cymharwch eich rhestr gyda phâr arall, a chreu rhestr arall fydd yn fwy llawn drwy gyfnewid syniadau. Bwydwch y rhain yn ôl fel dosbarth, a llunio 'rhestr orau' o syniadau pawb.

2 Nawr cymharwch y 'rhestr orau' hon â'r Datganiad Cyffredinol o Hawliau Dynol (**UDHR: Universal Declaration of Human Rights**) – gweler Ffigur 6.6). Gyda faint o'r rhain wnaethoch chi a'ch dosbarth gytuno, a pha rai oedd heb eu cynnwys ar eich rhestr? A oedd y rhai oedd heb eu cynnwys ar eich rhestr yn rhai roeddech chi wedi eu hanwybyddu neu heb feddwl amdanyn nhw, neu oedd y rhain yn bethau y byddech chi wedi anghytuno â nhw?

3 Aseswch y farn hon: 'Mewn gwirionedd, mae hawliau dynol yn gyfres o safonau sy'n berthnasol i elfennau democrataidd rhyddfrydol y Gorllewin ac sy'n amherthnasol, i raddau mawr, yn unrhyw le arall.'

4 Trafodwch y syniad hwn: 'Dydy hawliau dynol ddim yn bethau pwysig mewn cyfnod o ryfel.' I helpu eich trafodaethau, ymchwiliwch achosion lle mae'r DU wedi cael ei dal yn atebol mewn rhyfeloedd diweddar, fel Iraq neu Afghanistan. Gallech chi ymchwilio un achos lle cafodd Baha Mousa, derbynnydd mewn gwesty yn Iraq, a phobl eraill eu dal gan luoedd y DU yn Basra, Iraq, yn 2003. Yn fuan wedyn, bu farw Baha Mousa ar ôl cael ei guro a'i arteithio e.e. drwy gael ei atal rhag cysgu. Ymchwiliwch achosion fel hyn, ac yna ystyriwch a oes lle i ystyried hawliau dynol mewn sefyllfaoedd o wrthdaro.

5 I ba raddau fyddech chi'n cytuno â'r syniad bod hawliau dynol yn rhywbeth moethus sydd yn fforddiadwy i wledydd datblygedig y Gorllewin yn unig?

6 Trafodwch a ddylai gwledydd mwy cyfoethog fel y DU osod amodau pan maen nhw'n cynnig cymorth i wledydd sy'n datblygu. Er enghraifft, a ddylai'r DU wrthod (a) masnachu â, (b) cynnig cymorth i wledydd sydd yn rheolaidd yn peidio cynnig hawliau cyfartal i ferched neu i bobl LGBTQ+?

FFOCWS Y GWAITH MAES

Nid yw hwn yn bwnc sy'n codi syniadau'n rhwydd ar gyfer gwaith maes Daearyddiaeth Safon Uwch a theitlau ar gyfer ymchwiliad annibynnol. Ond, mae digonedd o gyfleoedd i wneud arolygon ac ymchwiliadau sy'n canolbwyntio ar y materion canlynol:

A Agweddau pobl tuag at faterion hawliau dynol yn y DU ac mewn gwledydd gwahanol – e.e. mudo (Erthygl 13 Hawl i Symud yn Rhydd i mewn ac allan o'r Wlad), neu loches (Erthygl 14 Hawl i Loches mewn Gwledydd eraill rhag Erledigaeth), neu genedligrwydd (Erthygl 15 Hawl i Genedligrwydd a'r Rhyddid i'w Newid) neu fywyd diwylliannol mewn cymunedau (Erthygl 27 Hawl i Gyfranogi ym Mywyd Diwylliannol y Gymuned).

B Agweddau pobl tuag at broblemau rhywedd – e.e. i ba raddau mae merched yn cael yr un cyfle i addysg (o'r gwasanaeth cyn ysgol i'r brifysgol), neu i ddewis eu partner eu hunain, neu i yrfa lawn a chyfranogaeth lawn yn y gweithlu.

C Agweddau pobl tuag at gydraddoldeb a hawliau ar gyfer pobl LGBTQ+, yn enwedig yn nhermau gyrfa, tai, cyfranogaeth mewn cymdeithas (yn cynnwys mabwysiadu plant) a mynediad cyfartal i wasanaethau fel gofal neu ofal iechyd.

Byddai llawer o'r pynciau hyn yn cynnwys dulliau mwy ansoddol o gasglu data. Gallech chi ystyried y canlynol:

CH Cyfweliadau â phobl sydd wedi mudo o un wlad i wlad arall. Beth oedd eu profiadau o fudo? Beth oedd y ffactorau 'gwthio' a wnaeth iddyn nhw benderfynu gadael un lle, a'r ffactorau 'tynnu' a'u denodd nhw i le arall? A gawson nhw unrhyw brofiadau oedd yn mynd yn erbyn unrhyw rai o 30 erthygl yr UDHR – fel yr Hawl i Symud yn Rhydd i mewn ac allan o'r Wlad, neu loches, neu newid cenedligrwydd, neu newid yn eu bywyd diwylliannol ers cyrraedd?

D Arolygon deubegynol sy'n mynegi sut mae pobl yn teimlo - i ba raddau maen nhw'n teimlo bod pobl eraill yn eu derbyn nhw (e.e. teuluoedd o fudwyr neu bobl LGBTQ+), neu i ba raddau maen nhw'n cael yr un maint o le neu yr un cyfle i dderbyn gwasanaethau (e.e. iechyd, mabwysiadu, gwasanaethau gofal).

Deunydd darllen pellach

Shiman, D. (1993) *Teaching Human Rights*, a ddyfynwyd gan y Ganolfan Adnoddau Hawliau Dynol ym Mhrifysgol Minnesota, UDA, ar http://hrlibrary.umn.edu/edumat/hreduseries/hereandnow/Part-1/short-history.htm

Arendt, H. (1951) *The Origins of Totalitarianism*, Schocken.

Henkin, L. (2000), *Human Rights: Ideology and Aspiration, Reality and Prospect*, yn Power, S., Allison, G. (gol) *Realizing Human Rights*, Palgrave Macmillan.

Maplecroft, V. (2019) 'Human Rights Risk Data & Indices', www.maplecroft.com/risk-indices/human-rights-risk/

Paul, D. (2019) 'Standing at My Parents' Graves, I Pondered how I'd Feel if I Couldn't Visit Them', *Guardian*, 19 Mai.

Reid, G. (2016) 'Equality to Brutality: Global Trends in LGBT Rights', Fforwm Economaidd y Byd, www.weforum.org/agenda/2016/01/equality-to-brutality-global-trends-in-lgbt-rights/

Y Cenhedloedd Unedig (1948) 'Universal Declaration of Human Rights' at www.un.org/en/universal-declaration-human-rights/

Canolfan Dadansoddi Polisïau'r Byd UCLA (2013) 'Findings on Child Marriage', www.girlsnotbrides.org/wp-content/uploads/2013/07/WPAC-minimum-ages-of-marriage-for-Girls-Not-Brides-members.pdf

Fforwm Economaidd y Byd (2015) 'The Case for Gender Equality', ar http://reports.weforum.org/global-gender-gap-report-2015/the-case-for-gender-equality/?doing_wp_cron=1551453966.7737419605255126953125

Llywodraethiant byd-eang – pedair astudiaeth achos

Sut le fydd y byd yn y dyfodol? Pa broblemau o arwyddocâd byd-eang fydd yn codi erbyn 2050, a sut allai'r rhain gael eu rheoli? Sut allai penderfyniadau gael eu gwneud, a gan bwy? Mae'r bennod hon yn archwilio pedair astudiaeth achos sy'n ymwneud â'r pedwar dimensiwn tir, môr, gofod a seiberofod:

- Astudiaeth Achos 1: Rôl fyd-eang China. Mae hwn yn archwilio pŵer a dylanwad geowleidyddol cynyddol China, ac yn codi cwestiynau am ei chysylltiadau â gwledydd eraill yn Asia (drwy ei phŵer cynyddol dros Fôr De China) a'i dylanwad economaidd (drwy ei strategaeth 'Un Rhanbarth, Un Llwybr').
- Astudiaeth Achos 2: Llywodraethiant yr Arctig. Mae hwn yn archwilio cwestiynau am newid hinsawdd a'r sialensiau sy'n wynebu cymunedau brodorol, a sut gallai'r rhain gael eu llywodraethu.
- Astudiaeth Achos 3: Y gofod. Mae hwn yn archwilio cwestiynau am ffiniau rhwng y gofod a'r uwch-ofod, a sut gallai gweithgarwch yn y gofod gael ei reoli, e.e. o ran defnydd milwrol neu weithgareddau eraill y gofod.
- Astudiaeth Achos 4: Seiberofod. Mae hwn yn archwilio seiberofod a materion sy'n codi mewn perthynas â llywodraethiant y rhyngrwyd a'i ddylanwad ar gyfathrebu, isadeiledd a gwasanaethau.

1 Astudiaeth achos 1: Rôl fyd-eang China

▶ *Faint o ddylanwad sydd gan China ar lywodraethiant byd-eang?*

Beth mae China ei eisiau? Ar hyn o bryd, dyma'r wlad fwyaf poblog ar y blaned, gyda 1.42 biliwn o bobl yn 2019. Mae ganddi 15 y cant o'r Cynnyrch Mewnwladol Crynswth byd-eang, oedd werth 11.2 triliwn o ddoleri UDA yn 2017, a ganddi hi mae'r economi fwyaf ond un yn y byd, yn ail i UDA, ond mae'n debygol o ddod yn economi fwyaf rhywbryd rhwng 2025 a 2030. Mae ei phŵer i brynu ar raddfa fawr, buddsoddi a masnachu'n gwneud China yn chwaraewr mawr ymhob gwlad yn y byd, o'i buddsoddiad yn Affrica ac Awstralia i gael deunyddiau crai, i'w phŵer cynyddol sydd ganddi i brynu nwyddau masnachol a moethus gartref a thramor. Mae'r ffactorau hyn yn unig yn rhoi dylanwad byd-eang economaidd enfawr i China; dyma'r ymadrodd mae pobl yn ei ddweud: 'os yw China yn tisian, mae gweddill y byd mewn perygl o ddal annwyd economaidd'. Byddai canlyniadau gwael ymhob rhan o'r byd os byddai China yn gostwng naill ai ei rhaglenni buddsoddi tramor neu ei phŵer i brynu. Yn amlwg, mae China eisiau dylanwad a phŵer economaidd.

Ond a yw China eisiau dominyddu'r byd yn wleidyddol? Mae dwy ddadl am hyn.

1   Ers cwymp yr Undeb Sofietaidd yn 1991, UDA yw *y* pŵer byd-eang dominyddol. Mae pobl sy'n rhoi sylwadau ar faterion o'r fath, yn enwedig y rhai sydd â diddordebau ariannol adain dde yn UDA, yn credu y byddai China yn hoffi cystadlu'n wleidyddol yn yr arena fyd-eang. Er enghraifft, ym mis Mawrth 2019, ysgrifennwyd hyn am China

---

🗝 TERMAU ALLWEDDOL

Pŵer i brynu ar raddfa fawr Pŵer un wlad i gael dylanwad a grym dros gyflenwyr, e.e. deunyddiau crai, oherwydd maint enfawr ei heconomi.

TERMAU ALLWEDDOL

Dyfroedd tiriogaethol Mae hyn yn cyfeirio at ardaloedd – neu barthau – o'r môr y mae gan genedl awdurdodaeth drostyn nhw. Gallwch chi weld rhagor am y rhain ym Mhennod 3, tudalen 70. Mae ardaloedd fel hyn yn ymestyn y tu hwnt i'r arfordir, ac fel arfer maen nhw'n cael eu cynnal gan gyfreithiau'r moroedd o dan gytundebau â Chonfensiwn y Cenhedloedd Unedig ar Gyfraith y Moroedd (sef UNCLOS – unwaith eto, gallwch chi ganfod rhagor ar dudalen 89). Mae'r meysydd hyn yn cynnwys:

- dyfroedd mewnol (e.e. Afon y Rhein yn yr Almaen), y mae gan y wlad awdurdodaeth gyflawn drostyn nhw
- y gylchfa arfordirol uniongyrchol (e.e. aberoedd neu ddyfroedd sy'n gorwedd yn union y tu hwnt i'r tir)
- dyfroedd tiriogaethol yn ymestyn 12 milltir forol y tu hwnt i'r arfordir
- 12 km pellach y tu hwnt i hynny, sef y gylchfa gydgyffyrddol
- y Gylchfa Economaidd Neilltuedig (EEZ) 200 o filltiroedd morol oddi wrth yr arfordir y gall gwlad ddisgwyl yn rhesymol i gael masnachu drostyn nhw, yn ogystal â hawlio adnoddau ohonyn nhw
- y sgafell gyfandirol.

gan Forbes (dadansoddwyr economaidd i'r de o'r canol yn wleidyddol yn UDA): roedd hi'n rhoi'r argraff nad oedd hi eisiau cymryd safle UDA fel arweinydd byd-eang, ond roedd ei pholisïau a'i gweithredoedd diweddar yn edrych fel petaen nhw'n mynd i wneud yn union hynny. Rhoddodd sylwadau ynglŷn â'r ffordd roedd China eisiau dominyddu'n llwyr yn y rhanbarth Indo-Fôr Tawel, a dod yn hegemon gwleidyddol, economaidd a milwrol yn y rhanbarth hwnnw heb unrhyw ddiddordeb na dominyddiaeth gan UDA. Roedd *The Economist* – sydd hefyd yn gylchgrawn i'r dde o'r canol – wedi nodi'r posibilrwydd o ryfel rhanbarthol rhwng China a'r Pilipinas a allai ddinistro'r rhanbarth, ac roedd y posibilrwydd o ryfel Môr De China wedi ei gynnwys yn ei restr o'r risgiau geowleidyddol mwyaf (gweler isod).

2 Ond, yn erbyn y ddadl hon, mae'n ymddangos nad oes fawr dystiolaeth bod China wedi mabwysiadu polisïau ehangach, fel y rhai y mae UDA yn eu hamddiffyn sy'n cynnwys democratiaeth a rhyddid. Ar y llwyfan byd-eang, mae China yn gweithio'n llawer distawach a, hyd yn hyn, mae hi wedi bod yn amharod i fod yn chwaraewr byd-eang mewn materion sydd y tu hwnt i'w buddiannau economaidd ei hun. Lle mae hi'n gallu, mae hi wedi osgoi cymryd rhan mewn gwrthdaro mawr, a dim ond pan oedd heddwch yn edrych yn debygol ac roedd angen ailadeiladu'r economi y mynegodd ddiddordeb yng ngwrthdaro Syria er enghraifft. Ond, mae tystiolaeth gynyddol o fewn a thu hwnt i dde a dwyrain Asia, bod gan China strategaeth economaidd glir i ddatblygu ei buddiannau ei hun, fel y fenter 'Un Rhanbarth, Un Llwybr' (gweler isod), sy'n cael ei chydnabod yn eang fel rhywbeth sy'n newid y sefyllfa'n llwyr o ran dominyddiaeth economaidd ac ehangiaeth China.

China mewn llywodraethiant byd-eang – problem Môr De China

Pa mor bell y tu hwnt i ffiniau ei thir ddylai awdurdodaeth a rheolaeth gwlad ymestyn? Mae'r gwledydd hynny sydd ag arfordir wedi hawlio'r moroedd cyfagos yn y gorffennol. Yr enw ar y moroedd hyn yw'r dyfroedd tiriogaethol, ac ystyr hyn yw bod gwlad benodol yn gallu hawlio rheolaeth geowleidyddol ar y moroedd sydd o'i hamgylch. Fel arfer, mae'r hawliadau hyn wedi cynnwys naill ai ddiogelu'r hawliau pysgota, neu ddefnyddio cyfreithiau amddiffyn neu gylchwylio (e.e. i ddiogelu yn erbyn smyglo neu ymosodiad). Er enghraifft, mae gan yr Undeb Ewropeaidd ardal bysgota o tua 200 milltir forol o lannau'r gwledydd sy'n aelodau ohono. O fewn yr ardal honno, e.e. mae'n rhaid i wledydd eraill geisio trwyddedau neu ganiatâd i bysgota.

Mewn llawer o achosion, efallai fod yr ardaloedd tiriogaethol (Ffigur 7,1) wedi eu penderfynu gan y ddaearyddiaeth, oherwydd maen nhw'n cyfateb â'r ffin lle mae'r sgafell gyfandirol yn gorffen, a lle mae dyfroedd y cefnfor yn mynd yn llawer dyfnach yn sydyn iawn. Gall gwladwriaethau sydd ar yr arfordir archwilio a defnyddio gwely'r môr ar y sgafell gyfandirol i gael adnoddau naturiol. Un enghraifft o hyn yw'r Môr Celtaidd rhwng de Iwerddon a phenrhyn de-orllewin Lloegr – sydd o ddiddordeb oherwydd y posibilrwydd bod cronfeydd o olew a nwy yno. Gallai gwladwriaethau eraill osod ceblau a phiblinellau ar draws ardal o'r fath os yw'r wladwriaeth ar yr arfordir yn caniatáu hynny. Felly, mae o fudd i bob gwlad ar hyd yr arfordir sicrhau, ar un llaw, bod hawliau cydweithredol yn cael eu sefydlu rhyngddyn nhw, ond ar y llaw arall bod ffin y sgafell gyfandirol lle gallai'r cronfeydd mwynol orwedd, yn cael ei hymestyn mor bell ag sy'n bosibl.

Fodd bynnag, mae hawliadau'n ymestyn y tu hwnt i'r ffiniau hyn yn aml iawn pan mae gwledydd yn mabwysiadu polisïau ehangol, am y mathau o resymau sydd wedi eu hesbonio uchod. Yn anaml iawn y mae hawliadau'n syml (oherwydd yn anaml iawn y mae gwledydd yn cyfaddef eu bod nhw'n gobeithio ehangu), ac maen nhw wedi arwain at wrthdaro. Ers 1994, mae'r Cenhedloedd Unedig wedi dod â rhywfaint o gysondeb i'r hawliadau sy'n cael eu gwneud am ardaloedd o'r môr drwy ei lys cyflafareddu (*court of arbitration*), UNCLOS.

Ond, weithiau, mae hawliadau am diriogaethau'n ymestyn ymhell y tu hwnt i ffiniau traddodiadol fel hyn, ac yn ymestyn yn y fath fodd nes eu bod nhw'n achosi gwrthdaro gydag eraill sydd bron yn anochel. Mae un anhawster o'r fath yn ymwneud â China ac mae wedi creu sefyllfa anodd yn ymwneud â Môr De China. Ers amser maith mae llywodraeth China wedi ystyried bod ganddi hawliau hanesyddol ym Môr De China, gan ddadlau bod teithwyr ar y môr o China wedi darganfod ac enwi ynysoedd yn y rhanbarth ganrifoedd yn ôl. Mae Ffigur 7.1 yn dangos ardal siâp tafod sy'n ymestyn i'r de o arfordir deheuol China ac sy'n cynnwys Môr De China i gyd. Dros amser, mae llywodraeth China wedi ymestyn ei hawliadau'n raddol ymhell y tu hwnt i'r cyfyngiadau tiriogaethol traddodiadol ac i mewn i'r rhai sy'n cael eu goruchwylio gan genhedloedd sy'n cystadlu â hi.

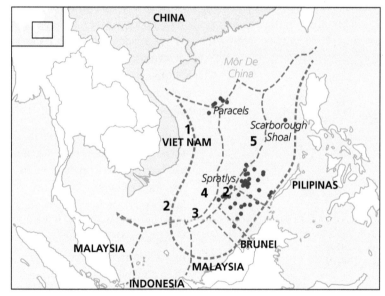

Allwedd

- – Dyfroedd tiriogaethol a hawliwyd gan China
- – Parth Economaidd Unigryw 200 milltir morol UNCLOS
- • Ynysoedd sy'n destun dadlau

Dyfroedd y cystadleuir amdanynt rhwng China a:

1 Viet Nam
2 Indonesia
3 Malaysia
4 Brunei
5 Pilipinas

▲ **Ffigur 7.1** Cymhlethdod yr hawliadau am Fôr De China

Yn 2018, cyhoeddodd UNCLOS bod yr hawliadau hanesyddol hyn gan lywodraeth China yn annilys. Yn 2013, cafodd achos ei ddwyn yn erbyn China gan y Pilipinas wedi i China gipio rheolaeth ar riff o'r enw Scarborough Shoal, 350 km i'r gogledd-orllewin o Manila (gweler Ffigur 7.1). Roedd dyfarniad y llys yn erbyn China yn arwyddocaol iawn:

- Mae tua thraean o fasnach y byd yn pasio drwy lonydd y môr, yn cynnwys y rhan fwyaf o fewnforion olew China.
- Mae'n ardal bysgota eithriadol o bwysig.

- Mae Môr De China hefyd yn cynnwys cronfeydd mawr o olew a nwy, rhywbeth arall sydd wedi denu'r genedl gynyddol amlwg hon sy'n dyheu am fwy o adnoddau.

Mae Môr De China wedi bod yn fflachbwynt ers amser hir rhwng nifer o genhedloedd, ac mae llu o hawliadau morol wedi bod sy'n gorgyffwrdd â'i gilydd. I ychwanegu at y cymhlethdod hwn, mae'r rhanbarth wedi gweld presenoldeb milwrol cynyddol dros y blynyddoedd diweddar, gan China ac UDA, am fod UDA yn pryderu am ddymuniadau geowleidyddol llywodraeth China.

Gwrthododd UNCLOS hawliadau China, gan ddweud mai dim ond hawliadau sy'n gyson â'i meini prawf ei hun oedd yn ddilys. O dan y rheolau hyn, gall y gwledydd hawlio Cylchfa Economaidd Neilltuedig (*EEZ: Exclusive Economic Zone*) hyd at 200 milltir forol oddi ar eu harfordir. Roedd China wedi bod wrthi'n barod yn ychwanegu at Ynysoedd Spratly, ac yn ymestyn arwynebedd yr ynysoedd hyn, ond penderfynodd UNCLOS nad oedd yr ynysoedd hyn yn estyniad i sgafell gyfandirol China am mai dim ond ar lanw isel roedd yr ynysoedd hyn yn weladwy yn wreiddiol, felly doedden nhw ddim yn gymwys i fod yn rhan o EEZ China neu'n sgafell gyfandirol gyfreithlon estynedig (*ELCS: extended legal continental shelf*). Cyfeiriodd UNCLOS hefyd at y ffaith bod pysgotwyr China wedi difrodi ecosystemau'r ynys ac wedi cynaeafu crwbanod môr o Ynysoedd Spratly, sy'n rhywogaeth sydd mewn perygl. Mae China yn aelod cofrestredig o UNCLOS a'r cwestiwn mawr yw, a fydd Môr De China yn cael ei lywodraethu gan reolau UNCLOS neu a fydd y rheolau hyn yn cael eu plygu i gyd-fynd â phŵer geowleidyddol cynyddol China.

- Y 'linell naw toriad' – ardal o ynysoedd niferus y mae dadlau amdanyn nhw, sy'n cyfateb yn fras (ond nid yn union yr un fath) â'r dyfroedd sy'n cael eu hawlio yn Ffigur 7.2.
- Y Gadwyn Ynysoedd Gyntaf, y mae China yn ei hystyried yn rhan o'i chylch dylanwad, ynghyd ag Ail Gadwyn Ynysoedd ddamcaniaethol. Gallwn ni nodi'r ddwy gadwyn o ynysoedd ar y map hwn.
- Mewn amser, gallai China geisio ymestyn ei hawl am oruchafiaeth dros y Drydedd Gadwyn Ynysoedd. Mae'r gadwyn honno'n ymestyn y tu hwnt i'r map a welwch yn Ffigur 7.2.

▲ Ffigur 7.2 Maint dyfroedd dadleuol China

1974	Mae China yn ennill rheolaeth ar Ynysoedd Paracel yn dilyn dadl gyda De Fiet Nam.
1988	Mae lluoedd China a Viet Nam yn gwrthdaro dros Ynysoedd Spratly (gweler Ffigur 7.2).
1995	Mae'r Pilipinas yn canfod fod China wedi adeiladu ar riff ym Môr De China.
2002	Mae aelodau ASEAN a China yn llofnodi cytundeb ar y cyd am Ymddygiad Partïon ym Môr De China.
2009	Mae China yn cyflwyno map sy'n dangos y 'llinell naw toriad' i'r Cenhedloedd Unedig.
2010	Mae Hillary Clinton, Ysgrifennydd Gwladol UDA, yn cyhoeddi bod gan UDA 'ddiddordeb cenedlaethol' ym Môr De China.
2011	Mae swyddogion o Fiet Nam yn cyhuddo llong o China o dorri drwy geblau llong sy'n gweithio i un o gwmnïau olew Viet Nam.
2012	Mae awyren lyngesol o'r Pilipinas yn canfod cychod pysgota o China yn Scarborough Shoal (gweler Ffigur 7.2). Mae China yn anfon llong i rybuddio llynges y Pilipinas i ymadael, a dyna maen nhw'n ei wneud, gan adael i China gael rheolaeth eto.
2013	Mae llywodraeth y Pilipinas yn cwyno i'r Llys Cyflafareddu Parhaol i herio hawliad China i Fôr De China.
2014	Mae llwyfan olew Tsieineaidd yn dechrau drilio yn nyfroedd y Paracel sydd wedi eu hawlio gan Viet Nam.
2015	■ Lluniau lloeren yn dangos gwaith adeiladu estynedig ar Ynysoedd Spratly, yn cynnwys rhedfa awyrennau 3 km o hyd. ■ Llong ddistryw o UDA yn pasio drwy Ynysoedd Spratly fel gweithred 'rhyddid i lywio'.
2016	Mae'r Llys Cyflafareddu Parhaol yn gwrthod hawliad China i Fôr De China.
2017	Mae Viet Nam yn dechrau drilio am olew ym Môr De China.
2018	Hacwyr o China yn targedu'r cwmnïau o'r Unol Daleithiau sy'n gwneud busnes ym Môr De China.
2019	Mae China yn gwneud profion taflegrau ym Môr De China.

▲ **Tabl 7.1** Llinell amser o'r digwyddiadau yn fflachbwynt Môr De China

Cymhlethdodau hawliadau China

Mae ffigur 7.1 yn dangos yr ardal eang y mae China yn ei hawlio fel ei dyfroedd tiriogaethol hi. Mae'n dangos sut mae'r hawliad yma wedi achosi gwrthdaro rhwng China a'r pum gwlad arall – Viet Nam, Indonesia, Malaysia, Brunei a'r Pilipinas. Ond, mae hawliadau China yn dechrau ehangu y tu hwnt i'r ffin ddadleuol hon hyd yn oed, sy'n cael ei galw'n 'llinell naw toriad' fel y gwelwch chi yn Ffigur 7.2. Ei nod yw sicrhau Môr De China fel ei thiriogaeth hi ei hun – ardal sy'n cynnwys nifer o'r ynysoedd dadleuol sydd wedi eu dangos.

● Mae'n bwriadu dominyddu'r ardal o fôr hyd at y Cadwyni Ynysoedd Cyntaf ac Ail – sydd yn rhan o'i chylch dylanwad meddai hi. Mae posibilrwydd o Drydedd Gadwyn o Ynysoedd hyd yn oed, sydd heb eu dangos ar y naill fap na'r llall, ond byddai'n ymestyn o'r Ynysoedd Aleutia rhwng Alaska, UDA a Rwsia, ac yn cyrraedd bron mor bell â Hawaii yng nghanol y Môr Tawel.
● Ar y tir, mae China yn bwriadu rhoi hwb i'w daliad tiriogaethol ar Tibet a thalaith wrthryfelgar Xinjiang Uyghur. Mae dadl China â Taiwan yn un sydd wedi bod yn digwydd ers amser maith, a byddai unrhyw symudiad gan Taiwan i gyhoeddi annibyniaeth yn creu gwrthdaro ar unwaith i China ei reoli.

Strategaeth economaidd – menter Un Rhanbarth, Un Llwybr China

Does dim project sy'n dangos bwriad economaidd China fwy na'i strategaeth Un Rhanbarth, Un Llwybr. Mae'n fenter sy'n anhygoel yn ei maint a'i graddfa, fel y mae Ffigur 7.3 uchod yn dangos. Cafodd y fenter ei chyhoeddi gan Arlywydd China, Xi Jinping, yn 2013. Mae'n broject masnach ac isadeiledd enfawr sy'n bwriadu cysylltu China yn ffisegol ac yn ariannol â dwsinau o economïau ledled Asia, Ewrop, Affrica ac Oceania. Mae'n cynnwys cynnig gan lywodraeth China i ddatblygu cysylltedd a chydweithredu'n economaidd dros y tir a'r môr rhwng China a gweddill Ewrasia, ac i mewn i Affrica. Mae Ffigur 7.3 yn dangos bod dau linyn i'r strategaeth:

1   'Un Rhanbarth', sy'n cynnwys y gwledydd ar hyd y llwybr dros y tir o China, drwy wledydd Canolbarth Asia fel Kazakhstan, drwy Rwsia a Mongolia, i mewn i wledydd Gorllewin Ewrop fel yr Almaen. Mae'n ail greu hen hen ffordd y Llwybr Sidan dros y tir rhwng Asia ac Ewrop.
2   'Un Llwybr' sydd ddim yn llwybr mewn gwirionedd, ond sy'n ceisio ymestyn dylanwad China ar hyd llwybrau'r môr i mewn i Dde Ddwyrain Asia ac India, ac yna ymlaen i'r Dwyrain Canol a Dwyrain Affrica.

Nod strategol y ddwy fenter hyn yw creu ardal economaidd gydlynol, gan ddefnyddio gwell isadeiledd i alluogi i China ddatblygu cysylltiadau masnach ar hyd y llwybrau, yn ogystal â gwella'r ddealltwriaeth a'r cydweithredu gwleidyddol a'r cyfnewid diwylliannol. Yn y pen draw, mae China yn honni ei bod yn ceisio hyrwyddo datblygiad a heddwch byd. Does dim amheuaeth fod y strategaeth hon yn rhoi China yn gadarn ar y llwyfan byd-eang; mae ei

TERM ALLWEDDOL

Y Llwybr Sidan Cyfres hynafol o lwybrau dros y tir oedd ar un tro'n cysylltu dwyrain a de-ddwyrain Asia â chanolbarth a de Asia, y Penrhyn Arabaidd, Dwyrain Affrica a De Ewrop.

▼ **Ffigur 7.3** Un Rhanbarth, Un Llwybr China

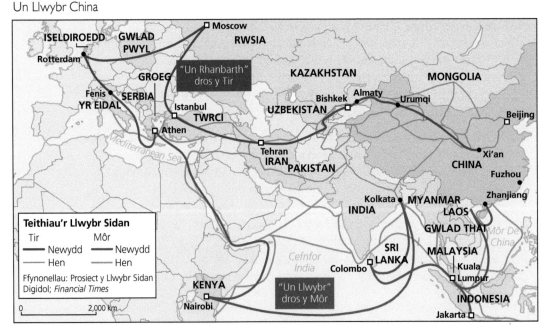

maint yn enfawr, fel y gwelwn ni o edrych dim ond ar y cynllun i fuddsoddi 46 biliwn o ddoleri UDA ym Mhacistan. Erbyn 2018, roedd 71 o wledydd yn cymryd rhan yn y project, yn cynnwys China, a rhyngddyn nhw roedden nhw'n cynrychioli traean o'r Cynnyrch Mewnwladol Crynswth byd-eang.

Yn rhan o'r fenter hon, mae China wedi buddsoddi o leiaf 900 biliwn o ddoleri UDA (Tua 600 biliwn o £ y DU) mewn projectau isadeiledd allweddol, yn cynnwys:

- cysylltiadau rheilffordd sy'n cysylltu China â Chanolbarth Asia, Iran, Rwsia a Gorllewin Ewrop
- piblinellau olew a nwy yn Turkmenistan a Kazakhstan a datblygu llwybrau economaidd ym Mhacistan, Myanmar a Malaysia
- sefydlu Banc Buddsoddi yn Isadeiledd Asia, sef banc ar gyfer datblygiad rhyngwladol sy'n ceisio cyllido projectau isadeiledd yn rhanbarth Asia; mae llawer o lywodraethau Ewrop wedi ymuno ag o, gan gynnwys y DU, yr Almaen a Ffrainc, ond nid yw UDA wedi ymuno hyd yn hyn
- projectau datblygu porthladd dŵr dwfn ar hyd y Llwybr Sidan morol. Yn ddiddorol iawn, os byddwn ni'n mapio'r porthladdoedd maen nhw'n ffurfio hanner cylch o amgylch India, sydd heb lofnodi'r fenter Un Rhanbarth, Un Llwybr hyd yn hyn!

Yn debyg i fentrau datblygu China yn Affrica, mae llawer o drafodaeth am wir nodau a bwriadau China. Er bod China yn parhau i fynnu mai ei nod yw sicrhau integreiddio economaidd agosach yn rhanbarth Ewrasia, drwy'r projectau datblygu ac isadeiledd sydd wedi cael eu cynnig, mae llawer o arsylwyr Gorllewinol yn cwestiynu'r rhesymau y tu ôl i'r rhaglen. Maen nhw'n honni nad ydy amcanion China yn ymwneud â datblygiad, ond eu bod nhw'n ffordd i China sicrhau rheolaeth strategol o Fasn Cefnfor India (Un Llwybr) a sefydlu goruchafiaeth dros lawer o gyn-wladwriaethau'r Undeb Sofietaidd (Un Rhanbarth). Maen nhw'n honni y bydd costau uchel y benthyciadau mewn llawer o wledydd (ffioedd benthyg sydd â llog o hyd at 7 y cant yn aml iawn) yn achosi i wledydd gael eu dal mewn dyled ac y bydden nhw felly mewn dyled i China (yr enw ar hyn yw diplomyddiaeth trap dyled).

 # Astudiaeth Achos 2: Llywodraethiant yr Arctig

▶ *Sut mae newidiadau a sialensiau yn yr Arctig yn cael eu rheoli?*

Yn wahanol i Antarctica, lle cafodd yr holl hawlio am diriogaeth ei ohirio o dan Gytundeb yr Antarctig (gweler Pennod 3), mae rhanbarth ambegynol yr Arctig yn cwmpasu tiriogaeth wyth gwlad, fel y gwelwch chi yn Ffigur 7.4. Yn wahanol i Antarctica, nid yw'n eiddo cyffredin byd-eang llawn.

Yn ogystal, mae'r Arctig wedi ei phoblogi gan bobl frodorol a thrigolion eraill sydd â hawl i chwarae rhan yn llywodraethiant eu tiriogaethau.

Does gan yr Arctig ddim un cytundeb cyffredinol fel ATS (System Cytundeb yr Antarctig – gweler tudalen 84), ond mae cenhedloedd yr

▶**Ffigur 7.4** Map o'r berchnogaeth ar ardal yr Arctig

Arctig wedi cydnabod ers blynyddoedd lawer bod angen rheoli a llywodraethu'r rhanbarth ambegynol fel rhanbarth cyfan. Mae Ffigur 7.5 yn dangos datblygiad llywodraethiant yr Arctig.

Cytundeb llywodraethu	Dyddiad	Nodweddion allweddol
Strategaeth Diogelu Amgylcheddol yr Arctig (*AEPS: Arctic Environmental Protection Strategy*)	1991	Fforwm (yn hytrach na chytundeb ffurfiol) i gynnal trafodaethau a chael cydweithrediad ymysg y gwladwriaethau Arctig, yn arbennig ar gyfer canfod problemau amgylcheddol (http://arctic-council.org/filearchive/arctic_environment.pdf).
Pwyllgor Gwyddoniaeth Rhyngwladol yr Arctig	1991	Sefydliad anllywodraethol sy'n dod â gwyddonwyr at ei gilydd sy'n astudio agweddau o'r Arctig er mwyn darparu cyngor gwyddonol gwrthrychol i'r Cyngor Arctig ac eraill (http://web.arcticportal.org/iasc).
Y Cyngor Arctig	1996	Mae hwn yn cryfhau'r AEPS (Strategaeth Diogelu Amgylcheddol yr Arctig) yn fwy ffurfiol, gydag amrywiol grwpiau gwaith i ymchwilio i faterion brys fel newid hinsawdd a chludiant yr Arctig (www.arctic-council.org).
Y Cod Pegynol	2003	Rhan o Gonfensiwn y Cenhedloedd Unedig ar Gyfraith y Moroedd (*UNCLOS: UN Convention on the Law of the Sea*), sy'n caniatáu i genhedloedd yr Arctig orfodi rheoliadau amgylcheddol tynn yn eu hardaloedd morol sydd wedi eu gorchuddio ag iâ.

▲ **Ffigur 7.5** Datblygiad llywodraethiant yr Arctig

Mae Ffigur 7.5 yn dangos bod y llywodraethiant pan-Arctig yn beth gweddol ddiweddar, yn dilyn diwedd y Rhyfel Oer rhwng yr Undeb Sofietaidd ac UDA yn 1991 – sef dau bŵer mawr y byd deubegynol hyd y flwyddyn honno. Iddyn nhw, roedd yr Arctig yn ffordd allweddol i longau tanfor ac awyrennau ysbïo deithio ar ei thraws, gan olygu bod unrhyw fath o gytundeb yn amhosibl cyn hynny.

Mewn un ffordd, mae'r Arctig yn debyg i eiddo cyffredin byd-eang. Mae Moroedd Mawr y Cefnfor Arctig wedi eu llywodraethu gan UNCLOS, sy'n diffinio'r cylchfaoedd economaidd neilltuedig (*EEZs: Exclusive Economic Zones*) a thiriogaethol ar gyfer pob un o'r gwladwriaethau sofran Arctig, lle mae ganddyn nhw'r hawliau neilltuedig i'r adnoddau naturiol i gyd. Yn debyg i lawer o gefnforoedd eraill (ac yn cynnwys Antarctica), mae'r broblem yn ymwneud â mater cymhleth yr hawl i genhedloedd arfordirol ymestyn eu cylchfaoedd economaidd neilltuedig, ar sail y ffaith eu bod nhw'n ymestyn y sgafelli cyfandirol.

Cafwyd ceisiadau mawr am ymestyniadau dadleuol i sgafell yr Arctig. Mae'n rhaid i'r materion hyn dderbyn sylw Comisiwn y Cenhedloedd Unedig ar y Sgafell Gyfandirol (*CLCS: UN Commission on the Limits of the Continental Shelf*) – gweler tudalen 187. Ers 2000, cafwyd cynnydd mawr yn yr anghytuno rhwng cenhedloedd o fewn yr Arctig. Yr achosion sydd wrth wraidd yr anghytuno yw pysgota a'r posibilrwydd fod tanwyddau ffosil yno (i ecsbloetio olew a nwy yn arbennig). Mae'r rhain wedyn yn cael eu gwaethygu gan ddadleuon hir am ffiniau a dyfroedd tiriogaethol.

Un enghraifft o hyn yw'r hawliadau cystadleuol gan UDA a Chanada ym Môr Beaufort, a llwybr Tramwyfa'r Gogledd-Orllewin. Mae Canada yn honni bod Tramwyfa'r Gogledd-Orllewin yn rhan o'i dyfroedd mewnol hi. Yn y cyfamser, mae Rwsia eisiau ymestyn *ei* dyfroedd hithau er mwyn cael hawl neilltuedig i wely'r môr, sy'n gynnwys rhan fwy o Gefnen Lomonosov. O ystyried ail ymddangosiad diweddar Rwsia fel *y* wlad sydd eisiau bod yn bŵer mawr yr Arctig, mae'n dod yn hanfodol i UNCLOS gadw ar y blaen i'r sefyllfaoedd cymhleth hyn wrth i hawliadau newydd ddod i'r amlwg.

Y Cyngor Arctig

Ffurfiwyd y Cyngor Arctig yn 1996 ac mae'n cynnwys wyth aelod parhaol (sy'n dwyn yr enw 8 yr Arctig [*Arctic 8*]) ac amrywiaeth o randdeiliaid. Mae gan bob un wahanol hawliau a rolau yn y Cyngor. Mae gan rai, fel grwpiau brodorol, statws cyfranogwyr parhaol, ond mae eraill – yn cynnwys 13 sefydliad rhynglywodraethol a rhyng-seneddol ac 13 sefydliad anllywodraethol – yn mynychu hefyd. Ers 2013, mae'r Cyngor Arctig wedi bod ag ysgrifenyddiaeth barhaol sydd wedi ei hariannu gan yr aelodau ac sydd wedi ei seilio yn Tromsø, Norwy (gweler Ffigur 7.6).

Cafodd y Cyngor Arctig ei greu i fod yn fforwm trafod, felly does ganddo ddim gallu swyddogol i basio cyfreithiau rhyngwladol. I ddechrau, cafodd

Aelodau parhaol (8 yr Arctig): Canada, UDA, Rwsia, Denmarc, Norwy, Sweden, Y Ffindir, Gwlad yr Iâ – nodwch mor gyfyngedig yw maint y grŵp.

Gwledydd sydd â statws arsylwyr: China, Ffrainc, Yr Almaen, India, Yr Eidal, Japan, Gwlad Pwyl, Singapore, Sbaen, De Korea, Y Swistir, Yr Iseldiroedd, Y DU.

Statws cyfranogaeth barhaol: Grwpiau Brodorol (Cymdeithas Ryngwladol Aleutia; Cyngor Athabascaidd yr Arctig; Cyngor Rhyngwladol Gwich'in; Cyngor Ambegynol yr Inuit; Cymdeithas Rwsia o Bobl Frodorol y Gogledd; Cyngor Saami).

Statws arsylwr: 13 o sefydliadau rhynglywodraethol a rhyng-seneddol, a 13 o sefydliadau anllywodraethol.

Ysgrifenyddiaeth Barhaol: Sefydlwyd yn 2013 i ddarparu cymorth gweinyddol i waith y Cyngor. Wedi'i seilio yn Tromsø, Norwy.

▲ **Ffigur 7.6** Cyngor yr Arctig

llawer o gyfarfodydd a phrosesau gwneud penderfyniadau eu gwneud yn gyfrinachol. I'w helpu i ddod yn fwy agored ac atebol, mae gwaith y Cyngor yn cael ei wneud drwy chwe gweithgor erbyn hyn. Cafodd dau gytundeb sy'n rhwymol yn gyfreithiol eu negodi drwy'r Cyngor Arctig:

- Cytundeb 2011 i Gydweithredu ar Chwilio ac Achub Awyrennol a Morol
- Cytundeb 2013 i Gydweithredu ar Lygredd Olew Morol

Un feirniadaeth fawr o'r Cyngor Arctig yw bod ei ddeddfau wedi eu canolbwyntio'n gul ar ymchwil gwyddonol a diogelwch. Wrth i hyn fynd yn ei flaen, mae'r Arctig wedi bod yn wynebu problemau mawr, fel cadwraeth yr amgylchedd, ecsbloetio adnoddau ac effeithiau'r newid hinsawdd. Mae llawer o bobl yn teimlo bod y Cyngor Arctig wedi methu o ran mynd i'r afael â'r sialensiau hyn mewn oes o sialensiau amgylcheddol digynsail – yn arbennig y newid hinsawdd byd-eang.

Datganiad Ilulissat

Yn 2008 cafodd **Datganiad Ilulissat** ei lofnodi gan y pum gwlad a gafodd eu galw'n 5 yr Arctig: Canada, Denmarc (yn cynrychioli Grønland), Norwy, Rwsia ac UDA. Yn y datganiad hwn roedd llywodraethau'r pum gwlad yn cwestiynu pa mor berthnasol oedd statws Cefnfor yr Arctig fel eiddo cyffredin byd-eang, ac yn cyhoeddi yn lle hynny bod yr Arctig o dan eu stiwardiaeth nhw – cenhedloedd yr Arctig. Cafodd y tri aelod oedd yn weddill o Gyngor yr Arctig – Sweden, Y Ffindir a Gwlad yr Iâ – eu heithrio am nad oedd ganddyn nhw gymaint i'w golli os na fyddai'n llwyddo. Mewn ymateb i hyn, mae Gwlad yr Iâ wedi bod wrthi'n frwd yn annog ffurfiant Cynulliad y Cylch Arctig, sef grŵp newydd ag iddo sylfaen sydd yn fwy llydan, i drafod materion yn ymwneud â dyfodol yr Arctig.

Newid amgylcheddol ac economaidd yn y rhanbarth Arctig

Mae newidiadau difrifol yn digwydd yn yr Arctig o ganlyniad i gynhesu hinsawdd digynsail. Lai na 50 mlynedd yn ôl roedd y Cefnfor Arctig wedi ei orchuddio'n barhaol ag iâ môr; ond, yn y pedwar degawd nesaf mae'n debygol o gyrraedd sefyllfa lle does dim iâ o gwbl yno yn yr haf. Bydd y newidiadau hyn nid yn unig yn cael eu teimlo yn yr Arctig ond mae hefyd yn debygol o effeithio ar y jetlif a newid y patrymau tywydd o amgylch y byd i gyd drwy delegysylltiadau. Mae'r Arctig yn rhan hanfodol o'r systemau amgylcheddol byd-eang – yn ôl yr Athro Klaus Dodds, ym Mhrifysgol Llundain yn Royal Holloway, 'dydy'r hyn sy'n digwydd yn yr Arctig ddim yn aros yn yr Arctig'. Dydy hi ddim yn bosibl i newidiadau hinsawdd yn yr Arctig beidio dylanwadu ar hinsoddau mewn mannau eraill.

Mae'n werth cofio bod yr Arctig yn eithriadol o amrywiol *yn ofodol*.

- Ar un llaw, mae Arctig Canada a Grønland yn dal i gael eu heffeithio gan iâ môr, ac felly maen nhw'n cynnwys cymunedau brodorol bach, anghysbell, lle nad oes isadeiledd cefnogol bron o gwbl ar gael iddyn nhw.
- Ar y llaw arall, o ganlyniad i Ddrifft Gogledd Iwerydd, mae'r dyfroedd i'r gogledd o Sgandinafia a gogledd-orllewin Rwsia yn rhydd o iâ gan fwyaf. Oherwydd hyn, mae gweithgareddau economaidd sylweddol yn digwydd yno'n barod, fel twristiaeth, pysgodfeydd, datblygu adnoddau a llongau. Mae'r diwydiannau hyn yn cefnogi dinasoedd fel Norilsk sydd â phoblogaeth o tua 300,000 o bobl, ac ymysg y rhain mae niferoedd sylweddol o bobl anfrodorol.

Ond, y *newidiadau amseryddol* (h.y. dros amser) yn nosbarthiad yr iâ môr sy'n bygwth yr Arctig gymaint. O ganlyniad i'r cynhesu hinsawdd, mae'r iâ môr yn encilio'n gyflym erbyn hyn, yn y gaeaf yn ogystal ag yn ystod yr haf, sy'n golygu bod llongau'n gallu gwneud mwy a mwy o ddefnydd o ddyfroedd yr Arctig drwy'r amser.

Wrth i'r hinsawdd newid, mae llwybrau newydd i longau wedi dod i'r amlwg – sef llwybr Môr y Gogledd a Thramwyfa'r Gogledd-Orllewin, fel y gwelwch yn Ffigur 7.7. Mae'r rhain yn gwneud yr Arctig yn hygyrch i longau mordeithio moethus, yn ogystal â thanceri a swmp gludyddion. Yn y dyfodol agos, yn sicr erbyn 2050 ar yr hwyraf, mae disgwyl i lwybrau môr trawsbegynol 'dros dop y byd' fod yn agored am gyfran fawr o'r flwyddyn, gan arbed llawer o filltiroedd i gwmnïau llongau, cyflymu amseroedd cludo nwyddau, a hefyd osgoi'r mannau sydd wedi achosi tagfeydd yn draddodiadol fel yn y Suez neu Gulfor Malacca (gweler tudalen 56).

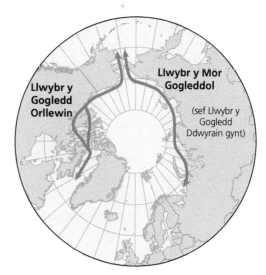

▲ **Ffigur 7.7** Llwybrau newydd i longau yn yr Arctig

🔑 TERMAU ALLWEDDOL

Olew brig Y pwynt mewn amser pan mae'r gyfradd uchaf o echdyniad olew crai'n cael ei gyrraedd, ac ar ôl hynny y mae disgwyl i'r cyfraddau echdyniad ostwng.

Ffynonellau anghonfensiynol Mae'r ffynonellau hyn o danwyddau ffosil yn cael eu cynhyrchu neu eu hechdynnu gan ddefnyddio technegau eraill heblaw'r dulliau confensiynol.

Lobi Grŵp o bobl sy'n ymgyrchu'n gryf ar gyfer nod arbennig. Mae'r rhain yn cynnwys carfanau pwyso (sydd fel arfer yn grwpiau sydd ag un ffocws neu sy'n ymdrin ag un mater ac sy'n ymgyrchu am ganlyniad), neu gwmnïau masnachol sydd efallai eisiau dylanwadu ar wleidyddion i roi caniatâd i ddatblygiad economaidd.

Un ffaith hynod o bwysig yw bod yr hygyrchedd yma wedi codi'r posibilrwydd y bydd mwy o bobl yn ecsbloetio adnoddau cyfoethog yr Arctig. Mae'r adnoddau hyn yn cynnwys y canlynol:

- Pysgodfeydd cyfoethog, yn enwedig am fod llawer math o bysgod, fel penfras, yn mudo'n raddol tua'r gogledd wrth i dymereddau byd-eang gynyddu.
- Mae'n bosibl bod olew a nwy yn gorwedd o dan yr Arctig, a'r amcangyfrifon ar hyn o bryd yw bod hyn yn cyfrif am fwy na 30 y cant o'r nwy ac 15 y cant o'r olew yn y byd sydd heb gael ei ddarganfod. Mae hyn i gyd yn dibynnu ar y galw byd-eang, pris y farchnad am olew a nwy, statws yr **olew brig**, yn ogystal â chyflwr gwleidyddol y byd. Mae effeithiau ecsbloetio **ffynonellau anghonfesiynol** o leoedd fel tywodydd tar neu drwy ffracio wedi effeithio'n ddifrifol ar brisiau olew a nwy.
- Metelau gwerthfawr fel lithiwm. Mae'r cenhedloedd Arctig yn honni, o dan reolau UNCLOS, bod llawer o'r adnoddau'n gorwedd o dan y sgafelli cyfandirol estynedig. Mae'r gost o gyrraedd y rhain er mwyn eu hecsbloetio'n gost enfawr felly bydd y posibilrwydd o wneud hynny'n dibynnu'n drwm ar bris y farchnad.

Hyd yn oed gyda chyrhaeddiad, ac arbenigedd cynyddol, y technolegau newydd, bydd yr adnoddau Arctig yn ddrytach i ddrilio amdanyn nhw na llawer o'r rhai sy'n haws eu cyrraedd. Mae'r datblygiad yn cael ei ddal yn ôl ar hyn o bryd felly, oherwydd mae'n llai economaidd na llawer o'r ffynonellau eraill sy'n fwy hygyrch.

Ar ben hynny, mae pryderon moesol am y newid hinsawdd, datblygiad cynaliadwy a'r posibilrwydd y bydd y 500,000 o bobl frodorol yr Arctig yn agored i gael eu hecsbloetio. Efallai fod y rhain yn lleiafrifoedd (fel mae Ffigur 7.8 yn dangos), ond mae ganddyn nhw gefnogwyr cryf. Erbyn hyn, mae **lobi** gref iawn gan gadwraethwyr ac amgylcheddwyr, sy'n gwrthwynebu ecsbloetiaeth fasnachol yr Arctig yn gryf iawn ac sy'n benderfynol eu bod am ddatblygu deddfwriaeth i sefydlu rheolau a chyfreithiau a phrosesau newydd ar gyfer dull arall o lywodraethiant i'r Arctig.

Yn aml iawn, mae'r hyn sy'n digwydd yn yr Arctig yn cael ei ddylanwadu'n gryf gan Rwsia a Chanada sydd, gyda'i gilydd, yn anheddu 80 y cant o'r tir uwch ben y Cylch Arctig. Mae'r bobl Inuit wedi bod yn uchel iawn eu lleisiau yn gwrthwynebu'r hawliadau gan y ddwy wlad. Yn 2009, cyhoeddodd yr Inuit 'Ddatganiad yr Inuit Ambegynol ar Sofraniaeth yn yr Arctig' oedd yn mynd ati i herio diffiniadau tiriogaethol oedd wedi cael eu creu gan wladwriaethau sofran, a'r ffiniau ymrannol oedd wedi cael eu sefydlu. Cytunodd wladwriaethau '5 yr Arctig' yn 2008 bod UNCLOS yn darparu'r 'fframwaith gorau ar gyfer deall a sicrhau eu hawliau a'u rhwymedigaethau'; yn 2018, cafodd yr ymrwymiad hwn ei gadarnhau eto gan wladwriaethau '8 yr Arctig'.

▼ **Ffigur 7.8** Dosbarthiad y boblogaeth yn yr Arctig

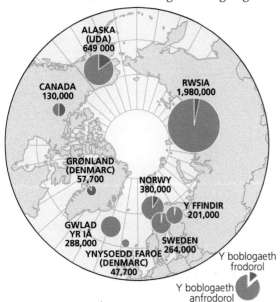

Wedi dweud hynny, mae'n bosibl iawn y bydd yr Arctig yn dod yn rhan ganolog o geowleidyddiaeth yr unfed ganrif ar hugain, a gallai hyd yn oed achosi i geowleidyddiaeth y Rhyfel Oer ail ddechrau.

- Ers 2013, mae gweithgareddau milwrol Rwsia yn yr Arctig wedi ehangu'n sylweddol ac mae ei phatrolau yn yr awyr, ar wyneb y môr ac o dan y môr wedi ail ddechrau ac wedi cyraedd lefelau'r Rhyfel Oer bron iawn wrth i Rwsia geisio cadw dylanwadau NATO allan o'r Arctig.
- O ystyried yr ardaloedd eraill lle mae llawer o densiwn geowleidyddol (e.e. y rhyfeloedd procsi yn Syria ac Yemen – gweler Pennod 4), fel Rwsia'n goresgyn Ukrain a defnyddio ymosodiadau seiber yn Georgia, yn ogystal â'r honiad eang ei bod wedi ymyrryd mewn etholiadau gwleidyddol yn y Gorllewin, mae gwledydd yr Undeb Ewropeaidd ac UDA yn gwylio gweithgarwch newydd Rwsia yn yr Arctig yn agos iawn, rhag ofn y bydd yn ymledu. Mae'r gwledydd hyn yn pryderu na fydd Rwsia yn cadw at gytundebau rhyngwladol ar faterion fel gosod terfynau ar sgafelli cyfandirol a rhyddid i lywio.

Cymhlethdod arall yw nad yw gwladwriaethau wedi cael unrhyw gysylltiadau, neu fawr ddim cysylltiad, â'r Arctig tan yn ddiweddar, ac maen nhw'n awr yn eu galw eu hunain yn bwerau 'gerllaw'r Arctig', pwerau pegynol neu hyd yn oed yn 'gyfeillion yr Arctig'! Mae hyn yn arbennig o berthnasol i ddwy genedl fwyaf poblog y byd, hynny yw India a China.

- Mae China wedi benthyg arian a chymorth economaidd i Rwsia, yn ogystal â nifer o wledydd Llychlynnaidd, i gefnogi datblygiad meysydd nwy ac isadeiledd ar hyd llwybr Môr y Gogledd er mwyn darparu'r sylfaen ar gyfer Llwybr Sidan Arctig China (gweler tudalen 196). Mae hefyd wedi sicrhau mwy o bresenoldeb ym materion yr Arctig.
- Mae India hefyd yn ei hystyried ei hun yn 'wlad sy'n awyddus i fod yn Bŵer Arctig'. Mae India yn bŵer pegynol yn barod sydd â buddiannau ymchwilio yn yr Antarctig (gweler tudalen 93), ac mae wedi honni bod ganddi gysylltiadau hanesyddol â'r Arctig fel y famwlad y teithiodd yr Ariaid ohoni i India rhyw 3500 o flynyddoedd yn ôl. Mae ei rhesymau'n amlwg; erbyn 2030 bydd India yn newynu am adnoddau – yn enwedig egni – oherwydd mae disgwyl i'r wlad ddefnyddio 6 y cant o'r egni byd-eang oherwydd y cynnydd mewn galw. Mae gan India gytundeb 25 biliwn o $UDA yn barod gyda Gazprom (corfforaeth drawswladol egni gwladwriaeth Rwsia) i gludo cyflenwadau o'r Arctig i India (y project LNG Arctig) tan 2040.

Ond, Rwsia yw *y* pŵer Arctig; mae ei harlywydd, Vladimir Putin, yn ystyried yr Arctig yn adnodd hanfodol ar gyfer ail ehangiad economaidd Rwsia drwy 'economi wedi ei seilio ar echdynnu'. Mae Rwsia yn dychmygu llwybr y Môr Gogleddol fel gwythïen strategol ar gyfer masnach, ac fel ffordd o ail osod ei lluoedd llyngesol rhwng yr Iwerydd a'r Môr Tawel. Drwy wneud hynny, byddai gan Rwsia well gallu i gyfranogi fel pŵer milwrol *byd-eang*. Yn anochel, mae cynlluniau Rwsia am ddominyddu'r Arctig wedi cael eu

▲ **Ffigur 7.9** Milwyr o Rwsia yn cymryd rhan mewn cyrch yn rhan o ddriliau milwrol Llynges Gogledd Rwsia yn yr Arctig

gwrthwynebu gan y pwerau Gorllewinol. Mae UDA wedi bod yn gweithio gydag aelodau NATO i gryfhau'r amddiffynfeydd yno, ac mae wedi gosod mwy o bresenoldeb milwrol yn Alaska, Canada a Norwy.

Mae'r amrywiaeth o gyfleoedd a risgiau sy'n digwydd yn yr Arctig – sy'n newid yn gyflym wrth gwrs – wedi achosi i nifer o ystyriaethau moesol a moesegol ddod i'r amlwg am lywodraethiant yr Arctig yn y dyfodol. Dyma rai ohonyn nhw:

- datblygu llywodraethiant byd-eang i osod y byd ar economi carbon isel, gyda chyfyngiadau o 1.5 °C os oes modd (gweler tudalen 72), a fyddai'n dylanwadu'n uniongyrchol ar ddyfodol yr Arctig.
- diogelu hawliau pobloedd brodorol, sydd ar un llaw ddim eisiau gweld eu byd naturiol anllygredig yn cael ei ecsbloetio gan bobl o'r tu allan, ac ar y llaw arall sydd eisiau'r opsiwn o ddewis eu dull nhw eu hunain o fyw, fel ei bod hi'n bosibl i dwristiaeth, llongau, pysgota a datblygiad adnoddau – yr holl ddiwydiannau byd-eang sydd wedi eu dominyddu'n aml iawn gan gorfforaethau trawswladol pwerus – gael eu rheoli mewn ffordd gynaliadwy

Mae amrywiol weithredwyr wedi awgrymu nifer o senarios ar gyfer yr Arctig. Yn 2008, roedd WWF (sy'n sefydliad anllywodraethol rhyngwladol amgylcheddol mawr) yn dadlau dros gael Cyngor Arctig llawer cryfach yn eu hadroddiad 'A New Sea', a fyddai:

- yn sefydlu rheolaeth gynhwysfawr dros y pysgodfeydd rhanbarthol ar gyfer y Cefnfor Arctig
- yn dod i gytundebau rhwymol am y llwybrau llongau, er mwyn diogelu'r ardaloedd mwyaf sensitif rhag llygredd morol
- yn cydweddu'r gwahanol agweddau tuag at ecsbloetio'r cronfeydd olew a nwy
- yn diogelu amgylcheddau tiriogaethol a morol a bywyd gwyllt, er eu mwyn eu hunain ac er mwyn y pobloedd brodorol
- yn sefydlu system o fonitro a gorfodi amgylcheddol i sefydlu llywodraethiant pan-Arctig llawer cryfach.

Mae'r garfan bwyso Greenpeace wedi ymgyrchu erioed i wneud y ddwy ardal begynol yn 'barciau byd', lle byddai cadwraeth amgylcheddol llawer cryfach. Ond, mae rhai grwpiau brodorol yn gwrthwynebu'r syniad o fyw mewn 'amgueddfa neu barc cenedlaethol' sydd wedi ei ddiogelu er budd y twristiaid a'r amgylcheddwyr o'r *tu allan* i'r Arctig, ar draul datblygiad economaidd cynaliadwy lleol sydd wedi ei reoli'n dda.

Ers 2005, mae'r project Model Cynaliadwy ar gyfer Twristiaeth Ranbarthol yr Arctig (*SMART: Sustainable Model for Arctic Regional Tourism*) wedi annog cwmnïau gwyliau i lofnodi cod ymddygiad sydd â chwe amcan, sef:

- cefnogi'r economi lleol
- cefnogi cadwraeth natur lleol
- gweithredu mewn ffordd sy'n garedig i'r amgylchedd
- parchu a chynnwys cymunedau lleol
- sicrhau ansawdd a diogelwch ymhob gweithgaredd twristiaeth
- addysgu ymwelwyr am y natur a'r diwylliant lleol.

Dyfodol yr Arctig

Beth fydd dyfodol yr Arctig erbyn 2050? Yn anochel, bydd y newidiadau oherwydd y cynhesu hinsawdd cyflym iawn yn yr Arctig yn creu ansicrwydd. Mae llawer o broblemau heb eu datrys, fel gosod ffiniau tiriogaethol, neu ddeall union natur y newidiadau amgylcheddol. A allai'r rhain arwain at fwy o gydweithredu gwyddonol, neu'r posibilrwydd o fwy o wrthdaro? Mae strwythurau yn eu lle i reoli tensiynau posibl, ond mae'r rhain yn gofyn am ddatblygu llywodraethiant – math o fuddsoddiad deallusol sy'n dod â ffordd newydd o feddwl – yn ogystal â buddsoddiad ariannol i dalu amdano.

Yn fyd-eang, mae carfan sylweddol o bobl sy'n barnu y dylai'r Arctig gael ei reoli'n wahanol, ac y dylai ddod yn eiddo cyffredin byd-eang go iawn, sy'n cael ei lywodraethu mewn ffordd debyg i Antarctica. Drwy drin yr Arctig fel eiddo cyffredin byd-eang, byddai gostyngiad yng ngoruchafiaeth bresennol '5 yr Arctig' (yn arbennig Rwsia a Chanada) a'r Cyngor Arctig. Mae dadleuon yn erbyn statws fel hyn sydd wedi ei seilio ar fodel Antarctica.

- Mae daearyddiaeth yr Arctig yn wahanol iawn – e.e. mae ei diriogaethau tir yn eiddo i '5 yr Arctig'.
- Mae nifer enfawr o gytundebau a fframweithiau'r Cenhedloedd Unedig yn bodoli'n barod gan gyrff eraill (e.e. IUCN) sy'n sicrhau bod dimensiynau fel cynhesu byd-eang, hawliau pobl frodorol, a chadwraeth yr amgylchedd a'r ecoleg Arctig yn cael eu rheoli.

Y broblem gydag unrhyw gynnig ar gyfer y dyfodol yw bod llywodraethau '5 yr Arctig' wedi hen feddwl am yr Arctig fel rhan o'u cynlluniau i geisio buddiannau i'w gwledydd eu hunain – e.e. eu milwroli, a materion economaidd fel estyniadau EEZ a fyddai'n caniatáu iddyn nhw ecsbloetio adnoddau a sefydlu llwybrau môr. Agwedd '5 yr Arctig' yw parhau gyda'u 'busnes fel arfer', lle mae diogelu'r amgylchedd a'r ecoleg yn isel ar y rhestr flaenoriaethau. Mae rhai o'r gwledydd sy'n cefnogi'r syniad o eiddo cyffredin byd-eang – e.e. Gwlad yr Iâ ac India – eisiau sicrhau bod yr Arctig yn cael ei reoli a'i lywodraethu gan amrywiaeth lawer ehangach o wledydd. Mae angen meddwl yn greadigol am lywodraethiant byd-eang.

Astudiaeth Achos 3: Llywodraethiant byd-eang yr uwch-ofod

▶ *Pa gytundebau a gafwyd yn barod am lywodraethiant yr uwch-ofod?*

Mae'r uwch-ofod yn ardal enfawr o'i gymharu ag eiddo cyffredin byd-eang fel gwely dwfn y môr neu Antarctica. Ar hyn o bryd, does dim consensws rhyngwladol yn bodoli ynglŷn â lle mae'r ffin rhwng y gofod ar uwch-ofod. O'i gymharu â'r mwyafrif o'r eiddo cyffredin byd-eang arall, does dim rheoliadau i lywodraethiant y gofod sy'n ymwneud â gweithgareddau fel defnydd milwrol – mae hyn wedi ei gyfyngu ond nid ei wahardd. Hefyd, does dim system hyd yma ar gyfer datrys dadleuon sy'n codi o weithgareddau yn yr uwch-ofod, neu ar gyfer rheoleiddio unrhyw weithgareddau yn y gofod gan wladwriaethau sofran. Mae hyn yn broblem, oherwydd mae angen i lywodraethiant yr uwch-ofod barhau i ddatblygu ar yr un cyflymder â datblygiad eithriadol gyflym technoleg y gofod. Mae'r archwilio gwyddonol yn symud ymlaen yn gyflym hefyd, gyda defnyddiau masnachol yn datblygu ac ecsbloetiaeth ddiwydiannol a milwroli'n cynyddu'n ddramatig yn yr unfed ganrif ar hugain.

Y cefndir i lywodraethiant y gofod

Dechreuodd llywodraethiant y gofod pan sefydlwyd Pwyllgor y Cenhedloedd Unedig ar Ddefnyddio'r Uwch-ofod yn Heddychlon (*UNCIPOUS: UN Committee on the Peaceful Uses of Outer Space*) yn 1959. Arweiniodd hyn at basio Cytundeb yr Uwch-ofod yn 1967, y Cytundeb Achub yn 1968 ac wedi hynny yn yr 1970au Gonfensiwn Rhwymedigaeth y Gofod yn 1972, y Confensiwn Cofrestru yn 1976 a Chytundeb y Lleuad yn 1979. Pan gafodd Cytundeb yr Uwch-ofod ei ddatblygu yn 1967, dim ond UDA a'r Undeb Sofietaidd – y ddau bŵer mawr mewn byd deubegynol – oedd â digon o dechnoleg i gyfranogi mewn ras i ecsbloetio'r gofod. Yn ystod y Rhyfel Oer, roedd y ddau wedi dadlau am i'r gofod fod yn rhydd ar gyfer ymchwil gwyddonol byd-eang.

Yn yr unfed ganrif ar hugain, mae cynnydd wedi bod yng ngweithgareddau'r gofod ar ffurf datblygu lanswyr. Nawr, mae mwy na mil o loerenni sy'n troelli, fel yr un yn Ffigur 7.10, sy'n deillio o nifer o wledydd, yn galluogi i bobl y byd ddatblygu ymhellach mewn cyfathrebu milwrol a sifiliad. Mae cytundebau diweddarach wedi wynebu anawsterau sylweddol wrth gael eu trafod, am fod gwledydd yn y byd sy'n datblygu ac sy'n gynyddol amlwg – e.e. China ac India – yn teimlo y dylen nhw hefyd fod yn cymryd rhan.

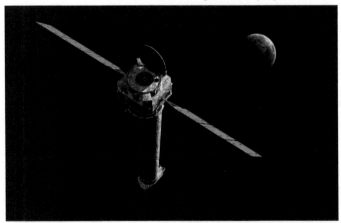

▲ **Ffigur 7.10** Mae mwy na mil o loerenni cylchdroi fel hon yn yr 'uwch-ofod' yn awr. Dyma Arsyllfa Pelydr-X Chandra NASA fel y mae'n edrych o bosib tua 50,000 milltir o'r Ddaear

Ers Cytundeb y Lleuad yn 1979, cafodd pedwar datganiad eu pasio am loerenni a'u rheolaeth, am ddefnyddio pŵer niwclear ac am gydweithredu rhyngwladol yn yr uwch-ofod, ac mae'r rhain wedi rhoi ystyriaeth i anghenion cynyddol y gwledydd sy'n datblygu. Mae lloerenni'n cael eu rheoli gan yr Undeb Telathrebu Rhyngwladol (*ITU: International Telecommunications Union*), sef asiantaeth arbenigol y Cenhedloedd Unedig sy'n dyrannu orbitau ar gyfer sbectrwm radio a lloerenni daearsefydlog. Yn wahanol i Antarctica, does dim cytundeb trosfwaol ar hyn o bryd ar gyfer yr uwch-ofod.

Y materion cyfredol

Ar hyn o bryd, mae llywodraethiant byd-eang y gofod yn ymwneud â thri mater:

1   Diffinio a gosod ffiniau yn y gofod, sy'n ymwneud â gofod awyr ac sydd felly â goblygiadau ar gyfer diogelwch.
2   Amledd a dyraniad orbit lloerenni. Mae'r gystadleuaeth am ofod orbit wedi dod yn gystadleuaeth ddwys am fod cynifer o loerenni wedi eu lansio.
3   Allanolion y gofod, yn arbennig y meintiau cynyddol o falurion y gofod – mater sy'n cael ei drin ar hyn o bryd gan UNCOPUOS.

Mae'r gwrthdaro posibl wedi ei waethygu gan y cynnydd yn y defnydd y mae'r sector preifat yn ei wneud ohono ar gyfer gweithgareddau masnachol fel twristiaeth y gofod, ac ecsbloetio adnoddau'r gofod o gyrff wybrennol. Mae cenhedloedd datblygedig a chenhedloedd sy'n datblygu'n anghytuno ynglŷn â sut i ddefnyddio'r gofod; mae'r cenhedloedd datblygedig yn ffafrio hunan-reolaeth ond byddai'n well gan y cenhedloedd sy'n datblygu gael rheoliadau sy'n ymwneud â defnydd mwy cyfartal.

Y mater pwysicaf am lywodraethiant y gofod yw'r angen am orfodaeth. Dylai'r awdurdod sy'n rheoli gweithgareddau'r gofod yn ffisegol gynnwys niferoedd mawr o wledydd a buddiannau. Hyd yn oed yn yr unfed ganrif ar hugain, mae gweithgareddau'r gofod wedi eu canolbwyntio i raddau mawr yn UDA, Rwsia a China, gydag India a gwledydd yr Undeb Ewropeaidd yn cyfranogi hefyd. Byddai'n anymarferol i ddefnyddio unrhyw orfodaeth a allai danseilio buddiannau economaidd a diogelwch y gwledydd hyn sy'n codi o'u datblygiad yn y gofod. Mae llywodraethiant sydd wedi ei seilio ar un cytundeb am gadwraeth ymhell bell i ffwrdd ar hyn o bryd.

④ Astudiaeth Achos 4: Her llywodraethu'r seiberofod

▶ *Sut allai'r seiberofod gael ei reoli fel eiddo cyffredin byd-eang?*

Mae'r seiberofod (gweler tudalen 68) yn wahanol i'r eiddo cyffredin byd-eang eraill oherwydd:

- nid yw hwn yn barth *ffisegol*
- rôl ddominyddol y sector preifat yn isadeiledd a rheolaeth y parth.

Fel mae'r enghraifft nesaf yn dangos, mae angen eiddo cyffredin byd-eang am fod nifer o broblemau seiber wedi datblygu rhwng gwladwriaethau sofran wrth i nifer defnyddwyr y seiberofod gynyddu'n esbonyddol (gweler Ffigur 7.11).

Mae'r seiberofod yn torri ar draws ffiniau sefydliadau a ffiniau cenedlaethol, ac mae ymdrechion ar waith i geisio cael fframwaith llywodraethiant byd-eang ar gyfer yr eiddo byd-eang newydd yma. Mae'r rhyddid byd-eang sydd wedi codi

🔑 **TERM ALLWEDDOL**

Allanolion Canlyniadau datblygiad, a'r canlyniadau hynny heb eu cynllunio a heb eu ceisio. Nid oedd cael malurion yn y gofod yn rhywbeth oedd wedi ei gynllunio na'i ystyried, ond maen nhw'n bodoli a bellach mae angen rhoi ystyriaeth iddyn nhw.

▲ **Ffigur 7.11** Darlun sy'n cynrychioli'r byd fel rhwydweithiau o gymunedau cysylltiedig

wrth i gysylltedd byd-eang gyflymu a mynd yn haws – oherwydd datblygiad y We Fyd-eang sydd heb ei gyfyngu gan unrhyw ffiniau sefydliadol, rhanbarthol neu genedlaethol – yn golygu bod dadl ddwys yn digwydd ar hyn o bryd ynglŷn â pha egwyddorion a strwythurau sydd eu hangen i lywio'r seiberofod, ac i ba raddau y dylen nhw gael eu defnyddio.

Mae'r ddibyniaeth gynyddol ar dechnoleg gwybodaeth wedi cynyddu'r angen i greu amgylchedd rheoli cadarn. Mae nifer o weithgareddau pob dydd yn cael eu trosglwyddo i amgylchedd ar-lein, sy'n gyfleus a chost-effeithiol, ymhob system o lywodraethiant byd-eang. Mae safbwynt China, gyda'i datblygiad rhyfeddol o'r rhyngrwyd, sydd wedi ei gwahanu gan y Mur Gwarchod Mawr oddi wrth 'ddylanwadau Gorllewinol niweidiol', yn ychwanegu dimensiwn diddorol i'r ddadl am fod llywodraethiant rhyngrwyd y wlad hon yn gwneud cytundebau'n anodd eu trafod, am ei bod yn gwrthgyferbynu cymaint â'r Unol Daleithiau.

Mae angen llywodraethiant byd-eang. Cafwyd nifer o broblemau difrifol yn ymwneud â'r seiberofod, ac mae diogelwch y seiberofod wedi dod yn un o broblemau allweddol yr unfed ganrif ar hugain. Mae dadlau gwleidyddol am hyn.

- Yn y DU, amcangyfrifwyd bod y marchnata oedd yn gysylltiedig â'r rhyngrwyd yn 2018 werth mwy na £100 biliwn y flwyddyn. Yn ôl yr amcangyfrifon, mae troseddau seiber yn y DU costio o leiaf £40 miliwn yn flynyddol, ac mae'n tyfu. Felly, i lawer o bobl a sefydliadau, mae diogelwch y seiberofod a datblygiad strategaethau a rheolau i leihau effeithiau ymosodiadau seiber yn cael eu hystyried yn flaenoriaeth.
- Gofynnwyd cwestiynau fel 'a fyddai rhyfeloedd seiber, neu a allai bygythiadau seiber, ddinistrio gweithrediad systemau neu hyd yn oed gwladwriaethau sofran'. Mae enghreifftiau o hyn yn cynnwys hacio mawr i systemau'r Gwasanaeth Iechyd Gwladol, systemau bancio a systemau archebu cwmnïau awyrennau.
- Ar raddfa genedlaethol, bu bron i wladwriaethau gelyniaethus fel Rwsia ddinistrio systemau adrannol y llywodraeth yn y gwladwriaethau Baltig, fel Estonia, ac mae honiadau eu bod nhw wedi ceisio dylanwadu ar ganlyniadau etholiad UDA yn 2016, yn ogystal â chychwyn rhyfeloedd propaganda.
- Yn fyd-eang, dim ond yn hwyr yn y dydd y mae pobl yn sylweddoli bod y cyfryngau cymdeithasol yn gallu cael effaith niweidiol. Mae'r ffaith eu bod yn cael eu rheoli gan gorfforaethau trawswladol enfawr fel Google, Apple neu Microsoft yn ychwanegu at bryderon am wybodaeth ffug, ymyrryd gwleidyddol llywodraethau tramor a seiber-fwlio.

Mae nifer o fentrau i ddatblygu llywodraethiant byd-eang y seiberofod. Ar hyn o bryd, mae'r seiberofod yn nwylo perchnogion preifat, masnachol yn bennaf ac mae'r systemau electronig sy'n ffurfio'r seiberofod yn ddibynnol ar nifer fawr o ffynonellau byd-eang. Daw'r cydrannau a'r gwasanaethau gan amrywiaeth fawr o gyflenwyr ac is-gontractwyr, felly mae angen ymgysylltu ag ystod eang o randdeiliaid, yn ogystal â llywodraethau cenedlaethol. Hyd yn ddiweddar, roedd UDA yn ffafrio dibyniaeth ar ddatblygiad y sector preifat, ond roedd Rwsia a China yn ffafrio cyfranogaeth gan y wladwriaeth.

Y prif chwaraewyr

Yn yr Uwchgynhadledd Byd gyntaf am y Gymdeithas Wybodaeth yn 2005, wrth drafod model ar gyfer rheoli'r rhyngrwyd gan ddefnyddio rhanddeiliaid niferus, cydnabuwyd y byddai'r grwpiau canlynol yn rhan o hwnnw:

- Gwladwriaethau sofran a'u llywodraethau
- Sefydliadau rhynglywodraethol
- Sefydliadau sector preifat a rhyngwladol, yn cynnwys corfforaethau trawswladol
- Cymunedau academaidd a thechnegol.

Byddai'n rhaid i unrhyw lywodraethiant byd-eang dalu sylw dyladwy i dwf esbonyddol y gweithgarwch yn y seiberofod a sut mae cymdeithasau, mentrau a llywodraethau'n dibynnu'n gynyddol ar y rhyngrwyd ar gyfer amrywiaeth gynyddol o weithgareddau. Mae'r rhain yn digwydd ar gyfradd gyflymach nag y gall y llywodraethiant byd-eang weithredu! Er enghraifft, yn 2014 roedd 2.2 biliwn o ddefnyddwyr, erbyn 2020 disgwylir y bydd 3.5 biliwn, a'r amcangyfrif erbyn 2030 yw y bydd 5 biliwn o ddefnyddwyr. Daw'r defnyddwyr newydd yn bennaf o'r byd sy'n datblygu, drwy ffonau clyfar gan fwyaf (sydd wedi neidio ymhell ar y blaen yn barod i ddatblygiad llinellau tir neu'r angen amdanyn nhw) a chysylltiadau gliniaduron

Am fod disgwyl i gyflymder mawr y rhyngrwyd a systemau telathrebu byd-eang eraill barhau yn ddi-stop, mae pryderon cynyddol wedi gwthio llywodraethiant byd-eang y seiberofod i fyny agenda'r Cenhedloedd Unedig.

- Mae angen amgylchedd gwybodaeth hollbresennol, cyffredinol i alluogi i'r mwyafrif mawr o boblogaeth y byd, busnesau a sefydliadau gael mynediad i'r rhyngrwyd yn ddiogel, yn effeithlon, yn economaidd ac yn gyson. Bydd angen cydnabod diogelwch seiber fel budd cyhoeddus.
- O ganlyniad i Rwsia a China yn bennaf, mae Grŵp Arbenigedd y Llywodraethau – sef grŵp a ddatblygwyd gan y Cenhedloedd Unedig – wedi cyfarfod nifer o weithiau. Yn 2013 (Llundain) a 2018 (Delhi Newydd), cafodd cynadleddau eu galw i ddatblygu safonau ar gyfer ymddygiad cyfrifol yn y seiberofod o dan arweiniad y Cenhedloedd Unedig. Rhan o gylch gwaith yr Undeb Telathrebu Rhyngwladol (*ITU: International Telecommunications Union* – gweler tudalen 210) yw hwyluso defnydd byd-eang o delathrebu a datblygu isadeiledd telathrebu ar gyfer

gwledydd sy'n datblygu. Yn 2014, roedd gan ITU, sy'n bartneriaeth cyhoeddus-preifat, 190 o aelod-wladwriaethau cenedlaethol.

- Mae mentrau eraill, yn cynnwys Strategaeth Diwygio Seiber Llywodraethiant Byd-eang, yn tarddu o Sefydliad Cyfiawnder Byd-eang Den Haag, a hefyd raglen wedi ei harwain gan UDA – y fenter 'Cyber Statecraft' – a gafodd ei hariannu i raddau mawr gan raglenni Cyngor yr Iwerydd dan arweiniad UDA oedd yn canolbwyntio ar gydweithrediad, cystadleuaeth a gwrthdaro rhyngwladol yn y seiberofod.

I grynhoi felly, mae llawer o ewyllys da a thrafodaeth, ac mae'r cynnydd yn dibynnu ar lawer o randdeiliaid. Ond, ychydig iawn o fentrau, ac eithrio o bosibl y rheini a arweiniwyd gan y Cenhedloedd Unedig, sydd â'r credadwyedd rhyngwladol i yrru trafodaethau yn eu blaen i greu rheolau, normau a chyfreithiau sy'n cael eu derbyn yn fyd-eang.

Crynodeb o'r bennod

1 Mae gan China bŵer a dylanwad geowleidyddol sy'n tyfu ac sy'n sylweddol yn barod. Mewn byd sydd wedi bod ag un pŵer mawr (UDA) ers 1991, mae twf China yn codi cwestiynau. Mae rhywfaint o'i dylanwad a'i bŵer geowleidyddol cynyddol yn economaidd, am ei bod eisiau diogelu ei moroedd, e.e. lle mae masnachu'n digwydd. Ei dymuniad i'w chynnal ei hun fel pŵer mawr economaidd yw'r sail ar gyfer ei strategaeth 'Un Rhanbarth, Un Llwybr'. Ond, mae ei pŵer cynyddol wedi herio ei chysylltiadau â gwledydd eraill yn Asia (drwy wrthdaro cynyddol am Fôr De China).

2 Mae llywodraethiant yr Arctig yn wynebu gwahanol fathau o gwestiynau, ac un o'r rhesymau mwyaf am hynny yw nad oes gan yr Arctig ofod sy'n dir na gofod sydd â pherchennog arno, ond mae wedi ei lywodraethu gan wyth cenedl sy'n ffinio arno. Yn gorwedd o dan wely'r môr mae llawer o adnoddau mwynol, felly mae llawer yn ceisio ei hawlio am ei diriogaeth yn yr alltraeth; mae'r rhain yn cael eu llywodraethu gan UNCLOS, sy'n diffinio parthau economaidd neilltuedig a thiriogaethol ar gyfer pob un o'r gwladwriaethau sofran Arctig, ac yn cynnig hawliau neilltuedig i'r adnoddau naturiol i gyd. Ond, mae dwy wlad – Canada a Rwsia – yn dominyddu'r trafodaethau am ddyfodol yr Arctig ac am y bygythiadau i ddyfodol ei bobl frodorol sydd, rhyngddyn nhw, yn gyfanswm o fwy na 500,000 ar draws yr wyth gwlad. Y newid hinsawdd yw'r mwyaf o'r bygythiadau hyn o bell ffordd.

3 Yn gyffredinol, does dim llywodraethiant wedi ei reoleiddio ar y gofod ar draws ei amrywiaeth o ddefnyddwyr. Mae dadleuon sy'n codi o weithgareddau yn yr uwch-ofod, fel cynigion i ddefnyddio'r gofod at ddibenion milwrol, yn achosi problemau am fod angen i lywodraethiant yr uwch-ofod symud ar yr un cyflymder â datblygiad y dechnoleg ofod at ddibenion milwrol, archwiliadol ac economaidd. Mae defnyddiau masnachol, ecsbloetiaeth ddiwydiannol a milwroli i gyd yn debygol o gynyddu'n ddramatig yn ystod yr unfed ganrif ar hugain.

4 Mae'r seiberofod yn achosi sialensiau o ran ei ddyfodol a'r penderfyniadau y mae angen eu gwneud, am ei fod yn amgylchedd rhithwir yn hytrach nag amgylchedd ffisegol sydd wedi'i ddiffinio. Fodd bynnag, mae'n bwysig astudio seiberofod mewn Daearyddiaeth oherwydd mae'n storio, addasu a chyfathrebu gwybodaeth, gan gynnwys y rhyngrwyd a systemau eraill sy'n cefnogi gweithgarwch economaidd, rhwydweithiau cyfathrebu cymdeithasol, isadeiledd a gwasanaethau. Ei sialens i'r byd yw canfod yr egwyddorion a'r strwythurau sydd eu hangen i'w lywio, a pha mor bell y gall y rhain gael eu gweithredu a gan bwy.

Cwestiynau adolygu

1 Esboniwch y rhesymau pam mae China eisiau pŵer economaidd byd-eang, ond mae'n poeni llai am gael pŵer gwleidyddol byd-eang.

2 Lluniadwch linfap o Ffigur 7.1 a'i anodi â manylion o'r 'amrywiaeth enfawr o hawliadau morol sy'n gorgyffwrdd â'i gilydd' sydd wedi codi rhwng China a chenhedloedd eraill.

3 Esboniwch pam mai'r Cenhedloedd Unedig yw'r unig sefydliad mae'n debyg a fydd yn gallu datrys argyfwng Môr De China.

4 O ran dyfodol China, esboniwch bwysigrwydd y canlynol i China: (a) 'Un Rhanbarth', ac (b) 'Un Llwybr'.

5 Esboniwch y ffactorau sy'n gwneud yr Arctig yn rhanbarth anodd ei lywodraethu.

6 Esboniwch beth yw ystyr y datganiad hwn gan yr Athro Klaus Dodds: 'dydy'r hyn sy'n digwydd yn yr Arctig ddim yn aros yn yr Arctig'.

7 I ba raddau ydych chi'n credu bod agor yr Arctig i lwybrau llongau newydd yn mynd i ddod â mwy o fuddion na chostau?

8 Esboniwch (a) pam y bydd angen llywodraethu'r uwch-ofod o bosib, a (b) phwy fyddai'n ei lywodraethu orau.

9 Esboniwch y sialensiau sy'n gysylltiedig â rheoli seiberofod.

10 Awgrymwch pam y byddai angen i'r canlynol fod yn rhan o unrhyw drafodaethau am reoli seiberofod: (a) gwladwriaethau sofran a'u llywodraethau, (b) sefydliadau rhynglywodraethol, (c) sefydliadau sector preifat a rhyngwladol yn cynnwys corfforaethau trawswladol, a (d) chymunedau academaidd a thechnegol.

Gweithgareddau trafod

1 Yn y dosbarth, trafodwch y pryderon sy'n wynebu (a) China, a'i (b) chymdogion yn Asia o ran y ffyrdd mae hi'n ceisio cymryd mwy o reolaeth a llywodraethiant ar Fôr De China. Beth yw dadleuon China dros ehangu ei ffiniau morol, ac a oes modd eu cyfiawnhau nhw? Sut ddylai gwledydd cyfagos, fel Viet Nam neu Indonesia, ymateb i hawliadau China am ofod a rheolaeth?

2 Mewn grwpiau bach, trafodwch a lluniadwch fap meddwl i ddangos effeithiau posibl strategaeth 'Un Rhanbarth, Un Llwybr' China. Yn eich barn chi, beth yw canlyniadau'r strategaeth hon i wahanol ranbarthau daearyddol, fel Canolbarth Asia, Ewrop neu Affrica? Sut allai 'cyfnewid diwylliannol' fod yn rhan o'r strategaeth, a beth allai hyn ei olygu i bobl China ac i bobl cenhedloedd eraill?

3 Mewn parau, trafodwch ac yna bwydwch yn ôl i'r dosbarth beth fydd goblygiadau posibl y ddau senario canlynol i'r Arctig yn eich barn chi:
 – Penderfyniadau gan naill ai sefydliadau rhynglywodraethol neu lywodraethau gwladwriaethau i symud y gymuned fyd-eang tuag at fabwysiadu economi carbon isel.
 – Mabwysiadu sefyllfa 'rhyddid i bawb' yn yr Arctig sy'n caniatáu i dwristiaeth, llongau, hawliau pysgota a defnydd o adnoddau ddatblygu heb eu rheoleiddio.

6 Yn y dosbarth, trafodwch a ddylai'r defnydd sy'n cael ei wneud o'r gofod gael ei reoleiddio'n dynn, ac – os felly – gan bwy.

7 Trafodwch yn y dosbarth beth yw'r manteision a'r problemau sy'n cael eu hachosi o adael i'r seiberofod dyfu a datblygu'n ddiymatal; yna trafodwch y datganiad hwn: 'Dylai'r Seiberofod barhau heb ei reoleiddio ac yn rhydd i bawb.'

Deunydd darllen pellach

China

Darllenwch y diweddaraf am ddadl Môr De China drwy adolygu papurau newydd, e.e. y *Guardian* (www.guardian.co.uk) neu *The Times* (www.thetimes.co.uk). Bydd y rhan fwyaf o bapurau newydd fel hyn yn cynnig hyd at dair erthygl o leiaf i chi eu lawrlwytho bob wythnos am ddim.

Yn yr un modd, dilynwch Twitter neu tanysgrifiwch i *The Economist* (www.economist.com), lle gallwch eto lawrlwytho tair erthygl yr wythnos am ddim. *The Economist* ddiweddariadau rheolaidd am wledydd penodol, e.e. China. Mae'r *Financial Times* hefyd yn cynnig mynediad am ddim i fyfyrwyr Safon Uwch Daearyddiaeth.

Yr Arctig

Marshall, C. (2013) 'The Future of the Arctic Is Global', *Scientific American*, 16 Mai 2013

'Arctic Climate Change' – amrywiaeth o erthyglau wedi eu postio ar wefan WWF (https://arcticwwf.org/work/climate/)

Y gofod

Dunn, C. (2019) 'Power Struggles in Space', *Geography Review*, cyfrol 32, Diweddariad. Ar gael yn: www.hoddereducation.co.uk/geographyreview

Howell, E. (2017) 'Who Owns the Moon? Space Law & Outer Space Treaties' ar www.space.com/33440-space-law.html

Seiberofod

Defnyddiwch y cyfrwng chwilio (chwiliwch am 'cyberspace') ar wefan BBC News (news.bbc.co.uk) i chwilio am erthyglau ar y seiberofod. Bydd chwiliad fel yma'n rhoi rhaglenni'r BBC a'r erthyglau newyddion diweddaraf i chi am y seiberofod.

Canllaw astudio

Daearyddiaeth Safon Uwch CBAC: Llywodraethiant Byd-eang

Canllaw i'r cynnwys

Mae'n rhaid i fyfyrwyr CBAC astudio'r testun gorfodol Llywodraethiant Byd-eang o Gefnforoedd y Ddaear (Testun CBAC 3.2.6–3.2.10). Nodwch fod yr astudiaeth o Brosesau a Phatrymau Mudo Byd-eang (Testun CBAC 3.2.1–3.2.5 wedi ei gefnogi'n rhannol gan y llyfr hwn ac yn rhannol gan deitl ar wahân yng nghyfres Meistroli'r Testun Daearyddiaeth Safon Uwch Hodder, *Systemau Byd-eang*.

Terminoleg datblygu ac astudiaethau achos

Dyma'r termau dewisedig ar gyfer y cwrs CBAC:

- **Economïau datblygedig**
- **Economïau cynyddol amlwg**
- **Economïau sy'n datblygu**

Does dim angen astudiaethau achos manwl, er bod disgwyl i chi ddefnyddio enghreifftiau dangosol.

Cwestiwn ymholi a'r cynnwys	Defnyddio'r llyfr hwn
4 Achosion, canlyniadau a dulliau rheoli symudiadau ffoaduriaid	Pennod 4, tt. 99–105
Y ffocws yn y fan yma yw symudiad gorfodol ffoaduriaid a phobl sydd wedi eu dadleoli'n fewnol (*IDP: internally displaced people*). Dylid deall achosion a chanlyniadau'r symudiad, yn cynnwys cipio tir ac anghyfiawnderau eraill. Dylai myfyrwyr hefyd wybod am reolaeth ffoaduriaid ar raddfeydd byd-eang, cenedlaethol a lleol, a'r cyfyngiadau ar reolaeth (e.e. o fewn ffiniau mewn ardaloedd anghysbell ac o fewn ardaloedd lle mae gwrthdaro).	Pennod 5, tt. 131–132
6 Llywodraethiant byd-eang o gefnforoedd y Ddaear	Pennod 3, tt. 68–71
Mae'r adran hon yn edrych ar sefydliadau uwchgenedlaethol ar gyfer llywodraethu'n fyd-eang ar ôl 1945, yn cynnwys y Cenhedloedd Unedig ac UNESCO, yr Undeb Ewropeaidd, G7/G8, G20, G77 a NATO. Dylai'r ymgeiswyr hefyd wybod am ddeddfau a chytundebau sy'n rheoli'r defnydd a wnawn ni o gefnforoedd y Ddaear mewn ffyrdd sy'n hyrwyddo twf economaidd cynaliadwy a sefydlogrwydd geowleidyddol.	Pennod 3, tt. 89–95

Cwestiwn ymholi a'r cynnwys	Defnyddio'r llyfr hwn
8 Sofraniaeth adnoddau'r cefnforoedd	Pennod 7, tt. 187–190
Mae'r adran hon yn cynnwys cyfyngiadau tiriogaethol a hawliau sofran ar gyfer adnoddau'r cefnfor; tensiynau geowleidyddol yn cynnwys dadleuon am berchnogaeth ynysoedd ac ardaloedd amgylchynol ar waelod y môr ac ymdrechion i sefydlu perchnogaeth ar adnoddau Cefnfor yr Arctig; problemau i wledydd tirgaeedig.	Pennod 7, tt. 193–198
9 Rheoli amgylcheddau morol	Pennod 3, tt. 68–72
Mae'r adran hon yn dechrau gyda'r cysyniad o Eiddo Cyffredin Byd-eang a sut i'w ddefnyddio yng nghyd-destun rheoli cefnforoedd y Ddaear. Hefyd, mae myfyrwyr yn dysgu am yr angen i reoli amgylcheddau morol yn gynaliadwy er mwyn hyrwyddo sefydlogrwydd a thwf byd-eang yn y tymor hir.	Pennod 3, tt. 86–87
10 Rheoli llygredd y cefnforoedd	Pennod 3, tt. 86–87
Mae'r adran hon yn cynnwys strategaethau i reoli gwastraff morol ar wahanol raddfeydd gan gynnwys cytundebau byd-eang, rheolau'r Undeb Ewropeaidd, cynyddu ymwybyddiaeth a gweithredu'n lleol. Hefyd, mae astudiaeth achos gofynnol o faterion yn ymwneud â'r cefnforoedd sy'n ymchwilio i'r gwahanol raddfeydd daearyddol o lywodraethiant a'r ffordd maen nhw'n rhyngweithio â'i gilydd, e.e. y strategaethau lleol/rhanbarthol/cenedlaethol/rhyngwladol/byd-eang yng nghyswllt cadwraeth Cefnfor yr Arctig.	Pennod 3, tt. 86–87 Pennod 7, tt. 196–200 Mae'r llyfr hwn yn cefnogi astudiaeth o lywodraethiant ar wahanol raddfeydd: Llywodraethiant Antarctig (tudalennau 82–95) Llywodraethiant Arctig (tudalennau 193–201)

Asesiad

Canllaw asesu

Mae Systemau Byd-eang yn cael ei asesu yn rhan o:

- *CBAC Uned 3.* Mae'r arholiad hwn yn para 2 awr, ac mae ganddo gyfanswm o 96 marc. Mae 35 o farciau wedi eu dyrannu ar gyfer asesiad cyfun o Brosesau a Phatrymau o Fudo Byd-eang a Llywodraethiant Byd-eang o Gefnforoedd y Ddaear, sy'n awgrymu y dylech chi dreulio tua 45 munud yn ateb. Mae'r 35 marc ar gyfer:
  - dau gwestiwn ateb byr strwythuredig – un yr un ar Brosesau a Phatrymau o Fudo Byd-eang a Llywodraethiant Byd-eang o Gefnforoedd y Ddaear (a gyda'i gilydd, maen nhw werth 17 marc)
  - un traethawd gwerthuso 18 marc (o ddewis o ddau – un ar Brosesau).

Cwestiynau atebion byr

Mae'r cwestiynau ateb byr 1 a 2 ar eich papur arholiad yn cynnwys nifer o wahanol fathau o gwestiynau ateb byr, sydd fel arfer yn dilyn ymlaen o ffigur (map, siart neu adnodd arall).

Bydd rhan (a) o un cwestiwn – *ond nid y llall* – fel arfer yn cael ei dargedu at AA3 (Amcan Asesu 3) ac mae werth 3 marc. Mae hyn yn golygu y bydd gofyn i chi ddefnyddio sgiliau daearyddol (AA3) i ddadansoddi neu dynnu gwybodaeth neu dystiolaeth ystyrlon o'r ffigur. Mae'n fwy na thebyg y bydd y cwestiynau hyn yn defnyddio'r geiriau gorchymyn 'disgrifiwch', 'dadansoddwch' neu 'cymharwch'.

Yn rhan (b) o un o'r cwestiynau, sydd werth 5 marc, efallai y bydd gofyn i chi ddefnyddio eich gwybodaeth a'ch dealltwriaeth o lywodraethiant byd-eang (o gefnforoedd y Ddaear) mewn ffordd annisgwyl. Yr enw ar hyn yw tasg gwybodaeth gymhwysol; mae wedi ei thargedu at AA2 (Amcan Asesu 2). Er enghraifft, efallai y byddwch chi'n derbyn y cwestiwn: 'Awgrymwch resymau pam mae'r nifer o ffoaduriaid newydd yn amrywio o flwyddyn i flwyddyn.' I sgorio marciau llawn, mae'n rhaid i chi (i) ddefnyddio gwybodaeth a dealltwriaeth daearyddol yn y cyd-destun newydd hwn, a (ii) sefydlu cysylltiadau clir iawn rhwng y cwestiwn sy'n cael ei ofyn a'r defnydd ysgogi (yn yr achos hwn, graff yn dangos y nifer newidiol o ffoaduriaid bob blwyddyn).

Bydd eich cwestiynau ateb byr sy'n weddill fel arfer wedi eu seilio'n gyfan gwbl ar wybodaeth sydd wedi ei thargedu at AA1 (Amcan Asesu 1). Bydd y rhain werth 4 neu 5 marc ac mae'n debyg y bydden nhw'n defnyddio'r geiriau gorchymyn 'eglurwch', 'disgrifiwch' neu 'amlinellwch'. Er enghraifft: 'Esboniwch ddau reswm pam mae cyfraddau uchel o bobl yn mudo o'r wlad i'r dinasoedd mewn economïau cynyddol amlwg.' Bydd marciau uchel i fyfyrwyr sy'n gallu ysgrifennu atebion manwl, cryno sy'n cynnwys ac yn cysylltu amrywiaeth o syniadau, cysyniadau neu ddamcaniaethau daearyddol at ei gilydd.

Ysgrifennu traethawd gwerthusol

Ym mhob pennod yn y llyfr hwn, heblaw Pennod 7 (astudiaethau achos), mae adran o'r enw 'Gwerthuso'r mater'. Mae'r rhain wedi eu llunio'n benodol i'ch cefnogi chi i ddatblygu'r sgiliau ysgrifennu traethawd gwerthusol sydd eu hangen arnoch i lwyddo yn yr arholiad.

Rydych chi'n cael dewis o ddau draethawd 18 marc (10 marc AA1, 8 marc AA2) i'w ysgrifennu (*naill ai* gwestiwn 3 *neu* gwestiwn 4). Mae'n fwy na thebyg y bydd y traethodau hyn yn defnyddio'r geiriau a'r ymadroddion gorchymyn 'trafodwch', 'gwerthuswch' neu 'i ba raddau'. Er enghraifft:

Llygredd y cefnfor yw'r bygythiad mwyaf i gefnforoedd y Ddaear – i ba raddau mae hyn yn wir?

'Bydd unrhyw geisiadau i reoli'r cefnforoedd fel eiddo cyffredin byd-eang yn sicr o fethu.' Trafodwch y gosodiad hwn.

Asesiad synoptig

Ar y cwrs CBAC, mae rhan o Uned 3 wedi ei glustnodi ar gyfer synoptigedd. Yn y ddau achos, mae'r cwrs yn archwilio synoptigedd gan ddefnyddio asesiad o'r enw 'Sialensiau'r 21ain Ganrif'. Mae'r ymarfer synoptig hwn yn cynnwys cyfres gysylltiedig o bedwar ffigur (mapiau, siartiau neu ffotograffau) gyda dewis o ddau gwestiwn traethawd cysylltiedig. Y marc uchaf i gwestiwn yw 26;   Dyma un enghraifft o gwestiwn posibl:

'Newidiadau i'r gylchred garbon sy'n achosi'r bygythiad mwyaf i gefnforoedd y Ddaear.' Trafodwch y gosodiad hwn.

Yn rhan o'ch ateb, bydd angen i chi ddefnyddio amrywiaeth o wybodaeth o wahanol destunau, a gwneud defnydd dadansoddol da hefyd o'r adnoddau sy'n cael eu gweld am y tro cyntaf er mwyn cael credyd AA3 (y nodweddion 'Dadansoddi a dehongliad' yn y llyfr hwn sydd wedi eu llunio'n ofalus i'ch helpu yn y cyswllt hwn). Mae'r testun Llywodraethiant Byd-eang o Gefnforoedd y Ddaear yn hynod o berthnasol i'r teitl a welwch chi uchod. Mae'r traethawd hwn yn gadael i chi wneud dadleuon amrywiol gan ddefnyddio gwybodaeth am ddau eiddo cyffredin byd-eang (yr atmosffer a'r cefnforoedd) ynghyd â syniadau wedi eu tynnu o rannau gwahanol eraill o'r fanyleb Safon Uwch, yn cynnwys newidiadau i'r gylchred garbon.

Mynegai

Cydnabyddiaeth

t.16 Ffigur 1.9 Graff wedi ei seilio ar ddata o *The Economist*, 24 Awst 2016; **t.69** © Oxford English Dictionary, 2014; **t.83**, Tabl 3.4 Johansson, Callaghan a Dunn (2010) *The Rapidly Changing Arctic*, tudalen 7, Geographical Association. Ail argraffwyd â chaniatâd; **t.109** Graff wedi ei seilio ar ddata o *The Economist*, 5 Mai 2018; **t.158** Ffigur 6.7 Ail argraffwyd â chaniatâd Rochelle Terman, Prifysgol California, Berkeley; **t.159** Tabl 6.1 Ail argraffwyd â chaniatâd Rochelle Terman, Prifysgol California, Berkeley; **t.160** O *The Global Gender Gap Report* gan World Economic Forum, 2015; **t.162** Gwaith celf wedi ei seilio ar ddata o Fforwm Economaidd y Byd, 2018; **t.171** Ffigur 6.13 Data o WORLD Policy Analysis Center.

Cydnabyddiaeth ffotograffau

t.7 © Sueddeutsche Zeitung Photo/Alamy Stock Photo; **t.9** *l* © Bob Daemmrich/Alamy Stock Photo, *r* © Xinhua/Alamy Stock Photo; **t.15** © Shutterstock/Kevin J. Frost; **t.20** The Forest Stewardship Council®; **t.30** © Sean Pavone/Alamy Stock Photo; **t.41** © Jan Kranendonk – stock.adobe.com; **t.51** Ail argraffwyd â chaniatâd caredig New Internationalist. Hawlfraint New Internationalist https://newint.org/; **t.52** © White House Photo/ Alamy Stock Photo; **t.58** © US Navy Photo/Alamy Stock Photo; **t.59** © Cenhedloedd Unedig; **t.62** *c* © Shutterstock/Christina Desitriviantie; *b* © Shutterstock/BalkansCat; **t.69** ©max dallocco - stock.adobe.com; **t.71** © Aleksey Stemmer – Fotolia.com; **t.73** © NG Images/Alamy Stock Photo; **74** Martin Grandjean 2016/ https://www.visualcapitalist.com/air-traffic-network map//https://creativecommons.org/licenses/by/3.0/; **t.79** © ton koene/Alamy Stock Photo; **t.82** *t* © amer ghazzal/Alamy Stock Photo, *b* © reisegraf – stock.adobe.com; **t.86** © Shutterstock/mhelm4; **t.93** © Sue Warn; **t.105** © dpa picture alliance/Alamy Stock Photo; **t.107** © Mohammed Hamoud/Anadolu Agency/Getty Images; **t.123** © Megapress/Alamy Stock Photo; **t.125** © Stephen – stock.adobe.com; **t.127** © Andrew Hasson/Alamy Stock Photo; **t.128** © STEVE LINDRIDGE/Alamy Stock Photo; **t.129** © Duncan – stock.adobe.com; **t.131** © Dino Fracchia/Alamy Stock Photo; **t.137** © Sergii Figurnyi – stock.adobe.com; **t.142** © Michael Pizarra/Alamy Stock Photo; **t.150** © Mark Makela/Alamy Stock Photo; **t.155** © Geert Groot Koerkamp/Alamy Stock Photo; **t.156** Granger Historical Picture Archive/Alamy Stock Photo; **t.161** © Shutterstock/Sahat; **t.167** © Shutterstock/Dennis Diatel; **t.198** © ITAR-TASS News Agency/Alamy Stock Photo; **t.201** © Stocktrek Images, Inc./Alamy Stock Photo; **t.203** © liuzishan – stock.adobe.com.